"十二五"职业教育国家规划教材

经全国职业教育教材审定委员会审定

中兽医

ZHONGSHOUYI

第二版

毕玉霞　方素芳　主编

化学工业出版社

·北京·

《中兽医》(第二版)共分十五章,系统地阐述了中兽医的基本知识和基本技能,包括了基本理论、诊法、辨证、常用中药和方剂、针灸以及家畜常用证候的辨证论治等。本教材的编写突出了高职高专教育的特点,注重教学内容的科学性、系统性和实用性。根据实践和教学需要,在相应的章节后安排了实训内容,以提高实践教学的比重,并在各章节后安排了目标检测,以便于学生更好地掌握教材的基本知识和基本技能。

《中兽医》(第二版)可作为高职高专院校畜牧兽医专业师生的教材,亦可供畜牧兽医技术人员和基层动物疾病防治人员参考。

图书在版编目(CIP)数据

中兽医/毕玉霞,方素芳主编. —2版. —北京:化学工业出版社,2015.9(2024.9重印)
"十二五"职业教育国家规划教材
ISBN 978-7-122-24423-9

Ⅰ.①中… Ⅱ.①毕…②方… Ⅲ.①中兽医学-高等职业教育-教材 Ⅳ.①S853

中国版本图书馆CIP数据核字(2015)第140643号

责任编辑:迟 蕾 梁静丽 李植峰 章梦婕　　　　装帧设计:史利平
责任校对:王 静

出版发行:化学工业出版社(北京市东城区青年湖南街13号 邮政编码100011)
印　　刷:北京云浩印刷有限责任公司
装　　订:三河市振勇印装有限公司
787mm×1092mm 1/16 印张20½ 字数597千字 2024年9月北京第2版第9次印刷

购书咨询:010-64518888　　　　　　　　　　　　售后服务:010-64518899
网　　址:http://www.cip.com.cn
凡购买本书,如有缺损质量问题,本社销售中心负责调换。

定　价:49.00元　　　　　　　　　　　　　　　　　　　　版权所有　违者必究

《中兽医》(第二版)编写人员名单

主　编　毕玉霞　方素芳

副主编　刘万平　张敬礼　张丁华　徐孝宙

编写人员（按照姓名汉语拼音排列）

　　　　毕玉霞（商丘职业技术学院）
　　　　陈其云（玉溪农业职业技术学院）
　　　　方素芳（河北北方学院）
　　　　高月林（黑龙江农业职业技术学院）
　　　　加春生（黑龙江农业工程职业学院）
　　　　孔春梅（保定职业技术学院）
　　　　李希明（河北省科技工程学校）
　　　　梁其康（普洱市职业教育中心）
　　　　刘万平（商丘职业技术学院）
　　　　刘兴旺（辽宁职业学院）
　　　　秦　健（山西农业大学）
　　　　苏　杰（河北北方学院）
　　　　王　安（周口职业技术学院）
　　　　解慧梅（江苏农牧科技职业学院）
　　　　徐孝宙（江苏农林职业技术学院）
　　　　张丁华（河南农业职业学院）
　　　　张海燕（晋中职业技术学院）
　　　　张　静（黑龙江农业经济职业学院）
　　　　张敬礼（安阳工学院）

为贯彻落实《教育部关于"十二五"职业教育国家规划教材建设的若干意见》文件精神，紧紧围绕《高职高专畜牧兽医类专业人才培养指导方案》，按照以综合素质为基础、以能力为本位、以就业为导向的方针，以充分体现专业课教材实用性、综合性、先进性的原则，本着有利于学科教育向能力教育转变，适应畜牧产业结构的调整和市场经济体制的建立以及技术技能型人才培养的目的编写了本教材，可供全国高职高专院校、中等农业职业学校畜牧兽医专业师生使用。

在第二版教材的编写过程中，确立了以实用性和适应现代畜牧业特点为内容取舍的标准，不拘泥于现行中兽医著作与教材的框架。以"基础理论篇"、"中药方剂篇"、"临床篇"为架构，打破了传统的编写框架，体现出了本教材的系统性、完整性、实用性，着重对中兽医基础理论和实用防治技术的描述。在"基础理论篇"中吸取同类最新教材和专著的宝贵经验，力求使基础理论科学严谨、表述准确和知识随发展更新，详略得当，删繁就简，重点阐明中兽医学的思想精髓。在"中药方剂篇"中，对当前兽医临床和畜牧养殖中的热点方药进行了重点介绍，并以作为方药选择的主要取舍标准，力求重点突出，兼顾全面。"临床篇"中在保持了中兽医整体观念和辨证论治独特理论体系的前提下，采用了中兽医的"证"和现代兽医学的"病"的对比法，进行了辨证和论治。力求最大限度地贴合畜牧兽医工作的实际需要，包括吸纳广大同行最成熟的防治经验和最新的中兽医研究成果，并对各种防治技术与方法进行了客观的介绍与分析。

本教材是针对"培养实用型、应用型人才，实现就业零距离"的目标编写而成的。在教材编写过程中吸取了近年来教学和教材改革中的经验与成果，充实和优化教学内容，突出高等职业教育的特点，坚持"必需"、"够用"和"贴近学生、贴近社会、贴近岗位"的原则，力求做到内容丰富、新颖、简练，结合相关科研成果和生产实践，具有很强的实用性和可操作性。为培养学生的动手能力，教材增加了实验实训的教学比重，确保教材内容与现代科学技术"并行"。教材每章首设有学习目标，后有目标检测以及实训内容，以便于学生更好地掌握中兽医的基本知识和基本技能。

为方便开展案例教学，修订过程中各位编者广泛收编临床畜禽常见病、多发病的实际案例融入教材，充实和丰富案例素材，以便强化案例教学。第二版教材单独增加了第十五章作为案例分析教学，为中兽医临床工作提供了可借鉴的信息与支持。

由于编者学术水平、编写经验所限，书中定有疏漏和不妥之处，敬请有关专家、同行和广大读者斧正。

编 者

2015 年 2 月

第一版前言

为贯彻《国务院关于大力推进职业教育改革与发展的决定》的精神，紧紧围绕《高职高专畜牧兽医类专业人才培养指导方案》，按照以综合素质为基础、以能力为本位、以就业为导向的方针，充分反映新知识、新技术、新方法，结合各地教学改革及课程设置具体情况，在教育部高等院校高职高专动物生产类教学指导委员会专家及本套教材委员会的指导下，我们联合全国相关院校的老师编写了本书。本教材立意新颖，注重应用性，增加了实训内容，强化了理论和实践的结合。

本书根据高职高专教育畜牧兽医类专业的教学计划和教学大纲，以及畜牧生产、兽医临床的实际需要，并针对"培养高素质技能型人才"的目标编写而成。本教材吸取了近年来教学改革和临床实践的经验与成果，优化教材内容，重在体现实用与应用性。为突出高等职业技术教育特点，在编写过程中，我们坚持"必需"、"够用"和"贴近学生、贴近社会、贴近岗位"的原则，力求做到内容丰富、新颖、简练，结合相关科研成果和生产实践，使其具有很强的实用性和可操作性，以实现对学生启发性教育和解决问题能力的培养。在编写结构和内容上，本书每章先设有学习目标，后有目标检测及实训内容，以便于学生更好地掌握中兽医的基本知识和基本技能。

全书共分十四章，编写分工如下：方素芳编写绪论、第一章、第二章、第四章；毕玉霞编写第三章、第十三章；秦健编写第五章；刘兴旺编写第六章；王新编写第七章；张丁华编写第八章；解慧梅、张丁华、秦健、王安、侯义宏、梁其康共同编写第九章；刘鑫编写第十章；张敬礼、刘鑫编写第十一章；毕玉霞、张丁华编写第十二章；张敬礼、苏杰编写第十四章。

由于编者学术水平、编写能力所限，书中难免有疏漏和不妥之处，敬请有关专家、同行和广大读者斧正。

编　者

2009 年 6 月

绪论 ·· 001

【学习目标】 ·· 001
一、中兽医学的概念 ·· 001
二、中兽医学的发展概况 ····································· 001
三、中兽医学的基本特点 ····································· 003
四、学习中兽医学的目的和方法 ·························· 005
【目标检测】 ·· 005

第一篇　基础理论　　　007

第一章　阴阳五行学说 ·· 008

【学习目标】 ·· 008
第一节　阴阳学说 ·· 008
一、阴阳的基本概念 ·· 008
二、阴阳学说的基本内容 ····································· 009
三、阴阳学说在中兽医中的应用 ·························· 010
第二节　五行学说 ·· 012
一、五行的基本概念 ·· 012
二、五行学说的基本内容 ····································· 012
三、五行学说在中兽医中的应用 ·························· 014
【目标检测】 ·· 015

第二章　脏腑 ·· 016

【学习目标】 ·· 016
第一节　概述 ··· 016
一、脏腑学说的概念 ·· 016
二、脏腑学说的内容 ·· 016
三、脏腑学说的特点 ·· 016
第二节　脏腑功能 ·· 017
一、五脏 ·· 017
二、六腑 ·· 022
三、脏腑之间的关系 ·· 024
第三节　气血津液 ·· 026
一、气 ··· 026
二、血 ··· 029
三、津液 ·· 029
四、气血津液之间的关系 ····································· 030
【目标检测】 ·· 031

第三章　经络 ·· 032

【学习目标】 ·· 032
第一节　概述 ··· 032
一、经络学说的含义与起源 ································· 032
二、经络系统的组成 ·· 033
三、十二经脉和奇经八脉 ····································· 033
第二节　经络的主要作用 ····································· 034
一、生理方面 ·· 035
二、病理方面 ·· 035
三、诊断和治疗方面 ·· 035
【目标检测】 ·· 036

第四章　病因病机 ··· 037

【学习目标】 ·· 037
第一节　病因 ··· 037
一、外感致病因素 ·· 037
二、内伤致病因素 ·· 042
三、其他致病因素 ·· 043
第二节　病机 ··· 045
一、邪正消长 ·· 045
二、阴阳失调 ·· 046

三、气血失调 ················· 047
　四、津液代谢失常 ············· 048
【目标检测】 ····················· 049

第二篇　中药方剂　　051

第五章　中药总论 ········· 052

【学习目标】 ····················· 052
第一节　中药材生产 ············· 052
　一、采集 ······················· 052
　二、加工 ······················· 053
　三、储藏 ······················· 054
第二节　中药的性能 ············· 054
　一、四气五味 ··················· 054
　二、升降浮沉 ··················· 055
　三、归经 ······················· 056
第三节　中药的炮制 ············· 056
　一、炮制的目的 ················· 056
　二、炮制的方法 ················· 057
第四节　中药的应用 ············· 058
　一、配伍 ······················· 058
　二、禁忌 ······················· 059
　三、剂型 ······················· 060
　四、剂量 ······················· 061
　五、用法 ······················· 061
【目标检测】 ····················· 062
【实训一】　中药炮制一 ········· 062
【实训二】　中药炮制二 ········· 063

第六章　常用中药 ········· 064

【学习目标】 ····················· 064
第一节　解表药 ·················· 064
　一、辛温解表药 ················· 064
　二、辛凉解表药 ················· 068
第二节　清热药 ·················· 072
　一、清热泻火药 ················· 072
　二、清热燥湿药 ················· 074
　三、清热凉血药 ················· 077
　四、清热解毒药 ················· 079
　五、清热解暑药 ················· 083
第三节　泻下药 ·················· 085
　一、攻下药 ····················· 085
　二、润下药 ····················· 087
　三、峻下逐水药 ················· 088
第四节　消导药 ·················· 090
第五节　祛湿药 ·················· 091
　一、祛风湿药 ··················· 092
　二、利湿药 ····················· 095
　三、化湿药 ····················· 097
第六节　化痰止咳平喘药 ········· 098
　一、温化寒痰药 ················· 099
　二、清化热痰药 ················· 100
　三、止咳平喘药 ················· 101
第七节　理气药 ·················· 103
第八节　理血药 ·················· 106
　一、活血药 ····················· 107
　二、止血药 ····················· 111
第九节　温里药 ·················· 114
第十节　平肝药 ·················· 116
　一、平肝明目药 ················· 116
　二、平肝息风药 ················· 118
第十一节　安神开窍药 ··········· 121
　一、安神药 ····················· 121
　二、开窍药 ····················· 123
第十二节　收涩药 ················ 124
　一、涩肠止泻药 ················· 125
　二、敛汗涩精药 ················· 126
第十三节　补虚药 ················ 128
　一、补气药 ····················· 129
　二、补血药 ····················· 131
　三、补阳药 ····················· 133
　四、补阴药 ····················· 135
第十四节　驱虫药 ················ 138
第十五节　外用药 ················ 141
【目标检测】 ····················· 143
【实训三】　药用植物形态识别 ··· 143
【实训四】　药用植物标本制作 ··· 145
【实训五】　常用中药、饮片实物辨认 ··· 146
【实训六】　清热解毒药的抗菌实验 ··· 146

第七章　方剂总论 ········· 148

【学习目标】 ····················· 148
　一、方剂的概念 ················· 148
　二、立法与组方的原则 ··········· 148
　三、方剂的加减变化 ············· 149

第八章　常用方剂 ·············· 150

第一节　清热方 ·············· 150
一、清热泻火方 ·············· 150
二、清热解毒方 ·············· 151
三、清营凉血方 ·············· 152
四、清热燥湿方 ·············· 153
五、清热祛暑方 ·············· 155
六、清虚热方 ·············· 155

第二节　解表方 ·············· 156
一、辛温解表方 ·············· 156
二、辛凉解表方 ·············· 157

第三节　泻下方 ·············· 158
一、攻下方 ·············· 159
二、润下方 ·············· 159
三、逐水方 ·············· 160

第四节　消导方 ·············· 160
一、曲麦散 ·············· 161
二、消滞汤 ·············· 161

第五节　和解方 ·············· 162
一、小柴胡汤 ·············· 162
二、逍遥散 ·············· 162

第六节　化痰止咳平喘方 ·············· 163
一、二陈汤 ·············· 163
二、止嗽散 ·············· 163
三、款冬花散 ·············· 164
四、麻杏石甘汤 ·············· 164

第七节　祛湿方 ·············· 165
一、祛风胜湿方 ·············· 165
二、理气燥湿方 ·············· 166
三、利水渗湿方 ·············· 167

第八节　理气方 ·············· 168
一、健脾散 ·············· 168
二、消胀汤 ·············· 168
三、越鞠丸 ·············· 169

第九节　理血方 ·············· 169
一、当归散 ·············· 169
二、红花散 ·············· 170
三、桃红四物汤 ·············· 170
四、秦艽散 ·············· 170

第十节　平肝方 ·············· 171
一、决明散 ·············· 171
二、洗肝散 ·············· 171
三、镇肝熄风汤 ·············· 171

第十一节　安神开窍方 ·············· 172
一、朱砂散 ·············· 172
二、镇心散 ·············· 172

第十二节　收涩方 ·············· 173
一、乌梅散 ·············· 173
二、牡蛎散 ·············· 173
三、固精散 ·············· 174

第十三节　补益方 ·············· 174
一、四君子汤 ·············· 174
二、参苓白术散 ·············· 175
三、补中益气汤 ·············· 175
四、四物汤 ·············· 175
五、当归补血汤 ·············· 176
六、归脾汤 ·············· 176
七、六味地黄丸 ·············· 177
八、百合固金汤 ·············· 177
九、肾气丸 ·············· 177

第十四节　胎产方 ·············· 178
一、生化汤 ·············· 178
二、通乳散 ·············· 178

第十五节　驱虫方 ·············· 179
一、化虫汤 ·············· 179
二、肝蛭散 ·············· 179

第十六节　痈疡方 ·············· 180
一、苇茎汤 ·············· 180
二、仙方活命饮 ·············· 180
三、五味消毒饮 ·············· 180

第十七节　外用方 ·············· 181
一、生肌散 ·············· 181
二、青黛散 ·············· 181
三、冰硼散 ·············· 182
四、九一丹 ·············· 182
五、接骨膏 ·············· 182
六、擦疥方 ·············· 183

【目标检测】 ·············· 191
【实训七】 木槟硝黄散及其拆方对兔离体肠管的作用 ·············· 191
【实训八】 五苓散的利尿作用 ·············· 192

第三篇　临床　195

第九章　诊法 ·············· 196

【学习目标】 ·············· 196

第一节　望诊 ·············· 196

一、整体望诊 …………………………… 196
　　二、局部望诊 …………………………… 198
　　三、察口色 ……………………………… 200
　第二节　闻诊 ……………………………… 202
　　一、听声音 ……………………………… 202
　　二、嗅气味 ……………………………… 203
　第三节　问诊 ……………………………… 204
　　一、问发病及诊疗经过 ………………… 204
　　二、问饲养管理及使役情况 …………… 204
　　三、问既往病史和防疫情况 …………… 205
　　四、问繁殖配种情况 …………………… 205
　第四节　切诊 ……………………………… 205
　　一、脉诊 ………………………………… 205
　　二、触诊 ………………………………… 207
　【目标检测】 ……………………………… 209
　【实训九】　问诊与望诊 ………………… 209
　【实训十】　闻诊与切诊 ………………… 209

第十章　辨证论治 …………………………………………………………………………… 211

　【学习目标】 ……………………………… 211
　第一节　八纲辨证 ………………………… 211
　　一、表里 ………………………………… 211
　　二、寒热 ………………………………… 213
　　三、虚实 ………………………………… 214
　　四、阴阳 ………………………………… 216
　第二节　脏腑辨证 ………………………… 217
　　一、心与小肠病证 ……………………… 217
　　二、肝与胆病证 ………………………… 218
　　三、脾与胃病证 ………………………… 220
　　四、肺与大肠病证 ……………………… 221
　　五、肾与膀胱病证 ……………………… 223
　　六、脏腑兼病辨证 ……………………… 224
　第三节　卫气营血辨证 …………………… 225
　　一、卫气营血证治 ……………………… 225
　　二、卫气营血的传变规律 ……………… 227
　【目标检测】 ……………………………… 228
　【实训十一】　辨证 ……………………… 228
　【实训十二】　番泻叶致脾虚证动物模型的
　　　　　　　　造模方法 ………………… 228

第十一章　防治法则 ………………………………………………………………………… 230

　【学习目标】 ……………………………… 230
　第一节　预防原则 ………………………… 230
　　一、未病先防 …………………………… 230
　　二、既病防变 …………………………… 231
　第二节　治疗原则 ………………………… 231
　　一、扶正与祛邪 ………………………… 231
　　二、标本同治 …………………………… 232
　　三、同治与异治 ………………………… 233
　　四、三因制宜 …………………………… 234
　第三节　治法 ……………………………… 234
　　一、基本治法 …………………………… 234
　　二、八法的配合应用 …………………… 235
　【目标检测】 ……………………………… 236

第十二章　针灸总论 ………………………………………………………………………… 237

　【学习目标】 ……………………………… 237
　第一节　针灸的特点 ……………………… 237
　第二节　针灸基本知识 …………………… 237
　　一、针术 ………………………………… 237
　　二、灸术 ………………………………… 242
　第三节　针刺麻醉 ………………………… 244
　　一、常用针麻穴位 ……………………… 244
　　二、针麻方法 …………………………… 245
　第四节　新针疗法 ………………………… 245
　　一、新针疗法 …………………………… 245
　　二、电针疗法 …………………………… 246
　　三、水针疗法 …………………………… 246
　　四、激光针灸疗法 ……………………… 247

第十三章　常用穴位及应用 ………………………………………………………………… 248

　第一节　牛的常用穴位及应用 …………… 248
　　一、头部穴位 …………………………… 248
　　二、躯干部穴位 ………………………… 249
　　三、前肢穴位 …………………………… 250
　　四、后肢穴位 …………………………… 251
　第二节　猪的常用穴位及应用 …………… 252
　第三节　马的常用穴位及应用 …………… 255
　　一、头部穴位 …………………………… 255
　　二、躯干部穴位 ………………………… 256
　　三、前肢穴位 …………………………… 258
　　四、后肢穴位 …………………………… 259
　第四节　犬的常用穴位及应用 …………… 260
　第五节　鸡的常用穴位及应用 …………… 262
　【目标检测】 ……………………………… 263
　【实训十三】　畜禽针灸取穴及操作 …… 263

第十四章　常见病证 ... 268

【学习目标】 ... 268
一、发热 ... 268
二、咳嗽 ... 270
三、喘证 ... 271
四、慢草与不食 ... 272
五、呕吐 ... 273
六、腹胀 ... 274
七、腹痛 ... 276
八、流涎吐沫 ... 278
九、泄泻 ... 279
十、痢疾 ... 280
十一、便秘 ... 281
十二、便血 ... 282
十三、尿血 ... 283
十四、淋证 ... 283
十五、水肿 ... 284
十六、胎动 ... 285
十七、胎气 ... 286
十八、产前不食 ... 286
十九、胎衣不下 ... 287
二十、缺乳 ... 288
二十一、垂脱证 ... 288
二十二、血虚 ... 290
二十三、滑精 ... 291
二十四、带证 ... 291
二十五、不孕症 ... 292
二十六、中暑 ... 294
二十七、汗证 ... 295
二十八、虚劳 ... 295
二十九、黄疸 ... 296
三十、肝热传眼 ... 297
三十一、痹证 ... 297
三十二、五攒痛 ... 298
三十三、跛行 ... 299
三十四、皮肤瘙痒 ... 302
三十五、疮黄疔毒 ... 303
三十六、虫积 ... 306

【目标检测】 ... 307
【实训十四】 感冒、咳嗽、气喘辨证论治的基本技能一 ... 307
【实训十五】 泄泻、痢疾、便秘辨证论治的基本技能二 ... 309
【实训十六】 慢草不食、食草不转、腹胀辨证论治的基本技能三 ... 310

第十五章　中兽医病案分析 ... 312

参考文献 ... 316

绪　论

【学习目标】
1. 了解中兽医学的发展概况及展望。
2. 掌握中兽医学的概念及两个基本特点。

一、中兽医学的概念

中兽医学是研究中国传统兽医学的理、法、方、药、针灸等，用以防治畜禽病证为主要内容的科学，故又称中国传统兽医学。其起源于中国古代，是我国历代劳动人民同畜禽疾病斗争的经验总结，在长期的医疗实践过程中，逐渐形成并发展了以阴阳五行学说为指导思想，以整体观念和辨证论治为特点的理论体系和以四诊、辨证、方药及针灸为主要手段的诊疗方法。中兽医学是我国宝贵文化遗产的一部分。几千年来，中兽医学理论有效地指导着中兽医的临床实践，为我国及世界畜牧业的发展做出了巨大贡献。

二、中兽医学的发展概况

中兽医学起源于原始社会，即人类开始驯化野生动物为家畜的时期。人们把火、石器、骨器等，用于战胜人、畜疾病，出现了温热疗法、针砭术和外治法等。考古学发现，在新石器时代的河南仰韶遗址（公元前5000～公元前3000年）中，发掘出猪、马、牛等家畜的骨骼，以及石刀、骨针和陶器等；在陕西半坡遗址（公元前4800～公元前4300年）和姜寨遗址（公元前4600～公元前4400年）中，不但发掘出猪、马、牛、羊、犬、鸡的骨骼残骸及石刀、骨针、陶器等生活和医疗用具，而且还有用细木围成的圈栏遗迹。在内蒙古多伦县头道洼新石器遗址中出土的砭石，经鉴定具有切割脓疡和针刺两种作用。这些考古发现说明，在新石器时代的仰韶文化时期，不但家畜的饲养已经普及，而且人类为了保护所饲养的动物，已开始把火、石器、骨器等战胜自然的工具用于防治动物疾病。

药物的认识，同样也源于人类的生产劳动和生活实践。原始人集体出猎，共同采集食物，必然发生过因食用某种植物而使所患疾病得以治愈，或因误食某种植物而中毒的事例。经过无数次尝试，人们对某些植物的治疗作用和毒性有了认识，获得了原始的药理学和毒理学知识。如《淮南子·修务训》中有"神农……尝百草之滋味……一日而遇七十毒"的记载，便生动地说明了药物的起源情况。

奴隶社会时期（公元前21世纪～公元前476年）我国兽医学有了初步发展，如殷商时期（公元前16世纪～公元前11世纪）的甲骨文记载有猪圈、牛棚、羊栏、马厩及人畜通用的病名和药名胃肠病、体内寄生虫、齿病、药酒等，还有青铜刀、青铜针，并开始应用阉割术。在殷周之际，产生了带有朴素性质的阴阳及五行学说，后成为中兽医学的推理工具。据《周礼》记载，约公元前11世纪，已设有专职兽医，诊治"兽病"及"兽疡"，并已采用灌药、手术及护养等综合措施治疗疾病。在春秋（公元前770～公元前476年）或以前还记载有人、畜通用药物100多种，以及严重危害家畜的疾病，如狂犬病、疥癣及猪囊虫（米猪）等。

封建社会前期（公元前475～公元265年）是中兽医学进一步奠定基础的阶段。当时出现了《黄帝内经》（约公元前3世纪），总结了秦汉以前几千年的医学经验，是一部十分珍贵的医学遗产。中兽医学的基本理论就源于这本书，并一直有效地指导着临床实践。书中还记载了以预防为主的"治未病"医学思想。秦汉时期（公元前221～公元220年），中兽医学又有了进一步发展，如秦代出现的"厩苑律"是世界上最早的兽医法规。汉代出现的《神农本草经》是我国最早的一部人畜通用药学专著，是汉以前药物知识的总结，收载药物365种，而且对药物性味、功能已有明确的认识，如"牛扁（草药名）疗牛病"，"桐叶治猪奉"，特别是用水银治疗皮肤病更是世界医学史籍中最早的记载。汉代名医张仲景著有《伤寒杂病论》，充实和发展了前人辨证论治的经验，一直为兽医临床所借鉴，后世医者称此书为"方书之祖"。在汉简中还记载有兽医方剂，并把药做成丸剂给马内服。依据记载这一时期已用铁制九针，且针药并用治兽病。用革制马鞋护蹄，出现了专门的马医、牛医及畜牧兽医书《相六畜三十八卷》、《马经》、《牛经》等。东汉名医华佗发明了全身麻醉的"麻沸散"，推动了外科手术的发展。

封建社会中期（公元265～1368年）中兽医学形成了完整的学术体系，并继续向前发展。在魏晋南北朝时，晋人葛洪（公元281～341年）所著《肘后备急方》中炼丹术的记载成为制药化学的开端，比欧洲早500～600年。其中还有治六畜"诸病方"、应用灸法和"谷道入手"的诊疗技术、黄丹治脊疮等十几种病的治疗方法，以及应用类似狂犬病疫苗，防治狂犬病；并指出疥癣里有虫。北魏贾思勰所著《齐民要术》第六卷是畜牧兽医专卷，有治疗畜病方剂40多种，对群发病提出了早期隔离的方法，用以控制疾病的发展。隋唐时期（公元581～907年）兽医学分科已较细致，病证诊治、方药、针灸均有了专著如《疗马方》、《伯乐治马杂病经》等，并已经开始兽医教育。在当时的太仆寺中就有"兽医六百人，兽医博士四人，学生一百人"。9世纪初，日本派留学生来我国学习兽医。唐人李石著的《司牧安骥集》是我国最早的教科书，也是较完整的一部中兽医古籍，对其理论和技术有较系统的论述。在西藏和新疆出现《医马论》、《牛医方》等。唐高宗时所颁的《新修本草》，被认为是世界上最早的一部人畜通用药典。孙思邈著《备急千金要方》和《千金翼方》，对祖国医药学特别是方剂学的发展做出重要贡献，被后人称之为"药王"。宋元时期（公元960～1368年）中兽医学有了进一步的发展与充实。已有专门疗养马的"病马监"，病浅者送上监，病重者送下监，是中国兽医院的开端。还有尸体剖检机构"剥皮所"，相当于兽医药房的"药密库"。此时期还出版有不少兽医专著，如《明堂灸马经》、《伯乐碱经》、《医驼方》、《疗驼经》、《马经》、《安骥方》、《重集医马方》等，促进了兽医技术的发展。据《使辽录》记载，11世纪时，我国少数民族已用醇作麻醉剂，进行马的切肺手术。北宋末出现著名兽医常顺；元代出现著名兽医卞宝（卞管勾），著有《痊骥通玄论》，对脏腑病理及一些多发病进行了总结性论述，并提出了"胃气不和，则生百病"的脾胃发病学说。

封建社会后期（公元1368～1840年）中兽医学得到进一步总结和发展。明代著名的兽医喻本元、喻本亨所著的《元亨疗马集》，内容丰富，是国内外流传最广的一部中兽医代表作。李时珍"岁历三十稔，书考八百余家"，编著了举世闻名的《本草纲目》，收载药物1892种，方剂11096首，附图1160幅，内容极为丰富，为人畜通用。刊行后不久，即传往国外，对世界医药学的发展做出了杰出的贡献。李时珍被公认为世界伟大科学家之一。但鸦片战争前的清代，中兽医学发展极其缓慢，李玉书于1736年对《元亨疗马集》进行改编，增加了部分内容，也删去了"东溪素问"中二十多论，现代流行的多是该版本。郭怀西编撰《注释马牛驼经大全集》。此后，仅有部分著作如《抱犊集》、《串雅兽医方》、《养耕集》等湮流于民间。

鸦片战争以后（1840～1949年），我国沦为半殖民地半封建社会，中兽医学被认为是"医方小道"，广大民间兽医遭到压迫，以致"无人学兽医者久矣"（《猪经大全·序》）。这一阶段的中兽医书籍主要有《抱犊集》（佚名，1850年）、《牛马快捷方式》（李春松，1861年）、《活兽慈舟》（李南晖，1873年）、《牛经切要》（佚名氏，1886年）、《猪经大全》（佚名氏，1891年）、《牛经备要医方》等（沈莲舫，1924年）；流传的抄本主要有《畜宝》（佚名，1900年）、《驹儿编全卷》（佚名，1909年）、《治骡马良方》（1933年）等。《活兽慈舟》侧重黄牛、水牛同证异治，《畜宝》重点收集猪牛犬猫相法，《猪经大全》据考是四川人的作品。

1904年，北洋政府在保定建立了北洋马医学堂，从此西方现代兽医学开始有系统地在中国传播，使得中国出现了两种不同学术体系的兽医学，因而有了中、西兽医学之分。当时国内的反动统治阶级对中医和中兽医学采取了摧残及扼杀政策，于1929年悍然通过了"废止旧医案"，立即遭到了广大人民群众的强烈反对。在此情况下，民间兽医遭受歧视和压迫，严重地阻碍了中兽医学的发展。但这一时期仍出现了《驹儿编全卷》（1909年）、《治骡马良方》（1933年）以及《兽医实验国药新手册》（1940年）等书籍。

1949年中华人民共和国成立后，中兽医学进入了一个蓬勃发展的新阶段。1956年1月，国务院颁布了《加强民间兽医工作的指示》，对中兽医提出了"团结、使用、教育和提高"的政策。当年9月在北京召开了第一届"全国民间兽医座谈会"，提出了"使中西兽医紧密结合，把我国兽医学术推向一个新的阶段"的战略目标。全国各中、高等农业院校设立中兽医学课程或开办中兽医学专业，培养了大批中兽医专门人才。1956年在中国畜牧兽医学会中成立了中兽医学小组，1979年成立了中西兽医结合学术研究会，后更名为中国畜牧兽医学会中兽医学分会。这一学术组织在团结广大中兽医工作者、促进中兽医学术发展、扩大国际交流等方面做了大量工作。改革开放以来，随着我国对外交流的不断增加，中兽医学特别是兽医针灸在国外的影响也越来越大，不少院校先后多次举办了国际兽医针灸培训班，或派出专家到国外讲学，促进了中兽医学在世界范围内的传播。近年来，中兽医学在临床应用方面，也有了进一步提高和发展，创造出了许多新疗法和新剂型。随着我国人民饲养宠物的增加，中兽医技术在治疗犬、猫疾病方面，积累了相当丰富的经验。中药饲料添加剂的研究和应用，不但显示出中药在促进动物生产性能和防治动物疾病方面有其独特作用，而且也将在环保及保护人民身体健康方面发挥重要作用。

三、中兽医学的基本特点

中兽医学在发展的早期，便接受了中国古代朴素唯物论和自发辩证法的指导思想，通过长期的临床实践，逐步形成了以整体观念和辨证论治为基本特点的学术体系。

1. 整体观念

中兽医学认为，动物体本身各组成部分之间，在结构上不可分割，在生理功能上相互协调，在病理变化上相互影响，是一个有机的整体。同时，动物生活在自然环境中，它与外界环境之间紧密相关。自然界既是动物正常生存的条件，也可成为疾病发生的外部因素，动物要适应自然界的变化，以维持机体正常的生命活动，即动物体与自然环境构成一个整体。因此，中兽医学的整体观念，实际上是指动物体本身的整体性和动物体与自然环境的整体性两个方面，它贯穿于中兽医学生理、病理、诊法、辨证和治疗的各个方面。

（1）动物体本身的整体性　中兽医学认为，动物体是以心、肝、脾、肺、肾五个生理系统为中心，通过经络使各组织器官紧密相连而形成的一个完整、统一的有机体。五脏与六腑互为表里，与九窍各有所属，各脏腑组织器官之间相互依赖、相互联系，以维持机体内部的平衡和正常的生命活动。

中兽医认识疾病，首先着眼于整体，重视整体与局部之间的关系。一方面，机体某一部分的病变，可以影响到其他部分，甚至引起整体性的病理改变，如脾气虚本为一脏病变，但迁延日久，则会因机体生化乏源而引起肺气虚、心气虚，甚至全身虚弱。另一方面，整体的状况又可影响局部的病理过程，如全身虚弱的动物，其创伤愈合较慢等。总之，疾病是整体患病，局部病变是整体患病的局部表现。

中兽医诊察疾病，往往是从整体出发，通过观察机体外在的各种临床表现，去分析研究内在的全身或局部的病理变化，即察外而知内。由于动物体是一个有机整体，因此，无论整体病变还是局部病变，都必然会在机体的形体、窍、液及色脉等方面有所反映。以察口色为例，察口色观察的是口舌局部的变化，但通过对口色的观察，可以分析机体内部脏腑的虚实、气血的盛衰、津液的盈亏、病邪的轻重、疾病的进退等。

中兽医治疗疾病亦从整体出发，既注意脏腑之间的联系，又注意脏腑与形体、窍、液的联系。如见口舌糜烂，当知心开窍于舌，便认为此即心火亢盛的表现，应以清心泻火的方法治疗。此外，"表里同治"或"从五官治五脏"，以及"见肝之病，当先实脾"等，都是从整体观念出发，确定治疗原则和治疗方法的具体体现。

（2）动物体与自然环境的整体性　中兽医学认为，动物体与自然环境之间是既相互对立而又统一的。动物不能离开自然界而生存，自然环境的变化可以直接或间接地影响动物体的生理功能。当动物能够通过调节自身的功能活动以适应所处环境的变化时，便不致引起疾病，否则就会导致病理过程。例如，一年四季的气候变化是春温、夏热、秋凉、冬寒，动物可以通过气血进行调节适应。如春夏阳气外泄，气血趋于表，则皮肤松弛，疏泄多汗；秋冬阳气收藏，气血趋于里，则皮肤致密，少汗多尿。同样，随四时的不同，动物的口色有"春如桃花夏似血，秋如莲花冬似雪"的变化，脉象有"春弦、夏洪、秋毛、冬石"的改变，这都属于正常生理调节范围。但当气候异常或动物调节适应机能失调，使机体与外界环境之间失去平衡时，则可引起与季节性环境变化相关的疾病，如风寒、风热、中暑等。

由于动物体与自然环境相关，因此在治疗动物疾病时，就要考虑到自然环境对动物体的影响。古人在总结自然界的变化对机体影响规律的基础上，提出了一些有关疾病防治的措施。例如，脾肾阳虚咳喘，往往夏季减轻，秋冬加重，常用"温补脾肾"之剂调养，并着重在阳气最旺的夏季来调养预防，此谓"春夏养阳"；而阴虚肝旺的动物，春季易使病发作，故在阴盛的冬季给予滋补，以预防春季发生，此谓"秋冬养阴"。此外，"因时、因地、因畜制宜"的治疗原则，也是整体观念在中兽医治疗中的体现。

总之，中兽医学中的整体观念，对于动物疾病的防治有着极为重要的指导意义。临床实践中，一定要从整体观念出发，既要考虑到动物体本身的整体性，又要注意到动物体和外界环境的相关性，只有这样才能对病证做出正确的诊断，确定有效的防治措施。

2. 辨证论治

辨证论治是中兽医认识疾病、确定防治措施的基本过程。"辨证"是把通过四诊所获取的病情资料，进行分析综合，以判断为某种性质的"证"的过程，即识别疾病证候的过程；"论治"是根据证的性质确定治则和治法的过程。辨证是确定治疗的前提和依据，论治是治疗疾病的手段和方法，也是辨证的目的。治疗原则和治疗措施是否恰当，取决于辨证是否正确；而辨证论治的正确性，又有待于临床治疗效果的检验。因此，辨证和论治是诊疗疾病过程中相互联系不可分割的两个方面，也是理法方药在临床上的具体运用。

为了很好地理解"证"的概念，必须把"病"、"证"、"症"三者做一比较。"病"，是指有特定病因、病机、发病形式、发展规律和转归的一个完整的病理过程，即疾病的全过程，如感冒、痢疾、肺炎等。"症"，即症状，是疾病的具体临床表现，如发热、咳嗽、呕吐、疲乏无力等。"证"，既不是疾病的全过程，又不是疾病的某一项临床表现，而是对疾病发展过程中，不同阶段和不同类型病机的本质，包括病因（如风寒、风热、湿热等）、病位（如表、里、脏、腑等）、病性（如寒、热等）和邪正关系（如虚、实等）的概括，它既反映了疾病发展过程中，该阶段病理变化的全面情况，同时也提出了治疗方向。如"脾虚泄泻"证，既指出病位在脾，正邪力量对比属虚，临床症状主要表现为泄泻，又能据此推断出致病因素为湿，从而也就指出了治疗方向为"健脾燥湿"。由之可见，"病"是机体发生病理变化的全过程，"症"是专指病证的外在表现，"证"是对疾病过程不同阶段和不同类型的概括。换言之，由于"证"反映的是疾病在某一特定阶段病理变化的实质，因此，在辨病基础上的辨证是中兽医认识和分析疾病的重要特点。

相对于"辨病治疗"和"对症治疗"，中兽医学的辨证论治更能抓住疾病发展不同阶段的本质，它既看到同一种病可以包括不同的证，又看到不同的病在发展过程中可以出现相同的证，因而可以采取"同病异治"或"异病同治"的治疗措施。如同为外感表证，若属外感风寒，则治宜辛温解表，方用麻黄汤类；若属外感风热，则治宜辛凉解表，方用银翘散类，此谓"同病异治"；而脱肛、子宫下垂、虚寒泄泻等病，虽然性质不同，但当其均以中气下陷为主症时，都可以补中益气之剂进行治疗，谓之"异病同治"。

四、学习中兽医学的目的和方法

1. 学习目的

中兽医学和西兽医学都是人们在长期同畜病作斗争的实践中创造的。其形成和发展，由于地理环境和历史、文化等差异，各自具有不同的特点。中兽医学在过去的历史长河中，保证畜禽健康，为畜牧业的发展作出了巨大贡献，深受群众欢迎。由于历史限制，仅靠直观来做归纳分析和判断，未能和现代科学结合，未能实现与严密的科学转变，所以必须努力发掘、整理提高中兽医学。西兽医诊断和治疗疾病，是在病因学、病理学、病理生理学、解剖组织学的基础上依靠病史、临床症状和体征进行，更重要的是以实验室检查所见为依据；辨病比较细致、深入、具体、特异性比较强，治疗上针对性也比较强。但过多强调病变局部，相对地忽视整体，在一定程度上存在机械唯物论观点。对一些无法诊断的疾病其防治措施相对来说就显得贫乏。辨证是中兽医的特点，是其所长；辨病是西兽医的优点。辨证与辨病相结合的中西结合，各取所长，各弃所短，彼此取长补短。如能够做好，其宽广的远景是无限的。

目前我国正从两个方面着手实现这一历史任务。一是中兽医现代化，就是运用现代科学与技术对中兽医学进行取其精华，去其糟粕，系统地进行整理，完整地进行研究，注意保留传统特色，使中兽医学理论与技术的优点、长处得到保持和发扬，继续为人类服务；二是中西结合，就是取两医之长，补两医之短，在医学上形成新的认识、新的理论、新的技术。经多年的探索，对中西兽医结合的方式和途径，如从理论上结合、从方药上结合、从针灸上结合等都取得了成果。只要很好地继承和发扬传统中兽医学，使之实现现代化，使中西兽医结合，就能形成具有中国特色和时代特点的兽医学并跻身于世界医学之林。这是历史赋予我们的一项极其光荣而又艰巨的任务。

所以通过理论学习和教学实习，掌握以"整体观念"和"辨证论治"为特点的基本理论和实际操作技能，初步具有独立分析及诊治动物疾病的能力，并能贯彻"继承和发扬祖国兽医学的遗产"的方针，肩负起继承和发扬中兽医学的历史使命，为发展畜牧业生产和提高人民生活质量服务。

2. 学习方法

（1）以唯物辩证法为指导　中兽医学是在古代朴素唯物论和自发辩证法思想的指导下形成和发展起来的，受当时历史条件的限制，它在解释动物的生理功能和病理变化时，借用了一些属于古代哲学范畴的概念。因此，中兽医学中包含了大量的哲学内容。这就要求我们在学习时，要理解中兽医学中的哲学内容，掌握中兽医学认识和分析事物的基本观点。在学习中，还要运用唯物辩证法的观点，对其去粗取精、去伪存真，吸收其精华，予以继承和发扬。

（2）注意理论联系实际　中兽医学的形成和发展经历了几千年的时间，其理论、方药及针灸等诊疗技术都是从临床实践中总结出来的，是一门实践性极强的科学，只有做到理论与临床实践相结合，才能加深对中兽医学理论的认识，加快对各项临床诊疗技术的掌握。

（3）注意中西兽医学是两套不同的学术体系　中、西兽医学是在不同历史条件下形成的两套不同的学术体系。因此，在学习中兽医学时，应根据中兽医学的特点，以"整体观念"和"辨证论治"为核心，逐步做到对中兽医学的理、法、方、药及针灸等内容融会贯通。虽然在学习中可以把中西兽医学的有关内容进行比较，但不能生搬硬套，也不能强求用西兽医学的观点来解释中兽医学的一切理论，对于暂时还不能用现代兽医学观点做出解释的，先接受，再慢慢理解，不应轻易否定。

【目标检测】

1. 为什么说中兽医学是一个伟大的宝库？
2. 什么是整体观念？其主要内容和意义是什么？
3. 什么是症、证、病？三者之间关系如何？
4. 怎样理解辨证论治？

第一篇

基础理论

第一章 阴阳五行学说

【学习目标】
1. 了解阴阳概念的形成过程，正确理解阴阳的含义，掌握阴阳变化的基本规律。
2. 了解五行概念的形成过程及五行的特性，掌握五行归类及五行的相互关系。

阴阳五行学说，是我国古代带有朴素唯物论和自发辩证法性质的哲学思想，是用以认识世界和解释世界的一种世界观和方法论。约在2000多年以前的春秋战国时期，这一学说被引用到医药学中来，作为推理工具，借以说明动物体的组织结构、生理功能和病理变化，并指导临床的辨证及病证防治，成为中兽医学基本理论的重要组成部分。

第一节 阴阳学说

阴阳学说，是以阴和阳的相对属性及其消长变化来认识自然、解释自然、探求自然规律的一种宇宙观和方法论，是中国古代朴素的对立统一理论。中兽医学引用阴阳学说来阐释兽医学中的许多问题，以及动物和自然的关系，并贯穿于中兽医学的各个方面，成为中兽医学的指导思想。

一、阴阳的基本概念

阴阳，是中国古代哲学中用以概括对立统一关系的一对范畴，是对相互关联又相互对立的两种事物，或同一事物内部对立双方属性的概括。

阴阳的最初含义是指日光的向背，向日为阳，背日为阴，以日光的向背定阴阳。向阳的地方具有明亮、温暖的特性，背阳的地方具有黑暗、寒冷的特性，于是又以这些特性来区分阴阳。在长期的生产生活实践中，古人遇到种种似此相互联系又相互对立的现象，于是就不断地引申其义，将天地、上下、日月、昼夜、水火、升降、动静、内外、雌雄等，都用阴阳加以概括，阴阳也因此而失去其最初的含义，成为一切事物对立而又统一的两个方面的代名词。古人正是从这一朴素的对立统一观念出发，认为阴阳两方面的相反相成，消长转化，是一切事物发生、发展、变化的根源。如《素问·阴阳应象大论》中说："阴阳者，天地之道也，万物之纲纪，变化之父母，生杀之本始。"意思是说，阴阳是宇宙间的普遍规律，是一切事物所服从的纲领，各种事物的产生与消亡，都根源于阴阳的变化。

阴阳既然是指矛盾的两个方面，也就代表了事物两种相反的属性。一般认为，识别阴阳的属性，是以上下、动静、有形无形等为准则。概括起来，凡是向上的、运动的、无形的、温热的、向外的、明亮的、亢进的、兴奋的及强壮的均属于阳，而凡是向下的、静的、有形的、寒凉的、向内的、晦暗的、减退的、抑制的及虚弱的均属于阴。阴阳既可以代表相互对立的事物或现象，又可以代表同一事物内部对立着的两个方面。前者如天与地、昼与夜、水与火、寒与热等，后者如人体内部的气和血、脏与腑，中药的温性与寒性等。

阴阳所代表的事物属性，不是绝对的，而是相对的。这种相对性，一方面表现为阴阳双方是通过比较而加以区分的，单一事物无法确定阴阳；另一方面，则表现为阴阳之中复有阴阳。如以背部和胸腹的关系来说，背部为阳，胸腹为阴；而属阴的胸腹，又以胸在膈前属阳，腹在膈后属阴。又如以脏腑的关系来说，脏为阴，腑为阳；而属于阴的五脏，又以心、肺位居膈前而属阳，肝、脾、肾位居膈后而属阴；属于阴的肝，又因其气主升，性疏泄而属阳，为阴中之阳。这些都说明阴阳是相对的，阴阳之中复有阴阳。由此可见，宇宙中的任何事物都可以概括为阴和阳两类，任何一种事物内部又可以分为阴和阳两个方面，而每一事物内部阴或阳的一方，还可以再分阴阳。这种事物既相互对立又相互联系的现象，在自然界是无穷无尽的。故《素问·金匮真言论》说："阴中有阳，阳中有阴。"《素问·阴阳离合论》中说："阴阳者，数之可十，推之可百，数之可千，推之可万，万之大，不可胜数，然其要一也。"

总之，阴阳具有以下特性：阴阳的普遍性——阴阳的对立统一是天地万物运动变化的总规律；阴阳的相对性——阴阳属性是相对的，随时间条件而变化；阴阳的无限可分性——阴阳之中复有阴阳。

二、阴阳学说的基本内容

1. 阴阳的相互对立

阴阳学说认为自然界一切事物都存在相互对立的两个方面。阴阳相互对立，主要表现在他们之间相互制约、相互斗争的关系。犹如力学中的作用与反作用，电学中的正电与负电一样，一切事物都存在相互对立的两个方面。阴阳之所以是相互对立的，主要表现于它们之间是相互排斥、相互斗争的。有相互斗争，才有相互制约，有制约才有规律性，有制约、有斗争，才能推动事物不断发展变化。以四季的寒暑为例，夏季虽阳热盛，但夏至以后阴气渐生，以制约炎热之阳；冬季虽阴寒盛，但冬至以后则阳气渐生，以制约严寒之阴。冰冷可以降低高温，温热可以驱散寒冷，温热属阳，寒凉属阴，相互对立的一方，总是通过斗争对另一方起制约作用。在正常畜体，脾主升（升为阳）和胃主降（降为阴），一升一降，一阴一阳，总是处于相互斗争、相互制约的状态，以保证消化功能的正常进行。若某些原因，使一方太过，另一方就不足，相对平衡就被破坏，而导致疾病的发生。

2. 阴阳的互根互用

阴阳的互根互用是指阴阳双方具有相互依存、互为根本的关系，即阴或阳的任何一方，都不能脱离另一方而单独存在，每一方都以相对立的另一方作为存在的前提和条件。如热为阳，寒为阴，没有热就无所谓寒；上为阳，下为阴，没有上也无所谓下，双方存在着相互依赖、相互依存的关系，即阳依存于阴，阴依存于阳。故《素问·阴阳应象大论》说："阳根于阴，阴根于阳。"

阴阳的互用，是指阴阳双方存在着相互资生、相互促进的关系。所谓"孤阴不生，独阳不长"、"阴生于阳，阳生于阴"，便是说"孤阴"和"独阳"不但相互依存，而且还有相互资生、相互促进的关系，即阴精通过阳气的活动而产生，而阳气又由阴精化生而来。正如《医贯砭·阴阳论》中指出："无阳则阴无以生，无阴则阳无以化。"同时，阴和阳还存在着"阴为体，阳为用"的相互依赖关系。体，即本体（结构或物质基础）；用，指功用（功能或机能活动）。体是用的物质基础，用又是体的功能表现，二者不可分割。又如《素问·阴阳应象大论》中说："阴在内，阳之守也；阳在外，阴之使也。"指出阴精在内，是阳气的根源；阳气在外，是阴精的表现（使役）。

3. 阴阳的相互消长

阴阳的相互消长是指阴阳双方不断运动变化，此消彼长，又力求维系动态平衡的关系。阴阳双方在对立制约、互根互用的情况下，不是静止不变的，而是处于此消彼长的变化过程中，正所谓"阴消阳长，阳消阴长"。例如，机体各项机能活动（阳）的产生，必然要消耗一定的营养物质（阴），这就是"阴消阳长"的过程；而各种营养物质（阴）的化生，又必须消耗一定的能量（阳），这就是"阳消阴长"的过程。在生理情况下，这种阴阳的消长保持在一定的范围内，阴阳双方维持着一个相对的平衡状态。假若这种阴阳的消长，超过了这个范围，导致了相对平衡关系的失调，就会引发疾病。如《素问·阴阳应象大论》中所说的"阴盛则阳病，阳盛则阴病"，就是指由于阴阳消长的变化，使得阴阳平衡失调，引起了"阳气虚"或"阴液不足"的病证，其治疗应分别以温补阳气和滋阴增液使阴阳重新达到平衡为原则。

4. 阴阳的相互转化

阴阳对立的双方，在一定的条件下，可以各自向其属性相反的方向转化，阴可以转化为阳，阳可以转化为阴。如果说"阴阳消长"是量变过程，"阴阳转化"便是质变过程。"重阴必阳，重阳必阴"，"寒极生热，热极生寒"。就是说阴"重"可转化为阳，阳"重"可转化为阴；寒"极"有可能向热方向转化，热"极"时，便有可能向寒方向转化。但这种阴阳转化是有条件的，这里的"重"和"极"就是条件。没有内部和外部的条件是不可能转化的，地面上的水（阴），得热才可蒸发为气体（阳）；天上的水蒸气（阳），遇寒冷才凝结成水（阴）而下降地面。在疾病的发展过程中，阴阳转化是较常见的。如急性热病，由于热毒重极，耗伤正气，在持续高热的情况下，可突然出现体温下降、四肢厥冷、脉微欲绝等一派阴寒危象。抢救及时，处理得当，使四肢转温，脉色转和，阳气恢复，病情出现转机。前者是由阳转阴，后者是由阴转阳。

三、阴阳学说在中兽医中的应用

阴阳学说贯穿于中兽医学理论体系的各个方面，用以说明动物体的组织结构、生理功能、和病理变化，并指导临床诊断和治疗。

1. 生理方面

（1）说明动物体的组织结构　根据阴阳对立统一的观点，认为动物体是一个有机的整体，其组织结构可以用阴阳两个方面加以概括说明。就大体部分来说，体表为阳，体内为阴；上部为阳，下部为阴；背部为阳，胸腹为阴。就四肢的内外侧而论，则外侧为阳，内侧为阴。就脏腑而言，则脏为阴，腑为阳；而具体到每一脏腑，又有阴阳之分，如心阳、心阴，肾阳、肾阴，胃阴、胃阳等。总之，动物体的每一组织结构，均可以根据其所在的上下、内外、表里、前后等各相对部位，以及相对的功能活动特点来概括阴阳，并进而说明它们之间的对立统一关系。

（2）说明动物体的生理　中兽医学认为，正常的生命活动是阴阳这两个方面保持对立统一的结果。如《素问·生气通天论》说："阴者，藏精而起亟（亟，可作气解）也；阳者，卫外而为固也。"就是说"阴"代表着物质或物质的储藏，是阳气的源泉；"阳"代表着机能活动，起着卫外而固守阴精的作用；没有阴精就无以产生阳气，而通过阳气的作用又不断化生阴精，二者同样存在着相互对立、互根互用、消长转化的关系。在正常情况下，阴阳保持着相对平衡，以维持动物体的生理活动，正如《素问·生气通天论》所说："阴平阳秘，精神乃治。"否则，阴阳不能相互为用而分离，精气就会竭绝，生命活动也将停止，正如《素问·生气通天论》中所说的"阴阳离决，精神乃绝"。

2. 病理方面

（1）说明疾病的病理变化　中兽医学认为，疾病是动物体内阴阳两方面失去相对平衡，出现偏盛偏衰的结果。疾病的发生与发展，关系到正气和邪气两个方面。正气，是指机体的机能活动和对病邪的抵抗能力，以及对外界环境的适应能力等；邪气，泛指各种致病因素。正气包括阴精和阳气两个部分，邪气也有阴邪和阳邪之分。疾病的过程，多为邪正斗争引起机体阴阳偏盛偏衰的过程。

在阴阳偏盛方面，认为阴邪致病，可使阴偏盛而阳伤，出现"阴盛则寒"的病证。如寒湿阴邪侵入机体，致使"阴盛其阳"，从而发生"冷伤之证"，动物表现为口色青黄，脉象沉迟，鼻寒耳冷，身颤肠鸣，不时起卧。相反，阳邪致病，可使阳偏盛而阴伤，出现"阳盛则热"的病证。如热燥阳邪侵犯机体，致使"阳盛其阴"，从而出现"热伤之证"，动物表现为高热，唇舌鲜红，脉象洪数，耳耷头低，行走如痴等症状。正如《素问·阴阳应象大论》中所说："阴胜则阳病，阳胜则阴病，阴胜则寒，阳胜则热。"《元亨疗马集》中也有"夫热者，阳胜其阴也"，"夫寒者，阴胜其阳也"的说法。

在阴阳偏衰方面，认为一旦机体阳气不足，不能制阴，会出现阴有余，发生阳虚阴盛的虚寒证；相反，如果阴液亏虚，不能制阳，会出现阳有余，发生阴虚阳亢的虚热证。正如《素问·调经论》所说："阳虚则外寒，阴虚则内热。"由于阴阳双方互根互用，任何一方虚损到一定程度，均可导致对方的不足，即所谓"阳损及阴，阴损及阳"，最终可导致"阴阳俱虚"。如某些慢性消耗性疾病，在其发展过程中，会因阳气虚弱致使阴精化生不足，或因阴精不足致使阳气化生无源，最后导致阴阳两虚。

阴阳的偏胜或偏衰，均可引起寒证或热证，但二者有着本质的不同。阴阳偏胜所形成的病证是实证，如阳邪偏胜导致实热证，阴邪偏胜导致实寒证等；而阴阳偏衰所形成的病证则是虚证，如阴虚则出现虚热证，阳虚则出现虚寒证等。故《素问·通评虚实论》说："邪气盛则实，精气夺则虚。"

（2）说明疾病的发展　在病证的发展过程中，由于病性和条件的不同，可以出现阴阳的相互转化。如"寒极则热，热极则寒"，即是指阴证和阳证的相互转化。临床上可以见到由表入里、由实转虚、由热化寒和由寒化热等的变化。如患败血症的动物，开始表现为体温升高、口舌红、脉洪数等热象，当严重者发生"暴脱"时，则转而表现为四肢厥冷、口舌淡白、脉沉细等寒象。

（3）判断疾病的转归　若疾病经过"调其阴阳"，恢复"阴平阳秘"的状态，则以痊愈而告终；若继续恶化，终致"阴阳离决"，则以死亡为转归。

3. 诊断方面

既然阴阳失调是疾病发生、发展的根本原因，因此任何疾病无论其临床症状如何错综复杂，只要在收集症状和进行辨证时以阴阳为纲加以概括，就可以执简驭繁，抓住疾病的本质。

（1）分析症状的阴阳属性　一般来说，凡口色红、黄、赤紫者为阳，口色白、青、黑者为阴；凡脉象浮、洪、数、滑者为阳，沉、细、迟、涩者为阴；凡声音高亢、洪亮者为阳，低微、无力者为阴；身热属阳，身寒属阴；口干而渴者属阳，口润不渴者属阴；躁动不安者属阳，踡卧静默者属阴。

（2）辨别证候的阴阳属性　一切病证，不外"阴证"和"阳证"两种。八纲辨证就是分别从病性（寒热）、病位（表里）和正邪消长（虚实）几方面来分辨阴阳，并以阴阳作为总纲统领各证（表证、热证、实证属阳证，里证、寒证、虚证属阴证）。临床辨证，首先要分清阴阳，才能抓住疾病的本质。故《素问·阴阳应象大论》说："善诊者，察色按脉，先别阴阳。"又如《元亨疗马集》说："凡察兽病，先以色脉为主……然后定夺其阴阳之病。"《景岳全书·传忠录》也说："凡诊病施治，必须先审阴阳，乃为医道之纲领，阴阳无谬，治焉有差？医道虽繁，而可以一言蔽之者，曰阴阳而已。故证有阴阳，脉有阴阳，药有阴阳……设能明彻阴阳，则医道虽玄，思过半矣。"

4. 治疗方面

（1）确定治疗原则　由于阴阳偏胜偏衰是疾病发生的根本原因，因此，泻其有余，补其不足，调整阴阳，使其重新恢复平衡就成为诊疗疾病的基本原则。正如《素问·至真要大论》中说："谨察阴阳所在而调之，以平为期。"对于阴阳偏胜者，应泻其有余，或用寒凉药以清阳热，或用温热药以祛阴寒，此即"热者寒之，寒者热之"的治疗原则；对于阴阳偏衰者，应补其不足，阴虚有热则滋阴以清热，阳虚有寒则益阳以祛寒，此即"壮水之主以制阳光，益火之源以消阴翳"（见王冰《素问》注释）的治疗原则。

（2）用阴阳来概括药物的性味与功能　药物的性味、功能可用阴阳加以区分，作为临床用药的依据。一般来说，温热性的药物属阳，寒凉性的药物属阴；辛、甘、淡味的药物属阳，酸、咸、苦味的药物属阴；具有升浮、发散作用的药物属阳，而具沉降、涌泄作用的药物属阴。根据药物的阴阳属性，就可以灵活地运用药物调整机体的阴阳，以期补偏救弊。如热盛用寒凉药以清热，寒盛用温热药以祛寒，便是《内经》中所指出的"寒者热之，热者寒之"用药原则的具体运用。

5. 预防方面

由于动物体与外界环境密切相关，动物体的阴阳必须适应四时阴阳的变化，否则便易引起疾病。因此，加强饲养管理，增强动物体的适应能力，就可以防止疾病的发生。正如《素问·四气调神大论》所说："春夏养阳，秋冬养阴，以从其根……逆之则灾害生，从之则疴疾不起……"

《元亨疗马集·腾驹牧养法》中也提出了"凡养马者，冬暖屋，夏凉棚"，"切忌宿水、冻料、尘草、砂石……食之"的预防措施。此外，还可以通过春季放大血、灌四季调理药等方法来调和气血，协调阴阳，预防疾病。

第二节　五行学说

五行学说也属于古代哲学范畴，它是以木、火、土、金、水五种物质的特性及其"相生"和"相克"规律来认识世界、解释世界和探求宇宙规律的一种世界观和方法论。在中兽医学中，五行学说被用以说明动物体的生理功能、病理变化，并指导临床实践。

一、五行的基本概念

五行中的"五"，是指木、火、土、金、水五种物质；"行"，是指这五种物质的运动和变化。古人在长期的生活和生产实践中发现，木、火、土、金、水是构成宇宙中一切事物的五种基本物质，这些物质既各具特性，又相互联系，运行不息。历代思想家就是将这五种物质的特性作为推演各种事物的法则，对一切事物进行分类归纳，并将五行之间的生克制化关系作为阐释各种事物之间普遍联系的法则，对事物间的联系和运动规律加以说明，从而形成五行学说的。

二、五行学说的基本内容

五行学说，是以五行的抽象特性来归纳各种事物，以五行之间生克制化的关系来阐释宇宙中各种事物或现象之间的相互联系和协调平衡。

1. 五行的特性

五行的特性，来自古人对木、火、土、金、水五种物质的自然现象及其性质的直接观察和抽象概括。一般认为，《尚书·洪范》中所说的"水曰润下、火曰炎上、木曰曲直、金曰从革、土爰稼穑"，是对五行特性的经典概括。

（1）木的特性　"木曰曲直"。曲，屈也；直，伸也。曲直，原指树木的枝条具有生长、柔和、能曲又能直的特性，后引申为凡有生长、升发、条达、舒畅等性质或作用的事物，均属于木。

（2）火的特性　"火曰炎上"。炎，有焚烧、热烈之意；上，即上升。炎上，原指火具有温热、蒸腾向上的特性，后引申为凡有温热、向上等性质或作用的事物，均属于火。

（3）土的特性　"土爰稼穑"。爰，通曰；稼，即种植谷物；穑，即收获谷物。稼穑，泛指人类种植和收获谷物等农事活动。由于农事活动均在土地上进行，因而引申为凡有生化、承载、受纳等性质或作用的事物，均属于土。故有"土载四行"、"万物土中生"和"土为万物之母"的说法。

（4）金的特性　"金曰从革"。从，即顺从；革，即变革。从革，是指金属物质可以顺从人意，变革形状，铸造成器。也有人认为，金属源于对矿物的冶炼，其本身是顺从人意，变革矿物而成，故曰"从革"。又因金之质地沉重，且常用于杀伐，因而引申为凡有沉降、肃杀、收敛等性质或作用的事物，均属于金。

（5）水的特性　"水曰润下"。润，即潮湿，滋润；下，即向下，下行。润下，是指水有滋润下行的特点，后引申为凡有滋润、下行、寒凉、闭藏等性质或作用的事物，均属于水。

2. 五行的归类

五行学说是将自然界的事物和现象，以及动物体脏腑组织器官的生理、病理现象，进行广泛联系，按五行的特性以"取类比象"或"推演络绎"的方法，根据事物不同的形态、性质和作用，分别将其归属于木、火、土、金、水五行之中。现将自然界和动物体有关事物或现象的五行归类，见表1-1。

表 1-1　五行归类

五行	动物体						自然界					
	五脏	五腑	五体	五窍	五液	五脉	五志	五季	五化	五色	五味	五气	五位
木	肝	胆	筋	目	泪	弦	怒	春	生	青	酸	风	东
火	心	小肠	脉	舌	汗	洪	喜	夏	长	赤	苦	暑	南
土	脾	胃	肌肉	口	涎	代	思	长夏	化	黄	甘	湿	中
金	肺	大肠	皮毛	鼻	涕	浮	悲	秋	收	白	辛	燥	西
水	肾	膀胱	骨	耳	唾	沉	恐	冬	藏	黑	咸	寒	北

3. 五行的相互关系

木、火、土、金、水五行之间不是孤立的、静止不变的，而是存在着有序的相生、相克及制化关系，从而维持着事物生化不息的动态平衡，这是五行之间关系正常的状态。

（1）五行相生　生，即资生、助长、促进。五行相生，是指五行之间存在着有序的资生、助长和促进关系，借以说明事物间相互协调的一面。五行相生的次序如下。

$$木 \xrightarrow{生} 火 \xrightarrow{生} 土 \xrightarrow{生} 金 \xrightarrow{生} 水 \xrightarrow{生} 木$$

在相生关系中，任何一行都有"生我"及"我生"两方面的关系。"生我"者为母，"我生"者为子。以木为例，水生木，水为木之母；木生火，火为木之子。再以金为例，土生金，土为金之母；金生水，水为金之子。五行之间的相生关系，也称为母子关系。

（2）五行相克　克，即克制、抑制、制约。五行相克，是指五行之间存在着有序的克制和制约关系，借以说明事物间相拮抗的一面。五行相克的次序如下。

$$木 \xrightarrow{克} 土 \xrightarrow{克} 水 \xrightarrow{克} 火 \xrightarrow{克} 金 \xrightarrow{克} 木$$

在相克关系中，任何一行都有"克我"及"我克"两方面的关系。"克我"者为我"所不胜"，"我克者"为我所胜。以土为例，土克水，则水为土之"所胜"；木克土，则木为土之"所不胜"。又以火为例，火克金，则金为火之"所胜"；水克火，则水为火之"所不胜"。五行之间的相克关系，也称为"所胜、所不胜"关系。

五行的这种相生相克关系的平衡协调叫做五行制化，是五行生克关系的相互结合。没有生，就没有事物的发生和成长；没有克，事物就会因过分亢进而为害，就不能维持正常的协调关系。因此，必须有生有克，相反相成，才能维持和促进事物间的平衡协调和发展变化。正如张景岳在《类经图翼·运气上》中所说："盖造化之机，不可无生，亦不可无制。无生则发育无由，无制则亢而为害。"

（3）五行相乘　乘，凌也，有欺侮之意。五行相乘，是指五行中某一行对其所胜一行的过度克制，即相克太过，是事物间关系失去相对平衡的另一种表现，其次序同于五行相克。

$$木 \xrightarrow{乘} 土 \xrightarrow{乘} 水 \xrightarrow{乘} 火 \xrightarrow{乘} 金 \xrightarrow{乘} 木$$

引起五行相乘的原因有"太过"和"不及"两个方面。"太过"是指五行中的某一行过于亢胜，对其所胜者加倍克制，导致被乘者虚弱。以木克土为例，正常情况下木克土，如木气过于亢盛，对土克制太过，土本无不足，但亦难以承受木的过度克制，导致土的不足，称为"木乘土"。"不及"是指某一行自身虚弱，难以抵御来自所不胜者的正常克制，使虚者更虚。仍以木克土为例，正常情况下木能制约土，若土气过于不足，木虽然处于正常水平，土却难以承受木的克制，导致木克土的力量相对增强，使土更显不足，称为"土虚木乘"。

（4）五行相侮　侮，有欺侮、欺凌之意。五行相侮，是指五行中某一行对其所不胜一行的反向克制，即反克，又称"反侮"，是事物间关系失去相对平衡的另一种表现。五行相侮的次序与五行相克相反。

$$木 \xrightarrow{侮} 金 \xrightarrow{侮} 火 \xrightarrow{侮} 水 \xrightarrow{侮} 土 \xrightarrow{侮} 木$$

引起相侮的原因也有"太过"和"不及"两个方面。"太过"是指五行中的某一行过于强盛，使原来克制它的一行不但不能克制它，反而受到它的反克。例如，正常情况下，金克木，但若木气过于亢盛，金不但不能克木，反而被木所反克，出现"木侮金"的逆向克制现象。"不及"是指五行中的某一行过于虚弱，不仅不能克制其所胜的一行，反而受到它的反克。例如，正常情况下，金克木，木克土，但当木过度虚弱时，不仅金来乘木，而且土也会因木之虚弱而对其进行反克，称为"土侮木"。

总之，五行的生克制化，是正常情况下五行之间相互资生、促进和相互制约的关系，是事物维持正常协调平衡关系的基本条件；而五行的相乘、相侮，则是五行之间生克制化关系失调情况下发生的异常现象，是事物间失去正常协调平衡关系的表现。

三、五行学说在中兽医中的应用

在中兽医学中，五行学说主要是以五行的特性来分析说明动物体脏腑、组织器官的五行属性，以五行的生克制化关系来分析脏腑、组织器官的各种生理功能及其相互关系，以五行的乘侮关系和母子相及来阐释脏腑病变的相互影响，并指导临床辨证论治。

1. 生理方面

（1）用五行的属性来说明脏腑器官的特性　如木有升发、舒畅条达的特性，肝喜条达而恶抑郁，主管全身气机的舒畅条达，故肝属"木"；火有温热炎上的特性，心阳有温煦之功，故心属"火"；土有生化万物的特性，脾主运化水谷，为气血生化之源，故脾属"土"；金性清肃、收敛，肺有肃降作用，故肺属"金"；水有滋润、下行、闭藏的特性，肾有藏精、主水的作用，故肾属"水"。

（2）以五行生克制化的关系说明脏腑器官之间相互资生和制约的关系　例如，肝能制约脾（木克土），脾能资生肺（土生金），而肺又能制约肝（金克木）等。又如，心火可以助脾土的运化（火生土），肾水可以抑制心火（水克火），其他依此类推。五行学说认为机体就是通过这种生克制化以维持相对的平衡协调，保持正常的生理活动。

2. 病理方面

疾病的发生及传变规律，可用五行学说加以说明。根据五行学说，疾病的发生是五行生克制化关系失调的结果，五脏之间在病理上存在着生与克的传变关系。相生的传变关系包括母病及子和子病犯母两种类型，相克的传变关系包括相乘为病和相侮为病两条途径。

（1）母病及子　是指疾病的传变是从母脏传及子脏，如肝（木）病传心（火）、肾（水）病及肝（木）等。

（2）子病犯母　是指疾病的传变是从子脏传及母脏，如脾（土）病传心（火）、心（火）病及肝（木）等。

（3）相乘为病　即相克太过而为病，其原因一是"太过"，一是"不及"。如肝气过旺，对脾的克制太过，肝病传于脾，则为"木旺乘土"；若先有脾胃虚弱，不能耐受肝的相乘，致使肝病传脾，则为"土虚木乘"。

（4）相侮为病　即反向克制而为病，其原因亦为"太过"和"不及"。如肝气过旺，肺无力对其加以制约，导致肝病传肺（木侮金），称为"木火刑金"；又如脾土不能制约肾水，致使肾病传脾（水侮土），称为"土虚水侮"。

一般来说，按照相生规律传变时，母病及子病情较轻，子病犯母病情较重；按照相克规律传变时，相乘传变病情较重，相侮传变病情较轻。

3. 诊断方面

五行学说认为，动物体的五脏、六腑与五官、五体、五色、五液、五脉之间是存在着五行属性联系的一个有机整体，脏腑的各种功能活动及其异常变化可反映于体表的相应组织器官，即

"有诸内，而必形诸外"，故脏腑发生疾病时就会表现出色泽、声音、形态、脉象诸方面的变化，据此可以对疾病进行诊断。《元亨疗马集》中提出的"察色应症"，便是以五行分行四时，代表五脏分旺四季，又以相应五色（青、赤、黄、白、黑）的舌色变化来判断健、病和预后。如肝木旺于春，口色桃色者平，白色者病，红者和，黄者生，黑者危，青者死等。又如《安骥集·清浊五脏论》中所说的"肝病传于南方火，父母见子必相生；心属南方丙丁火，心病传脾祸未生……心家有病传于肺，金逢火化倒销形；肺家有病传于肝，金能克木病难痊"，即是根据疾病相生、相克的传变规律来判断预后的。

4. 治疗方面

根据五行学说，既然疾病是脏腑之间生克制化关系失调，出现"太过"或"不及"而引起的，因此抑制其过亢，扶助其过衰，使其恢复协调平衡便成为治疗的关键。根据相生规律提出的治疗原则是"虚则补其母，实则泻其子"，若按相克规律，其治疗原则为"抑强扶弱"。后世医家根据这些治疗原则，制定出了很多治疗方法，如"扶土抑木"（疏肝健脾相结合）、"培土生金"（健脾补气以益肺气）、"滋水涵木"（滋肾阴以养肝阴）等。同时，由于一脏的病变，往往牵涉到其他脏器，通过调整有关脏器，可以控制疾病的传变，达到预防的目的。如《难经·七十七难》中说："见肝之病，则知肝当传之于脾，故先实其脾气。"即是根据肝气旺盛，易致肝木乘脾土而提出用健脾的方法，防止肝病向脾的传变。

【目标检测】

1. 说明阴阳的基本概念和基本内容。
2. 阴阳学说如何应用于中兽医学的各个方面？
3. 五行的中心思想是什么？
4. 如何运用五行学说指导临床？

第二章 脏 腑

【学习目标】
1. 正确理解脏腑学说的基本内容及藏象的含义。
2. 掌握五脏、六腑的生理功能及其相互关系。
3. 掌握气血津液的生成、运行、调节及其他们之间的相互关系。

第一节 概 述

一、脏腑学说的概念

脏腑，即内脏及其功能的总称，是动物体的重要组成部分。研究动物体各脏腑器官的生理活动、病理变化及其相互关系的学说，称为脏腑学说。古人称脏腑为"藏象"（见《素问·六节藏象论》）。"藏"，即脏，指藏于体内的内脏；"象"，即形象或征象，指脏腑的生理活动和病理变化反映于外的征象。由此可见，这一学说主要是通过研究机体外部的征象，来了解内脏活动的规律及其相互关系。

二、脏腑学说的内容

脏腑学说主要包括五脏、六腑、奇恒之腑及其相联系的组织、器官的功能活动，以及它们之间的相互关系。

五脏，即心、肝、脾、肺、肾，是化生和储藏精气的器官，具有藏精气而不泻的特点。前人把心包列入又称六脏，但心包位于心的外廓，有保护心脏的作用，其病变基本同于心脏，故历来把它归属于心，仍称五脏。

六腑，即胆、胃、大肠、小肠、膀胱、三焦（无三焦者称五腑），是受盛和传化水谷的器官，具有传化浊物、泻而不藏的特点。如《素问·五藏别论》中说："五脏者，藏精气而不泻也，故满而不能实；六腑者，传化物而不藏，故实而不能满也。"

奇恒之腑，即脑、髓、骨、脉、胆、胞宫。"奇"是异、"恒"为常之意，因其形态似腑，功能似脏，不同于一般的脏腑，故称奇恒之腑。其中，胆为六腑之一，但六腑之中，唯有它藏清净之液，故又归于奇恒之腑。

三、脏腑学说的特点

脏与腑之间存在着阴阳、表里关系。脏在里，属阴；腑在表，属阳；心与小肠、肝与胆、脾与胃、肺与大肠、肾与膀胱、心包络与三焦相表里。脏与腑之间的表里关系，是通过经脉来联系的，脏的经脉络于腑，腑的经脉络于脏，彼此经气相通，在生理和病理上相互联系、相互影响。

脏腑虽各有功能，但彼此又相互联系。同时，脏腑还与肢体组织（脉、筋、肉、皮毛、骨）、五官九窍（舌、目、口、鼻、耳及前后阴）等有着密切联系。如五脏之间存在着相互资助与制约的关系，六腑之间存在着承接合作的关系，脏腑之间存在着表里相合的关系，五脏与肢体官窍之间存在着归属开窍的关系等，这就构成了机体内外各部功能上相互联系的统一整体。

中兽医学中脏腑的概念，与现代兽医学中"脏器"的概念，虽然名称相同，但其含义却大不相同。脏腑不完全是一个解剖学概念，更重要的是一个生理、病理概念。某一脏或腑所具有的功能，可能包括了现代兽医学中几个脏器的功能，而现代兽医学中某个脏器的功能，又可能分散在几个脏腑的功能之中。因此，不能将二者等同看待。

第二节 脏腑功能

脏腑是五脏、六腑和奇恒之腑的总称。脏腑是化生精、气、血、津液，完成新陈代谢，维持生命活动的主要器官。脏与腑，主要是根据其功能特点而区分的。五脏是储藏精、气、血、津液的，六腑是主水谷的受纳、消化、吸收、传导、排泄的。因而脏以藏为主，腑以通为用。由于奇恒之腑的生理功能和病理变化，与五脏关系极为密切，故分别在有关脏腑之内叙述，不另立章节。

一、五脏

1. 心

心位于胸中，有心包护于外。心的主要生理功能是主血脉和藏神。心开窍于舌，在液为汗。心的经脉下络于小肠，与小肠相表里。

心是脏腑中最重要的器官，在脏腑的功能活动中起主导作用，使之相互协调，为机体生命活动的中心。如《灵枢·邪客》说："心者，五脏六腑之大主也，精神之所舍也。"《安骥集·师皇五脏论》也说："心是脏中之君。"都指出了心有统管脏腑功能活动的作用。

（1）主血脉　心是血液运行的动力，脉是血液运行的通道。心主血脉，是指心有推动血液在脉管内运行，以营养全身的作用。故《素问·痿论》说："心主身之血脉。"由于心、血、脉三者密切相关，所以心脏的功能正常与否，可以从脉象、口色上反映出来。如心气旺盛、心血充足，则脉象平和，节律调匀，口色鲜明如桃花色。反之，心气不足，心血亏虚，则脉细无力，口色淡白。若心气衰弱，血行瘀滞，则脉涩不畅，脉律不整或有间歇，出现结脉或代脉、口色青紫等症状。

（2）心藏神　神，指精神活动，即机体对外界事物的客观反映。心藏神，是指心为一切精神活动的主宰。如《灵枢·本神》说："所以任物者谓之心。"任，即担任、承受之意。《安骥集·清浊五脏论》也有"心藏神"之说。正因为心藏神，心才能统辖各个脏腑，成为生命活动的根本。如《素问·六节藏象论》中说："心者，生之本，神之变也。"

心藏神的功能与心主血脉的功能密切相关。因为血液是维持正常精神活动的物质基础，血为心所主，所以心血充盈，心神得养，则动物"皮毛光彩精神倍"。否则，心血不足，神不能安藏，则出现活动异常或惊恐不安。故《安骥集·碎金五脏论》说："心虚无事多惊恐，心痛癫狂脚不宁。"同样，心神异常，也可导致心血不足，或血行不畅，脉络瘀阻。

（3）心开窍于舌　舌为心之苗，心经的别络上行于舌，因而心的气血上通于舌，舌的生理功能直接与心相关，心的生理功能及病理变化最易在舌上反映出来。心血充足，则舌体柔软红润，运动灵活；心血不足，则舌色淡而无光；心血瘀阻，则舌色青紫；心经有热，则舌质红绛，口舌生疮。故《素问·阴阳应象大论》中说："心主舌……开窍于舌。"《安骥集·师皇五脏论》也说"心者外应于舌"。

（4）心主汗　汗是津液发散于肌腠的部分，即汗由津液所化生。如《灵枢·决气》说："腠理发泄，汗出溱溱，是谓津。"津液是血液的重要组成部分，血为心所主，血汗同源，故称"汗为心之液"，又称心主汗。如《素问·宣明五气》指出："五脏化液，心为汗。"心在液为汗，是指心与汗有密切关系，出汗异常，往往与心有关。如心阳不足，常常引起腠理不固而自汗；心阴血虚，往往导致阳不摄阴而盗汗。又因血汗同源，津亏血少，则汗源不足；而发汗过多，又容易伤津耗血。故《灵枢·营卫生会》有"夺血者无汗，夺汗者无血"之说。临床上，心阳不足和心阴血虚的动物，用汗法时应特别慎重。汗多不仅伤津耗血，而且耗散心气，甚至导致亡阳病变。

> **［附］心包络**
> 　　心包络，又称"心包"或"膻中"，与六腑中的三焦互为表里。它是心的外卫器官，有保护心脏的作用。当外邪侵犯心脏时，一般是由表入里，由外而内，先侵犯心包络。如《灵枢·邪客篇》说："故诸邪之在于心者，皆在于心之包络。"实际上，心包受邪所出现的病证与心是一致的。如热性病出现神昏症状，虽称为"邪入心包"，而实际上是热盛伤神，在治法上可采用清心泄热之法。由此可见，心包络与心在病理和用药上基本相同。

2. 肺

肺位于胸中，上连气道。肺的主要功能是主气、司呼吸，主宣发和肃降，通调水道，肺主一身之表，外合皮毛。肺开窍于鼻，在液为涕。肺的经脉下络于大肠，与大肠相表里。

（1）肺主气、司呼吸　肺主气，是指肺有主宰一身之气生成、出入与代谢的功能。《素问·六节藏象论》说："肺者，气之本。"《安骥集·天地五脏论》也说："肺为气海。"肺主气，包括主呼吸之气和一身之气两个方面。

肺主呼吸之气，是指肺为体内外气体交换的场所，通过肺的呼吸作用，机体吸入自然界的清气，呼出体内的浊气，吐故纳新，实现机体与外界环境间的气体交换，以维持正常的生命活动。《素问·阴阳应象大论》中所说的"天气通与肺"便是此意。

一身之气，由自然界之清气、先天之精气和水谷生化之精气三者构成。肺主一身之气，是指全身之气均由肺所主，特别是和宗气的生成有关。宗气由水谷精微之气与肺所吸入的清气，在元气的作用下而生成。宗气是促进和维持机体机能活动的动力，一方面维持肺的呼吸功能，进行吐故纳新，使内外气体得以交换；另一方面由肺入心，推动血液运行，并宣发到身体各部，以维持脏腑组织的机能活动，故有"肺朝百脉"之说。血液虽然由心所主，但必须依赖肺气的推动，才能保持其正常运行。

肺主气的功能正常，则气道通畅，呼吸均匀；若病邪伤肺，使肺气壅阻，引起呼吸功能失调，则出现咳嗽、气喘、呼吸不利等症状；若肺气不足，则出现体倦无力、气短、自汗等气虚症状。

（2）肺主宣发和肃降　宣发，即宣通、发散；肃降，即清肃、下降。肺主宣发和肃降，实际上是指肺气的运动具有向上、向外宣发和向下、向内肃降的双向作用。

肺主宣发，一是通过宣发作用将体内代谢气体呼出体外；二是将脾传输至肺的水谷精微之气布散全身，外达皮毛；三是宣发卫气，以发挥其温分肉和司腠理开合的作用。《灵枢·决气》所说"上焦开发，宣五谷味，熏肤、充身、泽毛，若雾露之溉，是谓气"，就是指肺的宣发作用。若肺气不宣而壅滞，则引起胸满、呼吸不畅、咳嗽、皮毛焦枯等症状。肺主肃降，一是通过肺的下降作用，吸入自然界清气；二是将津液和水谷精微向下布散全身，并将代谢产物和多余水液下输于肾和膀胱，排出体外；三是保持呼吸道的清洁。肺居上焦，以清肃下降为顺；肺为清虚之脏，其气宜清不宜浊，只有这样才能保持其正常的生理功能。若肺气不能肃降而上逆，则引起咳嗽、气喘等症状。

（3）通调水道　通，即疏通；调，即调节；水道，是水液运行和排泄的通道。肺主通调水道，是指肺的宣发和肃降运动对体内水液的输布、运行和排泄有疏通和调节的作用。通过肺的宣发，将津液与水谷精微布散于全身，并通过宣发卫气而司腠理的开合，调节汗液的排泄。通过肺的肃降，津液和水谷精微不断向下输送，代谢后的水液经肾的气化作用，化为尿液由膀胱排出体外。故《素问·经脉别论》说："饮入于胃，游溢精气，上输于脾，脾气散精，上归于肺，通调水道，下输膀胱。"肺通调水道的功能，是肺宣发和肃降作用共同配合的体现，若肺的宣降功能失常，就会影响到机体的水液代谢，出现水肿、腹腔积液、胸腔积液及泄泻等症。由于肺参与了机体的水液代谢，故有"肺主行水"之说。又因肺居于胸中，位置较高，故也有"肺为水之上源"的说法。

（4）肺主一身之表，外合皮毛　一身之表简称皮毛，包括皮肤、汗孔、被毛等组织，是机体抵御外邪侵袭的外部屏障。肺合皮毛，是指肺与皮毛不论在生理方面还是病理方面均存在着极为密切的关系。在生理方面，一是皮肤汗孔（又称"气门"）具有散气的作用，参与呼吸调节，而有"宣肺气"的功能；二是皮毛有赖于肺气的温煦，才能润泽，否则就会憔悴枯槁。正如《灵枢·脉度》所说："手太阴气绝，则皮毛焦。太阴者行气温于皮毛者也，故气不荣则皮毛焦。"在病理方面，肺经有病可以反映于皮毛，而皮毛受邪也可传之于肺。如肺气虚的动物，不仅易出汗，而且经久可见皮毛焦枯或被毛脱落；而外感风寒，也可影响到肺，出现咳嗽、流鼻涕等症状。故《素问·咳论》说："皮毛者，肺之合也，皮毛先受邪气，邪气以从其合也。"

(5) 肺开窍于鼻　鼻为肺窍，有司呼吸和主嗅觉的功能。肺气正常则鼻窍通利，嗅觉灵敏。故《灵枢·脉度》说："肺气通于鼻，肺和则鼻能知香臭矣。"同时，鼻为肺的外应，如《安骥集·师皇五脏论》中说："肺者，外应于鼻。"在病理方面，如外邪犯肺，肺气不宣，常见鼻塞流涕、嗅觉不灵等症状。又如肺热壅盛，常见鼻翼扇动等。鼻为肺窍，鼻又可成为邪气犯肺的通道，如湿热之邪侵犯肺卫，多由鼻窍而入。此外，喉是呼吸的门户和发音器官，又是肺脉通过之处，其功能也受肺气的影响，肺有异常，往往引起声音嘶哑、喉痹等病变。

3. 脾

脾位于腹内，其主要生理功能为主运化，主统血，主肌肉、四肢。脾开窍于口，在液为涎。脾的经脉络于胃，与胃相表里。

(1) 脾主运化　运，指运输；化，即消化、吸收。脾主运化，主要是指脾有消化、吸收、运输营养物质及水湿的功能。机体的脏腑经络、四肢百骸、筋肉、皮毛，均有赖于脾的运化以获取营养，故称脾为"后天之本"、"五脏之母"。

脾主运化功能，主要包括两个方面：一是运化水谷精微，即经胃初步消化的水谷，再由脾进一步消化、吸收，并将营养物质转输到心、肺，通过经脉运送到周身，以供机体生命活动之需。脾主运化功能健旺，称为"健运"。脾气健运，其运化水谷的功能旺盛，全身各脏腑组织才能得到充分的营养以维持正常的生命活动。反之，脾失健运，水谷运化功能失常，就会出现腹胀、腹泻、精神倦怠、消瘦、营养不良等症。二是运化水液，即脾有促进水液代谢的作用。脾在运输水谷精微的同时，也把水液运送到周身各组织中，以发挥其滋养濡润的作用。故《素问·厥论》说："脾主为胃行其津液者也。"代谢后的水液，则下达于肾，经膀胱排出体外。若脾运化水液的功能失常，就会出现水液停留的各种病变，如停留肠道则为泄泻，停于腹腔则为腹水，溢于肌表则为水肿，水液聚集则成痰饮。故《素问·至真要大论》中说："诸湿肿满，皆属于脾。"

因脾要将水谷精微及水液上输于肺，其气机特点是上升的，故有"脾主升清"之说。"清"，即精微的营养物质。若脾气不升，反而下陷，除可导致泄泻外，也可引起内脏垂脱诸证，如脱肛、子宫垂脱等。

(2) 脾主统血　统，有统摄、控制之意。脾主统血，是指脾有统摄血液在脉中正常运行，不致溢出脉外的功能。《难经·四十二难》所说的"脾……主裹血，温五脏"，即指脾统血的功能。裹血，就是包裹、统摄血液，不使其外溢。脾之所以能统血，全赖脾气的固摄作用。脾气旺盛，固摄有权，血液就能正常地沿脉管运行而不致外溢；若脾气虚弱，统摄乏力，气不摄血，就会引起各种出血性疾患，尤以慢性出血为多见，如长期便血等。

(3) 脾主肌肉、四肢　指脾可为肌肉和四肢提供营养，以确保其健壮有力和正常发挥功能。肌肉的生长发育及丰满有力，主要依赖脾所运化水谷精微的濡养。故《素问·痿论》说："脾主身之肌肉"。脾气健运，营养充足，则肌肉丰满有力，否则肌肉痿软，动物消瘦。故《元亨疗马集·定脉歌》说："肉瘦毛长戊己（脾）虚"。

四肢的功能活动，也有赖于脾所运送的营养。脾气健旺，清阳之气输布全身，营养充足，四肢活动有力，步行轻健；若脾失健运，清阳不布，营养无源，必致四肢活动无力，步行怠慢。如《素问·阴阳应象大论》说："今脾病，不能为胃行其津液，四肢不得禀水谷气，气日以衰，脉道不利，筋骨肌肉，皆无气以生，故不用焉。"动物脾虚胃弱时，往往四肢痿软无力，倦怠好卧。

(4) 开窍于口　脾主水谷运化，口是水谷摄入的门户；又脾气通于口，与食欲有着直接联系。脾气旺盛，则食欲正常。故《灵枢·脉度》说："脾气通于口，脾和则能知五谷矣。"若脾失健运，则动物食欲减退，甚至废绝。故《安骥集·碎金五脏论》说"脾不磨时马不食"。

脾主运化，其华在唇。脾有经络与唇相通，唇是脾的外应。因此，口唇可以反映出脾运化功能的盛衰。若脾气健运，营养充足，则口唇鲜明光润如桃花色；若脾不健运，脾气衰弱，则食欲不振，营养不佳，口唇淡白无光；脾有湿热，则口唇红肿；脾经热毒上攻，则口唇生疮。

4. 肝

肝位于腹腔右上侧季肋部，有胆附于其下（马属动物无胆囊）。肝的主要生理功能是藏血，主疏泄，主筋。肝开窍于目，在液为泪。肝有经脉络于胆，与胆相表里。

（1）**肝藏血**　指肝有储藏血液及调节血量的功能。当动物休息或静卧时，机体对血液的需要量减少，一部分血液则储藏于肝脏；而在使役或运动时，机体对血液的需要量增加，肝脏便排出所藏的血液，以供机体活动所需。故前人有"动则血运于诸经，静则血归于肝脏"之说。肝血供应的充足与否，与动物耐受疲劳的能力有着直接的关系。当动物使役或运动时，若肝血供给充足，则可增加其对疲劳的耐受力，否则易于疲劳，故《素问·六节藏象论》中称"肝为罢极之本"。肝藏血功能失调主要有两种情况：一是肝血不足，血不养目，则发生目眩、目盲；或血不养筋，则出现筋肉拘挛或屈伸不利。二是肝不藏血，则可引起动物不安或出血。肝阴血不足，还可引起阴虚阳亢或肝阳上亢，出现肝火、肝风等证。

（2）**肝主疏泄**　疏，即疏通；泄，即发散。肝主疏泄，是指肝具有保持全身气机疏通调达，通而不滞，散而不郁的作用。气机是机体脏腑功能活动基本形式的概括。气机调畅，升降正常，是维持内脏生理活动的前提。"肝喜调达而恶抑郁"，全身气机舒畅调达，与肝的疏泄功能密切相关，这与肝含有清阳之气是分不开的。如《血证论》中说："设肝之清阳不升，则不能疏泄。"肝的疏泄功能，主要表现在以下几个方面。

① 协调脾胃运化。肝气疏泄是保持脾胃正常消化功能的重要条件。这是因为一方面肝的疏泄功能，使全身气机疏通畅达，能协助脾胃之气的升降和二者的协调；另一方面，肝能输注胆汁，以帮助食物的消化，而胆汁的输注又直接受肝疏泄功能的影响。若肝气郁结，疏泄失常，影响脾胃，可引起黄疸、食欲减退、嗳气、肚腹胀满等消化功能紊乱现象。

② 调畅气血运行。肝的疏泄功能直接影响到气机的调畅，而气之与血，如影随形，气行则血行，气滞则血瘀。因此，肝疏泄功能正常是保持血流通畅的必要条件。若肝失条达，肝气郁结，则见气滞血瘀；若肝气太盛，血随气逆，影响到肝藏血功能，可见呕血、衄血。

③ 调控精神活动。动物的精神活动，除"心藏神"外，与肝气有密切关系。肝疏泄功能正常，也是保持精神活动正常的必要条件。如肝气疏泄失常，气机不调，可引起精神活动异常，出现躁动或精神沉郁、胸胁胀痛等症状。

④ 通调水液代谢。肝气疏泄还包括疏利三焦，通调水液升降通路的作用。若肝气疏泄功能失常，气不调畅，可影响三焦的通利，引起水肿、胸水、腹水等水液代谢障碍病变。

（3）**肝主筋**　筋，即筋膜（包括肌腱），是联系关节、约束肌肉、主司运动的组织。筋附着于骨及关节，由于筋的收缩及弛张而使关节运动自如。肝主筋，是指肝具有为筋提供营养，以维持其正常功能的作用。如《素问·痿论》说："肝主身之筋膜。"肝主筋功能与"肝藏血"有关，因为筋需要肝血的滋养，才能正常发挥其功能。故《素问·经脉别论》说："食气入胃，散精于肝，淫气于筋。"肝血充盈，筋得到充分的濡养，其活动才能正常。若肝血不足，血不养筋，可出现四肢拘急，或痿弱无力、伸屈不灵等症。若邪热劫津，津伤血耗，血不营筋，可引起四肢抽搐、角弓反张、牙关紧闭等肝风内动之证。

"爪为筋之余"，爪甲亦有赖于肝血的滋养，故肝血的盛衰，可引起爪甲（蹄）的荣枯变化。肝血充足，则筋强力壮，爪甲（蹄）坚韧；肝血不足，则筋弱无力，爪甲（蹄）多薄而软，甚至变形而易脆裂。故《素问·五藏生成》说："肝之合筋也，其荣爪也。"

（4）**开窍于目**　目主视觉，肝有经脉与之相连，其功能的发挥有赖于五脏六腑之精气，特别是肝血的滋养。《素问·五藏生成》说："肝受血而能视。"《灵枢·脉度》也说："肝气通于目，肝和则能辨五色矣。"由于肝与目关系密切，故肝的功能正常与否，常常在目上得到反映。若肝血充足，则双目有神，视物清晰；若肝血不足，则两目干涩，视物不清，甚至夜盲；肝经风热，则目赤痒痛；肝火上炎，则目赤肿痛生翳。

5. 肾

肾位于腰部，左右各一（前人有左为肾、右为命门之说），故《素问·脉要精微论》说："腰者，肾之府也。"肾的主要生理功能为藏精，主命门之火，主水，主纳气，主骨、生髓、通于脑。肾开窍于耳，司二阴，在液为唾。肾有经脉络于膀胱，与膀胱相表里。

（1）肾藏精 "精"是一种精微物质，肾所藏之精即肾阴（真阴、元阴），是构成机体的基本物质，也是机体生命活动的物质基础，包括"先天之精"和"后天之精"两个方面。先天之精，即本脏之精，是构成生命的基本物质。它禀受于父母，先身而生，与机体的生长、发育、生殖、衰老有密切关系。胚胎的形成和发育均以肾精为基本物质，同时它又是动物出生后生长发育过程中的物质根源。当机体发育成熟时，雄性则有精液产生，雌性则有卵子发育，出现发情周期，开始有了生殖能力；到了老年，肾精衰微，生殖能力也随之而下降，直至消失。后天之精，即水谷之精，由五脏、六腑所化生，故又称"脏腑之精"，是维持机体生命活动的物质基础。"先天之精"和"后天之精"，是融为一体，相互资生、相互联系的。"先天之精"有赖"后天之精"的供养才能充盛，"后天之精"需要"先天之精"的资助才能化生，故一方的衰竭必然影响到另一方的功能。

肾藏精，是指精的产生、储藏及转输均由肾所主。肾所藏之精化生肾气，通过三焦输布全身，促进机体的生长、发育和生殖。因而，临床上所见阳痿、滑精、精亏不孕等证，都与肾有直接关系。

（2）肾主命门之火 命门，即生命之根本的意思；火，指功能。命门之火，一般称元阳或肾阳（真阳），也藏之于肾。它既是肾脏生理功能的动力，又是机体热能的来源。肾主命门之火，是指肾之元阳有温煦五脏、六腑，维持其生命活动的功能。肾所藏之精需要命门之火的温养，才能发挥其滋养各组织器官及繁殖后代的作用。五脏、六腑的功能活动，也有赖于肾阳的温煦，特别是后天脾胃之气需要先天命门之火的温煦，才能更好地发挥运化作用。故命门之火不足，常导致全身阳气衰微。

肾阳和肾阴概括了肾脏生理功能的两个方面，即肾阴对机体各脏腑起着濡润滋养的作用，肾阳则起着温煦生化的作用，二者相互制约，相互依存，维持着相对的平衡，否则就会出现肾阳虚或肾阴虚的病理过程。由于肾阳虚和肾阴虚的本质都是肾的精气不足，故二者之间存在着内在的联系，肾阴虚到一定程度可累及肾阳，反之肾阳虚也能伤及肾阴，甚至导致肾阴肾阳俱虚的病证。

（3）肾主水 指肾在机体水液代谢过程中起着升清降浊的作用。动物体内的水液代谢过程，是由肺、脾、肾三脏共同完成的，其中肾的作用尤为重要。故《素问·逆调论》说："肾者，水脏，主津液也。"肾主水功能，主要靠肾阳（命门之火）对水液的蒸化来完成。水液进入胃肠，由脾上输于肺，肺将清中之清的部分输布全身，而清中之浊的部分则通过肺的肃降作用下行于肾，肾再加以分清泌浊，将浊中之清再吸收上输于肺，浊中之浊的无用部分下注膀胱，排出体外。肾阳对水液的这一蒸化作用，称为"气化"。如肾阳不足，命门火衰，气化失常，就会引起水液代谢障碍，发生水肿、胸水、腹水等症。

（4）肾主纳气 纳，有受纳、摄纳之意。肾主纳气，是指肾具有摄纳呼吸之气，协助肺司呼吸的功能。呼吸虽由肺所主，但吸入之气必须下纳于肾，才能使呼吸调匀，故有"肺主呼气，肾主纳气"之说。从二者关系来看，肺司呼吸，为气之本；肾主纳气，为气之根。只有肾气充足，元气固守于下，才能纳气正常，呼吸和利；若肾虚，根本不固，纳气失常，就会影响肺气的肃降，出现呼多吸少、吸气困难的喘息之证。

（5）肾主骨、生髓、通于脑 肾有主管骨骼代谢，滋生和充养骨髓、脊髓及大脑的功能。肾所藏之精有生髓的作用，髓充于骨中，滋养骨骼，骨赖髓而强壮，这也是肾的精气促进生长发育功能的一个方面。若肾精充足，则髓生化有源，骨骼得到髓的充分滋养而坚强有力；若肾精亏虚，则髓化源不足，不能充养骨骼，可导致骨骼发育不良，甚至骨脆无力等症。故《素问·阴阳应象大论》说："肾生骨髓。"《素问·解精微论》也说："髓者，骨之充也。"

髓由肾精所化生，有骨髓和脊髓之分。脊髓上通于脑，聚而成脑。故《灵枢·海论》说："脑为髓之海。"脑主持精神活动，又称"元神之府"。脑需要依靠肾精的不断化生才能得以滋养，否则就会出现呆痴、呼唤不应、目无所见、倦怠嗜卧等症状。

肾主骨，"齿为骨之余"，故齿也有赖于肾精的充养。肾精充足，则牙齿坚固；肾精不足，则牙齿松动，甚至脱落。

《素问·五藏生成》指出："肾之和骨也，其荣发也。"动物被毛的生长，其营养来源于血，而生机则根源于肾气，故毛发为肾的外候。被毛的荣枯与肾脏精气的盛衰有关。肾精充足，则被毛生长正常且有光泽；肾气虚衰，则被毛枯槁甚至脱落。

（6）肾开窍于耳，司二阴　肾的上窍是耳。耳为听觉器官，其功能的发挥，有赖于肾精的充养。肾精充足，则听觉灵敏，故《灵枢·脉度》说："肾气通于耳，肾和则耳能闻五音矣。"若肾精不足，可引起耳鸣、听力减退等症。故《安骥集·碎金五脏论》说："肾壅耳聋难听事，肾虚耳似听蝉鸣。"

肾的下窍是二阴。二阴，即前阴和后阴。前阴有排尿和生殖的功能，后阴有排泄粪便的功能。这些功能都与肾有着直接或间接的联系，如前阴与生殖有关，但仍由肾所主；排尿虽在膀胱，但要依赖肾阳的气化；若肾阳不足，则可引起尿频、阳痿等症。粪便的排泄虽通过后阴，但也受肾阳温煦作用的影响。若肾阳不足，阳虚火衰，可引起粪便秘结；若脾肾阳虚，可导致溏泻。

二、六腑

1. 胆

胆附于肝（马有胆管，无胆囊），内藏胆汁。胆汁由肝疏泄而来，故《脉经》说："肝之余气泄于胆，聚而成精。"因胆汁为肝之精气所化生，清而不浊，故《安骥集·天地五脏论》中称"胆为清净之腑"。胆的主要功能是储藏和排泄胆汁，以帮助脾胃运化。胆储藏和排泄胆汁，和其他腑的转输作用相同，故为六腑之一；但其他腑所盛者皆为浊液，唯胆所盛者为清净之液，与五脏藏精气的作用相似，故又把胆列为奇恒之腑。胆有经脉络于肝，与肝相表里。胆汁的产生、储藏和排泄均受肝疏泄功能的调节和控制。

肝胆本为一体，二者在生理上相互依存，相互制约，在病理上也相互影响，往往是肝胆同病。如肝胆湿热，临床上常见到动物食欲减退、发热口渴、尿色深黄、舌苔黄腻、脉弦数、口色黄赤等症状，治宜清湿热、利肝胆。

2. 胃

胃位于膈下，上接食道，下连小肠。胃有经脉络于脾，与脾相表里。胃的主要功能为受纳和腐熟水谷。胃主受纳，是指胃有接受和容纳饮食物的作用。饮食入口，经食道容纳于胃，故胃有"太仓"、"水谷之海"之称。《安骥集·天地五脏论》中也称"胃为草谷之腑"。腐熟，是指饮食物在胃中经过胃的初步消化，形成食糜。饮食物经胃的腐熟或初步消化，一部分转变为气血，由脾上输于肺，再经肺的宣发作用布散全身。故《灵枢·玉版》说："胃者，水谷气血之海也。"没有被消化吸收的部分，则通过胃的通降作用，下传于小肠，由小肠再进行进一步的消化吸收。由于脾主运化，胃主受纳、腐熟水谷，水谷在胃中可以转化为气血，而机体各脏腑组织都需要脾胃所运化气血的滋养，才能正常发挥其功能，因此常常将脾胃合称为"后天之本"。

胃受纳和腐熟水谷的功能，称为"胃气"。由于胃需要把其中的水谷下传到小肠，故胃气的特点是以和降为顺。一旦胃气不降，便会发生食欲不振、水谷停滞、肚腹胀满等症；若胃气不降反而上逆，则出现嗳气、呕吐等症。胃气的功能状况，对于动物体的强健，以及判断疾病的预后都至关重要。故《中藏经》说："胃气壮，五脏六腑皆壮也。"此外，还有"有胃气则生，无胃气则死"之说。临床上，也常常把"保胃气"作为重要的治疗原则。

3. 小肠

小肠上通于胃，下接大肠。小肠有经脉络于心，与心相表里。小肠的主要生理功能是受盛化物和泌别清浊，即小肠接受由胃传来的水谷，继续进行消化吸收以泌别清浊。清者为水谷精微，经吸收后，由脾传输到身体各部，供机体活动之需；浊者为糟粕和多余水液，下注大肠或肾，经由二便排出体外。故《素问·灵兰秘典论》说："小肠者，受盛之官，化物出焉。"《安骥集·天地五脏论》也说："小肠为受盛之腑。"《医学入门》中指出："凡胃中腐熟水谷……自胃之下口传入于小肠……泌别清浊，水入膀胱上口，滓秽入大肠上口。"因此，小肠有病，除影响消化吸收功能外，还可出现排粪、排尿异常。

4. 大肠

大肠上通小肠，下连肛门。大肠有经脉络于肺，与肺相表里。大肠的主要功能是传化糟粕，即大肠接受小肠下传的水谷残渣或浊物，吸收其中的多余水液，最后燥化成粪便，由肛门排出体外。故《安骥集·天地五脏论》说："大肠为传送之腑。"大肠有病可见传导失常的各种病变，如大肠虚不能吸收水液，致使粪便燥化不及，则肠鸣、便溏；若大肠实热，消灼水液过多，致使粪便燥化太过，则出现粪便干燥、秘结难下等症。

5. 膀胱

膀胱位于腹部，有经脉络于肾，与肾相表里。膀胱的主要功能为储存和排泄尿液。故《安骥集·天地五脏论》说："膀胱为津液之腑。"水液经过小肠的吸收后，下输于肾的部分，经肾阳的蒸化成为尿液，下渗膀胱，达到一定量后，引起排尿动作，排出体外。若肾阳不足，膀胱功能减弱，不能约束尿液，便会引起尿频、尿液不禁；若膀胱气化不利，可出现尿少、尿秘；若膀胱有热，湿热蕴结，可出现排尿困难、尿痛、尿淋沥、血尿等。

6. 三焦

三焦是上、中、下焦的总称。从部位上来说，膈以上为上焦（包括心、肺等脏），脘腹部相当于中焦（包括脾、胃等脏腑），脐以下为下焦（包括肝、肾、大肠、小肠、膀胱等脏腑）。如《安骥集·清浊五脏论》说："头至于心上焦位，中焦心下至脐论，脐下至足下焦位。"三焦功能是总司机体的气化，疏通水道，是水谷出入的通路。但上、中、下焦的功能各有不同。

上焦功能是司呼吸，主血脉，将水谷精气敷布全身，以温养肌肤、筋骨，并通调腠理。中焦的主要功能是腐熟水谷，并将营养物质通过肺脉化生营血。下焦的主要功能是泌别清浊，并将糟粕及代谢后的水液排泄于外。故《灵枢·营卫生会》说："上焦如雾（指弥漫于胸中的宗气），中焦如沤（指水谷的腐熟），下焦如渎（指水液和糟粕的排泄通道）。"由此可见，水谷自受纳、腐熟，到精气的敷布，代谢产物的排泄，都与三焦有关。三焦的这些功能都是通过气化作用完成的，所以说三焦总司机体的气化作用。在病理情况下，上焦病包括心、肺的病变，中焦病包括脾、胃的病变，下焦病则主要指肝、肾的病变。

综上所述，三焦包含了胸腹腔上、中、下三部的有关脏器及其部分功能，所以说三焦是输送水液、养料及排泄废物的通道，而不是一个独立的器官。温病学上的三焦，是将这一概念加以引申，作为温病辨证的一种方法，其含义又与上述三焦的概念有所不同。

三焦有经脉络于心包，与心包相表里。

[附] 胞宫

胞宫，即子宫，其主要功能是主发情和孕育胎儿。《灵枢·五音五味》说："冲脉、任脉，皆起于胞中。"可见胞宫与冲、任二脉相连。机体的生殖功能由肾所主，故胞宫与肾关系密切。肾气充盛，冲、任二脉气血充足，动物才会正常发情，发挥生殖及营养胞胎的作用。若肾气虚弱，冲、任二脉气血不足，则动物不能正常发情，或发生不孕症等。此外，胞宫与心、肝、脾三脏也有关系，因为动物的发情及胎儿的孕育都有赖于血液的滋养，需要以心主血、肝藏血、脾统血功能的正常作为必要条件。一旦三者的功能失调，便会影响胞宫的正常功能。

三、脏腑之间的关系

动物体是一个由五脏、六腑等组织器官构成的有机整体，各脏腑之间不但在生理上相互联系，分工合作，共同维持机体正常的生命活动，而且在病理上也相互影响。

1. 脏与脏的关系

（1）心与肺　心与肺的关系，主要是气与血的关系。《素问·五藏生成》说："诸血者，皆属于心；诸气者，皆属于肺。"心主血，肺主气，二脏相互配合，保证了气血的正常运行。血的运行要靠气的推动，而气只有贯注于血脉中，靠血的运载才能到达周身，正所谓"气为血帅，血为气母，气行则血行，气滞则血瘀"。《素问·经脉别论》说："肺朝百脉。"意为心所主之血脉必然要朝会于肺，这说明心与肺、气与血是相互依存的。因此在病理上，无论是肺气虚弱还是肺失宣肃，均可影响到心的行血功能，导致血液运行迟滞，出现口舌青紫、脉迟涩等血瘀之症。相反，若心气不足或心阳不振，也会影响肺的宣发和肃降功能，导致呼吸异常，出现咳嗽、气促等肺气上逆之症。

（2）心与脾　心主血脉，藏神；脾主运化，统血；二者的关系十分密切。脾为心血的生化之源，若脾气充足，血液生化有源，则心血充盈；而血行于脉中，虽靠心气的推动，但有赖于脾气的统摄才不致溢出脉外。脾的运化功能也有赖于心血的滋养和心神的统辖。若心血不足或心神失常，就会引起脾的运化失健，出现食欲减退、肢体倦怠等症；相反，若脾气虚弱，运化失职，也可导致心血不足或脾不统血，出现心悸、易惊或出血等症。

（3）心与肝　心与肝的关系主要表现在心主血、肝藏血及心藏神、肝主疏泄两个方面。首先，心主血、肝藏血二者相互配合而起到推动血液循环及调节血量的作用。因此，心、肝之阴血不足，可互为影响。若心血不足，肝血可因之而虚，导致血不养筋，出现筋骨酸痛、四肢拘挛、抽搐等症；反之，肝血不足，也可影响心的功能，出现心悸、怔忡等症。其次，肝主疏泄、心藏神两者亦相互联系，相互影响。如肝疏泄失常，肝郁化火，可以扰及心神，出现心神不宁、狂躁不安等症；反之，心火亢盛，也可使肝血受损，出现血不养筋或血不养目等症。

（4）心与肾　心位于上焦，其性属火、属阳；肾位于下焦，其性属水、属阴；二者之间存在着相互滋养、相互制约的关系。在生理条件下，心火不断下降，以资肾阳，共同温煦肾阴，使肾水不寒；同时，肾水不断上济于心，以资心阴，共同濡养心阳，使心阳不亢。这种阴阳相交，水火相济的关系，称为"水火既济"、"心肾相交"。在病理情况下，若肾水不足，不能上滋心阴，就会出现心阳独亢或口舌生疮的阴虚火旺证；若心火不足，不能下温肾阳，以致肾水不化，就会上凌于心，出现"水气凌心"的心悸症。此外，心主血，肾藏精，精血互化，故肾精亏损和心血不足之间也常互为因果。

（5）肺与脾　肺与脾的关系，主要表现在气的生成与水液代谢两个方面。在气的生成方面，肺主气，脾主运化，同为后天气血生化之源，存在着益气与主气的关系。脾所传输的水谷之精气，上输于肺，与肺吸入的清气结合而形成宗气，这就是脾助肺益气的作用。因此，肺气的盛衰很大程度上取决于脾气的强弱，故有"脾为生气之源，肺为主气之枢"之说。在水液代谢方面，脾运化水液的功能，与肺气的肃降有关，脾、肺二脏相互配合，再加上肾的作用，共同完成水液的代谢过程。脾与肺在病理变化上也密切相关，若脾气虚弱，脾失健运，水液不能运化，聚为痰饮，则影响肺气的宣降，出现咳嗽、气喘等症，故有"脾为生痰之源，肺为贮痰之器"之说。同样，肺有病也可影响到脾，如肺气虚，宣降失职，可引起水液代谢不利，湿邪困留脾气，脾不健运，出现水肿、倦怠、腹胀、便溏等症。

（6）肺与肝　肺与肝的关系，主要表现在气机的升降方面。肝的经脉上行，贯膈而注于肺；肝以升发为顺，肺以肃降为常。肝气升发，肺气肃降，二者协调，则机体气机升降运行畅通无阻。如肝气升发太过而上逆，影响肺气的肃降，则出现胸满喘促等症；若肝阳过亢，肝火过盛则灼伤肺津，可引起肺燥咳嗽等症。若肺失肃降，则影响肝之升发，可出现胸胁胀满等症；若肺气虚弱，气虚血涩，则致肝血瘀滞，可引起肢体疼痛、视力减退等症。

(7) 肺与肾　肾与肺的关系，主要表现在水液代谢和保持正常呼吸两个方面。在水液代谢方面，肺主宣降，肾主膀胱气化并司膀胱开合，共同参与水液代谢，故有"肾主一身之水，肺为水之上源"之说。水液需经肺气的肃降才能下达于肾，肾有气化和升降水液的功能，脾运化的水液，要在肺、肾的合作下，才能完成正常的代谢过程。因此，脾、肺、肾三脏功能失调，均可导致水液停留，引起水肿等症。

在呼吸方面，肺司呼吸，为气之主；肾主纳气，为气之根；二者协同配合以完成机体的气体交换。肾的精气充足，肺所吸入之气才能下纳于肾，呼吸才能和利。若肾气不足，肾不纳气，则出现呼吸困难、呼多吸少、动则气喘的病证；若因肾阴不足而致肺阴虚弱，则出现虚热、盗汗、干咳等症。同样，肺的气阴不足，亦可影响到肾，而致肾虚之证。

(8) 肝与脾　肝与脾的关系，主要是疏泄和运化的关系。肝藏血而主疏泄，脾生血而司运化，肝气的疏泄与脾胃之气的升降有着密切关系。肝疏泄调畅，脾胃升降适度，则血液生化有源。若肝气郁滞，疏泄失常，则可引起脾不健运，出现食欲不振、肚腹胀满、腹痛、泄泻等症。反之，若脾失健运，水湿内停，日久蕴热，湿热郁蒸于中焦，也可导致肝疏泄不利，胆汁不能溢入肠道，反横溢肌肤而形成黄疸。

(9) 肝与肾　肝与肾的关系，主要表现在肾精和肝血相互资生方面。肾藏精，肝藏血，肝血需要肾精的滋养，肾精又需肝血的不断补充，即精能生血，血能化精，二者相互依存，相互补充。肝、肾二脏往往盛则同盛，衰则同衰，故有"肝肾同源"之说。在病理上，精、血病变亦常常互相影响。如肾精亏损，可导致肝血不足；肝血不足，也可引起肾精亏损。由于肝肾同源，肝肾阴阳之间的关系也极为密切。肝肾之阴，相互资生，在病理上也相互影响。如肾阴不足可引起肝阴不足，阴不制阳而致肝阳上亢，出现痉挛、抽搐等"水不涵木"之证；若肝阴不足，亦可导致肾阴不足而致相火上亢，出现虚热、盗汗等症。

(10) 脾与肾　脾与肾的关系，主要是先天与后天的关系。脾为后天之本，肾为先天之本。脾主运化，肾主藏精，二者相互资生，相互促进。肾所藏之精，需脾运化水谷之精的滋养才能充盈；脾的运化，又需肾阳的温煦，才能正常发挥作用。若肾阳不足，不能温煦脾阳，可引发腹胀、泄泻、水肿等症；而脾阳不足，脾不能运化水谷精气，则又可引起肾阳的不足或肾阳久虚，出现脾肾阳虚之证，主要表现为体质虚弱、形寒肢冷、久泻不止、肛门不收或四肢浮肿。

2. 腑与腑的关系

腑与腑之间的关系，主要是传化物的关系。水谷入于胃，经过胃的腐熟与初步消化，下传于小肠，由小肠进一步消化吸收以泌别清浊，其中营养物质经脾转输于周身，糟粕则下注于大肠，经大肠的消化、吸收和传导，形成粪便，从肛门排出体外。在此过程中，胆排泄胆汁，以协助小肠的消化功能；代谢废物和多余的水分，下注膀胱，经膀胱的气化，形成尿液排出体外；三焦是水液升降排泄的主要通道。食物和水液的消化、吸收、传导、排泄是由各腑相互协调，共同配合而完成的。因六腑传化水谷，需要不断地受纳排空，虚实更替，故六腑以通为顺。正如《灵枢·平人绝谷》所说："胃满则肠虚，肠满则胃虚，更虚更满，故气得上下。"一旦腑气不通或水谷停滞，就会引起各种病证，治疗时常以使其畅通为原则，故前人有"腑病以通为补"之说。

六腑在生理上相互联系，在病理上也相互影响。六腑之中一腑的不通，必然会影响水谷的传化，导致他腑的功能失常。如胃有实热，消灼津液，可使大肠传导不利，引起大便秘结；而粪便不通，又能影响胃的和降，致使胃气上逆，出现呕吐等症。又如胃有寒邪，不能腐熟水谷，可影响小肠泌别清浊的功能，致使清浊不分而注入大肠，成为泄泻症，若脾胃湿热，熏蒸肝胆，使胆汁外溢，则发生黄疸等。

3. 脏与腑的关系

五脏主藏精气，属阴，主里；六腑主传化物，属阳，主表。心与小肠、肺与大肠、脾与胃、肝与胆、肾与膀胱、心包与三焦，彼此之间有经脉相互络属，构成了一脏一腑、一阴一阳、一表一里的阴阳表里关系。它们之间不仅在生理上相互联系，在病理上也互为影响。

(1) 心与小肠　心与小肠有经脉相互络属，构成一脏一腑的表里关系。在生理情况下，心气正常，有利于小肠气血的补充，小肠才能发挥泌别清浊的功能；而小肠功能的正常，又有助于心气的正常活动。在病理情况下，若小肠有热，循经脉上熏于心，则可引起口舌糜烂等心火上炎之证。反之，若心经有热，循经脉下移于小肠，可引起尿液短赤、排尿涩痛等小肠实热病证。

（2）肺与大肠　肺与大肠有经脉相互络属，构成一脏一腑的表里关系。在生理情况下，大肠的传导功能正常，有赖于肺气的肃降，而大肠传导通畅，肺气才能和利。在病理情况下，若肺气壅滞，失其肃降之功，可引起大肠传导阻滞，导致粪便秘结；反之，大肠传导阻滞，亦可引起肺气肃降失常，出现气短、咳喘等症。在临床治疗上，肺有实热时，常泻大肠，使肺热由大肠而出。反之，大肠阻塞时，也可宣通肺气，以疏利大肠。

（3）脾与胃　脾与胃都是消化水谷的重要器官，两者有经脉相互络属，构成一脏一腑的表里关系。脾主运化，胃主受纳；脾气主升，胃气主降；脾性本湿而恶燥，胃性本燥而喜润。二者一化一纳，一升一降，一湿一燥，相辅相成，共同完成消化、吸收、输送营养物质的任务。

胃受纳、腐熟水谷是脾主运化的基础。胃将受纳、消磨的水谷及时传输小肠，保持胃肠的虚实更替，故胃气以降为顺。若胃气不降，水谷停滞胃脘，可见胀满、腹痛等症；若胃气不降反而上逆，则出现嗳气、呕吐等症。脾主运化是为"胃行其津液"，脾将水谷精气上输于心肺以形成宗气，并借助宗气的作用散布周身，故脾气以升为顺。若脾气不升，可引起食欲不振、食后腹胀、倦怠无力等清阳不升、脾不健运的病证；若脾气不升反而下陷，就会出现久泄、脱肛、子宫垂脱等病证。故《临证指南医案》说："脾宜升则健，胃宜降则和。"

脾喜燥而恶湿，若脾不健运，则水液停聚，阻遏脾阳，反过来又影响到脾的运化功能，可出现便溏、精神倦怠、食欲不振和食后腹胀等湿困脾阳的症状。胃喜湿而恶燥，只有在津液充足的情况下，胃的受纳、腐熟功能才能正常，水谷草料才能不断润降于肠。若胃中津液亏虚，胃失濡润，则出现水草迟细、胃中胀满等症。因此，脾与胃一湿一燥，燥湿相济，阴阳相合，方能完成水谷的运化过程。

由于脾胃关系密切，在病理上常常相互影响。如脾为湿困，运化失职，清气不升，可影响到胃的受纳与和降，出现食少、呕吐、肚腹胀满等症；反之，若饮食失节，食滞胃脘，胃失和降，亦可影响脾的升清及运化，出现腹胀、泄泻等症。

（4）肝与胆　胆附于肝，肝与胆有经脉相互络属，构成一脏一腑的表里关系。胆汁来源于肝，肝疏泄失常则影响胆汁的分泌和排泄；而胆汁排泄失常，又影响肝的疏泄，出现黄疸、消化不良等。故肝与胆在生理上关系密切，在病理上相互影响，常常肝胆同病，在治疗上也肝胆同治。

（5）肾与膀胱　肾与膀胱有经脉相互络属，二者互为表里。肾主水，膀胱有储存和排泄尿液之功，两者均参与机体的水液代谢过程。肾气有助膀胱气化及司膀胱开合以约束尿液的作用，若肾气充足，固摄有权，则膀胱开合有度，尿液的储存和排泄正常；若肾气不足，失去固摄及司膀胱开合的作用，则引起多尿及尿失禁等症；若肾虚气化不及，则导致尿闭或排尿不畅。

第三节　气血津液

气、血、津液是构成动物体的基本物质，也是维持动物体生命活动的基本物质。气，是不断运动的、极其细微的物质；血，是循行于脉中的红色液体；津液，是体内一切正常水液的总称。气、血、津液既是动物体脏腑、经络等组织器官生理活动的产物，又为脏腑、经络的生理活动提供必需的物质和能力，是这些组织器官功能活动的物质基础。

一、气

1. 气的基本概念

气是不断运动的、极其细微的物质。中国古代哲学认为，气是构成整个宇宙最基本的物质，自然界的一切事物均由气所构成，如《庄子·知北游》说："通天下一气耳。"气存在于宇宙中，有两种状态：一是弥散而剧烈运动、不易察觉的"无形"状态，一是集中凝聚在一起的有形状态。习惯上，把弥散无形的气称为气，而把气经凝聚变化形成的有形实体称为形。气的概念被引用到中兽医学中，认为气是构成动物体和维持其生命活动最基本的物质。

（1）气是构成动物体生命的物质　《素问·宝命全形论》说："天地合气，命之曰人。"就是说，人是由天地之气相合而产生的。动物和人一样，也是由天地合气而产生的，天地之气是构成动物体的基本物质。构成动物体的气，也有两种状态：一种是气聚而成形之物，如机体的脏、腑、形、窍、血、津液等；另一种是呈弥散状态，难以直接察觉的无形之气，如机体的元气、宗气等。本章所讨论的气，主要是指这些呈弥散状态的气。

（2）气是维持动物体生命活动的物质　动物体不但要从自然界摄取清气，而且还必须摄入食物才能维持正常的生命活动。食物经脾胃的消化吸收，转变为水谷精微之气，再由水谷精微之气进一步转化为宗气、营气、卫气、血、津液等，起到营养全身各脏腑器官，维持其生理活动的作用。

气是不断运动的，机体的生命活动实际上就是体内气的运动和变化。如机体内外气体的交换，营养物质的消化、吸收和运输，血液的运行，津液的输布和代谢，体内代谢物的排泄等，都是通过气的运动来实现的。如果气的运动和变化停止，动物体的生命活动就会终止。

综上所述，气是存在于动物体内的至精至微的物质，是构成动物体的基本物质，也是维持动物体生命活动的基本物质。机体生命所赖者，唯气而已，气聚则生，气散则死。

2. 气的生成

动物体内气的生成，主要源于两个方面：一是禀受于父母的先天之精气，即先天之气。它藏之于肾，是构成生命的基本物质，为动物体生长发育和生殖的根本，是机体气的重要组成部分。二是肺吸入的自然界清气和脾胃所运化的水谷精微之气，即后天之气。自然界的清气，由肺吸入，在肺内不断地同体内之气进行交换，实现吐故纳新，参与动物体气的生成；水谷精微之气，由脾胃所运化，输布于全身，滋养脏腑，化生气血，是维持机体生命活动的主要物质。

3. 气的运动

气是不断运动的，气的运动称为气机，其基本形式有升、降、出、入四种。所谓升，是指气自下而上的运动，如脾将水谷精微物质上输于肺为升；所谓降，是指气自上而下的运动，如胃将腐熟后的食物下传小肠为降；所谓出，是指气由内向外的运动，如肺呼出浊气为出；所谓入，是指气由外向内的运动，如肺吸入清气为入。

气在体内依附于血、津液等载体，故气的运动，一方面体现于血、津液的运行，另一方面体现于脏腑器官的生理活动。升降运动是脏腑的特性，而其趋势则随脏腑的不同而有所不同。就五脏而言，心肺在上，在上者宜降；肝肾在下，在下者宜升；脾胃居中，通连上下，为升降的枢纽。就六腑而言，虽然六腑传化物而不藏，以通为用，宜降，但在食物的传化过程中，也有吸收水谷精微和津液的作用，故其气机运动是降中寓升。

气机的升降，对于动物体的生命活动至关重要。只有各脏腑器官的气机升降正常，维持相对平衡，才能保证机体内外气体的交换，营养物质的消化、吸收，水谷精微之气及血和津液的输布，代谢产物的排泄等新陈代谢活动的正常。否则，就会发生升降失调的病证。

4. 气的生理功能

气构成和维持动物体的生命，对于动物体具有十分重要的生理功能。

（1）推动作用　气的推动作用，是指气有激发和推动的作用。气是活力很强的精微物质，能够激发、推动和促进机体的生长发育及各脏腑组织器官的生理功能，推动血液的生成、运行，以及津液的生成、输布和排泄。若气的推动作用减弱，可影响动物体的生长、发育，或使脏腑组织器官的生理活动减退，出现血液和津液生成不足，运行迟缓，输布、排泄障碍等证。

（2）温煦作用　气的温煦作用，是指阳气能够生热，具有温煦机体脏腑组织器官，以及血、津液等的作用。故《难经·二十二难》说："气主煦之。"动物体的体温，依赖于气的温煦作用；机体各脏腑组织器官正常的生理活动，依赖于气的温煦作用；血和津液等液态物质，也依赖于气的温煦作用。若阳气不足，则会因产热过少而引起四肢、耳、鼻俱凉，体温偏低的寒证；若阳气过盛，则会因产热过多而引起四肢、耳、鼻俱热，体温偏高的热证。故有"气不足便是寒"，"气有余便是火"之说。

(3) 防御作用　气的防御作用，是指气有保卫机体、抗御外邪的作用。气一方面可以抵御外邪的入侵，另一方面还可驱邪外出。气的防御功能正常，邪气就不易侵入；或虽有外邪侵入，也不易发病；即使发病，也易于治愈。若气的防御作用减弱，机体则易感外邪而发病，或发病后难以治愈。

(4) 固摄作用　气的固摄作用，是指气有统摄和控制体内液态物质，防止其无故丢失的作用。气的固摄作用主要表现为以下三个方面：一是固摄血液，保证血液在脉中的正常运行，防止其溢出脉外；二是固摄汗液、尿液、唾液、胃液、肠液等，控制其正常的分泌量和排泄量，防止体液丢失；三是固摄精液，防止妄泄。气的固摄功能减弱，可导致体内液态物质的大量丢失。例如，气不摄血，可导致各种出血；气不摄津，可导致自汗、多尿、小便失禁、流涎等；气不固精，可出现遗精、滑精、早泄等。

(5) 气化作用　所谓气化，是指通过气的运动而产生的各种变化。各种气的生成及其代谢，精、血、津液等的生成、输布、代谢及其相互转化等均属于气化范畴。机体的新陈代谢过程，实际上就是气化作用的具体体现。如果气的气化作用失常，则影响机体的各种物质代谢过程，如食物的消化吸收，气、血、津液的生成、输布，汗液、尿液和粪便的排泄等。

(6) 营养作用　气的营养作用，主要是指脾胃所运化的水谷精微之气对机体各脏腑组织器官所具有的营养作用。水谷精微之气，可以化为血液、津液、营气、卫气，机体的各脏腑组织器官无一不需这些物质的营养，如此才能正常发挥其生理功能。

5. 气的分类

就整体来说，动物体的气是由肾中精气、脾胃运化的水谷精气和肺吸入的清气，在肺、脾、胃、肾等脏腑的综合作用下产生的。由于气的组成成分、来源、在机体分布的部位及其作用的不同，而有不同的名称，如呼吸之气、水谷之气、五脏之气、经络之气等。但就其生成及作用而言，主要有元气、宗气、营气、卫气四种。

(1) 元气　元气根源于肾，包括元阴、元阳（即肾阴、肾阳）之气，又称"原气"、"真气"、"真元之气"。它由先天之精所化生，藏之于肾，又赖后天精气的滋养，才能不断发挥作用。如《灵枢·刺节真邪论》说："真气者，所受于天，与谷气并而充身也。"元气是机体生命活动的原始物质及其生化的原动力。它依赖三焦通达周身，使脏腑组织器官得到激发与推动，以发挥其功能，维持机体的正常生长发育。五脏六腑之气的产生，根源于元气的资助。因而元气充，则脏腑盛，身体健康少病。反之，若先天禀赋不足或久病损伤元气，则脏腑气衰，抗邪无力，动物就体弱多病，治疗时宜培补元气，以固根本。

(2) 宗气　宗气由脾胃所运化的水谷精微之气和肺所吸入的自然界清气结合而成。它形成于肺，聚于胸中，有助肺以行呼吸和贯穿心脉以行营血的作用。如《灵枢·邪客》说："故宗气积于胸中，出于喉咙，以贯心脉，而行呼吸焉。"呼吸及声音的强弱、气血的运行、肢体的活动能力等都与宗气的盛衰有关。宗气充盛，则机体有关生理活动正常；若宗气不足，则呼吸少气，心气虚弱，甚至引起血脉凝滞等病变。故《灵枢·刺节真邪论》说："宗气不下，脉中之血，凝而留止。"

(3) 营气　营气是水谷精微所化生的精气之一，与血并行于脉中，是宗气贯入血脉中的营养之气，故称"营气"，又称"荣气"。营气进入脉中，成为血液的组成部分，并随血液运行周身。营气除了化生血液外，还有营养全身的作用。《灵枢·营卫生会》说："谷入于胃，以传于肺，五脏六腑皆以受气，其清者为营……营在脉中……营周不休。"由于营气行于脉中，化生为血，其营养全身的功能又与血液基本相同，故营气与血可分而不可离，常并称为"营血"。

(4) 卫气　卫气主要由水谷之气所化生，是机体阳气的一部分，故有"卫阳"之称。因其性剽悍、滑疾，故《素问·痹论》称"卫者，水谷之悍气也"。卫气行于脉外，敷布全身，在内散于胸腹，温养五脏六腑；在外布于肌表皮肤，温养肌肉，润泽皮肤，滋养腠理，启闭汗孔，保卫肌表，抗御外邪。故《灵枢·本藏》说："卫气者，所以温分肉，充皮肤，肥腠理，司开合者也。"若卫气不足，肌表不固，外邪就可乘虚而入。

二、血

1. 血的概念

血是一种含有营气的红色液体。它依靠气的推动，循着经脉流注周身，具有很强的营养与滋润作用，是构成动物体和维持动物体生命活动的重要物质。从五脏六腑到筋骨皮肉，都依赖于血的滋养。

2. 血的生成

血主要含有营气和津液，其生成主要有以下三个方面。

（1）血液主要来源于水谷精微，脾胃是血液生化之源　如《灵枢·决气》指出："中焦受气取汁，变化而赤，是谓血。"即是说脾胃接受水谷精微之气，并将其转化为营气和津液，再通过气化作用，将其变化为红色的血液。《景岳全书》也说："血者，水谷之精气也，源源而来，而实生化于脾。"由于脾胃所运化的水谷精微是化生血液的基本物质，故称脾胃为"气血生化之源"。

（2）营气入于心脉有化生血液的作用　如《灵枢·邪客》说："营气者，泌其津液，注之于脉，化以为血。"

（3）精血之间可以互相转化　如《张氏医通》说："气不耗，归精于肾而为精，精不泄，归精于肝而化清血。"即认为肾精与肝血之间存在着相互转化的关系。因此，临床上血耗和精亏往往相互影响。

3. 血的生理功能

血具有营养和滋润全身的功能，故《难经·二十二难》说："血主润之。"血在脉中循行，内至五脏六腑，外达筋骨皮肉，对全身的脏腑、形体、五官九窍等组织器官起着营养和滋润的作用，以维持其正常的生理活动。血液充盈，则口色红润，皮肤与被毛润泽，筋骨强劲，肌肉丰满，脏腑坚韧；若血液不足，则口色淡白，皮肤与被毛枯槁，筋骨萎软或拘急，肌肉消瘦，脏腑脆弱。此外，血还是机体精神活动的主要物质基础。若血液供给充足，则动物精神活动正常。否则，就会发生精神紊乱的病证。故《灵枢·平人绝谷》说："血脉和利，精神乃居。"

三、津液

1. 津液的概念

津液是动物体内一切正常水液的总称，包括各脏腑组织的内在体液及其分泌物，如胃液、肠液、关节液，以及涕、泪、唾等。其中，清而稀者称为"津"，浊而稠者称为"液"。津和液虽有区别，但因其来源相同，又互相补充、互相转化，故一般情况下，常统称为津液。津液广泛地存在于脏腑、形体、官窍等器官，起着滋润濡养的作用。同时，津液也是组成血液的物质之一。因此，津液不但是构成动物体的基本物质，也是维持动物体生命活动的基本物质。

2. 津液的生成、输布和排泄

津液的生成、输布和排泄，是一个很复杂的生理过程，涉及多个脏腑的一系列生理活动。《素问·经脉别论》所说"饮入于胃，游溢精气，上输于脾，脾气散精，上归于肺，通调水道，下属膀胱，水精四布，五经并行"，便是对津液代谢过程的简要概括。

（1）津液的生成　津液来源于饮食水谷，经由脾、胃、小肠、大肠吸收其中的水分和营养物而生成。胃主受纳、腐熟水谷，吸收水谷中的部分精微物质；小肠接受胃下传的食物，泌别清浊，吸收其中的大部分水分和营养物质后，将糟粕下输于大肠；大肠吸收食物残渣中的多余水分，形成粪便。胃、小肠、大肠所吸收的水谷精微，一起输送到脾，通过脾布散全身。

（2）津液的输布　津液的输布主要依靠脾、肺、肾、肝和三焦等脏腑的综合作用来完成。脾主运化水谷精微，将津液上输于肺。肺接受脾转输来的津液，通过宣发和肃降作用，将其输布全身，内注脏腑，外达皮毛，并将代谢后的水液下输肾及膀胱。肾对津液的输布也起着重要作用：一方面，肾中精气的蒸腾气化，推动着津液的生成、输布；另一方面，由肺下输至肾的津液，通过肾的气化作用再次泌别清浊，清者上输于肺而布散全身，浊者化为尿液下注膀胱，排出体外。此外，肝主疏泄，可使气机调畅，从而促进了津液的运行和输布；三焦则是津液在体内运行、输布的通道。由此可见，津液的输布依赖于脾的转输、肺的宣降和通调水道，以及肾的气化作用，而三焦是水液升降出入的通道，肝的疏泄又保障了三焦的通利和水液的正常升降。其中任何一个脏腑的功能失调，都会影响津液的正常输布和运行，导致津液亏损或水液内停等证。

（3）津液的排泄　津液的排泄，一是由肺宣发至体表皮毛的津液，被阳气蒸腾而化为汗液，由汗孔排出体外；二是代谢后的水液，经肾和膀胱的气化作用，形成尿液并排出体外；三是在大肠排泄粪便时，带走部分津液。此外，肺在呼气时，也会带走部分津液（水分）。

3. 津液的生理功能

津液具有滋润和濡养作用。津较清稀，滋润作用大于液；液较浓稠，濡养作用大于津。具体地说，津有两方面的功能：一是随卫气的运行敷布于体表、皮肤、肌肉等组织间，起到润泽和温养皮肤、肌肉的作用，如《灵枢·五癃津液别》篇说："温肌肉、充皮肤，为其津。"二是进入脉中，起到组成和补充血液的作用，如《灵枢·痈疽》说："津液和调，变化而赤为血。"液也有两方面的功能：一是注入经脉，随着血脉运行灌注于脏腑、骨髓、脊髓和脑髓，起到滋养内脏，充养骨髓、脊髓、脑髓的作用；二是流注关节、五官等处，起到滑利关节、润泽孔窍的作用。液在目、口、鼻可转化为泪、唾、涎、涕等。

四、气血津液之间的关系

气、血、津液均来源于脾胃所运化的水谷精微，是构成机体和维持机体生命活动的基本物质，三者之间存在着相互依存、相互转化和相互为用的关系。

1. 气和血的关系

（1）气能生血　气能生血，一方面是指气，特别是水谷精微之气是化生血液的原料；另一方面是指气化作用是化生血液的动力，从摄入的食物转化成水谷精微，到水谷精微转化成营气和津液，再到营气和津液转化成赤色的血，无一不是通过气化作用来完成的。因此，气旺则血充，气虚则血少。临床治疗血虚疾患时，常于补血药中配以补气药，就是取补气以生血之意。

（2）气能行血　血属阴而主静，气属阳而主动。血的运行必须依赖气的推动，故有"气为血帅"，"气行则血行，气滞则血瘀"之说。一旦出现气虚、气滞，就会导致血行不利，甚至引起血瘀等症。故临床上治疗血瘀证时，常在活血化瘀药中配以行气导滞之品。

（3）气能摄血　血液能正常循行于脉中而不致溢出脉外，全赖气对血的统摄。若气虚，气不摄血，则可引起各种出血之证。故临床上治疗出血性疾病时，常在止血药中配以补气药，以达到补气摄血的目的。

（4）血以载气　气无形而动，必须附着于有形之血，才能行于脉中而不致散失。若气不能依附于血，则将飘浮不定，故有"血为气母"之说。若血虚，气无所依，必将因气的流散而导致气虚。

2. 气和津液的关系

（1）气能生津　是指气是津液生成的物质基础和动力。津液源于水谷精气，而水谷精气赖脾胃之运化而生成，气有推动和激发脾胃的功能活动，使其运化正常，保证津液生成的作用。

（2）气能行津　是指津液的输布和排泄均依赖于气的升降出入和有关脏腑的气化功能。若气化不利，就会影响到津液的输布和排泄，导致水液停留，出现痰饮、水肿等症。

（3）气能摄津　是指气有固摄津液以控制其排泄的作用。若气虚不固，则引起多尿、多汗等津液流失的病证，临床治疗时应注意补气固津。

（4）津以载气　津液为气的载体之一，气依附于津液而存在，否则就会涣散不定。因此，津液的丢失，必将引起气的耗损而致气虚之证。临床上，若出汗过多或吐泻过度，或因汗、吐、下太过而引起津液大量丢失，均可导致"气随液脱"的危候。故《金匮要略心典·痰饮》说："吐下之余，定无完气。"

3. 血和津液的关系

血和津液在性质上均属于阴，都是以营养、滋润为主要功能的液体，其来源相同，又能相互渗透转化，故二者的关系非常密切。津液是血液的组成部分，如《灵枢·痈疽》说："津液和调，变化而赤为血"；而血的液体部分渗于脉外，可成为津液，故有"津血同源"之说。若出血过多，可引起耗血伤津的病证；而严重的伤津脱液，又可损及血液，引起津枯血燥。临床上有血虚表现的病证，一般不用汗法，而对于多汗津亏者，也不宜用放血疗法。故《灵枢·营卫生会》说："夺血者无汗，夺汗者无血。"《伤寒论》也说："亡血家不可发汗。"

【目标检测】

1. 五脏、六腑的主要功能是什么？有何异同？
2. 如何理解肺主气？为什么说"肺主一身之气"？
3. 脾与胃的功能有何异同？
4. 为何说"脾为生痰之源，肺为贮痰之器"？
5. 何为肝主疏泄？肝主疏泄有哪些生理作用？
6. 什么叫做肾阴、肾阳？其生理功能怎样？
7. 机体水液代谢涉及哪些脏腑？
8. 气的分类、各自来源、部位及功能如何？
9. 血如何生成？与哪几个脏腑关系密切？
10. 精和津液的功能有哪些？两者有何区别？

第三章 经 络

【学习目标】
1. 掌握和熟悉经络的基本概念及组成，了解经络的研究概况。
2. 明确十二经脉的走向和交接规律。
3. 重点掌握经络在生理、病理、治疗方面的作用。

经络学说是我国古代劳动人民在长期与疾病作斗争中创造和发展起来的。它是中兽医学基本理论的重要组成部分，是研究机体生理活动、病理变化及其相互关系的学说。经络学说贯穿中兽医学的生理、病理、中药、诊断等各个方面，因而也是临床诊断、治疗，特别是针灸疗法的理论根据之一。《内经》中说："经脉者，所以能决死生，处百病，调虚实，不可不通。"后世医学家说："凡治病不明脏腑经络，开口动手便错。"可见经络学说的重要意义。

第一节 概 述

一、经络学说的含义与起源

1. 经络学说的含义

经络是动物体内经脉和络脉的总称，是机体组织结构的重要组成部分。它是联络脏腑、沟通内外上下和运行气血、调节功能的通路。经，有路径的意思，是经络系统的主干，又叫经脉，多循行于机体的深部，相当于河流的主干，是直流的；络，有网络的意思，是经络系统的分支，又叫络脉，像网络一样联络全身，多循行于机体的浅部，有的还显现于体表，相当于河流的分支，是旁流的。经络在体内纵横交错，内外连接，遍布全身，无处不至，把机体的五脏六腑、四肢百骸、筋骨皮毛都紧密地联系起来，形成了一个有机的统一整体。

2. 经络学说的起源

经络学说是古人长期医疗实践的总结。关于它的起源和形成过程，主要有以下三个途径。

第一，经络是穴位主治性能的总结。经络的形成，主要是以穴位的主治性能为基础，而古人对穴位主治功效的认识是经过一段漫长的时期才逐渐了解的。起初由偶然的触碰、砸伤、灼伤或抚摩而使疾病减轻，逐步发展到有意识地刺激某些体表部位来医治疾病。于是穴位由开始时没有定位、定名而提高到确定位置与定下名称。随着针刺工具的改进，从最早应用石制的砭石和骨针而发展到金属工具，针刺随即由刺激机体的浅表部位而进入到较深层的部位，治疗范围也逐渐扩大，随着医疗实践的积累，把穴位的主治作用进行整理分析、归纳分类，发现其主治性能基本相同的穴位，往往成行地分布在一些部位上，这样由"点"的认识，发展到形成"线"的概念，从其相互联系而产生了经络。

第二，经络是体表反应点和针刺感应路线的归纳。就是说内脏有病时按压体表某个部位的反应点后，病痛会随即缓解。同时，针刺入一定部位时，会出现酸胀麻重的感觉，并沿着一定的路径放散，这样逐步总结归纳为经络系统，同时也为兽医提供借鉴。

第三，解剖、生理知识的综合。形成经络学说的另一方面，是古人对机体解剖和生理现象观察的结果。如古代的有关解剖知识，是经络内属于脏腑的部分依据，血管分布在体表的描述，正是经络"外络于肢节"的部分依据。

二、经络系统的组成

经络系统是由经脉、络脉及其连属部分组成（见图 3-1）。

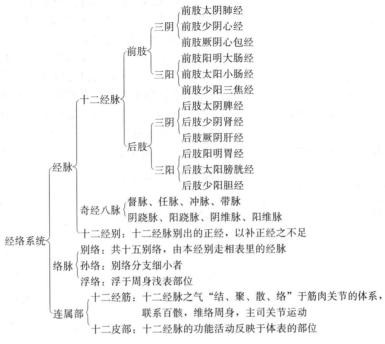

图 3-1　经络组成简表

三、十二经脉和奇经八脉

1. 十二经脉

十二经脉是经络的主要干线，是全部经络的主体部分，又称十二正经。

(1) 十二经脉的命名及分类　五脏六腑加心包络，各系一经，在机体内构成十二道经络通路，分别运行于机体各部，并与所属的本脏、本腑相连。十二经脉有前肢经、后肢经、阴经、阳经之别，分别分布于胸背、头面和四肢，均左右对称，共二十四条。各经的命名是根据其所连属脏腑的阴阳属性及其在动物体的循行部位不同而定的。阳经属腑，行于四肢外侧；阴经属脏，行于四肢内侧；前肢经行于前肢，后肢经行于后肢。（见表 3-1）。

表 3-1　十二经脉名称分类表

四肢	阴经 （属脏　属里）	阳经 （属腑　属表）	循行部位 （阴经行于内侧，阳经行于外侧）
前肢	太阴肺经 厥阴心包经 少阴心经	阳明大肠经 少阳三焦经 太阳小肠经	前缘 中线 后缘
后肢	太阴脾经 厥阴肝经 少阴肾经	阳明胃经 少阳胆经 太阳膀胱经	前缘 中线 后缘

(2) 十二经脉循行的一般规律　前肢三阴经从胸部开始，循行于前肢内侧，到前肢末端止；前肢三阳经，由前肢末端开始，行走于前肢外侧，抵于头部；后肢三阳经，从头部起始，经背部，循行

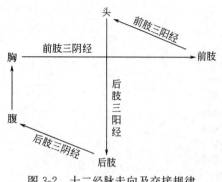

图 3-2　十二经脉走向及交接规律

于后肢外侧，止于后肢末端；后肢三阴经，由后肢末端开始，循行于后肢内侧，经腹达胸（见图 3-2）。

这十二条经脉之间是互相贯通，逐经相传，形成一个往复无端的整体循环。由于前后肢三阳经在头部交接，故称"头为诸阳之会"；前后肢阴经在胸部交接，故称"胸为诸阴之会"。

（3）十二经脉的流注次序　气血由中焦水谷精气所化生，十二经脉是气血运行的主要通道。十二经脉分布于全身内外上下，其中的气血阴阳是流动不息，循环贯注的。其流注有一定的次序，即从前肢太阴肺经开始，依次流至后肢厥阴肝经，再流至前肢太阴肺经。这样就构成了一个首尾相贯、如环无端的十二经脉整体循行系统。其具体流注次序如表 3-2。

表 3-2　十二经脉中气血流注次序

三　阳　经	表	里	三　阴　经
前肢阳明经	大肠←	肺	前肢太阴经
后肢阳明经	胃→	脾	后肢太阴经
前肢太阳经	小肠←	心	前肢少阴经
后肢太阳经	膀胱←	肾	后肢少阴经
前肢少阳经	三焦←	心包	前肢厥阴经
后肢少阳经	胆→	肝	后肢厥阴经

营气在十二经脉运行时，还有一条分支，即由前肢太阴肺经起始，传注于任脉，上行通连督脉，循脊背，绕经阴部又连接任脉，经腹至胸再与前肢太阴肺经相衔接，这样，就构成了十四经脉的循行通路。

2. 奇经八脉

奇经八脉是督脉、任脉、冲脉、带脉、阴跷脉、阳跷脉、阴维脉、阳维脉的总称。由于它们与十二正经不同，与脏腑又没有直接的络属关系，相互之间也不存在表里关系，所以称为"奇经"。

奇经八脉纵横交叉于十二经脉之间，具有三个方面的作用。

（1）进一步密切十二经脉之间的联系，如"阳维维于阳"，组合所有的阳经；"阴维维于阴"，组合所有的阴经；带脉能沟通腹部的经脉；冲脉能通行上下，渗灌三阴三阳；督脉总督诸阳经，任脉则为诸阴经之海。跷作强盛解，阴跷、阳跷有阴气很盛和阳气很强的意思。阴跷脉、阳跷脉能够使肢体健运、足跟矫捷。

（2）调节十二经脉的气血，十二经脉气血有余时，则流注于奇经八脉，蓄以备用；十二经脉气血不足时，可由奇经"溢出"，给予补充。

（3）奇经与肝、肾等脏及胞宫、脑、髓等奇恒之腑关系较密切，在生理和病理方面都有一定联系。在奇经八脉中，值得一提的是，任脉行于腹正中线，后肢三阴经在后腹部与任脉相交，使左右两侧的经脉通过任脉而相互联系，故任脉对阴经气血有调节作用，总任一身之阴脉，故又称"阴脉之海"。任脉还有妊养胞胎的作用，所以又有"任主胞胎"之说。督脉行于背正中线，六阳经都与督脉交会，总督一身之阳脉，故称"阳脉之海"。十二经脉加上任、督二脉为经脉的主干，合称为"十四经脉"。

第二节　经络的主要作用

经络是机体结构的重要组成部分，具有十分重要的生理功能。以十二经脉为主体的经络系统，主要具有以下三个方面的作用。

一、生理方面

1. 协调脏腑，联系周身

经络既有运行气血的作用，又有联系动物体各组织器官的作用，使机体内外上下保持协调统一。经络内连脏腑，外络肢节，上下贯通，左右交叉，将动物体各个组织器官，相互紧密地联系起来，从而起到了协调脏腑功能枢纽的作用。

2. 运行气血，温养全身

动物体的各组织器官，均需气血的温养，才能维持正常的生理活动，而气血必须通过经络的传注，方能通达周身，发挥其温养脏腑组织的作用。故《灵枢·本藏》说："经脉者，所以行血气而营阴阳，濡筋骨，利关节者也。"

3. 保卫体表，抗御外邪

经络在运行气血的同时，卫气伴行于脉外，因卫气能温煦脏腑、腠理、皮毛、开合汗孔，因而具有保卫体表、抗御外邪的作用。同时，经络外络肢节、皮毛、营养体表，是调节防卫机能的要塞。

4. 感应传导作用

经络是畜体各组成部分之间的信息传导网，它能够接受和输出各种信息。当体表受到某种刺激时，刺激量就沿着经脉传于体内有关脏腑，使该脏腑的功能发生变化，从而达到疏通气血和调整脏腑功能的目的。脏腑功能活动的变化亦可通过经络而反映于体表。经络凭借四通八达的信息传导网，可以把整体信息传达到每一个局部去，从而使每一个局部成为整体的缩影。针刺中的"得气"现象和"行气"现象，就是经络传导感应作用的表现。

二、病理方面

正常生理情况下，经络有运行气血，感应传导作用，而在疾病状态下，经络就成为传导病邪和反映病变的途径。外邪从皮毛、腠理通过经络内传五脏六腑。如感受风寒在表不解，可通过前肢太阴肺经传入肺脏而引起咳喘；由于脏腑之间经脉相互络属联系，所以经络还可成为脏腑之间病变。通过经络的传导，内脏的病变可以反映于体表，表现在某些特定的部位或其相应的孔窍。如心火过旺，可循经反映于舌，发生口舌红肿糜烂；肾阳不足，可循肾经达腰，发生腰胯疼痛无力。

三、诊断和治疗方面

1. 诊断方面

由于经络有一定的循行部位，可以反映所属脏腑的病证，因此在临床上，就可根据疾病症状出现的部位，结合经络循行的部位及所联系的脏腑，作为诊断的依据。如两胁疼痛，多为肝胆疾病。在临床实践中，还常见在经络循行线，有结节状、条带状物质或在经气聚积的某些穴位处，有明显的压痛或局部出现某些形态变化。如肺脏有病，可在肺俞穴出现结节，或有压痛。又如目赤肿痛，则为肝火旺盛，观其外而知其内。这些都有助于疾病的诊断。

2. 治疗方面

（1）药物归经　中医通过长期的医疗实践，发现某些药物对某些脏腑经络起主要作用或具有选择性，因而产生了药物归经的理论，对临床用药有指导作用。例如：同为清热泻火药，由于归经不同，所以有黄连泻心火，黄芩泻肺火，黄柏泻肾火，栀子泻三焦实火，石膏泻肺、胃火，柴胡泻肝、胆火的区别。此外，还有引经药，即某些药不但本身能入某经，还可作他药入经的向导。如柴胡能把其他药物引入后肢少阳胆经；桔梗能引其他药入前肢太阴肺经。

（2）循经取穴　针灸治病是按照经络学说来进行辨证，先确定病属哪一经，再根据经络的循行分布和所联系的范围来选定穴位。如肺有病取前肢太阴肺经的肺俞穴；胃有病则选后肢阳明胃经上的后三里穴。此外，当代用于临床麻醉，以及耳针、电针、水针、穴位埋线等治疗方法，都是在经络理论的指导下创立和发展起来的，也是对经络学说的进一步发展和充实。

【附】关于经络实质的现代研究

经络学说是祖国医学理论体系的重要组成部分，它贯穿于中医生理、病理、诊断、治疗等各个方面，几千年来指导着我国针灸及其他各科临床实践。

近些年来，大量的临床资料观察和实验研究，特别是循经感传现象的研究，证实了经络是客观存在的，但经络的实质是什么？各国学者运用现代科学的知识和方法，对经络的实质进行了大量研究，并取得了很大进展。但是，目前还存在着不同的见解，现摘要如下。

目前对经络实质的看法大体上有以下3种观点：①"经络"是以神经系统为主要基础，包括血管、淋巴系统等已知结构的机体功能调节系统。②"经络"是独立于神经、血管、淋巴系统等已知结构之外（但又与之密切相关）的另一个功能调节系统。③"经络"可能是既包括已知结构，也包括未知结构的综合功能调节系统。

【目标检测】

1. 何谓经络？简述经脉和络脉的主要区别。
2. 十二经脉是如何命名的？并说明其组成。
3. 十二经脉的走向和交接有何规律？
4. 经络有哪些生理功能？

第四章 病因病机

【学习目标】
1. 明确病因和病机的基本概念。
2. 熟练掌握外感六淫致病的特点、性质和致病特征。
3. 正确理解邪正消长、阴阳失调、气血失调及津液代谢失常的发病学观点。

病因是指破坏动物机体生理平衡，导致疾病发生的各种原因和条件，又称致病因素，中兽医学称之为"邪气"。病机是指各种致病因素作用于机体，引起疾病发生、发展和变化的机理。

中兽医学认为，动物体内部各脏腑组织之间，以及动物体与外界环境之间，是一个既对立又统一的整体。在正常情况下处于相对的平衡状态，以维持动物体的生理活动。如果这种相对平衡的状态在病因的作用下遭到破坏或失调，一时又不能经自行调节而恢复，就会导致疾病的发生。

第一节 病 因

病因，即引起动物疾病发生的原因，中兽医学称之为"病源"或"邪气"。研究病因的性质及其致病特性的学说，称为病因学说。中兽医学的病因学说，不仅仅是研究病因本身的特性，更重要的是研究病因作用于机体所引起疾病的特性，从而将其作为临床辨证和确定治疗原则的依据之一。在与动物疾病进行长期斗争的实践中，人们逐渐认识到不同的致病因素会引起不同的病证，表现出不同的症状。因此，根据疾病所表现的症状特征，就可以推断其发生的原因，称为"随证求因"。如某一动物表现出四肢交替跛行，即可推断出是以风邪为主所引起的风湿症，因为风邪有游走善动的特性。而一旦知道了病因，就可以根据病因来确定治疗原则，称为"审因施治"。如以风邪为主而引起的风湿症，当以祛风为主的药物进行治疗。

研究病因，不仅对辨证论治有着重要意义，而且也可以针对病因采取预防措施，防止疾病的发生。如加强饲养管理、合理使役、改善厩舍的环境卫生，以及消除外界环境不良因素等，对于保护动物健康、防止时疫杂病的发生是非常重要的。

《元亨疗马集·脉色论》说："风寒暑湿伤于外，饥饱劳役扰于内，五行生克，诸疾生焉。"所以根据病因的性质及致病的特点，中兽医将其分为外感、内伤（包括饥、饱、劳役、逸伤等）和其他致病因素（包括外伤、虫兽伤、寄生虫、中毒、痰饮、瘀血等）三大类。

一、外感致病因素

外感致病因素是指来源于自然界，多从皮毛、口鼻侵入机体而引发疾病的致病因素，包括六淫和疫疠。

（一）六淫

六淫是指自然界风、寒、暑、湿、燥、火（热）六种反常气候。它们原本是四季气候变化的六种表现，称为六气。在正常情况下，六气一年之中有一定的变化规律，而动物在长期的进化过程中，也适应了这种变化，所以不会引起动物疾病。只有当动物体正气虚弱，不能适应六气的变化；或因自然界阴阳不调，出现六气太过或不及的反常变化时，才能成为致病因素，侵犯动物体而导致疾病的发生。这种情况下的六气，便称为"六淫"。"淫"有太过、浸淫之意，六淫就是超过限度的六气。

六淫致病，具有下列共同特点。

(1) 外感性　六淫之邪多从肌表、口鼻侵犯动物体而发病，故六淫所致之病统称为外感病。

(2) 季节性　六淫致病常有明显的季节性。如春天多温病，夏天多暑病，长夏多湿病，秋天多燥病，冬天多寒病等。但四季之中，六气的变化是复杂的，所以六淫致病的季节性也不是绝对的。如夏季虽多暑病，但也可出现寒病、温病、湿病等。

(3) 兼挟性　六淫在自然界不是单独存在的，六淫邪气既可以单独侵袭机体而发病，又可以两种或两种以上同时侵犯机体而发病。如外感风寒、风热、湿热、风湿等。

(4) 转化性　一年之中，四季六气是可以相互转化的，如久雨生晴、久晴多热、热极生风、风盛生燥、燥极化火等。因此，六淫致病，其证候在一定条件下也可以相互转化。如感受风寒之邪，可以从表寒证转化为里热证等。

从现代科学角度看，六淫除气候因素外，还包括了生物（如细菌、病毒等）、物理、化学等多种致病因素。

此外，临床上除感受外界风、寒、暑、湿、燥、火六淫邪气，引起相应的病证之外，尚可因机体脏腑本身机能失调而产生类似于风、寒、湿、燥、火的病理现象，由于它们不是由外感受的，而是由内而生，故称为"内生五邪"，即内风、内寒、内湿、内燥、内火五种。因其所引起的病证与外感五邪症状相近，故在相应的病因中一并叙述。

1. 风邪

(1) 风邪的概念　风是春季的主气，但一年四季皆有，故风邪引起的疾病虽以春季为多，但亦可见于其他季节。导致动物发病的风邪，常称之为"贼风"或"邪风"，所致之病统称为外风证。因风邪多从皮毛肌腠侵犯机体而致病，其他邪气也常依附于外风入侵机体，外风成为外邪致病的先导，是六淫中的首要致病因素，故有"风为百病之始"、"风为六淫之首"之说。

相对于外风而言，风从内生者，称为"内风"。内风的产生与心、肝、肾三脏有关，特别是与肝脏的功能失调有关，故也称"肝风"。故《素问·至真要大论》说："诸风掉眩，皆属于肝。"

(2) 风邪的性质与致病特性

① 风性轻扬开泄。即风具有升发、开泄、向上、向外的特性，故为阳邪。因风性轻扬，故风邪所伤，最易侵犯动物体的上部（如头面部）和肌表。正如《素问·太阴阳明论》所说："伤于风者，上先受之。"风性开泄，是指风邪易使皮毛腠理疏泄而开张，出现汗出、恶风症状。

② 风性善行数变。善行，是指风有善动不居的特性，故风邪致病具有部位游走不定、变化无常的特点。如以风邪为主的风湿症，常表现出四肢交替疼痛，部位游移不定，故称"行痹"、"风痹"。数变，是指"风无常方"（《素问·风论》），风邪所致的病证具有发病急、变化快的特点，如荨麻疹（又称遍身黄），表现为皮肤瘙痒，发无定处，此起彼伏。

③ 风性主动。指风具有使物体摇动的特性，故风邪所致疾病也具有类似摇动的症状，如肌肉颤动、四肢抽搐、颈项强直、角弓反张、眼目直视等。故《素问·阴阳应象大论》说："风胜则动。"

(3) 常见风证

① 外风。常见的有伤风、风痹、风疹。

a. 伤风：外感风邪引起。症见发热，恶风，鼻流清涕，咳嗽，脉浮缓。治宜祛风解表。

b. 风痹：是以风邪为主侵袭经络的风湿症。症见关节疼痛，游走不定。治宜祛风通络。

c. 风疹：为风邪侵袭肌表所致。症见皮肤瘙痒，且漫无定处，彼此起伏。治宜祛风清热。

此外，还有风寒、风热、风湿等证。

② 内风。内风为病变过程出现的风证，是脏腑功能失调、气血逆乱、筋失所养而产生的热极生风和血虚生风。

a. 热极生风：多见于温热病。因热伤津液、营血，影响心肝功能所致。症见惊厥昏迷，抽搐震颤，口眼歪斜，角弓反张。治宜清热息风。

b. 血虚生风：主要与肝血虚和肾阴虚有关，轻则神昏抽搐，重则瘫痪不起。治宜滋阴息风。
　2. 寒邪
　　（1）寒邪的概念　寒为冬季的主气，但四季皆有。寒邪有外寒和内寒之分。外寒由外感受，多由气温较低、保暖不够、淋雨涉水、汗出当风，以及采食冰冻的饲草饲料，或饮凉水太过所致。外寒侵犯机体，据其部位的深浅，有伤寒和中寒之别。寒邪伤于肌表，阻遏卫阳，称为"伤寒"；寒邪直中于里，伤及脏腑阳气，称为"中寒"。内寒是机体机能衰退，阳气不足，寒从内生的病证。
　　（2）寒邪的性质与致病特性
　　① 寒性阴冷，易伤阳气。寒是阴气盛的表现，其性属阴。机体的阳气本可以化阴，但阴气过盛，阳气不但不能驱除寒邪，反而会为阴寒所伤，正所谓"阴胜则阳病"。因此，感受寒邪，最易损伤机体的阳气，出现阴寒偏盛的寒象。如寒邪外束，卫阳受损，可见恶寒怕冷、皮紧毛乍等症状；若寒邪中里，直伤脾胃，脾胃阳气受损，可见肢体寒冷、下利清谷、尿清长、口吐清涎等症状。故《素问·至真要大论》说："诸病水液，澄彻清冷，皆属于寒。"
　　② 寒性凝滞，易致疼痛。凝滞，即凝结、阻滞、不通畅之意。机体的气血津液之所以能运行不息，畅通无阻，全赖一身阳气的推动。若寒邪侵犯机体，阳气受损，经脉受阻，可使气血凝结阻滞，而引起疼痛，即所谓"不通则痛"。因此，寒邪是导致多种疼痛的原因之一。如寒邪伤表，使营卫凝滞，则肢体疼痛；寒邪直中肠胃，使胃肠气血凝滞不通，则肚腹冷痛。故《素问·痹论》说："痛者，寒气多也，有寒故痛也。"
　　③ 寒性收引。收引，即收缩牵引之意。寒邪侵入机体，可使机体气机收敛，腠理、经络、筋脉和肌肉等收缩拘急。故《素问·举痛论》说："寒则气收。"如寒邪侵入皮毛腠理，则毛窍收缩，卫阳受遏，出现恶寒、发热、无汗等症；寒邪侵入筋肉经络，则肢体拘急不伸，冷厥不仁；寒邪客于血脉，则脉道收缩，血流滞涩，可见脉紧、疼痛等症。
　　（3）常见寒证
　　① 外寒。常见外感寒邪和寒伤脾胃两种。前者常与风邪合侵，表现外感风寒证。症见寒战毛松、无汗身痛；后者使脾胃阳虚，升降失调，不能运化腐熟水谷，症见肠鸣泄泻、腹痛难起。
　　② 内寒。内寒是脏腑阳气虚衰，寒从内生所致。常见的有肾阳不足、中焦虚寒、宫冷等。内寒与外寒虽不同，但又密切相关。外寒入里损伤阳气，则为内寒；由于阳虚内寒，卫外能力低下，易感外寒。
　3. 暑邪
　　（1）暑邪的概念　暑为夏季的主气，为夏季火热之气所化生，有明显的季节性，独见于夏令。如《素问·热论》说："先夏至日者为病温，后夏至日者为病暑。"暑邪纯属外邪，无内暑之说。
　　（2）暑邪的性质与致病特性
　　① 暑性炎热，易致发热。暑为火热之气所化生，属于阳邪，故伤于暑者，常出现高热、口渴、脉洪、汗多等一派阳热之象。
　　② 暑性升散，耗气伤津。暑为阳邪，阳性升散，故暑邪侵入机体，多直入气分，使腠理开泄而汗出。汗出过多，不但耗伤津液，引起口渴喜饮、唇干舌燥、尿短赤等症，而且气也随之而耗，导致气津两伤，出现精神倦怠、四肢无力、呼吸浅表等症。严重者，可扰及心神，出现行如酒醉、神志昏迷等症。
　　③ 暑多挟湿。夏暑季节，除气候炎热外，还常多雨潮湿。热蒸湿动，湿气较大，故动物体在感受暑邪的同时，还常兼感湿邪，故有"暑多挟湿"或"暑必兼湿"（《冯氏锦囊秘录》）之说。临床上，除见到暑热表现外，还有湿邪困阻症状，如汗出不畅、渴不多饮、身重倦怠、便溏泄泻等。
　　（3）常见暑证
　　① 中暑。它有轻重之分，轻者为伤暑，重者称中暑。伤暑是伤于夏季暑热的病证，多见身

热、多汗、气短、烦躁不安、口渴喜饮、倦怠乏力、尿短赤、脉虚。中暑多因受暑过重，津气暴脱所致，多见精神倦息、两眼如痴、卧多立少、甚至突然昏倒、丧失知觉、气粗、汗出如浆、四肢厥冷、脉大而虚，治宜清暑生津（先针后药，针药结合）。

② 暑热。入夏后，常有发热、肌肤发热或朝凉暮热、食欲不振、倦怠无力、呼吸急促、舌苔薄白、舌质微红、脉数有力，治宜清暑益气生津。

③ 暑湿。多见发热、四肢怠倦、纳差、便溏、尿短赤、苔黄腻、脉数，治宜清暑除湿。

4. 湿邪

（1）湿邪的概念　湿为长夏主气，但一年四季都有。湿有外湿、内湿之分。外湿多由气候潮湿、涉水淋雨、厩舍潮湿等外在湿邪侵入机体所致；内湿多由脾失健运，水液停聚而成。外湿和内湿在发病过程中常相互影响。感受外湿，脾阳被困，脾失健运，则湿从内生；而脾阳虚损，脾失健运，而使水液内停，又易招致外湿的侵袭。

（2）湿邪的性质与致病特性

① 湿郁气机，易损脾阳。湿邪留滞脏腑经络，容易阻遏气机，使气机升降失常。又因脾喜燥恶湿，故湿邪最易伤及脾阳。脾阳为湿邪所伤，使水湿不运，溢于皮肤则成水肿，流溢胃肠则成泄泻。又因湿困脾阳，阻遏气机，致使气机不畅，可发生肚腹胀满、腹痛、里急后重等症状。

② 湿性重浊，其性趋下。重，即沉重之意，指湿邪致病，常见迈步沉重，呈黏着步样，或倦怠无力，如负重物。浊，即秽浊，指湿邪为病，其分泌物及排泄物有秽浊不清的特点，如尿浑浊、泻痢脓垢、带下污秽、目眦量多、舌苔厚腻，以及疮疡疔毒、破溃流脓淌水等。湿性趋下，主要指湿邪致病，多先起于机体的下部，故《素问·太阴阳明论》有"伤于湿者，下先受之"之说。

③ 湿性黏滞，缠绵难退。黏，即黏腻；滞，即停滞。湿性黏滞，是指湿邪致病具有黏腻停滞的特点。湿邪致病的黏滞性，在症状上可以表现为粪便黏滞不爽，尿涩滞不畅；在病程上可表现为病变过程较长，缠绵难退，或反复发作，不易治愈，如风湿症等。

（3）常见湿证

① 外湿。常见的外湿证有湿证困卫表、湿滞经络、湿毒侵淫、湿热蕴结、寒湿停滞。

a. 湿困卫表：又称伤湿。症见发热不甚，迁移不退，微恶热，肢体沉重倦乏，懒于走动，便溏，腹稍胀满，舌苔白滑，脉濡缓。治宜辛散解表，芳香化湿。

b. 湿滞经络：主要表现为关节疼痛，且疼痛固定不移，或见关节漫肿，屈伸不利，运动障碍，舌苔白滑，脉濡缓。治宜祛湿通络。

c. 湿毒侵淫：主要表现为皮肤湿疹，疮毒疱疹，瘙痒生水。治宜化湿解毒。

d. 湿热蕴结：是指湿热两邪合侵机体。湿热蕴结胃肠，症见下痢脓血、里急后重、治宜清解湿热。湿热停留于膀胱，症见尿淋、尿浊等，治宜清热利水。湿热郁结于肝胆，症见黄疸，治宜清热利湿。

e. 寒湿停滞：寒湿停滞于肠胃，症见腹痛泄泻，或有肚腹胀满、冲击有水音、大便不通，治宜温中散寒。

② 内湿。多因脾阳不振，运化失常，秽浊积聚所致。症见纳差，完谷不化，腹泻，腹胀，尿少，苔白腻。治宜温阳健脾，化湿利水。

5. 燥邪

（1）燥邪的概念　燥是秋季的主气，但一年四季皆有。燥有外燥、内燥之分。外燥多由久晴不雨，气候干燥，周围环境缺乏水分所致。因其多见于秋季，故又称"秋燥"。外燥多从口鼻而入，其病常从肺卫开始，有温燥、凉燥之分。初秋尚热，犹有夏火之余气，燥与热相合侵犯机体，多为温燥；深秋已凉，西风肃杀，燥与寒相合侵犯机体，多为凉燥。内燥多由汗、下太过，或精血内夺，以致机体阴津亏虚所致。

（2）燥邪的性质与致病特性

① 燥性干燥，易伤津液。燥邪为病，易伤机体津液，出现津液亏虚的病变，如口鼻干燥、

皮毛干枯、眼干不润、粪便干结、尿短少、口干欲饮、干咳无痰等。故《素问·阴阳应象大论》说："燥胜则干。"《素问玄机原病式》也说："诸涩枯涸，干劲皴揭，皆属于燥。"

② 燥易伤肺。肺为娇脏，喜润恶燥，更兼肺开窍于鼻，外合皮毛，故燥邪为病，最易伤肺，致使肺阴受损，宣降失司，引起肺燥津亏之证，如鼻咽干燥、干咳无痰或少痰等。肺与大肠相表里，若燥邪自肺而影响大肠，可出现粪便干燥难下等症。

(3) 常见燥证

① 外燥。外燥有凉燥和温燥之分。

a. 凉燥：是燥而偏寒之证。症见发热恶寒，无汗，皮肤干燥，口干舌燥，鼻咽干燥，干咳无痰，舌苔薄白而干，脉象弦涩。治宜宣肺解表润燥。

b. 温燥：是燥而偏热之证。症见发热，少汗，干咳不爽，口干欲饮，粪便干结，咽喉干红，舌红，苔薄而黄，脉数而大。治宜辛凉解表，清肺润燥。

② 内燥。多因燥邪内犯，五脏积热伤津化燥，慢性消耗性疾病所致阴液亏损，或吐泻太过，大汗，大出血，或用发汗、峻泻及温燥之剂，耗伤阴血而致。症见体虚，口鼻干燥，咽痛干咳，被毛枯焦，肌消肉减，粪干尿少，舌燥无津，口色红绛，脉涩等症。治宜滋阴润燥。由于津液不足而引起的肠燥，宜润肠通便，若为肺燥则宜清肺润燥。

6. 火邪

(1) 火邪的概念 火、热、温三者，均为阳盛所生，其性相同，但又同中有异。一是在程度上有所差异，即温为热之渐，火为热之极；二是热与温，多由外感受，而火既可由外感受，又可内生。内生的火多与脏腑机能失调有关。火证常见热象，但火证和热证又有些不同，火证热象较热证更为明显，且表现出炎上的特征。此外，火证有时还指某些肾阴虚的病证。

(2) 火邪的性质与致病特性

① 火为热极，其性炎上。火为热极，其性燔灼，故火邪致病，常见高热、口渴、骚动不安、舌红苔黄、尿赤、脉洪数等热象。又因火有炎上的特性，故火邪侵犯机体，症状多表现在机体的上部，如心火上炎，口舌生疮；胃火上炎，齿龈红肿；肝火上炎，目赤肿痛等。

② 火邪易生风动血。火热之邪侵犯机体，往往劫耗阴液，使筋脉失养，而致肝风内动，出现四肢抽搐、颈项强直、角弓反张、眼目直视、狂暴不安等症。血得寒则凝，得热则行，故火热邪气侵犯血脉，轻则使血管扩张，血流加速，甚则灼伤脉络，迫血妄行，引起出血和发斑，如衄血、尿血、便血，以及因皮下出血而致体表出现出血点和出血斑等。

③ 火邪易伤津液。火热邪气，最易迫津液外泄，消灼阴液，故火邪致病除见热象外，往往伴有咽干舌燥、口渴喜饮冷水、尿短少、粪便干燥、甚至眼窝塌陷等津干液少的症状。

④ 火邪易致疮痈。火热之邪侵犯血分，可聚于局部，腐蚀血肉而发为疮疡痈肿。故《灵枢·痈疽》说："大热不止，热胜则肉腐，肉腐则为脓，故名曰痈。"《医宗金鉴·痈疽总论歌》也说："痈疽原是火毒生。"临床上，凡疮疡局部红肿、高突、灼热者，皆由火热所致。

(3) 常见火证

① 实火。多因外感温热之邪或其他病邪入里化火而引起。症见高热，贪饮，喘粗，尿赤红，咳嗽，鼻流脓涕，出血，发斑，大便秘结或泻下腥臭，舌红苔黄，脉数有力，甚至神昏、抽搐。治宜清热泻火。

② 虚火。由内而生，则属内火，多因饲养失调、久病体虚等导致的阴液不足、阴不制阳所致。一般起病缓慢，病程较长。症见体瘦毛焦，口渴而不多饮，盗汗，滑精，口色微红，脉数无力。治宜滋阴降火。

(二) 疫疠

1. 疫疠的概念

疫疠也是一种外感致病因素，但与六淫不同，其具有很强的传染性。所谓"疫"，是指瘟疫，有传染的意思；"疠"，是指天地之间的一种不正之气。如马的偏次黄（炭疽）、牛瘟、猪瘟及犬瘟热等，都是由疫疠引起的疾病。疫疠可通过空气传染，由口鼻而入致病，也可随饮食入里或蚊虫叮咬而发病。

疫疠流行有的有明显的季节性，称为"时疫"。如动物流感多发生于秋末，猪乙型脑炎多发生于夏季蚊虫肆虐的季节。

2. 疫疠致病的特点

（1）传染性　疫疠之气可通过空气、饮水、饲料或相互接触等途径进行传染，在一定条件下可引起流行。

（2）发病急骤，病情危笃　与六淫或内伤致病相比，疫疠发病急骤，蔓延迅速，病情危笃。

（3）症状相似　一种疠气致发一种疾病，引起流行时，患病动物表现相似的临床症状，正如《素问遗篇·刺法论》指出的："五疫之至，皆相染易，无问大小，病状相似。"又如《三农记卷八》说："人疫染人，畜疫染畜，染其形相似者，豕疫可传牛，牛疫可传豕……"

3. 疫疠流行的条件

（1）气候反常　气候的反常变化，如非时寒暑、湿雾瘴气、酷热、久旱等，均可导致疫疠流行。如《元亨疗马集·论马划鼻》说："炎暑熏蒸，疫症大作……"

（2）环境卫生不良　如未能及时妥善处理因疫疠而死动物的尸体或其分泌物、排泄物，导致环境污染，为疫疠的传播创造了条件。关于这一点，古人已有相当的认识，如宋代《陈敷农书·医之时宜篇》中便说："已死之肉，经过村里，其气尚能相染也。"

（3）社会因素　社会因素对疫疠的流行也有一定的影响。如战乱不止，社会动荡不安，人民极度贫困，则疫疠不断地发生和流行；而社会安定，国家和人民富足，就会采取有效的防治措施，预防和控制疫疠的发生和流行。

4. 预防疫疠的一般措施

（1）加强饲养管理，注意动物和环境卫生。

（2）发现有病的动物，立即隔离，并对其分泌物、排泄物及已死动物的尸体进行妥善处理。如《陈敷农书·医之时宜篇》所说："欲病之不相染，勿令与不病者相近。"

（3）进行预防接种。

二、内伤致病因素

内伤致病因素，主要包括饲养失宜和管理不当，可概括为饥、饱、劳、役四种。饥饱是饲喂失宜，而劳役则属管理使役不当。此外，动物长期休闲，缺乏适当运动也可以引起疾病，称为"逸伤"。内伤因素，既可以直接导致动物疾病，也可以使动物体的抵抗能力降低，为外感因素致病创造条件。

1. 饥伤

饥伤指饮食不足而引起的饥渴。《安骥集·八邪论》说："饥谓水草不足也，故脂伤也。"水谷草料是动物气血的生化之源，若饥而不食，渴而不饮，或饮食不足，久而久之，则气血生化乏源，就会引起气血亏虚，表现为体瘦无力、毛焦肷吊、倦怠好卧，以及成年动物生产性能下降及幼年动物生长迟缓、发育不良等。

2. 饱伤

饱伤指饮喂太过所致的饱伤。胃肠的受纳及传送功能有一定的限度，若饮喂失调，水草太过或乘饥渴而暴饮暴食，超过了胃肠受纳及传送的限度，就会损伤胃肠，出现欹腹膨胀、嗳气酸臭、气促喘粗等症。如大肚结（胃扩张）、肚胀（肠鼓胀）、瘤胃鼓胀等均属于饱伤之病。故《素问·痹论》说："饮食自倍，肠胃乃伤。"《安骥集·八邪论》也说："水草倍，则胃肠伤。"

3. 劳伤

劳伤指劳役过度或使役不当。久役过劳可引起气耗津亏、精神短少、力衰筋乏、四肢倦怠等症。若奔走太急，失于牵遛，可引起走伤及败血凝蹄等。如《素问·痹论》说："劳则气耗。"

《安骥集·八邪论》也说："役伤肝。役，行役也，久则伤筋，肝主筋。"

此外，雄性动物因配种过度而致食欲不振、四肢乏力、消瘦，甚至滑精、阳痿、早泄、不育等，也属于劳伤。

4. 逸伤

逸伤指久不使役或运动不足。合理的使役或运动是保证动物健康的必要条件，若长期停止使役或失于运动，可使机体气血蓄滞不行，或影响脾胃的消化功能，出现食欲不振、体力下降、腰肢软弱、抗病力降低等逸伤之症。雄性动物缺乏运动，可使精子活力降低而不育；雌性动物过于安逸，可因过肥而不孕。又如驴怀骡产前不食症、难产、胎衣不下等，均与缺乏适当的使役及运动有关。平时缺乏使役或运动的动物，突然使役，还容易引起心肺功能失调。

三、其他致病因素

（一）外伤

常见的外伤性致病因素有创伤、挫伤、烫火伤及虫兽伤等。

创伤往往由锋利的刀刃切割、尖锐物体刺破、子弹或弹片损伤所致。与创伤不同，挫伤常常是没有外露伤口的损伤，主要由钝力所致，如跌仆、撞击、角斗、蹴踢等。创伤和挫伤均可引起不同程度的肌肤出血、瘀血、肿胀，甚至筋断骨折或脱臼等。若伤及内脏、头部或大血管，可导致大失血、昏迷，甚至死亡。若损伤以后，再有外邪侵入，可引起更为复杂的病理变化，如发热、化脓、溃烂等；若病邪侵入脏腑，则病情更为严重。

烫火伤包括烫伤和烧伤，可直接造成皮肤、肌肉等组织的损伤或焦灼，引起疼痛、肿胀，严重者可引起昏迷甚至死亡。

虫兽伤是指虫兽咬伤或蜇伤，如狂犬咬伤，毒蛇咬伤，蜂、虻、蝎子的咬蜇等。除损伤肌肤外，还可引起中毒或引发传染病，如蛇毒中毒、蜂毒中毒、感染狂犬病等。

（二）寄生虫

寄生虫有内、外寄生虫之分。

外寄生虫包括虱、蜱、螨等，寄生于动物体表，除引起动物皮肤瘙痒、揩树擦桩、骚动不安，甚至因继发感染而导致脓皮症外，还因吸吮动物体的营养，引起动物消瘦、虚弱、被毛粗乱，甚至泄泻、水肿等症。

内寄生虫包括蛔虫、绦虫、蛲虫、血吸虫、肝片吸虫等，它们寄生在动物体的脏腑组织中，除引起相应的病证外，有时还可因虫体缠绕成团而导致肠梗阻、胆道阻塞等症。

（三）中毒

有毒物质侵入动物体内，引起脏腑功能失调及组织损伤，称为中毒。凡能引起中毒的物质均称为毒物。常见的毒物有有毒植物，霉败、污染或品质不良、加工不当的饲料，农药，化学毒物，矿物毒物及动物性毒物等。此外，某些药物或饲料添加剂用量不当，也可引起动物中毒。

（四）痰饮

痰饮是因脏腑功能失调，致使体内津液凝聚变化而成的水湿。其中，清稀如水者称饮，黏浊而稠者称痰。痰和饮本是体内的两种病理性产物，但它一旦形成，又成为致病因素而引起各种复杂的病理变化。

痰饮包括有形痰饮和无形痰饮两种。有形痰饮，视之可见，触之可及，闻之有声，如咳嗽之咳痰、喘息之痰鸣、胸水、腹水等。无形痰饮，视之不见，触之不及，闻之无声，但其所引起的病证，通过辨证求因的方法，仍可确定为痰饮所致，如肢体麻木为痰滞经络、神昏不清为痰迷心窍等。

1. 痰

痰不仅是指呼吸道所分泌的痰，还包括了瘰疬、痰核，以及停滞在脏腑经络等组织中的痰。痰的形成，主要是由于脾、肺、肾等内脏水液代谢功能失调，不能运化和输布水液，或邪热郁火煎熬津液所致。由于脾在津液的运化和输布过程中起着主要作用，而痰又常出自于肺，故有"脾为生痰之源"、"肺为贮痰之器"之说。痰引起的病证非常广泛，故有"百病多由痰作祟"之说。痰的临床表现多种多样，如痰液壅滞于肺，则咳嗽气喘；痰留于胃，则口吐黏涎；痰留于皮肤经络，则生瘰疬；痰迷心窍，则精神失常或昏迷倒地等。

2. 饮

饮多由脾、肾阳虚所致，常见于胸腹四肢。如饮在肌肤，则成水肿；饮在胸中，则成胸水；饮在腹中，则成腹水；水饮积于胃肠，则肠鸣腹泻。

（五）瘀血

瘀血指全身血液运行不畅，或局部血液停滞，或体内存在离经之血。瘀血也是体内的病理性产物，但形成后，又会使脏腑、组织、器官的脉络血行不畅或阻塞不通，引起一系列的病理变化，成为致病因素。

因瘀血发生的部位不同，而有无形瘀血和有形瘀血之分。无形瘀血，指全身或局部血流不畅，并无可见的瘀血块或瘀血斑存在，常有色、脉、形等全身性症状出现。如肺脏瘀血，可出现咳喘、咯血；心脏瘀血可出现心悸、气短、口色青紫、脉细涩或结代；肝脏瘀血，可出现腹胀食少、胁肋按痛、口色青紫或有痞块等。有形瘀血，指局部血液停滞或存在离经之血，所引起的病证常表现为局部疼痛、肿块或有瘀斑，严重者亦可出现口色青紫、脉细涩等全身症状。因此，瘀血致病的共同特点是疼痛，刺痛拒按，痛有定处；瘀血肿块，聚而不散，出现瘀血斑或瘀血点；多伴有出血，血色紫暗不鲜，甚至黑如柏油色。

（六）七情

七情是中医学中人的主要内伤性致病因素，而在中兽医学典籍中，对此却缺乏论述，其原因可能与过去人们认为动物无情无志，或其大脑信号系统不如人完善有关。但在兽医临床实践中，时常可见动物，尤其是犬、猫等宠物因情绪变化而引发的疾病，与人的七情所伤相近。因此，七情作为一种致病因素，也应引起兽医工作者的注意。

七情，指人的喜、怒、忧、思、悲、恐、惊七种情志变化。七情本是人体对客观事物或现象所做出的七种不同的情志反映，一般不会使人发病。只有突然、强烈或持久的情志刺激，超过人体本身生理活动的调节范围，引起脏腑气血功能紊乱时，才会引发疾病。与人相似，很多种动物都有着丰富的情绪变化，在某些情况下，如离群、失仔、打斗、过度惊吓、环境及主人的变化及遭受到主人呵斥、打骂等，都可能会引起动物的情绪变化过于剧烈，从而引发疾病。

七情主要是通过直接伤及内脏和影响气机运行两个方面而引起疾病。

1. 直接伤及内脏

由于五脏与情志活动有相对应的关系，因此七情太过可损伤相应的脏腑。《素问·阴阳应象大论》将其概括为"怒伤肝"、"喜伤心"、"思伤脾"、"忧伤肺"、"恐伤肾"。

（1）怒伤肝　指过度愤怒，使得肝气上逆，引起肝阳上亢或肝火上炎，肝血被耗的病证。

（2）喜伤心　指过度欢喜，使心气涣散，出现神不守舍的病证。

（3）思伤脾　指思虑过度，会使气机郁结，导致脾失健运的病证。

（4）忧伤肺　指过度忧伤，耗伤肺气，出现肺气虚的病证。

（5）恐伤肾　指恐惧过度，耗伤肾的精气，出现肾虚不固的病证。

虽然情志所伤对脏腑有一定的选择性，但临床上并非绝对如此，因为人体或动物体是一个有机的整体，各脏腑之间是相互联系的。

2. 影响脏腑气机

七情可以通过影响脏腑气机，导致气血运行紊乱而引发疾病。《素问·举痛论》将其概括为："怒则气上，喜则气缓，悲则气消，恐则气下……惊则气乱……思则气结。"

（1）怒则气上　指过度愤怒影响肝的疏泄功能，导致肝气上逆，血随气逆，出现目赤舌红、呕血、甚至昏厥猝倒等症。兽医临床上，可以见到犬在激烈争斗之后出现这种情况。

(2) 喜则气缓　指欢喜过度会使心气涣散，神不守舍，出现精神不能集中，甚至失神狂乱的症状。

(3) 悲则气消　指过度悲伤会损伤肺气，出现气短、精神萎靡不振、乏力等症。

(4) 恐则气下　指过度恐惧可使肾气不固，气泄于下，出现大小便失禁，甚至昏厥的症状。兽医临床上，多种动物会因为过度恐惧而有此表现。

(5) 惊则气乱　指突然受惊，损伤心气，致使心气紊乱，出现心悸、惊恐不安等症状。兽医临床上，此种现象也十分常见。

(6) 思则气结　指思虑过度，导致脾气郁结，从而出现食欲减退甚至废绝、肚腹胀满，或便溏等症状。临床上，犬、猫等多种动物会因离群、失子或环境变化过大而有这些表现。

此外，过度的情志变化，还会加重原有的病情。

虽然人们现在尚不十分清楚动物的情志活动，但情志活动作为动物对外界客观事物或现象的反映是肯定存在的，情志的过度变化同样也会引起动物疾病，必须引起重视。

第二节　病　机

疾病的发生和变化，虽然错综复杂，但不外是动物体内在因素和致病外在因素两个方面，中兽医学分别将其称为"正气"与"邪气"。"正气"，是指动物体对致病因素的防御、抵抗能力，阻止疾病发生、传变与恶化的能力，以及对各种治疗措施的反应能力等。"邪气"，指一切致病因素。疾病的发生与发展就是"正邪相争"的结果。正气充盛的动物，卫外功能固密，外邪不易侵犯；只有在动物体正气虚弱，卫外不固，正不胜邪的情况下，外邪才能乘虚侵害机体而发病。在正、邪这两方面的因素中，中兽医学特别强调正气是在疾病发生与否的过程中起着主导作用的方面。如《元亨疗马集·八邪论》说："真气守于内，精神固于外，其病患安得而有之。"《素问·刺法论》和《素问·评热病论》中也分别有"正气存内，邪不可干"和"邪之所凑，其气必虚"之说。诚然，在某些特殊情况下，邪气也可成为发病的主要方面，如某些强毒攻击或强烈的理化因素所致的伤害等。即使如此，邪气还是要通过损伤机体的正气而发生作用。

动物体正气的盛衰，取决于体质因素和所处的环境及饲养管理等条件。正如《元亨疗马集·正证论》所说："马逢正气，疴瘵无生，半在人之所蓄。"一旦饲养管理失调，就会致使正气不足，卫外功能暂时失固。此时如果有外邪侵袭，虽然可以引起动物体发病，但由于动物体质及机能状态的不同，即动物体正气强弱的差异，而在发病时间所表现出的症状上均有所差异。就发病时间而言，有的邪至即发病，有的则潜伏体内伺机而发，亦有重感新邪引动伏邪而发病者。就所表现出的症状而论，有的表现为虚证，有的则表现为实证。如同为外感风寒，体质虚弱、肺卫不固的动物，易患表虚证，病情较重；而体质强壮的动物，则易患表实证，病情较轻。由此可见，动物体正气的盛衰，与疾病的发生与发展均有着密切的关系。

中兽医病机学认为，机体对致病因素发生反应的基本病理过程，不外邪正消长、阴阳失调、气血失调及津液代谢失常等几个方面。

一、邪正消长

1. 邪正消长的基本形式

邪正消长，是邪正相争的过程中，正气和邪气双方在力量上发生彼消此长或彼长此消的盛衰变化。其主要表现形式有以下几种。

(1) 邪胜病进　邪胜病进有两种情况：一是以正气为相对固定的因素，邪气愈盛，毒力愈强，则病势愈急，传变也快；二是以病邪为相对固定的因素，感受病邪的个体正气愈虚，或对感受某些病邪的个体特异性愈显著，则病情愈重，病邪损害愈深。如果病邪过于强盛，毒力特强，或患病个体素质特别虚弱，发病后就可能呈现"两感"、"直中"或"内陷"等病情逆转状况。

"两感"指阴阳或表里两条经均感受病邪而发病，病变迅速扩展，病情严重。如太阳病与少阴病同时感邪而发生。"直中"多指病邪侵犯虚寒体质，发病不经过表证阶段，直接侵犯三阴经所属脏腑，又称"直中三阴"。"内陷"指温热病过程中，邪盛正虚，病邪不能在卫分或气分的轻浅阶段透解，而迅速深入营分或血分，称"温邪内陷营血"。此外，外感寒邪，误用泻下，也会引起表邪内陷。

（2）正胜病却　正气的抗病作用，从发病到病变的每一阶段、每一环节均有所表现，所以只有将正气有效地调动起来，或补其不足，或使其恢复，才能战胜病邪。正胜主要表现为三种情况：卫外固密、营卫调和、真气来复。

（3）邪正相持　指在疾病过程中，邪正双方势均力敌，疾病处于迁移的一种病理状态。

（4）正虚邪恋　正虚邪恋是指邪正搏斗的病理过程中，正气已虚，余邪未尽，以致疾病处于缠绵难愈状态。多见于疾病后期，是许多疾病由急性转为慢性，或留下后遗症的主要原因之一。

2. 邪正盛衰与虚实变化

邪正盛衰是机体抗病能力与致病邪气双方力量的对比，它可以决定患病机体表现为虚、为实的两种不同的病理状况。同时，邪正盛衰还决定虚与实之间的相互转化。

虚与实是一对相对概念，也是不足与有余的一对矛盾的反应。实是以邪气亢盛为矛盾主要方面的病理反应，虚则是以正气不足为矛盾主要方面的病理反应。

虚实变化较为复杂，通常表现为虚中夹实、实中夹虚、表虚里实、表实里虚、上虚下实、上实下虚等。

邪正盛衰可导致虚实的转化，若先有实邪，而后耗伤正气，以致转化为正虚，此称"由实转虚"；反之为"由虚转实"。

此外，如因邪气深固于内，经络运行及气血流动受阻，正气不能透达于外，而表现为"真实假虚"；也有因正气虚于内，气化失司，运化无力，而表现为胀满、喘逆等似实非实的假象，则为"真虚假实"。

二、阴阳失调

各种致病因素必须通过机体的阴阳失调才能导致疾病。阴阳失调是机体各种生理协调关系遭到破坏的总的概括，是疾病发生发展机理的总纲领。常见的有阴阳偏胜、阴阳偏衰、阴阳互损、阴阳极变和阴阳亡失等方面。

1. 阴阳偏胜

阴阳偏胜指阴或阳单方面的量相对超过正常限度，从而引起寒或热偏胜的反映。一般而言，阴胜，机能障碍，气机活动受限者，则属于寒的病理；阳胜，机能亢奋，气机活动增强者，则属于热的病理。即所谓"阴胜则寒，阳胜则热"。阴和阳相互消长，相互制约。阴长则阳消，必然导致"阴胜则阳病"；阳长则阴消，又势必导致"阳胜则阴病"。

2. 阴阳偏衰

凡是精、血、津液等物质表现出质和量方面的不足，则属阴亏；而脏腑、经络等组织功能不足及其气化作用减弱者，则属阳衰。阴和阳任何一方不足，不能制约对方，必然引起另一方的相对亢盛，即阴虚阳亢或阳虚阴盛，表现为"阴虚则热"、"阳虚则寒"的病理状况。

3. 阴阳互损

阴阳互损是指在阴阳失调过程中，阴阳双方相互削弱，以致两者的数量均低于正常水平，表现为"阴损及阳"或"阳损及阴"。阴和阳的互损存在着因果的病理联系。但阴损及阳，其病理的主要关键还是在于阴虚，即"阴虚之久者阳亦虚，终是阴虚为本"；同样，"阳虚之久者阴亦虚，终是阳虚为本"。

4. 阴阳极变

阴阳极变包括"格拒"和"转化"之变。所谓阴阳格拒，即指阴或阳的任何一方充盛至极时，可将另一方排斥于外。主要包括阴盛格阳而见真寒假热证和阳盛格阴而见真热假寒证等。阴阳转化，是指阴性或阳性病证在发展过程中，在一定条件下，可向其相反方向转化。

5. 阴阳亡失

阴阳亡失是指机体阴精或阳气的消亡，导致双方失却相互维系和依存作用，从而发展成阴阳离决的垂危状态。实际上就是生命的物质基础耗竭及机能活动的最终解体。阴亡，则阴精亏竭，可以导致阳脱；阳亡，则阴无以化生而耗竭，两者均可导致阴阳俱亡而死亡。因此，二者既有联系，又有区别。

三、气血失调

气血失调是指气或血的亏损和各自的生理功能异常，以及气血之间互根互用的关系失调等病理变化，临床上主要包括以下几方面的症状。

1. 气虚

气虚包括元气、宗气、卫气的虚损，以及气的推动、温煦、防御、固摄和气化功能的减退，从而导致机体的某些功能活动低下或衰退、抗病能力下降等衰弱的现象。多由先天禀赋不足，或后天失养，或劳伤过度而耗损（"劳则气耗"），或久病不复，或肺、脾、肾等脏腑功能减退，气生化不足等所致。

气虚的病理反映可涉及全身各个方面，如气虚则卫外无力，肌表不固，而易汗出；气虚则四肢肌肉失养，周身倦怠乏力；气虚则清阳不升、清窍失养而精神委顿，头昏耳鸣；气虚则无力以帅血行，则脉象虚弱无力或微细；气虚则水液代谢失调，水液不化，输布障碍，可凝痰成饮，甚则水邪泛滥而成水肿；气虚还可导致脏腑功能减退，从而表现一系列脏腑虚弱征象。

2. 气机失调

气机失调，即气的升降出入运行失常，是指疾病在其发展过程中，由于致病因素的作用，导致脏腑经络之气的升降出入运动失常。

一般地说，气机失调的病机，可概括为气滞（即气的运行流通障碍）、气逆（即气的上升太过或下降不及）、气陷（即气上升力量不足或下降力量过强）、气闭（气的外出受阻）、气脱（气失内导而散脱于外）等方面，现分述如下。

（1）气滞　是指气机郁滞，气的运行不畅所致的病理状态。主要由于七情内郁，或因寒冷刺激，或痰湿、食积、瘀血等阻滞，影响了气的流通运行，形成局部或全身的气机不畅，导致某些脏腑经络的功能障碍。可引起局部胀满或疼痛，形成血瘀、水湿、痰饮等病理产物。还可使某些脏腑功能失调，如肺气壅滞、肝郁气滞、脾胃气滞等。

（2）气逆　是指气的上升过度，下降不及，而致脏腑之气逆上的病理状态。多由于情志所伤，或饮食寒温不适，或痰浊壅阻等因素所致。多见于肺、胃和肝等脏腑。如气逆在肺，则肺失肃降，肺气上逆，而发作咳逆、气喘；气逆在胃，则胃失和降，胃气上逆，发为恶心、呕吐、或呃逆、嗳气；气逆在肝，则肝气逆上，发为头痛而胀、胸胁胀满、易怒等症。若突然遭受惊恐刺激，肝肾之气或水寒之气循冲脉而上逆，则可形成"奔豚气"病证。

一般来说，气逆于上多以实证为主，但也有因虚而气上逆者，如肺气虚而肃降无力，或肾气虚而失于摄纳，都可导致肺气上逆；胃气虚，和降失职，亦能导致胃气上逆，此皆因虚而致气上逆之病机。

（3）气陷　是以气的升举无力为主要特征的一种病理状态，多由气虚发展而来。若素体虚弱，或因久病耗伤，脾气虚损不足，致使清阳不升，中气下陷，则可产生胃下垂、肾下垂、子宫脱垂、脱肛等病证。

（4）气闭与气脱　都是以气的出入异常，或为闭塞，或为脱失的严重病理状态，临床多表现为昏厥或亡脱等病证。

3. 血的失常

血的失常主要表现在两个方面：一为血的生化不足或耗伤太过，或血的濡养功能减退，从而形成血虚的病理状态；二为血的运行失常，或为血行迟缓，或为血行逆乱，从而导致血瘀、血热，以及出血等病理变化。

(1) 血虚　主要指血液不足，或血的濡养功能减退，以致脏腑经脉失养的病理状态。多由于失血过多，新血来不及补充；或因脾胃虚弱，饮食营养不足，生化血液功能减退而致血液生成不足，以及久病不愈、慢性损耗而致血液暗耗等，均可导致血虚。

(2) 血瘀　指血液循行迟缓或郁滞流通不畅，甚则血液瘀结停滞。多由于气机阻滞而血行受阻，或气虚无力行血；或痰浊阻滞脉道，血行不畅；或寒邪入血，则血寒而凝；或邪热入血，煎灼津液而成瘀；或因离经之血、瘀血阻滞血脉等。

(3) 血热　指血分有热，血液运行加速，甚则血液妄行而致出血。多由于邪热入于血分所致。如外感温热邪气或外感寒邪，入里化热，伤及血分，皆能导致血热；温热病的营分证和血分证；情志郁结，五志过极，郁久化火，伤及血分，亦可导致血热。如肝郁气滞，郁而化火，内火炽盛，郁结血分，即可形成血热证候。临床可见身热并以夜间为甚，口干不欲饮，心烦或躁扰发狂，或衄血、吐血、尿血，月经提前、量过多，舌质红绛，脉细数等症。

4. 气血互根互用功能的失调

气属于阳，血属于阴，气与血之间具有阴阳相随、相互依存、相互为用的关系。气血互根互用功能失调，临床主要表现为气滞血瘀、气不摄血、气随血脱、气血两虚等症状。

(1) 气滞血瘀　是指由于气的运行郁滞不畅，以致血液循行障碍，继而出现血瘀的病理状态。多由于情志内伤，抑郁不遂，气机阻滞而成血瘀。亦可因闪挫外伤等因素伤及气血，而致气滞和血瘀同时形成。

(2) 气不摄血　主要指气虚不足，固摄血液的功能减退，而致血不循经，溢出于脉外，从而导致各种失血的病理状态。多与久病伤脾，脾气虚损，中气不足有关。临床常见便血、尿血等症，还可见皮下出血或紫斑等。

(3) 气随血脱　是指在大出血的同时，气亦随着血液的流失而脱散，从而形成虚脱的危象。临床常见冷汗淋漓、四肢厥冷、晕厥、脉芤或沉细而微。

(4) 气血两虚　是指气虚和血虚同时存在的病理状态。多因久病耗伤，或先有失血，气随血衰；或先因气虚，血无以生化而日渐亏少，从而形成气血两虚病证。临床常见疲乏无力、形体消瘦、心悸、易惊、肌肤干燥、肢体麻木等气血不足症状。

四、津液代谢失常

津液代谢是机体新陈代谢的重要组成部分。津液的正常代谢，不仅仅维持着津液生成、输布和排泄之间的协调平衡，而且也是机体各脏腑组织器官进行正常生理活动的必要条件。因此，津液代谢失常，必然会导致机体一系列生理活动障碍。

津液代谢失常原因有二：一是由于津液的生成不足或消耗过多，而致津液不足；二是由于津液的运行、输布和排泄障碍，而致体内的津液滞留，形成湿、痰、饮、水等病理产物。

1. 津液不足

津液不足是指体内津液在数量上的减少，导致内则脏腑，外则皮肤、孔窍缺乏津液，失其濡润滋养，产生一系列干燥失润的病理现象。多由于燥热之邪或脏腑之火、五志过极化火灼伤津液；或因久病、精血不足而致津液枯涸；或过用燥热之剂，耗伤阴液所致。

一般来说，如炎夏多汗，高热时的口渴引饮，气候干燥季节中常见的口、鼻、皮肤干燥等，均属于伤津的表现；如热病后期或久病精血不足等，可见舌质光红无苔、形体瘦削等，均属于液枯的临床表现。

2. 津液的输布与排泄障碍

津液的输布障碍是指津液不能正常地向全身输布，因而津液在体内环流缓慢，或津液停滞于体内某一局部，以致湿从内生，或酿为痰，或成饮，或水泛为肿等。津液的排泄障碍，主要是指津液转化为汗液和尿液的功能减退，而致水液潴留，溢于肌肤而为水肿。其成因甚多，除了外邪因素外,主要有气、血和有关脏腑的功能失调。

津液的正常输布,有赖于肺、脾、肝、肾、三焦等脏腑的正常生理功能,一旦脏腑的功能失调,则津液不能外输于皮毛和下输于膀胱,而致痰壅于肺,甚则发为水肿;脾的运化功能减退,则津液环流减弱,而痰湿内生;肝失疏泄,则气机不畅、气滞则津停;肾失蒸腾气化,则气不化津而致津液停滞;三焦水道不利,可影响津液体内环流和气化功能。

【目标检测】

1. 六气和六淫之间有何区别?
2. 六淫的性质及致病特点是什么?
3. 怎样理解"正气存内,邪不可干","邪之所凑,其气必虚"?
4. 痰饮与肺、脾、肾三脏有何关系?
5. 瘀血的致病特点是什么?
6. 疾病发生的主要病机有哪些?

第二篇

中药方剂

第五章 中药总论

【学习目标】
1. 熟悉中药的采集、加工、储藏、炮制等方法。
2. 掌握中药的四气五味、升降浮沉、归经等基本性能。
3. 掌握中药的配伍、禁忌、剂量、剂型及用法等。

第一节 中药材生产

一、采集

中药材所含有效成分是药物发挥防病治病作用的物质基础，直接决定着中药的临床疗效。而有效成分的质和量与中药材的采收季节、时间和方法有着密切关系。《用药法象》中说："凡诸草木昆虫，产之有地，根叶花实，采之有时，失其地则性味少异，失其时则性味不全。"由此看来，中药材的采集是保证药物质量的重要环节，也是影响药物性能和疗效的重要因素。

（一）植物类药材的采收

中药材的采收有很强的季节性。"正月茵陈二月蒿，三月茵蒿当柴烧"，说明植物在不同生长发育阶段，其所含化学成分及药效成分的质和量是不同的，甚至有很大差别。首先，植物生长年限的长短与药物化学成分的质量有关。有资料报道，甘草的有效成分甘草酸，其含量生长 3~4 年者较之生长 1 年者高出近 1 倍。人参总皂苷的含量，以 6~7 年采收者最高。其次，植物在生长过程中随月份的变化，有效成分的含量也不相同。7月份采收丹参其有效成分含量最高。黄连最佳采收期是第 6 年的 7 月份。再者，时辰的变更与中药有效化学成分含量亦有密切关系。金银花的抗菌有效成分绿原酸在花蕾中的含量远较花开放时高。薄荷中的挥发油在开花盛期采收含量最高。青蒿中的青蒿素在 7~8 月花前盛叶期含量最高。麻黄 8~9 月采收的生物碱含量最高，而春季采收的生物碱含量甚微。

植物类药材其根、茎、叶、花、果实、种子各器官的生长成熟期有明显的季节性，其采收时节和方法常以药用部位的不同而有不同。

1. 全草类

大多在植物充分生长、枝叶繁茂的花前期或刚开花时采收。从根以上割取地上部分，如薄荷、荆芥、益母草等。需连根入药的，则可拔起全株，如蒲公英、柴胡、紫花地丁等。茎叶同时入药的，应在生长旺盛时割取，如夜交藤、忍冬藤等。但茵陈宜在初春采收其嫩苗。

2. 叶类

通常在花蕾将放或正在盛开时采收。此时叶片茂盛，药力雄厚，最宜采收，如大青叶、荷叶等。但桑叶须在深秋或初冬经霜后采集。

3. 花类

一般在花正开放时进行采收。采收过迟，花瓣易脱落和变色，气味散失，影响质量，如菊花、旋覆花；而金银花等须在含苞欲放时采摘花蕾；月季花在刚开放时采摘最好；红花则宜于花冠由黄色变橙红色时采收。

4. 果实和种子类

通常都在完全成熟或将成熟时采收，如瓜蒌、枸杞子等。有些种子成熟后易脱落，如茴香、牵牛子等，最好在刚成熟时采收。少数药材要在果实未成熟时采收，如青皮、乌梅等。

5. 根和根茎类

古时以阴历二、八月为佳，认为春初"津润始萌，未充枝叶，势力醇浓"，"至秋枝叶干枯，津润归流于下"，并指出"春宁宜早，秋宁宜晚（据《本草纲目》引陶弘景说）。"是很正确的。早春二月，新芽未萌；深秋时节，多数植物的地上部分停止生长，其营养物质多储存于地下部分，有效成分含量高，此时采收质量好，产量高，如天麻、葛根等。但也有例外，如半夏、延胡索等多以夏季采收为宜。

6. 树皮和根皮类

通常在春、夏时节植物生长旺盛时采集。此时质量佳，药性强，疗效高，易剥离，如黄柏、厚朴、杜仲等。有些木本植物生长周期长，应尽量避免伐树取皮或环剥树皮等简单方法以保护药源。根皮与根和根茎相类似，应于秋后苗枯或早春萌芽前采集，如牡丹皮、地骨皮等。

（二）动物类药物的采收

动物、昆虫类药材因品种不同、生活习性的差异，采收方法各异。具体时间以保证药效及容易捕获为原则。如桑螵蛸应在3月中旬采收，过时则虫卵已孵化；鹿茸应在清明后45～60天截取，过时则角化；驴皮应在冬至后剥取，其皮厚质佳；小昆虫等，应于数量较多的活动期捕获，如斑蝥于夏秋季清晨露水未干时捕捉。

（三）矿物类药物的采收

不受时间限制，可随时采收，但应注意保护资源。

二、加工

（一）产地加工

中药采收后，除少数鲜用外，均须在产地进行初加工，目的是促使鲜药材干燥，符合商品规格，保证药材质量，便于包装储运。常用加工方法有以下几种。

1. 拣、洗

除去新鲜药材中的泥沙杂质和非药用部分。

2. 切片

较大的根及根茎类、坚硬藤木类和肉质果实类药材应趁鲜切成块、片，以利干燥。如大黄、鸡血藤、木瓜等。

3. 去壳

种子类药材，一般于果实采收后，晒干去壳，取出种子。或去壳取出种子而后晒干。

4. 蒸、煮、烫

黏液、淀粉或糖分含量高的药材，一般方法不易干燥，须先经蒸、煮或烫处理，则易于干燥，但加热时间长短视药材性质而定，如白芍煮至透心、太子参沸水中略烫等。

5. 熏硫

有些药材为防止霉烂和使色泽洁白，常在干燥前后用硫黄熏制，如山药、白芷、川贝母等。

6. 发汗

有些药材在加工过程中常将其堆积放置，或微烘、微煮、微蒸后堆置，使其发热、"回潮"，内部水分向外挥散，促使药材变软、变色，增强气味或减小刺激性，有利于干燥，称为"发汗"，如厚朴、杜仲、玄参等。

（二）干燥

中药采收后应及时干燥，以除去新鲜药材中的大量水分，避免发霉、变色、虫蛀，以及有效成分的损失，保证药材质量，利于储藏。干燥方法一般有晒干、烘干、阴干等。

1. 晒干

晒干即利用阳光直接晒干。这种方法简便、经济，常用于皮类、根及根茎类药材的干燥。但有三类药材不宜采用此法：含挥发油的药材，如薄荷、金银花等；色泽和有效成分受日光照射后易变色变质者，如大黄、黄连等；烈日下晒后易爆裂者，如郁金、厚朴等。

2. 烘干

烘干即利用人工加温的方法使药材干燥。适宜温度一般为50～60℃，该温度对一般药材成分影响不大，同时又能抑制植物体中酶的活动。对于含维生素C、多汁的果实类药材可以70～90℃的温度干燥。

3. 阴干

阴干即将药材放置或悬挂在阴凉通风处，避免阳光直射，使水分在空气中自然蒸发而干燥。阴干适用于含挥发性成分的花类、叶类、全草类药材。

目前已将干燥机械设备用于药材和中成药的干燥，如红外线加热干燥器、微波干燥器、喷雾干燥器等。

三、储藏

储藏保管对中药材品质亦有直接影响。若储藏不当，会导致中药材发生霉烂、虫蛀、变色、走油等现象，造成药材变质，最终降低药材质量和疗效。

（一）药材的防霉

空气中存在着大量霉菌孢子，如散落在药材表面，在适宜环境下，如温度25℃左右、相对湿度≥85%或药材含水率＞15%，以及场所密闭阴暗、营养充足，即产生菌丝，分泌酶素，使药材分解和溶蚀、腐坏，产生秽臭恶味。因此，防霉的关键是：保证药材的干燥，入库后防湿、防热、通风。对已生霉药材，可用撞刷、晾晒等方法除霉，霉迹严重的，可用水、醋、酒等洗刷后再晾晒。

（二）药材的防虫

药材经虫蛀后，或形成空洞，或被毁成粉，破坏性极强。对于大量储存保管的药材仓库，主要是用氯化苦、磷化铝等化学药剂熏蒸法杀虫。对于中小量药房保存的药材，除药剂杀虫外，还可采用密封法、冷藏法、对抗法等方法防虫。

（三）其他变质情况

1. 变色

中药材若储藏不当，其中所含有效成分，经过氧化、聚合或分解、缩合等作用，会产生有色化合物，使原来色泽加深或改变，以致变质。如含黄酮类、羟基蒽醌类、鞣质类的药材。

2. 走油

走油指某些含油药材如柏子仁、杏仁、桃仁等，储藏不当时油性成分向外溢出于药材表面；或药材如枸杞子、麦冬等，在受潮、变色、变质后表面呈现油样物质的变化。走油不仅损失油质成分，还可导致药材变质，防控的关键是冷藏和避光保存。

第二节 中药的性能

中药的性能，是指药物的药性和效能。它包括药物发挥疗效的物质基础和治疗过程中所体现出来的作用。中药的性能是研究药性形成的机制及其运用规律的理论，也称为药性理论，其内容主要包括药物的性味、归经、升降浮沉及有无毒性等方面。

一、四气五味

《神农本草经》说"药有酸、咸、甘、苦、辛五味，又有寒、热、温、凉四气"，指出药物有四气和五味，分别代表药物的药性和药味两个方面。性味对于认识药物及指导临床用药具有重要意义。

1. 四气

四气是指药物具有寒、热、温、凉四种不同的性质，又称四性。此外，有些性质较平、作用缓和，即所谓的平性药物，虽四气不明显，但仍有偏温或偏凉的差别。因此习惯上仍称为四气。

四气中，寒凉与温热是两类性质完全不同的药物，而寒与凉，或温与热，仅是程度上的差异。正如古人所说："寒为凉之极，凉为寒之渐；热为温之极，温为热之渐。"凡能减轻或消除热证的药物，一般属于寒性或凉性；反之，凡能减轻或消除寒证的药物，大多属于热性或温性。正如《神农本草经》所说"疗寒以热药，疗热以寒药"。《素问》中说："寒者热之，热者寒之。"这是治病的常规。如为寒热夹杂的病证，亦可寒热药物并用。

寒凉药大多具有清热泻火、凉血解毒等作用，常用以治热证、阳证。温热药多具温里散寒、助阳通络等作用，常用以治寒证、阴证。若用药不当，治病不分寒热，轻者延误病情，重者造成死亡。

2. 五味

五味即酸、苦、甘、辛、咸五种不同的滋味，代表药物不同的功效和应用。此外，还有淡味药，是甘味中最淡薄者，为余甘之味，故古人有"淡附于甘"之说，所以仍然称为五味。《内经》将五味归纳为酸收、苦坚、甘缓、辛散、咸软。

（1）酸味　有收敛固涩的作用，多用以止泻、止血、涩精、固脱、止汗等。如乌梅、诃子、五味子等。

（2）辛味　有发散、行气、行血的作用，多用以治疗表证或气血阻滞证。如麻黄、桂枝、陈皮、木香等。

（3）甘味　有补益、和中、缓急等作用。常用治虚证，和中缓急，调和药性，解毒等。如甘草、黄芪、党参等。

（4）苦味　有清热燥湿、泻下降逆的作用，常用以治疗热性病、水湿病、二便不通及气血壅滞之证。如大黄、杏仁、黄连、苍术等。

（5）咸味　有软坚散结和泻下的作用。多用于瘰疬、瘿瘤、痰核、癥瘕等。如牡蛎、芒硝、肉苁蓉等。

（6）淡味　有渗湿、利尿的作用，多用以治疗水肿、小便不利等。如茯苓、通草等。

3. 四气和五味的关系

凡药物的性能都是气和味的综合，二者不可分割。如麦冬、黄连从四气来说，均属寒性，皆治热病。但从五味来说，麦冬味甘而性寒，治虚热；黄连味苦而性寒，治实热。

同一种药性，也有五味的差别。如同一温性药，有辛温（苏叶）、酸温（五味子）、甘温（党参）、苦温（苍术）、咸温（肉苁蓉）之不同。同一种味，亦各有四性的不同。如以辛为例，有辛寒（浮萍）、辛凉（薄荷）、辛温（半夏）、辛热（附子）之不同。

二、升降浮沉

升降浮沉是指药物在畜体内发生作用的四种趋向。升是指向前、向上，降是指向后、向下，浮是指向上、向外，沉是指向后、向内。也就是说，升是上升，降是下降，浮表示发散，沉表示收敛固藏和泄利二便。

一般来讲，凡升浮的药物，具有升阳发表、祛风散寒、涌吐开窍等功效；凡沉降的药物，具有泻下清热、利水渗湿、潜阳息风、降逆止呕、收敛固涩、止咳平喘等功效。但有的药物升降浮沉的特性不明显，如南瓜子的杀虫功效；有的药物则存在两向性，如麻黄既能发汗解表，又能利水消肿。

升与浮，沉与降，其趋向是类似的，升浮药物一般主上升和向外，有升阳、发表、散寒、涌吐等作用；沉降药物一般主下行和向内，有潜阳、降逆、清热、渗湿、泻下等作用。这种作用与病变的病位和病势是相对应的。凡病位在上在表者，宜用升浮药，如外感风寒表证，多用麻黄、桂枝等升浮药；在下在里者，宜用沉降药，如肠燥便秘之里实证，多用大黄、芒硝等沉降药。病势上逆者，宜降不宜升，如肝火上炎引起的目赤肿痛，应选用石决明、龙胆等沉降药以清热泻火、平肝潜阳；病势下陷者，宜升不宜降，如久泻脱肛或子宫脱垂，当用黄芪、升麻等升浮药物益气升阳。一般说来，医家用药不可违背此规律。

升降浮沉与药物的气味、质地、炮制、配伍等均有关系。

1. 与性味的关系

一般而言，升浮药多具有辛甘淡之味和温热之性；沉降药多具有酸苦咸涩之味和寒凉之性。正如李时珍所说："酸咸无升，辛甘无降，寒无浮，热无沉，其性然也。"说明升降浮沉与四气五味有密切的关系。

2. 与药物质地的关系

一般认为叶、花、皮、枝等质轻的药物，多具有升浮作用，如薄荷、升麻等。种子、果实、矿物、贝壳等质重的药物，多具有沉降作用，如紫苏子、大黄、牡蛎等。但上述关系并非绝对，如"诸花皆升，旋覆独降"，"诸子皆降，蔓荆独升"等。

3. 与药物炮制和配伍的关系

就炮制而言，生用主升，熟用主降，酒制能升，生姜制能散，醋制能收，盐水炒能下行。就药物配伍而言，若将升浮药物与较多沉降药物配伍时，其性能随之下降；相反，若沉降药物与较多升浮药物同用时，其性能随之上升。故李时珍说："升降在物，亦可在人。"因此，临床用药时，除掌握药物的普遍规律外，还应知道其特殊性，才能更好地达到用药目的。

三、归经

归经是指药物对机体的选择性作用，即某种药对某经（脏腑或经络）有显著的亲和作用，而对其他经则作用较小或无作用。也就是说凡某种药能治某经病证，即为归入某经之药。如杏仁、桔梗能止胸闷、咳喘，故归肺经；全蝎能止抽搐，故归肝经；麻黄能发汗平喘，治疗咳嗽气喘，故归肺经等。还有一药归数经者，如黄连既能清热燥湿，泻火解毒，治疗湿热泻痢、黄疸、目赤肿痛，又能清心除烦，治疗口舌生疮。所以，归经是药物作用与脏腑经络密切结合的一种用药规律。

应用中药时，既要讲究归经，又要考虑四气五味、升降浮沉等性能。因为同一脏腑经络的病变，有寒、热、虚、实及上逆、下陷等不同，同归一经的药物，其作用也有温、清、补、泻及上升、下降的区别。如同归肺经的药物，黄芩清肺热，干姜温肺寒，百合补肺虚，葶苈子泻肺实。同样，讲究气味，也不能忽略归经。药物气味相同而归经不同，治疗重点也不同。如苦寒药类，黄连泻心火、黄芩泻肺火、黄柏泻肾火、龙胆泻肝火等。

掌握中药归经理论有助于提高用药的准确性，如可按经选药、按脏腑经络病变的相互影响和传变规律选药等，从而提高临床疗效。正如徐灵胎所说："不知经络而用药，其失也泛。"但对归经进行现代研究时应注意，勿将中兽医脏腑经络定位与现代兽医学的解剖部位混为一谈，因为两者的含义与认识方法都不相同；归经所依据的是用药后的机体效应所在，而不是指药物成分在体内的分布。

第三节　中药的炮制

炮制是指药物在应用前或制成各种剂型以前必要的加工处理过程，包括对原药材进行一般的修治整理和部分药材的特殊处理。古代称为炮炙、修治等。

一、炮制的目的

① 降低或消除药物毒副作用，保证用药安全。如附子、川乌等毒性较大，炮制后既能降低毒性，又可缓和药性。巴豆制霜可缓和泻下作用。常山用酒炒，可减轻其催吐的副作用等。

② 增强药物作用，提高临床疗效。如蜜炙百部、紫菀，能增强润肺止咳作用；酒炒川芎、当归，能增强其通经活血作用；醋炒延胡索、香附，能增强其止痛作用等。

③ 改变药物性能和功效，使之更好地适应病情需要。如蒲黄生用性滑，活血化瘀，炒炭后性涩，止血；生甘草性凉，清热解毒，蜜炙后性温，补中益气；生地黄性寒，清热凉血，熟地黄性温，滋阴补血；麻黄生用辛散解表发汗作用较强，蜜炙后辛散作用缓和，发汗力减弱，而止咳平喘作用增强；黄连酒炙能缓和苦寒之性等。

④ 改变或增强药物作用的部位和趋向。如酒炙大黄等能引药上行；醋炙香附等能引药入肝；盐炙橘核等能引药入肾。

⑤ 清除杂质及非药用部分，确保用药质量。如远志去心，杏仁去皮，根茎类药物去粗皮等。

⑥ 便于储藏及保存药效。药物经过干燥处理，可降低药物含水量，避免霉烂变质，利于储存。某些昆虫类、动物类药物经过如蒸、炒等热处理，能杀死虫卵，便于储存，如桑螵蛸等。种子类药物经过蒸、炒等加热处理，便于储存，如紫苏子、莱菔子等。

二、炮制的方法

1. 修治

（1）纯净　采用手工或机械挑、捡、簸、筛、刮、刷等方法，去掉泥土杂质及非药用部分，使药物纯净。如拣去合欢花中的枝、叶；刷除枇杷叶、石韦叶背面的茸毛；刮去厚朴、肉桂的粗皮等。

（2）粉碎　以捣、辗、镑、锉等方法，使药物粉碎，改变药物外形，以符合制剂和其他炮制法的要求。如牡蛎、龙骨捣碎便于煎煮；川贝母捣粉便于吞服；水牛角、羚羊角镑成薄片或锉成粉末等。现多用粉碎机直接粉碎成粉末，如三七粉、黄连粉等。

（3）切制　采用切、铡的方法，把药物切成段、片、块、丝等规格的"饮片"，使药物有效成分易于溶出，便于进行其他炮制，也利于干燥、储藏和调剂时称量。根据药材的性质和临床需要，切片有众多规格。如天麻、槟榔宜切薄片，泽泻、白术宜切厚片，黄芪、鸡血藤宜切斜片，陈皮、枇杷叶宜切丝，党参、麻黄宜铡成段，茯苓、葛根宜切成块等。

2. 水制

水制指用水或其他液体辅料处理药物的方法。其目的是清洁、软化药材（以便于切制）和降低药物的毒性、烈性及调整药性等。常用的方法有洗、泡、润、漂、水飞等。

（1）洗　指将药材放入清水中，快速洗去上浮杂物及沉淀物，及时捞出晒干备用。除少数易溶或不易干燥的花、叶、果及肉类药材外，大多需淘洗。

（2）泡　指将质地坚硬的药材用清水浸泡一段时间。某些不适合洗法处理的药材可采用泡法，使其软化，便于切制。如桃仁、杏仁用水浸泡以便去皮；麦冬浸泡以便抽去木心等。应注意泡的时间不宜过长，以防止药材有效成分的损失。

（3）润　根据药材质地的软硬，加工时的气温、工具，用淋润、洗润、泡润、浸润等多种方法，使药材外部的水分徐徐入内，使药材软化，便于切制饮片，如酒洗润当归、姜汁浸润厚朴、伏润大黄等。

（4）漂　指将药物置于大量的清水中，反复漂洗，以去掉腥味、盐分及毒性成分的方法。如昆布、盐附子漂去盐分，紫河车漂去腥味等。

（5）水飞　系借药物在水中的沉降性质分取药材及细粉末的方法。将不溶于水的药材粉碎后置乳钵或辗槽内加水共研，再加入大量的水，搅拌，较粗的粉粒即下沉，细粉混悬于水中，倾出；粗粒再飞再研，倾出混悬液沉淀后，干燥即成极细粉末。常用于矿物类、贝甲类药材的制粉。如水飞朱砂、滑石、炉甘石等。

3. 火制

火制指将直接或间接用火加热处理药物的方法。其应用最为广泛，常用的火制法有炒、炙、煅、煨、烘焙等。

（1）炒　有清炒和加辅料炒之分。清炒根据程度不同，可分为炒黄、炒焦和炒炭三种。用文火炒至药材表面焦黑，部分炭化，内部焦黄，但仍留有药材固有气味者称炒炭。炒黄、炒焦使药物易于粉碎加工，并缓和药性。种子类药物炒后煎煮时有效成分更容易溶出。炒炭能缓和药物的烈性、副作用或增强其收敛止血功效。除清炒外，还可拌固体辅料如土、麦麸、米炒，可减少药物的刺激性，增强疗效，如土炒白术、麸炒枳壳、米炒斑蝥等。与沙或滑石、蛤粉同炒的方法习称烫，药物受热均匀酥脆，易于煎出有效成分或便于服用，如沙炒穿山甲、蛤粉炒阿胶等。

（2）炙　将药材与液体辅料拌炒，使辅料逐渐渗入药材内部的炮制方法。常用的液体辅料有蜜、酒、醋、姜汁、盐水、童便等。如蜜炙黄芪、蜜炙甘草、酒炙川芎、醋炙香附、盐水炙杜仲等。炙可以改变药性，增强疗效或减少副作用。

（3）煅　将药材用猛火直接或间接煅烧，使质地松脆，易于粉碎，充分发挥疗效。其中直接放在炉火上或容器内而不密闭加热者，称为明煅，多用于矿物药或动物甲壳类药材，如煅牡蛎、煅石膏等。将药材置于密闭容器内加热煅烧者，称为密煅或焖煅，多用于质地轻松、可炭化的药材，如煅血余炭、煅棕榈炭等。

（4）煨　将药物包裹于湿面粉、湿纸中，放入热火灰中加热，或用草纸与饮片隔层分放加热的方法，称为煨法。其中以面糊包裹者，称面裹煨；以湿草纸包裹者，称纸裹煨；以草纸分层隔开者，称隔纸煨；将药材直接埋入火灰中，使其高热发泡者，称直接煨。

（5）烘焙　将药材用微火加热，使之干燥的方法称为烘焙。

4. 水火共制

常见的水火共制包括煮、蒸、焯、淬等。

（1）煮　是用清水或液体辅料与药物共同加热的方法，如醋制芫花、酒制黄芩。

（2）蒸　是利用水蒸气或隔水加热的方法。不加辅料者，称为清蒸；加辅料者，称为辅料蒸。加热时间视炮制目的而定。如为改变药物性味功效，宜久蒸或反复蒸晒，如蒸制熟地黄、何首乌；为使药材软化，便于切制，以蒸软透心为度，如蒸茯苓、厚朴。

（3）焯　是指将药物快速放入沸水中短暂潦过，立即取出的方法。多用于种子类药物的去皮和肉质多汁药物的干燥处理，如焯杏仁、桃仁以去皮；焯马齿苋、天冬以便于晒干储存。

（4）淬　是指将药物煅烧红后，立即投入冷水或液体辅料中，使其酥脆的方法。淬后不仅易于粉碎，且辅料被其吸收，可发挥预期疗效。如醋淬自然铜、黄连煮汁淬炉甘石等。

5. 其他方法

（1）制霜　种子类药材压榨去油或矿物药材重结晶后的制品，称为霜。其相应的炮制法称为制霜。前者如巴豆霜，后者如西瓜霜。

（2）发酵　将药材与辅料拌和，在一定的温度和湿度下，利用霉菌使其发泡、生霉，并改变原药的药性，以生产新药的方法，称为发酵法。如神曲、淡豆豉。

（3）发芽　将具有发芽能力的种子药材用水浸泡后，经常保持一定的湿度和温度，使其萌发幼芽。如谷芽、麦芽等。

第四节　中药的应用

一、配伍

配伍是指有目的地按动物病情需要和药性特点，有选择地将两味以上的药物配合使用。

药物通过配伍可增强药物疗效，抑制或消除药物的毒副作用，可以适应复杂病情的需要，从而达到全面兼顾治疗的目的。前人把单味药的应用同药与药之间的配伍关系称为药物的"七情"，包括单行、相须、相使、相畏、相杀、相恶、相反七个方面。"七情"的提法首见于《神农本草经》，其云："药……有单行者，有相须者，有相使者，有相畏者，有相恶者，有相反者，有相杀者，凡此七情，合和视之。"

1. 单行

单行指用单味药治病，适宜病情比较单纯的病证，又叫单方。古人云："单方不用辅也。"如清金散用单一的黄芩治疗轻度肺热咯血；单用田七治胃出血等。

2. 相须

相须即性能功效相类似的药物配合应用，可以增强原有疗效。古人云："同类不可离也。"如石膏、知母同用，可明显增强清热泻火功效；大黄、芒硝同用，可明显增强攻下泻热的效果；全蝎、蜈蚣同用，可明显增强止痉定搐的作用。

3. 相使

相使即在性能功效方面有某些共性，或性能功效虽不相同，但是治疗目的一致的药物配合应用，而以一种为主，另一种为辅，能提高主要疗效。古人云："我之佐使也。"如黄芪（补气利水）与茯苓（利水健脾）配合时，茯苓能增强黄芪的利水功效；黄连（清热燥湿）配木香（行气止痛）治湿热泻痢，可增强黄连治疗湿热泻痢的效果等。

4. 相畏

相畏即一种药物的毒副作用，能被另一种药物减轻或消除。古人云："受彼之制也。"如生姜能抑制生半夏和生南星的毒副作用，所以说生半夏和生南星畏生姜。

5. 相杀

相杀即一种药物能减轻或消除另一种药物的毒性或副作用。古人云："制彼之毒也。"如生姜能减轻或消除生半夏和生南星的毒副作用，所以说生姜杀生半夏和生南星的毒。由此可见，相畏、相杀实际上是同一配伍关系的两种说法，只是表述方式不同而已。

6. 相恶

相恶即两药合用，一种药物能使另一种药物原有的功效降低，甚至丧失。古人云："夺我之能也。"如人参恶莱菔子，是因莱菔子能减弱人参的补气作用；生姜恶黄芩，是因黄芩能降低生姜温性。

7. 相反

相反即两种药物合用，能产生或增强毒性反应或副作用。古人云："两不相合也。"如甘草反甘遂、乌头反半夏等。古人将其总结为"十八反"、"十九畏"（见"配伍禁忌"）。

综上所述，可知从单味药到配伍应用，是通过很长的实践与认识过程逐渐积累丰富起来的。药物按一定法度加以组合，并确定一定的分量比例，制成适当剂型，即为方剂。方剂是药物配伍的发展，也是药物配伍应用的较高形式。

二、禁忌

药物具有治疗作用和毒副作用两重性，利用前者、避免后者是选药组方的基本原则。后者就是用药禁忌问题，包括配伍禁忌、妊娠禁忌等内容。

（一）配伍禁忌

中药"七情"中的"相恶"和"相反"的配伍关系，均属用药禁忌。《神农本草经·序例》指出："勿用相恶、相反者。"但相恶与相反所导致的后果不一样。目前医药界共同认可的配伍禁忌，有"十八反"和"十九畏"。

1. 十八反

"十八反"是指甘草反甘遂、大戟、海藻、芫花；乌头反贝母、瓜蒌、半夏、白蔹、白及；藜芦反人参、沙参、丹参、玄参、细辛、芍药。

歌诀："本草明言十八反，半蒌贝蔹及攻乌，藻戟遂芫俱战草，诸参辛芍叛藜芦。"

2. 十九畏

"十九畏"是指硫黄畏朴硝，水银畏砒霜，狼毒畏密陀僧，巴豆畏牵牛，丁香畏郁金，川乌、草乌畏犀角，牙硝畏赤三棱，官桂畏石脂，人参畏五灵脂。

歌诀："硫黄原是火中精，朴硝一见便相争，水银莫与砒霜见，狼毒最怕密陀僧，巴豆性烈最为上，偏与牵牛不顺情，丁香莫与郁金见，牙硝难合京三棱，川乌草乌不顺犀，人参最怕五灵脂，官桂善能调冷气，若逢石脂便相欺。"

"十八反"和"十九畏"诸药，一般均作为处方用药的配伍禁忌，但并不绝对化。在古今方剂中，也有一些应用"十八反"和"十九畏"的例子，如当甘草、甘遂同用时，毒性的大小主要取决于甘草的用量比例，甘草的剂量若与甘遂相等或大于甘遂，则毒性较大；又如贝母和半夏分别与乌头配伍，则未见明显的增强毒性效果。而细辛配伍藜芦，可导致实验动物中毒死亡。由于对"十九畏"和"十八反"的研究，还有待作较深入的实验和观察，并研究其机理，因此，目前应采取慎重态度。一般说来，对于其中一些药物，若无充分根据和应用经验，仍须避免轻易配合应用。

（二）妊娠禁忌

有些药物可使孕畜妊娠中断、流产，损害胎元，导致堕胎、滑胎，因此，妊娠动物要禁用或慎用，以免发生事故。根据药物对妊娠的危害程度，一般分为禁用与慎用两类。

1. 禁用药

禁用药大多是毒性较强或药性猛烈的药物，如巴豆、牵牛、大戟、斑蝥、商陆、麝香、三棱、莪术、水蛭、虻虫等。

2. 慎用药

慎用药主要是活血化瘀、行气破滞及辛热等药物，如桃仁、红花、大黄、枳实、附子、干姜、肉桂等。

《元亨疗马集》中有妊娠禁忌歌诀："蚖斑水蛭及虻虫，乌头附子配天雄，野葛水银并巴豆，牛膝薏苡与蜈蚣，三棱代赭芫花麝，大戟蛇蜕黄雌雄，牙硝芒硝牡丹桂，槐花牵牛皂角同，半夏南星与通草，瞿麦干姜桃仁通，硇砂干漆蟹甲爪，地胆茅根都不中。"

凡禁用药，绝对不能使用；慎用药，可根据孕畜患病情况，酌情使用。但无特殊需要时，应尽量避免，以防发生事故。

三、剂型

剂型是指根据临诊治疗需要和药物性质，将药物制成一定形态的制剂。传统剂型有汤剂、散剂、丸剂等。随着制药技术的发展，新的剂型不断出现。目前中药剂型有40多种，而兽医临床多以汤剂、散剂、添加剂及提取有效成分等形式应用。具体归纳如下。

1. 口服给药剂型

口服给药剂型是临床用药的主要途径，其中汤剂作为中药最古老的剂型之一，应用最广泛。其优点是副作用小，吸收快，易发挥疗效，便于加减使用，适应面广，尤其适用于急、重病证。其缺点是药量大，不易使用、携带和保存，药材利用率低，有效成分易散失或不易煎出等。近年来将汤剂改成合剂、糖浆剂、口服液剂等液体制剂，或制成颗粒剂，将丸剂改成胶囊剂等，既提高了制剂的质量与稳定性，又保证了临床疗效。目前主要研究开发的剂型有颗粒剂、胶囊剂、片剂、滴丸剂、口服液剂等。

2. 注射给药剂型

中药注射剂的开发与利用是传统中药给药途径的重大突破，并且已基本定型，先后开发出溶液型注射剂、乳浊液型注射剂、混悬液型注射剂和固体粉针剂，在质量和稳定性能上都较以前有明显提高，为中医药防治疑难杂症提供了有效手段，提示中药注射剂仍有很大发展潜力，也是中药现代化的一个重要标志。给药途径包括肌内注射、皮下注射、静脉注射、腹腔注射等。

目前，中药注射剂的制备更加注重提取分离方法的改进，以中药有效单体成分或有效部位为原料，提高注射剂中有效成分含量。同时，广泛采用新技术，使中药注射剂达到缓释、控释、靶向制剂的要求，切实保证药物的临床疗效。

3. 经皮给药剂型

经皮给药剂型是古老的给药方式之一，既可用于治疗局部疾病，又可用于治疗全身疾病。其有多种剂型，传统的经皮给药剂型有浴剂、洗剂、搽剂、酊剂、油剂、软膏剂、膏药、糊剂等；随着高分子药用辅料的发展，又出现了一些现代经皮给药剂型，如涂膜剂、膜剂、凝胶剂、巴布剂、穴位贴敷剂、贴片剂等。该剂型的应用，拓展了中药外用药物的发展空间，体现了中医内病外治的治疗原则，为中药应用范围的扩大提供了技术保证。目前，中药透皮给药系统已成为近年来经皮给药制剂研究的一个趋势。

4. 黏膜给药剂型

黏膜给药剂型是指药物与生物黏膜表面紧密接触，通过该处上皮细胞进入循环系统的给药方式。给药途径有口腔、鼻腔、眼、阴道、直肠等。其剂型根据需要可以是片剂、膜剂、棒剂、粉剂、软膏等，是近年来研究较多的新剂型之一。

四、剂量

所谓剂量，是指药物在防治疾病时的用量。一般包括重量（kg、g、mg）、容量（L、mL）及数量（如大枣5枚、蜈蚣1条）等。药量的大小，直接关系到治疗效果和对畜体的毒性反应。但药物用量超过一定范围，会引起功效的改变。因此，对中药的剂量必须持严谨态度。其用量与中药药性、疗效，以及畜种、病情、年龄、体质都有密切关系。

1. 药性

凡有毒、峻烈的药物，用量宜小，并应从小量开始，逐渐增加，中病即止，以防中毒或产生副作用；质重的药物如矿物、贝壳类药，用量宜大；质轻的药物如花、叶类，以及芳香走散的药物，用量宜轻；厚味滋腻的药物，用量可稍重。

2. 病情

一般而言，病情较轻，用量宜小；病情较重，用量可适当增加。

3. 配伍与剂型

一般而言，同一药物，一味单用较入复方量重；入汤剂用量较作丸剂、散剂为重；在复方中的主药用量较辅药为重。汤剂、酒剂等易于吸收，其用量较不易吸收的散剂、丸剂等用量小。

4. 畜种、年龄、体质

动物种类和体格不同，对药物的耐受性和剂量也有所差异。同一种畜禽，年龄不同，剂量也有所差异，一般成年畜禽用药量比老、幼畜禽用药量大。体格健壮的较体质虚弱的用量大。

五、用法

根据治疗要求和药物剂型而定，一般可分为经口给药和非经口给药两类。

1. 经口给药

最常用，如汤剂、散剂、丸剂、片剂、颗粒剂、酒剂、口服液等均可采用此法。可通过混饲、混饮和经口投药（或灌药）给药。混饲即将药物粉碎混入饲料中拌匀让畜禽自由采食，多为固态药；混饮即将药物加入水中匀让畜禽自由饮用，多为液态药或水溶性药；经口投药（或灌药）即将中药丸剂、片剂或颗粒剂、汤剂、流浸膏剂等直接经口投入或灌入畜禽胃内。灌服中药一般每日1～2次，不宜过热或过冷。

2. 非经口给药

如涂、敷、洗、熏蒸、塞入直肠或阴道、植入、灌肠、注射等。外用散剂、膏剂、洗剂、汤剂、栓剂、植入剂、灌肠剂、注射剂等常采用此法。

【目标检测】

1. 试述植物类药材采收的原则。
2. 何谓四气五味？其作用是什么？
3. 掌握升降浮沉性能和药物归经的意义。
4. 何谓炮制？常用炮制方法有哪些？举例说明炮制的目的。
5. 中药配伍的目的是什么？
6. 何谓十八反、十九畏？如何正确对待？
7. 何谓妊娠用药禁忌？妊娠禁忌药分几类？使用原则是什么？
8. 常用中药的剂型和给药途径有哪些？

【实训一】 中药炮制一

【实训目的】
1. 明确中药炮制的意义。
2. 初步学会炒、炙、炮、煨的基本操作技能。

【实训材料】

（1）药材　鸡内金、地榆片、山楂、党参、穿山甲、阿胶、黄柏片、香附子、干姜、诃子、决明子、竹茹、泽泻、甘草片、白术片、延胡索等。

（2）辅料　麦麸、大米、食用醋、食盐、黄酒、生姜、蜂蜜、植物油、面粉、灶心土、细沙、蛤粉、滑石粉各2kg，细沙200g。

（3）用具　火炉4个，木炭10kg，铁锅及锅铲4套，铁网药筛4只，带盖瓷盘8只，搪瓷量杯8只，脸盆4个，量杯4只，天平4台，刷子4把，火钳4把，乳钵4套，笔记本和技能单人手1本。

【内容方法】

（一）炒法

1. 清炒

（1）炒黄　取决明子50g，用文火炒至微有爆裂声并有香气时，取出放凉，用时捣碎。

（2）炒焦　取净山楂50g，用强火炒至外表焦褐色，内部焦黄色，取出放凉。

（3）炒炭　取干姜片50g，置锅内，炒至发泡，外表焦黑色取出放凉。地榆炭：取地榆片入锅，炒成焦黑为止。

2. 辅料炒

（1）麸炒　称取白术500g，麸皮50g，先将锅烧热，撒入麦麸5～8g，待冒烟时投入白术片，不断翻动，炒至白术呈黄褐色取出，筛去麦麸。

（2）沙炒　取筛去粗粒和细粉的中粗河沙0.5kg，用清水洗净泥土，干燥置锅内加热，加入1‰～2‰的植物油，取洁净干燥的鸡内金，分散投入炒至滑利容易翻动的沙中，不断翻动，至发泡卷曲，取出筛去沙放凉。

（二）炙法

1. 酒炙　称取黄柏片50g，以黄酒10mL充分拌匀，稍闷，用文火微炒，至色泽变深时，取出放凉。

2. 醋炙　取净延胡索500g，加醋150mL和适量水，以平药面为宜，用文火共煮至透心、水干时取出，切片晒干，或晒干粉碎。

3. 盐炙　取泽泻片500g，食盐25g化成盐水，喷洒拌匀，闷润，待盐水被吸尽后，用文火炒至微黄色，取出放凉。

4. 姜炙　称取竹茹250g，生姜50g，加水捣成汁，拌匀喷洒在竹茹上，用文火微炒至黄色，取出阴干。

5. 蜜炙　将蜂蜜置锅内，加热徐徐沸腾后，改用文火，保持微沸，并除去泡沫及上浮蜡质。然后用罗筛或纱布滤去死蜂和杂质，再倾入锅内，炼至沸腾，起鱼眼泡。用手捻之较生蜜黏性略强，即迅速出锅。然后蜜炙甘草。取甘草片500g，炼蜜150g，加少许开水稀释，拌匀，稍闷，用文火烧炒至老黄色，不粘手时，取出放凉，及时收贮。

（三）炮法

取干姜50g，细沙200g，先将细沙置于锅中炒热，然后加入干姜片，炒至色黄干姜鼓起，筛去沙即成。

（四）煨法

取诃子75g，并逐个用和好的面团包住，放置在火口旁煨，至面皮焦黄，用筷子夹住，剥去面皮即可。

【观察结果】　观察所炮制的药物，是否符合要求。

【分析讨论】　分析讨论炮制药物的目的意义，操作方法是否得当。

【实训报告】　写出地榆炭、土炒白术、盐炙黄柏、蜜炙甘草、沙炮干姜、煨诃子的过程。

【实训二】　中药炮制二

【实训目的】

1. 初步学会中药材的水飞、煅、淬、制霜等炮制方法。
2. 充分掌握炮制的要领和技巧。

【实训材料】

（1）药材　滑石、自然铜、生石膏、续随子、明矾、朴硝。

（2）辅料　食醋、萝卜。

（3）用具　火炉、木炭、铁锅、火钳、天平等数量同"实训一"。铁碾槽1套，铁药臼4套，乳钵4套，烧杯8只，小盖锅4只，坩埚4只，草纸若干张，笔记本和技能单人手1本。

【内容方法】

（1）水飞　取滑石，洗净，浸泡后，置乳钵内，加适量清水研磨成糊状，然后加大量清水搅拌，倾出混悬液。下沉的粗粉继续研磨。如此反复多次，直至手捻细腻为止。弃去杂质，将前后倾出的混悬液静置后，倾去上清液，干燥，再研细即得。

（2）煅　取生石膏100g放在炉火上直接煅烧；或取明矾置于锅内加热，煅至水分完全蒸发，无气体逸出，全部泡松呈肉色蜂窝状时取出，放凉。前者称直接煅，后者称间接煅。

（3）煅淬　取净自然铜50g，置耐火容器内，于炉中用武火煅至红透，立即倒入醋内，淬酥，反复煅淬至酥脆为度。

（4）制霜　取净续随子50g，搓去种皮，碾为泥状，用布包严，置笼屉内蒸热，压榨去油，如此反复操作，至药物不再黏结成饼为度，再碾成粉末即得。少量者，将药碾碎，用粗纸包裹，反复压榨去油。

（5）提净　先取萝卜50g洗净切片，加适量水煎煮，再加入朴硝50g，共煮至全部溶化，多层纱布过滤，滤液放阴凉处，环境温度最好为10～15℃，至大部分形成结晶时取出，置避风场所自然干燥，即得芒硝。剩下的溶液与沉淀可重复煮提，直至无结晶为止。

【观察结果】　观察所炮制药物，是否符合要求。

【分析讨论】　分析讨论药物炮制的成败经验，炮制过程中的注意事项。

【实训报告】　写出煅淬自然铜、煅石膏的炮制过程和要领。

第六章 常用中药

【学习目标】
1. 掌握常用中药的性味、功能、主治、配伍方法、禁忌和各类药物的性能特点。
2. 掌握相似中药功效、应用的异同点。

第一节 解 表 药

凡以发散表邪、解除表证为主要作用的药物，称为解表药。用发汗的方药发散表邪，治疗表证的方法称为解表法，属于治疗"八法"中的"汗法"。

解表药多具辛味，辛能发散，偏行肌表，能促进机体发汗，使表邪透散于外，达到治疗表证、防止表邪内传和传变的目的。即《内经》所说的："其在皮者，汗而发之。"解表药具有发汗解表、止咳平喘、利水消肿等作用，适用于恶寒发热、肢体疼痛、无汗或有汗、苔薄白、脉浮等外感表证。某些解表药尚有宣毒透疹、祛风除湿、通痹止痛、透散毒邪、解表消疮等作用。

现代药理研究证明，解表药具有发汗、解热、镇痛、止咳、化痰、利尿、抗过敏、抗菌或抗病毒及增强体表血液循环等作用。

使用解表药应注意以下几点。

① 根据四时气候变化选择用药，如冬多风寒，春多风热，夏多暑湿，秋多兼燥，故在应用解表药时，还应配伍祛暑、化湿和润燥药。

② 根据患畜体质用药，如体虚外感，正虚邪实，难以祛散表邪者，在解表的同时还需与补气、滋阴、补血等补养药配伍，以扶正祛邪。

③ 对发汗力较强的解表药应控制用量，中病即止，以免发汗太过而耗气伤津，导致亡阳或亡阴。因汗为津液，血汗同源，故表虚自汗、阴虚盗汗及疮疡日久、淋病、失血者慎用。

④ 本类药多属辛散轻扬之品，不宜久煎，以免药效挥发，降低疗效。

⑤ 注意因时因地因畜而异用药。温暖季节及东南地区用量宜小，寒冷季节及西北地区用量宜重。

根据解表药药性及临床应用不同，可分为辛温解表药和辛凉解表药两类。

一、辛温解表药

性味多为辛温，辛能发散，温可祛寒，故以发散风寒为主要作用。主要用于外感风寒所致恶寒发热、无汗或汗出不畅、头痛身痛、口不渴、舌苔薄白、脉浮等风寒表证。

麻 黄

本品为麻黄科植物草麻黄（*Ephedra sinica* Stapf.）、木贼麻黄（*Ephedra. equisetina* Bge.）和中麻黄（*Ephedra intermedia* Schrenk et C. A. Mey.）的草质茎。主产于河北、山西、内蒙古等地。立秋至霜降期间采收，切段，生用或蜜炙用。

【性味】 温，辛、微苦。
【归经】 入肺、膀胱经。
【功能】 发汗解表，宣肺平喘，利水消肿。
【主治】 风寒感冒，胸闷喘咳，风水浮肿等。
【用量】 马、牛 15～30g；猪、羊 6～12g。
【应用】 1. 用于外感风寒。恶寒无汗，发热，脉浮而紧等风寒表实证，常与桂枝相须为用，以增强发汗之力,如麻黄汤。

2. 用于咳嗽气喘。外感咳喘常与杏仁、甘草同用,如三拗汤;寒饮内停常与细辛、干姜、半夏等配伍,如小青龙汤;肺热咳喘常与石膏、杏仁、甘草同用,如麻杏石甘汤。

3. 又能利水,适用于水肿实证而兼有表证者,常与生姜、甘草、白术等药同用。

此外,尚可用治风寒痹证、阴疽、痰核等。

【禁忌】 表虚自汗、阴虚盗汗及虚喘者忌用。

【成分】 含麻黄碱、伪麻黄碱及挥发油等。

【药理】 麻黄碱、伪麻黄碱可缓解支气管平滑肌痉挛而有平喘作用;挥发油有发汗、解热作用,并对流感病毒有抑制作用;伪麻黄碱有显著的利尿作用,故能利水消肿。

> [附] 麻黄根
>
> 味甘,性平,入肺经。功专止汗。无论气虚自汗、阴虚盗汗,均可应用。具有使心脏收缩减弱、血压下降、呼吸幅度增大、末梢血管扩张等作用。

桂 枝

本品为樟科植物肉桂(*Cinnamomum cassia* Presl.)的干燥嫩枝。常于春季剪下嫩枝,晒干或阴干,切片或切段用。主产于广东、广西及云南等地。

【性味】 温,辛、甘。

【归经】 入心、肺、膀胱经。

【功能】 发汗解肌,温通经脉,助阳化气。

【主治】 外感风寒,利水消肿,风寒湿痹等。

【用量】 马、牛 15~45g;猪、羊 3~10g;兔 0.5~1.5g。

【应用】 1. 用于风寒感冒。治风寒表实无汗者,常与麻黄同用,如麻黄汤;治表虚有汗者,常与白芍同用,如桂枝汤。

2. 用于寒凝血滞诸痛证。如胸痹心痛,常与枳实、薤白同用,如枳实薤白桂枝汤;若中焦虚寒,脘腹冷痛,常与白芍、饴糖同用,如小建中汤;若风寒湿痹,尤其是前肢关节、肌肉麻木疼痛,可与附子同用,如桂枝附子汤。

3. 用于痰饮、蓄水证。如脾阳不运,痰饮眩悸者,常与茯苓、白术同用,如苓桂术甘汤;若膀胱失司,水肿、尿不利者,常与猪苓、泽泻等同用,如五苓散。

4. 用于心悸,可与甘草、党参、麦冬同用,如炙甘草汤。

【禁忌】 温热病、阴虚火旺及血热妄行等证忌用。孕畜慎用。

【成分】 含挥发油、鞣质、黏液质及树脂等。

【药理】 挥发油能刺激汗腺,使皮肤血管扩张,有利于发散和解热;桂皮油有强心利尿、解肌镇痛、健胃祛风等作用;桂枝醇对葡萄球菌、伤寒杆菌、结核杆菌、皮肤真菌、流感病毒等均有抑制作用。

荆 芥

本品为唇形科植物荆芥[*Schizonepeta tenuifolia* (Benth.) Briq.]的地上部分。主产于江苏、浙江及江西等地。秋冬采收,阴干切段。生用、炒黄或炒炭。

【性味】 辛,微温。

【归经】 入肺、肝经。

【功能】 祛风解表,透疹消疮,止血。

【主治】 外感表证,风疹,湿疹,便血、衄血等。

【用量】 马、牛 15~60g;猪、羊 5~12g;犬、兔、禽 3~5g。

【应用】 1. 用于外感表证。治风寒感冒,常与防风、羌活、独活等药同用,如荆防败毒散;

治风热感冒，常与金银花、连翘、薄荷等药配伍，如银翘散。

2. 用于麻疹不透，常与蝉蜕、薄荷、紫草等药同用，如透疹汤；治风疹瘙痒，或湿疹痒痛，常与苦参、防风、赤芍等同用，如消风散。

3. 用于疮疡初起兼有表证，常与羌活、川芎、独活等药同用，如败毒散；偏于风热者，可与金银花、连翘、柴胡等药配伍，如银翘败毒散。

4. 用于吐衄下血，常配伍生地黄、白茅根、侧柏叶等药；治便血、痔血，常与地榆、槐花、黄芩炭等同用。

【禁忌】 阴虚内热者忌用。

【成分】 含挥发油，主要成分为右旋薄荷酮、消旋薄荷酮及少量右旋柠檬烯。

【药理】 能促进皮肤血液循环，增强汗腺分泌及缓解支气管痉挛，有微弱解热作用；对金黄色葡萄球菌、白喉杆菌、伤寒杆菌、痢疾杆菌、铜绿假单胞菌和人型结核杆菌均有一定抑制作用。尚有止血、镇痛、抗炎作用。

防　风

本品为伞形科植物防风[*Saposhnikovia divaricata*（Turcz.）Schischk.]的干燥根。主产于东北、河北、四川、云南等地。春秋季采挖，晒干切片生用或炒炭用。

【性味】 辛、甘，微温。

【归经】 入膀胱、肝、脾经。

【功能】 发表散风，胜湿止痛，止痉，止泻。

【主治】 外感表证，风寒湿痹，破伤风，腹痛泄泻等。

【用量】 马、牛 15～60g；猪、羊 5～15g。

【应用】 1. 用于感冒、风疹瘙痒，常与荆芥、羌活、独活等药配伍，如荆防败毒散；治外感风湿，头痛如裹者，常与羌活、藁本等药同用，如羌活胜湿汤；治风热表证，发热恶风、咽痛微咳者，常与薄荷、蝉蜕、连翘等辛凉解表药同用；治风疹瘙痒，多与苦参、荆芥、当归等药同用，如消风散。

2. 用于风湿痹痛。常配伍羌活、桂枝、姜黄等药，如蠲痹汤。

3. 用于破伤风证。常与天麻、天南星、白附子等药同用，如玉真散。

4. 用于肝郁侮脾，腹痛泄泻。常与陈皮、白芍、白术等同用，如痛泻要方。炒炭可治肝郁侮脾的腹痛泄泻及肠风下血。

【禁忌】 阴虚火旺，血虚发痉者忌用。

【成分】 含挥发油、甘露醇、苦味苷、酚类、多糖类及有机酸等。

【药理】 有解热、抗炎、镇痛、抗惊厥及抑菌作用，对铜绿假单胞菌、金黄色葡萄球菌、痢疾杆菌、溶血性链球菌等有不同程度的抑制作用。

白　芷

本品为伞形科植物白芷[*Angelica dahurica*（Fisch. ex Hoffm.）Benth. et Hook. f.]或杭白芷[*Angelica dahurica*（Fisch. ex Hoffm.）Benth. et Hook. f. var. *formosana*（Boiss.）Shan et Yuan]的根。主产于四川、浙江、河南等地，秋季采挖，晒干切片生用。

【性味】 辛，温。

【归经】 入肺、胃经。

【功能】 解表散风，通窍止痛，消肿排脓。

【主治】 风寒感冒，风湿痹痛，疮黄肿痛等。

【用量】 马、牛 15～30g；猪、羊 5～10g。

【应用】 1. 用于外感风寒。常与防风、羌活等药同用，如九味羌活汤。

2. 用于风湿痹痛，可单用，或与荆芥、防风、川芎等药同用，如川芎茶调散；治外感风热，可与薄荷、菊花、蔓荆子等药同用；治鼻渊，可配伍苍耳子、辛夷、薄荷等药，如苍耳子散；治风寒湿痹，常与羌活、独活、威灵仙等同用。

3. 用于疮痈肿毒，常与金银花、当归、穿山甲等药配用，如仙方活命饮；治乳痈肿痛，常与瓜蒌、贝母、蒲公英等同用。此外，本品尚可用治皮肤风湿瘙痒、带下病及毒蛇咬伤。

【禁忌】 阴虚血热者忌服。

【成分】 含白芷素、白芷醚、白芷毒素、呋喃香豆精及两种白色结晶物等。

【药理】 白芷毒素小量有升高血压作用，大量能引起痉挛和全身麻痹；能对抗蛇毒所致的中枢神经系统抑制；对大肠埃希菌、痢疾杆菌、伤寒杆菌、铜绿假单胞菌、变形杆菌及皮肤真菌等有抑制作用。

细 辛

本品为马兜铃科植物北细辛 [*Asarum heterotropoides* Fr. Schmidt var. *mandshuricum* (Maxim.) Kitag.]、汉城细辛（*Asarum sieboldii* Miq. var. *seoulense* Nakai.）或华细辛（*Asarum sieboldii* Miq.）的全草。主产于辽宁、吉林、黑龙江、陕西等地。夏秋采收，阴干生用。

【性味】 辛，温。有小毒。

【归经】 入肺、肾、心经。

【功能】 祛风散寒，通窍止痛，温肺化痰。

【主治】 外感风寒，风湿痹痛，气逆咳喘等。

【用量】 马、牛 10～15g；猪、羊 1.5～3g。

【应用】 1. 用于风寒感冒，常与羌活、防风、白芷等同用，如九味羌活汤；治恶寒无汗、发热脉沉的阳虚外感，常与附子、麻黄同用，如麻附子细辛汤。

2. 用于风湿痹痛，常与独活、桑寄生、防风等同用，如独活寄生汤。

3. 用于寒痰停饮，气逆喘咳，常与麻黄、桂枝、干姜等同用，如小青龙汤；若外无表邪，纯系寒痰停饮涉肺，气逆喘咳者，可与茯苓、干姜、五味子等同用，如苓甘五味姜辛汤。

【禁忌】 阴虚阳亢，肺燥伤阴干咳者忌用。反藜芦。

【成分】 含挥发油：甲基丁香油酚，尚含黄樟醚、N-异丁基十二碳四烯胺及消旋去甲乌药碱等。

【药理】 挥发油、水及醇提取物具有解热、抗炎、镇静、抗惊厥、抑菌及局部麻醉作用；所含消旋去甲乌药碱有强心、扩张血管、松弛平滑肌、增强脂代谢及升高血糖等广泛作用。

生 姜

本品为姜科植物姜（*Zingiber officinale* Rosc.）的根茎。秋冬两季采挖，除去须根，切片生用。各地均产。

【性味】 辛，温。

【归经】 入肺、脾、胃经。

【功能】 发汗解表，温中止呕，温肺止咳。

【主治】 外感风寒，胃寒呕吐，风寒咳嗽等。

【用量】 马、牛 15～60g；猪、羊 5～15g。

【应用】 1. 用于风寒感冒。但其发汗解表作用较弱，常加入其他辛温解表剂中，作辅药使用，以增发汗解表之力，如桂枝汤。

2. 用于胃寒呕吐。为"呕家圣药"，治胃寒呕吐，配半夏，即小半夏汤；治胃热呕吐，可与黄连、竹茹等同用。某些止呕药用姜汁制过，能增强止呕作用，如姜半夏、姜竹茹等。

3. 用于风寒咳嗽，常与杏仁、紫苏、陈皮、半夏等药同用，如杏苏二陈汤。

4. 可以解半夏、天南星及鱼蟹之毒。

【禁忌】 阴虚内热者忌服。

【成分】 含挥发油，主要为姜醇、姜烯、水芹烯、柠檬醛、芳香醇等，尚含辣味成分姜辣素、树脂及淀粉等。

【药理】 能促进消化液分泌，增强食欲；有止吐、镇痛、抗炎消肿作用；醇提取物能兴奋血管运动中枢、呼吸中枢、心脏及升高血压；对伤寒杆菌、霍乱弧菌、堇色毛癣菌、阴道滴虫均有不同程度的抑杀作用。

辛 夷

本品为木兰科植物望春花（*Magnolia biondii* Pamp.）或玉兰（*Magnolia denudata* Desr.）、武当玉兰（*Magnolia sprengeri* Pamp.）的干燥花蕾。捣烂生用或炒炭用。主产于河南、四川、浙江等地。

【性味】 辛，温。

【归经】 入肺、胃经。

【功能】 疏风解表，通利肺窍。

【主治】 风寒头痛，鼻渊头痛等。

【用量】 马、牛 15～45g；猪、羊 5～10g。

【应用】 1. 疏风解表，用于外感风寒表实证，与细辛、升麻、藁本、川芎等同用。

2. 通利鼻窍。用治脑颡鼻脓，与酒知母、酒黄柏、香白芷、金银花等配伍，如辛夷散。

【禁忌】 阴虚火旺者忌用。

【成分】 含挥发油，油中含枸橼醛、丁香油酚、桂皮醛、桉油精、对烯丙基甲醚及生物碱等。

【药理】 有收敛、保护鼻黏膜、减轻炎症及通窍作用；还有浸润麻醉、降血压、兴奋肠和子宫平滑肌、镇静、镇痛等作用；对多种致病菌有抑制作用。

二、辛凉解表药

性味多为辛凉，发汗解表作用较和缓，能发散祛热，故以发散风热为主要作用。适用于外感风热，症见发热、微恶风寒、咽干口渴、头痛目赤、舌苔薄黄、脉浮数等。

薄 荷

本品为唇形科植物薄荷（*Mentha haplocalyx* Briq.）的茎叶。我国南北均产，主产于江苏、浙江、江西等地。鲜用或切段生用。

【性味】 辛，凉。

【归经】 入肺、肝经。

【功能】 疏散风热，清利头目，利咽透疹，疏肝解郁。

【主治】 风热感冒，目赤肿痛，咽喉肿痛等。

【用量】 马、牛 15～45g；猪、羊 5～10g。

【应用】 1. 用于风热感冒，温病初起。常与金银花、连翘、牛蒡子等同用，如银翘散。

2. 用于肝火目赤，多与桑叶、菊花、蔓荆子等同用；治风热壅盛，咽喉肿痛，常与桔梗、荆芥、防风等配伍。

3. 用于麻疹不透，常配蝉蜕、荆芥、牛蒡子、紫草等，如透疹汤；治风疹瘙痒，常与苦参、白鲜皮、防风等同用。

4. 用于肝郁气滞，胸闷胁痛。常与柴胡、白芍、当归等配伍，如逍遥散。

5. 用治夏令感受暑湿秽浊之气，所致痧胀腹痛吐泻等症，常与藿香、佩兰、白扁豆等同用。

【禁忌】 体虚多汗者慎用。

【成分】 含挥发油，主要成分为薄荷醇及薄荷酮、异薄荷酮等。

【药理】 薄荷油具有发汗解热、解痉、减轻呼吸道炎症等作用，外用有消炎、止痛、止痒功效；有抗菌、抗病毒作用，对葡萄球菌、甲型链球菌、乙型链球菌、肠炎球菌、白喉杆菌、伤寒杆菌、铜绿假单胞菌、大肠埃希菌及单纯性疱疹病毒、流行性腮腺炎病毒等有抑制作用。

牛 蒡 子

本品为菊科植物牛蒡（*Arctium lappa* L.）的成熟果实。主产于河北、浙江等地。秋季采收，晒干，生用或炒用。

【性味】 辛、苦，寒。

【归经】 入肺、胃经。

【功能】 疏散风热，透疹，利咽，解毒消肿。

【主治】 外感风热，咽喉肿痛，疔疮肿毒等。

【用量】 马、牛 15~45g；猪、羊 5~15g。

【应用】 1. 用于风热感冒，常与金银花、连翘、荆芥等同用，如银翘散；若风热壅盛，咽喉肿痛，热毒较甚者，可与大黄、薄荷、荆芥等同用，如牛蒡汤；风热咳嗽，痰多不畅者，常与荆芥、桔梗、前胡、甘草等配伍。

2. 用于麻疹不透或透而复隐，常与薄荷、荆芥、蝉蜕、紫草等同用，如透疹汤。

3. 用于痈肿疮毒。常与大黄、芒硝、栀子、连翘、薄荷等同用；治肝郁化火，胃热壅络之乳痈，常与瓜蒌、连翘、天花粉、青皮等同用，如瓜蒌牛蒡汤；治瘟毒发颐、喉痹等热毒证，常与玄参、黄芩、黄连、板蓝根等同用，如普济消毒饮。

【禁忌】 气虚便溏者慎用。

【成分】 含牛蒡子苷、脂肪油、维生素 A、维生素 B_1 及生物碱等。

【药理】 对肺炎双球菌、金黄色葡萄球菌、皮肤真菌有抑制作用；尚具有解热、利尿、抗肿瘤作用。

菊 花

本品为菊科植物菊（*Chrysanthemum morifolium* Ramat.）的头状花序。按产地和加工方法不同，分为杭菊、亳菊、贡菊、滁菊、祁菊、怀菊、济菊、黄菊八大主流品种。主产于浙江、安徽、河南和四川等地。花期采收，阴干生用。

【性味】 辛、甘、苦，微寒。

【归经】 入肺、肝经。

【功能】 疏散风热，平肝明目，清热解毒。

【主治】 外感风热，目赤肿痛，热毒疮疡等。

【用量】 马、牛 15~60g；猪、羊 5~15g。

【应用】 1. 用于风热感冒，常与桑叶、连翘、薄荷、桔梗等同用，如桑菊饮。

2. 用于目赤昏花。常与桑叶、决明子、龙胆、夏枯草等同用；若肝肾不足，目暗昏花，常与枸杞子、熟地黄、山茱萸肉等同用，如杞菊地黄丸。

3. 用于眩晕惊风。治肝阳上亢，头痛眩晕，常与石决明、珍珠母、牛膝等同用；治惊厥抽搐之实肝风证，常与羚羊角、钩藤、白芍等同用，如羚角钩藤汤。

4. 用于疔疮肿毒。本品性甘寒益阴，清热解毒，尤善解疔毒，故可用治疗疮肿毒，常与金银花、生甘草同用，如甘菊汤。

【禁忌】 气虚胃寒，食减泄泻者慎用。

【成分】 含挥发油：龙脑、樟脑、菊油环酮等，此外，尚含有黄酮类（香叶木素、木犀草素、芹菜素、葡萄糖苷、刺槐苷等）、菊苷、腺嘌呤、胆碱、水苏碱、微量维生素 A、维生素 B_1、氨基酸及绿原酸等。

【药理】 对葡萄球菌、变形杆菌、链球菌、痢疾杆菌、肺炎双球菌、皮肤真菌及流感病毒、钩端螺旋体均有抑制作用；能增强毛细血管抵抗力，抑制毛细血管通透性而具有抗炎作用；可改善心肌收缩力，有舒张血管和降压作用；还具有抗氧化活性、抗肿瘤及驱铅、解热作用。

葛 根

本品为豆科植物野葛［*Pueraria lobata*（Willd.）Ohwi.］或甘葛藤（*Pueraria thomsonii* Benth.）的根。分布于我国南北各地。春秋两季采挖，切片，晒干。生用，或煨用。

【性味】 甘、辛，凉。

【归经】 入脾、胃经。

【功能】 解肌退热，透发麻疹，生津止渴，升阳止泻。

【主治】 外感表证，项背强拘，发热口渴，泄泻痢疾，痘疹初起等。

【用量】 马、牛 15～60g；猪、羊 5～15g。

【应用】 1. 用于外感表证。常与柴胡、黄芩、白芷等同用，如柴葛解肌汤。

2. 用于麻疹不透。常与升麻、芍药、甘草等同用，如升麻葛根汤；也可与薄荷、牛蒡子、荆芥、蝉蜕等同用。

3. 用于热病口渴，阴虚消渴。常与芦根、天花粉、知母等同用；治内热消渴，可与乌梅、天花粉、麦冬、党参、黄芪等同用，如玉泉丸。

4. 用于热泄热痢，脾虚泄泻。常与黄芩、黄连、甘草同用，如葛根芩连汤；脾虚泄泻，常与党参、茯苓、甘草等同用，如七味白术散。

【成分】 含黄酮类物质：大豆素、大豆苷、大豆素-4,7-二葡萄糖苷、葛根素、葛根素-7-木糖苷、葛根醇、葛根藤素及异黄酮苷和淀粉等。还含葛根苷、三萜皂苷及生物碱等。

【药理】 葛根苷及黄酮类衍生物，有扩张血管、增加血流量、降低心肌耗氧量、增加氧供应、显著降血压作用；还能抑制血小板凝集、β-受体阻滞、解痉、解热、镇静及轻微降血糖作用。

柴 胡

本品为伞形科植物柴胡（*Bupleurum chinense* DC.）（北柴胡）和狭叶柴胡（*Bupleurum scorzonerifolium* Willd.）（南柴胡）的根或全草。前者主产于辽宁、甘肃、河北、河南等地；后者主产于湖北、江苏、四川等地。春秋两季采挖，晒干，切段，生用或醋炙用。

【性味】 苦、辛，微寒。

【归经】 入肝、胆、心包、三焦经。

【功能】 和解退热，疏肝解郁，升阳举陷。

【主治】 感冒发热，寒热往来，胸胁疼痛，久泻脱肛、子宫脱重等。

【用量】 马、牛 15～45g；猪、羊 3～10g。

【应用】 1. 用于寒热往来，感冒发热。多与黄芩等同用，如小柴胡汤。本品轻清升散，退热作用良好，用治感冒发热，常与甘草同用，若热邪较甚，可与葛根、黄芩、石膏等同用，如柴葛解肌汤。

2. 用于肝郁气滞，胸胁疼痛。常与当归、白芍等同用，如逍遥散。对胸胁疼痛，不论内伤肝郁，外伤跌仆，均可应用，常与香附、川芎、芍药等同用，如柴胡疏肝散。

3. 用于气虚下陷，久泻脱肛，常配人参、黄芪、升麻等药，如补中益气汤。

4. 退热截疟，为治疗疟疾寒热的常用药，常与黄芩、常山、草果等同用。

【禁忌】 肝阳上亢、肝风内动、阴虚火旺及气机上逆者忌用或慎用。

【成分】 含 α-菠菜甾醇、春福寿草醇、柴胡醇、柴胡皂苷及挥发油等。

【药理】 有镇静、镇痛、解热、镇咳等作用；柴胡皂苷有抗炎、降低血浆胆固醇、抗脂肪肝、抗肝损伤、利胆、降转氨酶等作用；对结核杆菌、流感病毒有抑制作用，并能增强机体免疫力。

升 麻

本品为毛茛科植物升麻（*Cimicifuga foetida* L.）的根茎。主产于辽宁、黑龙江、湖南及山西等地。夏秋两季采挖，晒干切片。生用或炙用。

【性味】 辛、甘，微寒。
【归经】 入肺、脾、胃、大肠经。
【功能】 发表透疹，清热解毒，升举阳气。
【主治】 风热感冒，麻疹不透，咽喉肿痛，脱肛，泻痢，子宫脱垂等。
【用量】 马、牛15～45g；猪、羊6～12g。
【应用】 1. 用治风热，麻疹透发不畅，常与葛根、白芍、甘草等同用，如升麻葛根汤。

2. 用于口疮，咽喉肿痛。用治胃火上炎，口舌生疮等证，常与石膏、黄连等同用，如清胃散；治咽喉肿痛，可与黄芩、黄连、玄参等配伍，如普济消毒饮；治外感疫疠，阳毒发斑，咽痛目赤，可与鳖甲、当归、雄黄等同用，如升麻鳖甲汤；治温毒发斑，可与石膏、大青叶、紫草等同用。

3. 用于气虚下陷之久泻脱肛、子宫脱垂、崩漏下血等证。升麻为升阳举陷之要药，常与人参、黄芪、柴胡等同用，如补中益气汤。

【禁忌】 麻疹已透及阴虚火旺、肝阳上亢、上盛下虚者忌用。
【成分】 含升麻碱、水杨酸、咖啡酸、阿魏酸、鞣质、苦味素、升麻醇、齿阿米素、齿阿米醇、升麻素、皂苷等。
【药理】 对结核杆菌、葡萄球菌、疟原虫、皮肤真菌有抑制作用；对氯乙酰胆碱、组胺和氯化钡所致的肠痉挛均有抑制作用；有抑制心脏、减慢心率、降血压及加速凝血作用。

蔓 荆 子

本品为马鞭草科植物单叶蔓荆（*Vitex rotundifolia* L.）或蔓荆（*Vitex trifolia* L.）的成熟果实。主产于山东、江西、浙江及福建等地。夏季采收，阴干、生用或炒用。

【性味】 辛、苦，微寒。
【归经】 入膀胱、肝、胃经。
【功能】 疏散风热，清利头目。
【主治】 风热感冒，目赤肿痛，风湿痹痛等。
【用量】 马、牛15～45g；猪、羊6～12g。
【应用】 1. 本品辛能散风，微寒轻浮上行，主散头面之邪，有祛风止痛之效。治外感风热，常与菊花、薄荷等同用；治头痛头风，常与白蒺藜、川芎、钩藤等同用。

2. 疏散风热，清利头目。治风热上扰，目赤肿痛，常与菊花、蝉蜕、龙胆等同用。清利头目，常与党参、黄芪、白芍等同用。

3. 治风湿痹痛，多与羌活、独活、川芎、防风等同用，如羌活胜湿汤。

【禁忌】 胃虚体衰者慎用。
【成分】 含茨烯、蒎烯、蔓荆子黄素、γ-氨基丁酸等，并含微量生物碱和维生素A等。
【药理】 有镇静、止痛、退热作用；具有增强外周和内脏微循环的作用。

蝉 蜕

本品为蝉科昆虫黑蚱（*Cryptotympana pustulata* Fabricius.）羽化后的蜕壳。主产于山东、河北、河南、江苏等地。夏季采收，净土，晒干生用。

【性味】 甘，寒。
【归经】 入肺、肝经。
【功能】 疏散风热，透疹止痒，明目退翳，止痉。
【主治】 外感风热，咽痛，风疹瘙痒，目赤翳障等。
【用量】 马、牛15～60g；猪、羊5～15g。
【应用】 1. 用于风热感冒，咽痛音哑。常与薄荷、连翘、菊花等同用。治风热上攻，咽痛音哑，常与胖大海同用，如海蝉散。

2. 用于麻疹不透，风疹瘙痒，常与薄荷、牛蒡子、紫草等同用，如透疹汤；治风湿热相搏之风疹湿疹、皮肤瘙痒，常与荆芥、防风、苦参等同用，如消风散。

3. 用于目赤翳障。常与菊花、白蒺藜、决明子等同用，如蝉花散。

4. 用于破伤风证。轻者单用研末黄酒冲服，重者可与天麻、僵蚕、全蝎同用，如五虎追风散。

【禁忌】 孕畜慎用。

【成分】 含大量甲壳质和蛋白质、氨基酸、有机酸等。

【药理】 有镇静、解热（头足较身部解热作用强）及抗惊厥（蝉衣身较头足强）作用，能对抗士的宁、可卡因等中枢兴奋药引起的小鼠惊厥死亡。

第二节 清 热 药

凡以清解里热为主要作用的药物，称为清热药。

清热药药性寒凉，按"热者寒之"的原则用于里热证，通过清热泻火、解毒、凉血及清虚热等功效，达到热清病愈的目的。主要用于温热性疾病、痈肿疮毒、湿热泻痢及阴虚发热等证所呈现的里热证。

由于发病原因不一，病情变化阶段不同，以及患者体质的差异，里热证既有气分与血分之分，又有实热与虚热之异。因此，就有多种类型的临床表现。针对热证的不同类型，并根据药物的功效，将清热药分为五类：清热泻火药，功能清气分热，用于高热烦渴等气分实热证；清热燥湿药，功能清热燥湿，用于泻痢、黄疸等湿热病证；清热凉血药，功能清解营、血分热邪，用于温病热入营、血证；清热解毒药，功能清热解毒，用于痈肿疮疡等热毒病证；清热解暑药，功能清虚热、退骨蒸，用于午后潮热、低热不退等虚热证。

应用清热药时，应辨别热证属气分还是血分，属实热还是虚热，并以整个病情来决定主次先后，如有表证的，当先解表或表里同治；气分热兼血分热的，宜气血两清。

本类药物药性寒凉，易伤脾胃，凡脾胃气虚、食少便溏者慎用；热证易伤津液，苦寒药物又易化燥伤阴，故阴虚患者亦当慎用；阴盛格阳、真寒假热之证，禁用清热药。

一、清热泻火药

热与火均为六淫之一，统属阳邪。热为火之渐，火为热之极，故清热与泻火不可分，凡能清热的药物，大抵皆能泻火。清热泻火药，以清泄气分邪热为主，主要用于热病邪入气分而见高热、口渴贪饮、汗出、尿液短赤、舌苔黄燥、脉象洪数等气分实热证。这类药物各有不同的作用部位，分别适用于肺热、胃热、心火、肝火等引起的脏腑热证。

体虚而有里热证时，应注意扶正祛邪，可配伍补虚药。

石 膏

石膏（Gypsum）为含水硫酸钙的矿石。全年可采挖，除去杂质，研细生用或煅用。

【性味】 辛、甘，大寒。

【归经】 入肺、胃经。

【功能】 清热泻火，外用敛疮生肌。

【用量】 马、牛 30～120g；猪、羊 15～30g；犬、猫 3～5g；兔、禽 1～3g。

【应用】 1. 用于肺胃大热，高热不退等实热亢盛证，症见高热、烦渴、脉洪大等，常与知母相须为用，如白虎汤。

2. 用于肺热咳嗽、气喘、口渴贪饮等实热证，常配伍麻黄、杏仁等，如麻杏石甘汤。

3. 用于胃火亢盛等证（如胃火上炎的牙痛、头痛），常配知母、生地黄、牛膝等，如玉女煎。

4. 外用于湿疹、烫伤、疮黄溃后不敛及创伤不收口等，常与青黛、黄柏等配伍。

【禁忌】 脾胃虚寒、阴虚内热者忌服。煅石膏严禁内服。
【成分】 主要成分为含水硫酸钙，此外还含有机体所需的铝、锰，以及铁、锌、铜等元素。
【药理】 具有解热、消炎、止渴、提高肌肉和外周神经兴奋性等作用。

知 母

本品为百合科多年生草本植物知母（*Anemarrhena asphodeloides* Bge.）的根茎。切片入药，生用或盐水炒用。

【性味】 苦、甘，寒。
【归经】 归肺、胃、肾经。
【功能】 清热，滋阴，润肺，生津。
【主治】 用于温热病肺胃实热证和肺热咳嗽或阴虚燥咳，以及阴虚潮热、肺虚燥咳、热病贪饮。
【用量】 马、牛 20~60g；猪、羊 5~15g；犬、猫 3~8g；兔、禽 1~2g。
【应用】 1. 治高热、烦渴、脉洪大等，常与石膏相须为用，如白虎汤；用于肺热咳嗽或阴虚燥咳，常与贝母同用，如二母散。

2. 清肺肾阴虚所致的骨蒸潮热、盗汗等，常与黄柏相须为用，如知柏地黄汤。用于阴虚消渴、口渴、多饮、多尿者，常与天花粉、五味子合用，如玉液汤。

【禁忌】 本品性寒质润，有滑肠之弊，脾虚便溏者不宜用。
【成分】 含知母皂苷、黄酮苷、黏液质、糖类、烟酸等。
【药理】 具有抗菌、解热、降血糖等作用。体外实验：其对痢疾杆菌、伤寒杆菌、铜绿假单胞菌、葡萄球菌、链球菌、肺炎双球菌、百日咳杆菌等有抗菌作用。大剂量则可导致呼吸、心跳停止。

栀 子

本品为茜草科长绿灌木植物栀子（*Gardenia jasminoides* Ellis.）的干燥成熟果实。生用、炒焦或炒炭用。

【性味】 苦，寒。
【归经】 归心、肺、三焦经。
【功能】 清热泻火，凉血解毒。
【用量】 马、牛 15~60g；猪、羊 5~10g；犬、猫 3~6g；兔、禽 1~2g。
【应用】 1. 治肝火目赤以及多种火热证。常与黄芩、黄连、黄柏同用，如黄连解毒汤。

2. 用于湿热郁结而致之黄疸、发热、尿液短赤，多与茵陈、大黄同用，如茵陈蒿汤。

3. 用于血热妄行之鼻血及尿血，多与白茅根、生地黄、黄芩等配伍；用于热毒疮疡，多配金银花、连翘、蒲公英等清热解毒药。

【禁忌】 苦寒伤胃，脾虚便溏、食少者忌用。
【成分】 主要含栀子素、栀子苷、去羟栀子苷、藏红花素、藏红花酸、果酸等。
【药理】 具有保肝利胆、抗炎、抗病原体、镇静催眠、降温、镇痛、降压等作用，对胰腺细胞膜、线粒体膜和溶酶体膜有稳定作用。

淡 竹 叶

本品为禾本科植物淡竹叶（*Lophatherum gracile* Brongn.）的干燥茎叶。夏季未抽花穗前采割，晒干。

【性味】 甘、淡，寒。
【归经】 归心、胃、小肠经。

【功能】 清热、利尿。

【用量】 马、牛 15～45g；猪、羊 5～15g；兔、禽 1～3g。

【应用】 1. 用于心经实热、口舌生疮、尿短赤等，常与木通、生地黄等配伍。

2. 用治胃热，常与石膏、冬麦等同用；治外感风热，常与薄荷、荆芥、金银花等配伍。

【禁忌】 无实火、湿热者慎服，体虚有寒者禁服。

【成分】 含芦竹素、白茅素、无羁萜、β-谷甾醇、豆甾醇、菜油甾醇、蒲公英萜醇及氨基酸等。

【药理】 有利尿解热作用；对金黄色葡萄球菌、铜绿假单胞菌有抑制作用。

芦 根

本品为禾本科植物芦苇（*Phragmites communis* Trin.）的新鲜或干燥根茎。全年均可采挖，除去芽、须根及膜状叶，鲜用或晒干。

【性味】 甘，寒。

【归经】 入肺、胃经。

【功能】 清热生津，止呕，利尿。

【用量】 马、牛 30～60g；猪、羊 10～20g；犬 5～6g。

【应用】 1. 用于肺热咳嗽、痰稠、口干等，常与黄芩、桑白皮同用；治肺痈常与冬瓜仁、薏苡仁、桃仁等同用，如苇茎汤；用于胃热呕逆，可与竹茹等配伍。

2. 用于热病伤津、烦热贪饮、舌燥津少等，常与天花粉、冬麦等同用；治热淋涩痛，小便短赤，常配白茅根、车前子等。

【禁忌】 脾胃虚寒者慎用。

【成分】 含蛋白质、维生素 B_1、维生素 B_2、维生素 C、天门冬酰胺、多糖类及水溶性糖类等。

【药理】 能溶解胆结石；体外实验其对溶血性链球菌有抗菌作用。

胆 汁

猪科动物猪（*Sus scrofa domesticus* Briss.）、牛科动物牛（*Bos taurus domesticus* Gmel.）及羊（*Capra hircus* L.）、雉科动物鸡（*Gallus gallus domesticus* Briss.）等的胆汁。

【性味】 苦，寒。

【归经】 入心、肝、胆经。

【功能】 泻火明目，清热解毒。

【用量】 马、牛 60～250ml；猪、羊 10～20ml。

【应用】 用于肝火上炎和目赤肿痛等。可止咳，通便。外用可治恶疮、烫火伤等。

【成分】 猪胆汁含胆酸、胆色素、胆脂、无机盐和解毒素等。

【药理】 用胆汁提炼的脱氧胆酸，有降低血液中胆固醇的作用。

二、清热燥湿药

本类药物性味苦寒，苦能燥湿，寒能清热，故有清热燥湿功效，并能清热泻火。主要用于湿热证及火热证。湿热内蕴，多见发热、苔腻、尿少等症状，如肠胃湿热所致的泄泻、痢疾、痔瘘等；肝胆湿热所致的胁肋胀痛、黄疸、口苦；下焦湿热所致的尿淋沥涩痛、带下；其他如关节肿痛、湿疹、痈肿、耳痛流脓等湿热证，均属本类药应用范围。

苦寒多能伐胃，性燥多能伤阴，故一般用量不宜太大。凡脾胃虚寒、津伤阴亏者当慎用。如需用者，可与健胃及养阴药同用。此外，本类药物多兼泻火、解毒作用，可与清热泻火药、清热解毒药参酌使用。

黄 芩

本品为唇形科多年生草本植物黄芩（*Scutellaria baicalensis* Georgi.）的根。生用、酒炒或炒炭用。

【性味】 苦，寒。

【归经】 入肺、胆、脾、大肠、小肠经。

【功能】 清热燥湿，泻火解毒、安胎。

【主治】 湿温，泻痢，黄疸，热淋，肺热咳嗽，热毒疮痈，胎热不安。

【用量】 马、牛 20～60g；猪、羊 5～15g；犬 3～5g；兔、禽 1.5～2.5g。

【应用】 1. 治泻痢，常配伍大枣、白芍等；治湿热淋症，可配伍木通、生地黄等；治湿热黄疸，则与茵陈、栀子同用。

2. 用于肺热咳嗽，单用枯芩有效，亦可与桑白皮、地骨皮等配伍；泻上焦实热，常与黄连、栀子、石膏等同用；若治风热犯肺，与栀子、连翘、薄荷、杏仁等配伍。

3. 以治热毒疮痈，咽喉肿痛等证，常与金银花、连翘同用。

4. 用于胎热不安，配当归、白术等，如当归散。

【禁忌】 脾胃虚寒，无湿热实火者不宜使用。

【成分】 本品主含黄酮类成分，包括黄芩苷、黄芩素等。黄芩苷水解产生贝加因及葡萄糖醛酸，贝加因有显著抗菌、利尿作用。葡萄糖醛酸有解毒作用。

【药理】 对大肠埃希菌、痢疾杆菌、伤寒杆菌、铜绿假单胞菌、百日咳杆菌、金黄色葡萄球菌、溶血性链球菌、肺炎双球菌等有抗菌作用，并能抑制皮肤真菌及流感病毒；有扩张血管、降低血压、利尿、解热及镇静作用，并能抑制肠管蠕动，降低血管渗透性。

黄 连

本品为毛茛科多年生草本植物黄连（*Coptis chinensis* Franch.）或三角叶黄连（*Coptis deltoidea* C. Y. Cheng et Hsiao.）或云连（*Coptis teeta* Wall.）的根茎。生用、姜炙、酒炙、吴茱萸水炒用。

【性味】 苦，寒。

【归经】 入心、脾、胃、肝、胆、大肠经。

【功能】 清热燥湿，泻火解毒。

【主治】 湿热泻痢，心火亢盛，口舌生疮，三焦积热和衄血，疮黄肿毒等；外用可治湿疹、湿疮。

【用量】 马、牛 15～30g；猪、羊 5～10g；犬 3～8g；兔、禽 0.5～1g。

【应用】 1. 治泄痢腹痛、里急后重，配木香，如香连丸；用于泻痢身热，配葛根、黄芩、甘草，如葛根芩连汤；若湿热中阻，脘痞呕恶者，常与干姜、半夏配伍，如半夏泻心汤。

2. 若三焦热盛，高热烦躁，常与黄芩、黄柏、栀子等同用，如黄连解毒汤。若心火亢盛，迫血妄行而吐血，可与黄芩、大黄配伍。

3. 治疮黄肿毒，可与黄芩，黄柏等同用，如黄连解毒汤。

4. 还可用于胃火炽盛的呕吐，常与竹茹、橘皮、半夏同用；用于胃火牙痛，常与石膏、升麻、牡丹皮同用，如清胃散。

【禁忌】 脾胃虚寒者忌服。苦燥伤津，阴虚津伤者慎用。

【成分】 含大量生物碱，主要有小檗碱、黄连碱等。

【药理】 对痢疾杆菌、伤寒杆菌、大肠埃希菌、布氏杆菌、金黄色葡萄球菌、溶血性链球菌、结核杆菌等有抑制作用，尤以对痢疾杆菌的作用为强；对皮肤真菌、流感病毒亦有抑制作用；在体内外均有抗阿米巴原虫作用；并有扩张血管、降血压及解热作用。

黄 柏

本品为芸香科植物黄皮树（*Phellodendron chinense* Schneid.）或黄檗（*Phellodendron amu-*

rense Rupr.）的干燥树皮。生用或盐水炙、酒炙、炒炭用。

【性味】 苦，寒。
【归经】 入肾、膀胱、大肠经。
【功能】 清湿热，泻火毒，退虚热。
【主治】 用于多种湿热证，如泄泻、痢疾、黄疸、淋证等；还可用治热毒疮疡、湿疹等证。
【用量】 马、牛 10～45g；猪、羊 5～10g；犬 5～6g；兔、禽 0.5～2g。
【应用】 1. 用于湿热痢疾，可与黄连、白头翁同用，如白头翁汤；用于湿热黄疸，配栀子、甘草，如栀子柏皮汤；用于热淋，可与竹叶、木通等清热利尿通淋药同用。

2. 治阴虚发热，常与知母、地黄等配伍，如知柏地黄汤；用于疮疡肿毒，可内服，配黄连、栀子等，可外用，研细末调猪胆汁外涂；治湿疹，可配荆芥、苦参等煎服。

【禁忌】 脾胃虚寒者不宜使用。
【成分】 主含生物碱，主要有小檗碱、巴马亭、黄柏碱等。
【药理】 具有抗菌、抗病毒、抗溃疡、利胆、降压等作用。

龙　　胆

本品为龙胆科植物条叶龙胆（*Gentiana manshurica* Kitag.）、龙胆（*Gentiana scabra* Bge.）、三花龙胆（*Gentiana triflora* Pall.）或坚龙胆（*Gentiana rigescens* Franch.）的干燥根及根茎。秋季采挖，晒干，切段，生用。

【性味】 苦，寒。
【归经】 入肝、胆、膀胱经。
【功能】 清热燥湿，泻肝火。
【主治】 湿热黄疸、尿短赤、湿疹等；肝经热盛。
【用量】 马、牛 15～45g；猪、羊 6～15g；犬、猫 1～5g；兔、禽 1～5g。
【应用】 1. 治黄疸，常与茵陈、栀子、黄柏等同用；治尿短赤、湿疹等，常与黄柏、苦参、茯苓等配伍。

2. 用于肝胆实热所致之胁痛、口苦、目赤、耳聋等症，配伍黄芩、柴胡、木通等，如龙胆泻肝汤；用于肝经热盛，热极生风所致之高热惊厥、抽搐，与钩藤、牛黄、黄连等配伍。

【禁忌】 脾胃虚寒和虚热者慎用。
【成分】 本品含龙胆苦苷、龙胆碱、龙胆黄素、龙胆糖等。
【药理】 少量助于消化，增进食欲，有健胃作用；过多则引起呕吐。对铜绿假单胞菌、痢疾杆菌、金黄色葡萄球菌等有抑制作用。

苦　　参

本品为豆科植物苦参（*Sophora flavescens* Ait.）的干燥根。切片生用。

【性味】 苦，寒。
【归经】 入心、肝、胃、大肠、膀胱经。
【功能】 清热燥湿，祛风杀虫，利尿。
【主治】 湿热所致泻痢、黄疸等证；皮肤瘙痒、疥癣及肺风毛燥等证。
【用量】 马、牛 15～60g；猪、羊 6～15g；犬 3～8g；兔、禽 0.3～1.5g。
【应用】 1. 治泻痢，常与木香、甘草等同用；治黄疸，常与栀子、龙胆等配伍。

2. 治疥癣，常与雄黄、枯矾等同用；治肺风毛燥，常与党参、玄参等配伍。

3. 治湿热内蕴，尿不利等，常与当归、车前子、木通等配伍。

【禁忌】 脾胃虚寒者忌用。反藜芦。
【成分】 含多种生物碱：苦参碱和金雀花碱；还含黄酮类。
【药理】 苦参碱有明显的利尿作用；对葡萄球菌、铜绿假单胞菌及多种皮肤真菌有抑制作用。

秦　皮

本品为木犀科植物苦枥白蜡树（*Fraxinus rhynchophylla* Hance.）、白蜡树（*Fraxinus chinensis* Roxb.）、尖叶白蜡树（*Fraxinus szaboana* Lingelsh.）或宿柱白蜡树（*Fraxinus stylosa* Lingelsh.）的干燥枝皮或干皮。春、秋两季剥取，晒干。

【性味】　苦、涩，寒。

【归经】　入肝、胆、大肠经。

【功能】　清热燥湿，清肝明目。

【用量】　马、牛 15～60g；猪、羊 5～10g；犬 3～6g；兔、禽 1～1.5g。

【应用】　1. 用于湿热泻痢，里急后重，常配伍白头翁、黄连、黄柏等。

2. 用于肝热目赤肿痛，目生翳膜，常与黄连、竹叶等配伍，也可用以煎汁洗眼。

【成分】　含七叶树苷、苷元七叶树内酯、白蜡树苷、白蜡树内酯及紫丁香苷等。

【药理】　有祛痰、止咳、平喘、镇痛、镇静、抗惊厥、抗风湿作用；对痢疾杆菌、伤寒杆菌、肺炎双球菌有较强的抑制作用，对阿米巴原虫有效。

三、清热凉血药

清热凉血药，多为甘苦咸寒之品。咸能入血，寒能清热。多归心、肝经。心主血，肝藏血，故本类药物有清解营分和血分热邪的作用，主要用于营分、血分实热证。如温热病热入营分，热灼营阴，心神被扰，症见舌绛、身热夜甚、心烦不寐、脉细数，甚则神昏谵语、斑疹隐隐；邪陷心包，症见舌蹇肢厥、舌质红绛；热入血分，迫血妄行，症见舌色深绛、吐血衄血、尿血便血、斑疹紫暗、躁扰不安、甚或昏狂。亦可用于其他疾病引起的血热出血证。本类药物中的生地黄、玄参等，既能清热凉血，又能滋养阴液，标本兼顾。

清热凉血药一般适用于热在营血的病证。如为气血两燔，可配伍清热泻火药，使气血两清。

生　地　黄

本品为玄参科多年生草本植物地黄（*Rehmannia glutinosa* Libosch.）的根。鲜用或干燥切片生用。

【性味】　甘、苦，寒。

【归经】　入心、肝、肾经。

【功能】　清热生津，凉血止血。

【主治】　温热病热入营分和血分；津伤口渴，内热消渴；温热伤阴，肠燥便秘；血热妄行之出血证。

【用量】　马、牛 30～60g；猪、羊 5～15g；犬 3～6g；兔、禽 1～2g。

【应用】　1. 治身热口干，舌绛神昏等症，配水牛角、黄连、玄参等，如清营汤；治血热毒盛，吐血衄血，斑疹紫黑，可与水牛角、赤芍、牡丹皮同用。

2. 治内热消渴，常与葛根、天花粉等配伍，如玉泉散；治温热伤阴，肠燥便秘，可与玄参、麦冬同用，如增液汤。

3. 用于血热妄行的出血等，常与侧柏叶、茜草根等凉血止血药同用，如四生丸。

【禁忌】　脾虚湿滞腹满便溏者，不宜使用。

【成分】　含 β-谷甾醇、甘露醇、豆甾醇、菜油固醇，还含梓醇、地黄素、维生素 A 等物质。

【药理】　具有强心利尿、降血糖、增强免疫、抗肿瘤、镇静催眠、抗炎、抗真菌等作用。

玄　参

本品为玄参科多年生草本植物玄参（*Scrophularia ningpoensis* Hemsl.）的根。生用。

【性味】　苦、甘、咸，寒。

【归经】 入肺、胃、肾经。
【功能】 养阴生津，清热解毒。
【主治】 热毒实证，阴虚内热证；咽喉肿痛，瘰疬痰核，痈肿疮毒。
【用量】 马、牛15～45g；猪、羊5～15g；犬、猫2～5g；兔、禽1～3g。
【应用】 1. 用于热病伤阴、斑疹、口渴烦热、便秘及咽喉肿痛等，常配伍黄连、金银花、麦冬、生地黄等，如清营汤。

2. 治外感瘟毒，热毒壅盛之咽喉肿痛、大头瘟疫，常与薄荷、连翘、板蓝根等同用，如普济消毒饮。治痰火郁结之瘰疬痰核，多与贝母、生牡蛎同用，如消瘰丸。用于痈肿疮毒，多与金银花、连翘、紫花地丁等同用。若与金银花、甘草、当归配伍，可治脱疽，如四妙勇安汤。

【禁忌】 脾胃虚寒，食少便溏者不宜用。反藜芦。
【成分】 含玄参素、草萜苷类、挥发油、生物碱、L-天冬酰胺、脂肪酸等。
【药理】 具有抗菌、中和毒素、抗炎、中枢抑制、降血糖及强心、降压、扩血管等作用。

牡 丹 皮

本品为毛茛科多年生落叶小灌木植物牡丹（*Paeonia suffruticosa* Andr.）的根皮。生用或炒用。

【性味】 苦、辛，微寒。
【归经】 入心、肝、肾经。
【功能】 清热凉血，活血散瘀。
【主治】 热病发斑疹，血热吐血，衄血等证；瘀血阻滞，跌打损伤。
【用量】 马、牛20～45g；猪、羊6～12g；犬3～6g；兔、禽1～2g。
【应用】 1. 用于热病发斑疹、血热吐血、衄血等证，通常与生地黄、玄参同用，重者可与犀角配伍，如犀角地黄汤。

2. 用于瘀血阻滞，常与桃仁、赤芍、桂枝、当归、乳香同用，如桂枝茯苓丸；治跌打损伤，瘀肿疼痛，常配伍当归、乳香、没药等；治疮疡肿毒，可与金银花、连翘、蒲公英等同用；治肠痈初起，多配伍大黄、桃仁、芒硝等，如大黄牡丹皮汤。

【禁忌】 脾虚胃弱及孕畜不宜用。
【成分】 本品含牡丹酚、牡丹酚苷、牡丹酚原苷、芍药苷、挥发油及植物甾醇等。
【药理】 对伤寒杆菌、痢疾杆菌、大肠杆菌、铜绿假单胞菌、变形杆菌、霍乱弧菌及葡萄球菌、溶血性链球菌、肺炎双球菌等均有较强抗菌作用；有镇痛、解热、抗过敏与显著的降压作用。

赤 芍

本品为毛茛科多年生草本植物芍药（*Paeonia lactiflora* Pall.）或川赤芍（*Paeonia veitchii* Lynch）的根。生用或炒用。

【性味】 苦，微寒。
【归经】 入肝经。
【功能】 清热凉血，散瘀止痛。
【主治】 温热病热入营血，斑疹吐衄；血热瘀滞。
【用量】 马、牛25～50g；猪、羊10～20g；犬3～6g。
【应用】 1. 用于温热病热入血分，斑疹紫黑，常配伍生地黄、牡丹皮。

2. 用于血热瘀滞，常与益母草、丹参、泽兰同用；治血瘀癥瘕，常与桃仁、牡丹皮、桂枝同用，如桂枝茯苓丸；治跌打损伤，瘀肿疼痛，常配当归、乳香、没药等；用于疮疡肿毒，可与金银花、连翘、蒲公英等同用。

【禁忌】 反藜芦。
【成分】 含芍药苷、苯甲酰芍药苷、芍药内酯苷、芍药新苷等。

【药理】 对血液系统有抗血栓、抗血小板聚集、抗凝血、激活纤溶、改善血液的流变性等作用；对心血管系统有抗心肌缺血、保护心功能、降低肺动脉高压及门脉高压、抗动脉粥样硬化等作用；又有保肝、增强免疫、抗肿瘤、抗炎、抗菌、解痉和抗胃溃疡、镇静催眠、镇痛、抗惊厥、降温等作用。

白 茅 根

本品为禾本科植物白茅 [*Imperata cylindrica* Beauv. var. *major* (Nees) C. E. Hubb.] 的干燥根茎。切断生用。春、秋两季采挖，洗净，晒干。

【性味】 甘，寒。
【归经】 入肺、胃经。
【功能】 凉血止血，清热利尿。
【主治】 常用于热证的鼻衄血和尿血等；热淋，水肿，黄疸，热病贪饮等。
【用量】 马、牛 30~60g；猪、羊 10~20g；犬 3~6g。
【应用】 1. 用于鼻衄血和尿血等，常与仙鹤草、蒲黄等配伍。
2. 用于热淋、水肿、黄疸、尿不利等热证，常与车前子、木通、金钱草等配伍。
3. 用于热病贪饮，肺胃有热等，多与芦根配伍。
【成分】 含大量的钾盐、蔗糖、葡萄糖，以及少量的果糖、木糖及柠檬酸、草酸、苹果酸等。
【药理】 对金黄色葡萄球菌、痢疾杆菌有抑制作用；有显著的利尿作用，并能降低血管的通透性。

白 头 翁

本品为毛茛科植物白头翁 [*Pulsatilla chinensis* (Bge.) Regel] 的干燥根。春、秋两季采挖，除去泥沙，干燥。

【性味】 苦，寒。
【归经】 入胃、大肠经。
【功能】 清热解毒，凉血止痢。
【主治】 热毒血痢，里急后重。
【用量】 马、牛 15~60g；猪、羊 6~15g；犬、猫 1~5g；兔、禽 1~5g。
【应用】 主要用于肠黄作泻、下痢脓血、里急后重等证，常与黄连、黄柏、秦皮等配伍，如白头翁汤。
【禁忌】 虚寒下痢者忌用。
【成分】 含白头翁素、白头翁酸、三萜类皂苷等物质。
【药理】 对铜绿假单胞菌、金黄色葡萄球菌、枯草杆菌、痢疾杆菌有抑制作用，大剂量能治疗阿米巴痢疾；有止血、止泻、强心、镇静、镇痛、抗痉挛及抗白血病作用。

四、清热解毒药

凡能清解热毒或火毒的药物称为清热解毒药。毒为火热毒盛所致，有热毒和火毒之分。本类药物于清热泻火之中更长于解毒作用。主要适用于疮黄肿毒、瘟疫、毒痢等热毒病证。临床应用时，必须根据热毒证候的不同表现，有针对性地选择适当药物，发挥各个清热解毒药的特点。还应根据病情需要作适当配伍。如热毒邪气在于血分者，当配伍清热凉血之品；挟湿者，当配伍燥湿或利湿药物等。对于虚畜可配伍适当的补益药以固护正气。总之宜随证配伍，以提高疗效。

本类药物药性寒凉，中病即止，不可久服，以免伤及脾胃。

金 银 花

本品为忍冬科多年生半常绿缠绕木质藤本植物忍冬 (*Lonicera japonica* Thunb.)、红腺忍冬

(*Lonicera hypoglauca* Miq.）、山银花（*Lonicera confusa* DC.）或毛花柱忍冬（*Lonicera dasystyla* Rehd.）的花蕾。生用、炒用或制成露剂使用。

【性味】 甘，寒。
【归经】 入肺、胃、心经。
【功能】 清热解毒。
【主治】 用于热毒肿疡、痈疽疔疖，为治疗一切痈肿疔疮阳证的要药；亦可用于外感风热、温病初起及热毒泻痢。
【用量】 马、牛 15～60g；猪、羊 5～10g；犬、猫 3～5g；兔、禽 1～3g。
【应用】 1. 可单用煎服或以鲜品捣烂外敷，亦可配伍蒲公英、野菊花、紫花地丁等，以加强解毒消肿作用，如五味消毒饮。用于热毒痢疾，可单用生品浓煎频服或配黄连、白头翁等药。若用于肺痈咳吐脓血者，常与鱼腥草、芦根、桃仁等同用，以清肺排脓。
2. 用于外感风热，温病初起，常与连翘、薄荷、荆芥等配伍，如银翘散。若热入营血，舌绛神昏者，常与生地黄、黄连等配伍，如清营汤。
3. 治热毒泻痢，可单用，亦可与黄芩、白芍等配伍。
【禁忌】 虚寒之泄泻、无热毒者忌用。
【成分】 主含绿原酸、异绿原酸、木犀草素、黄酮类化合物、肌醇及挥发油等。
【药理】 对痢疾杆菌、伤寒杆菌、副伤寒杆菌、大肠埃希菌、变形杆菌、铜绿假单胞菌、霍乱弧菌、葡萄球菌、肺炎双球菌、溶血性链球菌、百日咳杆菌等均有较强的抗菌作用；对多种皮肤癣菌均有不同程度的抑制作用；对流感病毒亦有一定的抑制作用。

连　　翘

本品为木犀科落叶灌木连翘［*Forsythia suspensa* (Thunb.) Vahl.］的果实。白露前采初熟果实，色尚青绿，称青翘。寒露前采熟透果实则为黄翘。以青翘为佳，生用。青翘采后即蒸熟晒干，筛取籽实作连翘心用。

【性味】 苦，微寒。
【归经】 入心、肺、胆经。
【功能】 清热解毒，消痈散结。
【主治】 广泛应用于各种热证和外感风热或温病初起；还可用于各种痈疽疮毒及瘰疬等，为疮家之要药。
【用量】 马、牛 20～30g；猪、羊 10～15g；犬 3～6g；兔、禽 1～2g。
【应用】 1. 用于发热重、微恶寒、咽痛、口渴、苔薄黄、脉浮数等，常与金银花同用，如银翘散。
2. 治痈疽疮毒属阳证实热者，多与金银花、野菊花、蒲公英等同用；治瘰疬，则多与夏枯草、海带、牡蛎等配伍。
【禁忌】 脾胃虚寒及气虚疮疡脓清者不宜用。
【成分】 含连翘苷、芦丁、皂苷、香豆精及挥发油等。
【药理】 对痢疾杆菌、伤寒杆菌、霍乱弧菌、大肠埃希菌、百日咳杆菌、金黄色葡萄球菌、溶血性链球菌、结核杆菌、皮肤真菌有抗菌作用。

板 蓝 根

本品为十字花科植物菘蓝（*Isatis indigotica* Fort.）的根。秋季采挖，除去泥沙，晒干，切片生用。

【性味】 苦，寒。
【归经】 入心、胃经。
【功能】 清热解毒，凉血，利咽。
【主治】 各种热毒、疮黄肿毒等；热毒斑疹、丹毒、血痢肠黄等；咽喉肿痛、口舌生疮等。

【用量】 马、牛 30～100g；猪、羊 15～30g；犬、猫 3～5g；兔、禽 1～2g。

【应用】 1. 治各种热毒、疮黄肿毒、大头瘟疫等，常与黄芩、连翘、玄参、牛蒡子等同用，如普济消毒饮。

2. 用于热毒斑疹、丹毒、血痢肠黄等，常与黄连、栀子、赤芍、升麻等配伍。

3. 治咽喉肿痛、口舌生疮等，常与金银花、桔梗、甘草等配伍。

【禁忌】 脾胃虚寒者忌用。

【成分】 含靛苷、靛蓝、靛玉红、菘蓝苷 B、氨基酸、糖类等。

【药理】 板蓝根为广谱抗菌药，对多种革兰阴性与阳性菌均有抗菌作用；对流感、流行性乙型脑炎（流脑）、丹毒等都有很好的疗效。

大 青 叶

本品为十字花科植物菘蓝（*Isatis indigotica* Fort.）的叶片。鲜用或晒干生用。

【性味】 苦，寒。

【归经】 入心、胃经。

【功能】 清瘟解毒，凉血消斑。

【主治】 喉痹口疮，丹毒痈肿；心胃火盛，温毒上攻，咽喉肿痛，口舌生疮；热入营血，温毒发斑。

【用量】 马、牛 20～100g；猪、羊 15～50g；犬、猫 3～5g；兔、禽 1～3g。

【应用】 1. 用治心胃火盛，瘟毒上攻，发热头痛，痄腮喉痹，咽喉肿痛，口舌生疮诸症，常以鲜品捣汁内服，或配伍玄参、山豆根、黄连等；用治丹毒痈肿等症，可用鲜品捣烂外敷，或与蒲公英、紫花地丁、重楼（蚤休）等药同煎内服；用于流行性乙型脑炎，既可单味应用于预防，又可与柴胡、金银花、连翘、板蓝根、玄参、生地黄等配伍。

2. 用于热入营血，温毒发斑，心胃毒盛，气血两燔等证，常与栀子等同用；还可用治风热表证，温病初起，发热头痛，口渴咽痛等症，常与金银花、连翘、牛蒡子等药配伍。

【禁忌】 脾胃虚寒者忌用。

【成分】 含菘蓝苷、靛蓝、靛玉红、黄酮类等。

【药理】 大青叶有抗菌、抗病毒、解热、杀灭钩端螺旋体的作用。

穿 心 莲

本品为爵床科植物穿心莲［*Andrographis paniculata* （Burm. f.）Nees.］的干燥地上部分。秋初茎叶茂盛时采割，晒干。

【性味】 苦，寒。

【归经】 入心、肺、大肠、膀胱经。

【功能】 清热解毒，燥湿止泻。

【主治】 肺热咳喘，咽喉肿痛肠黄作泻，泻痢等。

【用量】 马、牛 60～120g；猪、羊 30～60g；犬、猫 3～10g；兔、禽 1～3g。

【应用】 1. 治肺热咳喘，常与桑白皮、黄芩等同用。治感冒发热，咽喉肿痛，可与山豆根、牛蒡子等配伍。

2. 用治肠黄作泻、泻痢等，可与秦皮、白头翁等配伍。

【成分】 含二萜类内酯、脱水穿心莲内酯和穿心莲内酯等。

【药理】 为广谱抗菌药，能抗病毒，并对钩端螺旋体有抑制作用。

紫 花 地 丁

本品为堇菜科植物紫花地丁（*Viola yedoensis* Makino）的干燥全草。春、秋两季采收，除去杂质，晒干。

【性味】 苦、辛，寒。无毒。
【归经】 入心、肝经。
【功能】 清热解毒。
【主治】 痈疽疔疖、丹毒、乳痈、肠痈等，并可解蛇毒。
【用量】 马、牛60～80g；猪、羊15～30g；犬3～6g。
【应用】 复方中多与蒲公英、金银花、紫背天葵等同用，如五味消毒饮。用治毒蛇咬伤，可用鲜品捣汁服，其渣加雄黄少许捣匀外敷。
【禁忌】 脾胃虚寒者忌用。
【成分】 含苷类、黄酮类及生物碱等。
【药理】 对金黄色葡萄球菌、肺炎球菌、大肠埃希菌、白喉杆菌、铜绿假单胞菌、白色葡萄球菌、白色念珠菌等有不同程度的抑制作用。近年来的研究还表明，紫花地丁提取物在低于毒性剂量的浓度下，可完全抑制艾滋病毒的生长，紫花地丁的二甲亚砜提取物具有很强的体外抑制艾滋病毒的活性。

蒲 公 英

本品为菊科多年生草本植物蒲公英（*Taraxacum mongolicum* Hand.-Mazz.）、碱地蒲公英（*Taraxacum sinicum* Kitag.）或同属数种植物的干燥全草。鲜用或生用。

【性味】 苦、甘，寒。
【归经】 入肝、胃经。
【功能】 清热解毒，消肿散结。
【主治】 热毒痈肿疮疡及内痈等证；湿热黄疸及小便淋沥涩痛。
【用量】 马、牛30～90g；猪、羊15～30g；犬、猫3～6g；兔、禽1～5g。
【应用】 1. 治痈肿疔毒，常配伍金银花、紫花地丁、野菊花等，如五味消毒饮；治乳痈，可单用，鲜品内服或捣敷，也可与全瓜蒌、金银花等药同用；若配鱼腥草、芦根、冬瓜仁，可用于肺痈咳吐脓痰、胸痛等；配赤芍、牡丹皮、大黄等，可用于肠痈热毒壅盛之证；与板蓝根、玄参等配伍，还可用于咽喉肿痛；鲜品外敷，可用治毒蛇咬伤。

2. 用于湿热黄疸，多与茵陈、栀子等配伍；治小便淋沥涩痛，多与白茅根、金钱草等同用。

【禁忌】 痈疽属阴证及已溃者，不宜使用。
【成分】 含蒲公英甾醇、蒲公英素、蒲公英苦素、甘露醇、天冬素、皂苷及叶酸等。
【药理】 对金黄色葡萄球菌、大肠埃希菌、痢疾杆菌及多种皮肤癣菌均有抑制作用；可治乳腺炎、各种脓性炎症、消化不良、习惯性便秘及蛇咬伤。

马 齿 苋

本品为马齿苋科植物马齿苋（*Portulaca oleracea* L.）的干燥地上部分。夏、秋两季采收，除去残根及杂质，洗净，略蒸或烫后晒干。

【性味】 甘、酸，寒。
【归经】 入心、肝、脾、大肠经。
【功能】 清热祛湿，散血消肿，利尿通淋，凉血止痢。
【主治】 热毒血痢，痈肿疔疮等证。
【用量】 马、牛30～60g；猪、羊10～25g；犬3～5g。
【应用】 用治淋证，可与石韦、车前子等同用；治血热崩漏，可与茜草、蒲黄等配伍；若治尿血、便血、痔血等，则可单味内服；治湿疮，可与白矾、儿茶等同用；治急性湿疹，可与苦参、大黄等配伍。
【禁忌】 脾胃虚寒、腹泻便溏者和孕畜忌用，畏甲鱼。

【成分】 含大量去甲肾上腺素和大量钾盐，以及苹果酸、柠檬酸、谷氨酸、蔗糖、葡萄糖、生物碱、香豆精类、黄酮类、强心苷和蒽醌苷等。

【药理】 对大肠埃希菌、痢疾杆菌、伤寒杆菌等均有较强的抑制作用，特别是对痢疾杆菌的作用很强。

鱼 腥 草

本品为三白草科植物蕺菜（*Houttuynia cordata* Thunb.）的干燥地上部分。夏季茎叶茂盛花穗多时采割，除去杂质，晒干。

【性味】 辛，微寒。

【归经】 入肺经。

【功能】 清热解毒，消痈排脓，利尿通淋。

【主治】 肺痈咳吐脓血，以及肺热咳嗽、痰稠等证；热淋，小便涩痛之证；还可用于湿热泻痢。

【用量】 马、牛 30～80g；猪、羊 15～30g；犬、猫 3～6g；兔、禽 1～5g。

【应用】 1. 治痰热壅肺，发为肺痈，咳吐脓血，常与桔梗、芦根、瓜蒌等药同用；治热咳，可配伍黄芩、贝母、知母等药；用于热毒疮疡，常配伍野菊花、蒲公英、连翘等药，也可捣烂外用。

2. 用于热淋之小便涩痛，可与海金沙、石韦、金钱草等配伍。

【禁忌】 不宜久煎。

【成分】 含挥发油、鱼腥草素、槲皮苷及黄酮类等成分。

【药理】 可抑制金黄色葡萄球菌、流感杆菌、肺炎双球菌，具有增强白细胞吞噬能力、抗炎、利尿、抗肿瘤等作用。

败 酱 草

本品为败酱科多年生草本植物黄花败酱（*Patrinia scabiosaefolia* Fisch. ex Link.）、白花败酱（*Patrinia. villosa* Juss.）的带根全草。秋季采收，洗净，阴干，切段，生用。

【性味】 辛、苦，微寒。

【归经】 入胃、大肠、肝经。

【功能】 清热解毒，消痈排脓，祛瘀止痛。

【主治】 热毒痈肿，肠痈，血滞之胸腹疼痛。

【用量】 马、牛 20～45g；猪、羊 10～20g；犬、猫 2～5g。

【应用】 1. 本品配薏苡仁、附子，即薏苡附子败酱散，可治肠痈脓已成者；治疗肠痈脓未成者，多与金银花、牡丹皮等配伍；治肺痈发热，咳唾脓血，可与鱼腥草、芦根、桔梗等同用；治热毒疮疖，内服或以鲜品捣敷患处，均有一定疗效。

2. 治血滞之胸腹疼痛，可单用煎服，或与五灵脂、香附、当归等同用。

【禁忌】 脾胃虚弱，食少泄泻者忌服。

【成分】 含萜类、黄酮、β-谷甾醇、异戊酸、齐墩果酸、常春藤皂苷元、挥发油（败酱烯、异败酱烯）、白花酱苷、生物碱、鞣质等。

【药理】 具有镇静、抗病原微生物、提高免疫功能、抗肿瘤、保肝利胆等作用。

五、清热解暑药

凡以清热解暑为主要作用的药物，称为清热解暑药。本类药物主要适用于暑热、暑湿病等。使用本类药物时常配伍清热凉血及养阴清热之品，如生地黄、玄参、鳖甲、龟甲之类，以标本兼顾。

香 薷

本品为唇形科植物石香薷（*Mosla chinensis* Maxim.）的干燥地上部分。夏、秋两季茎叶茂盛、果实成熟时采割，除去杂质，晒干。

【性味】 辛，微温。
【归经】 入肺、胃经。
【功能】 祛暑解表，利湿行水。
【主治】 外感风邪暑湿、无汗兼脾胃不和之证，亦可用于水肿、尿不利。
【用量】 马、牛 15~45g；猪、羊 3~10g；犬 2~4g；兔、禽 1~2g。
【应用】 1. 治牛伤暑，常与黄芩、黄连、天花粉等同用，如香薷散；治疗暑湿，常与扁豆、厚朴等配伍。
2. 用于水肿、尿不利等，常与白术、茯苓等配伍。
【禁忌】 表虚者忌用。
【成分】 含挥发油、甾醇、酚性物质、黄酮苷等。
【药理】 有发汗、解暑、利尿作用；还具有抗菌、杀菌及抑制流感病毒的作用。

青 蒿

本品为菊科一年生草本植物黄花蒿（Artemisia annua L.）的全草。夏、秋两季采收。鲜用或阴干，切段入药。

【性味】 苦、辛，寒。
【归经】 入肝、胆经。
【功能】 清热解暑，退虚热。
【主治】 外感暑热和湿热病等；阴虚发热及疟疾寒热。
【用量】 马、牛 20~45g；猪、羊 6~12g；犬 3~5g。
【应用】 1. 治外感暑热，常与连翘、茯苓、滑石等同用；治温热病，常与黄芩、竹茹等配伍。
2. 用治阴虚发热，常与鳖甲、生地黄、知母等同用，如青蒿鳖甲汤。
3. 用于疟疾寒热，可单用较大剂量鲜品捣汁服，或随证配伍桂心、黄芩、滑石、通草等。
【禁忌】 脾胃虚弱，肠滑泄泻者忌服。
【成分】 含青蒿素、青蒿酸、青蒿内酯及黄酮类成分等。
【药理】 对艾美尔属鸡球虫病有一定的治疗作用，还具有抗疟、抗吸虫、解热、镇痛、抗炎、抗菌、抗病毒等作用。

荷 叶

本品为睡莲科植物莲（Nelumbo nucifera Gaertn.）的干燥叶。生用或晒干用。

【性味】 苦，平。
【归经】 入肝、脾、胃经。
【功能】 解暑清热，升发清阳，凉血止血。
【主治】 暑热、尿短赤等；暑热泄泻、脾虚气陷等证；鼻血、便血崩漏。
【用量】 马、牛 30~90g；猪、羊 10~30g；犬 6~9g。
【应用】 1. 治暑热、尿短赤等，常与鲜藿香、鲜佩兰、西瓜翠衣等配伍。
2. 对暑热泄泻，常与白术、扁豆等配伍。对脾虚气陷，大便泄泻者，也可加入补脾胃药中同用。
【禁忌】 畏桐油、茯苓、白银。
【成分】 含有莲碱、原荷叶碱、荷叶碱、荷叶苷等多种生物碱及维生素C。
【药理】 有降血压、解痉挛作用。

苦 瓜

葫芦科苦瓜属植物苦瓜（Momordica charantia L.），以瓜、根、藤及叶入药。夏季采集，分别处理，晒干。

【性味】 苦，寒。

【归经】 入脾、胃、心、肝经。

【功能】 清热祛暑，明目解毒，利尿凉血。

【主治】 烦热口渴、中暑、目赤肿痛、痈肿丹毒、痢疾、便血等证。

【用量】 马、牛 30～60g；猪、羊 10～25g；犬 3～8g。

【应用】 治肝热目赤或疼痛，可与菊花同用；用于暑天感冒发热、身痛口苦，可与连须葱白、生姜等配伍。

【禁忌】 脾胃虚寒者不宜生食，孕畜不宜。

【成分】 含苦瓜素、奎宁、维生素C、谷氨酸、丙氨酸、半乳糖醛酸等。

【药理】 具有利尿活血、消炎退热、清心明目、防癌抗癌、降血糖、提高机体免疫功能等作用。

第三节 泻 下 药

凡能攻积、逐水，引起腹泻，或润肠通便的药物，称为泻下药。

泻下药的主要功能有以下三个方面：一是清除胃肠内的宿食、燥粪及其他有害物质，使其从粪便排出；二是清热泻火，使实热壅滞通过泻下而得到缓解或消除；三是逐水退肿，使水邪从粪尿排除，以达到祛除停饮、消退水肿的目的。主要适用于大便秘结、胃肠积滞、实热内结及水肿停饮等里实证。根据其作用和适应证的不同，可分为攻下药、润下药和峻下逐水药三类。其中攻下药和峻下逐水药泻下作用峻猛，尤以后者为甚。润下药能润滑肠道，作用缓和。

使用泻下药应注意：里实兼有表邪者，当先解表而后攻里，必要时可与解表药同用，表里双解，以免表邪内陷；里实而正虚者，应与补益药同用，攻补兼施，使攻下而不伤正。

攻下药、峻下逐水药攻逐力峻猛，易伤正气，故久病体弱及孕畜应慎用或忌用。这类药物多具有毒性，应注意剂量，防止中毒。

泻下药的作用与剂量有关，量小则力缓，量大则力峻。其作用大小与配伍也有关，如大黄配厚朴、枳实则力峻，大黄配甘草则力缓。因此，应根据病情掌握用药剂量与配伍。

一、攻下药

本类药物多攻下力猛，具有较强的泻下作用。其药性多属苦寒，主入胃、大肠经，既能通便又能泻火，故实热积滞、燥粪坚结者为宜。常配行气、清热药以加强泻下清热作用。部分药通过配伍温里药，也可用于寒积便秘。

具有较强清热泻火作用的攻下药，还可用于外感热病，高热神昏，谵语发狂；或火热上攻，头痛目赤、咽喉肿痛、齿龈肿痛，以及火毒疮疡、血热吐衄，不论有无便秘，均可采用本类药物，以清除实热，或导热下行，起到"上病下治"，"釜底抽薪"的作用。湿热下痢，里急后重，或饮食积滞，泻而不畅之证，可适当配用本类药物，以攻逐积滞，消除病因。对肠道寄生虫病，本类药与驱虫药同用，可促进虫体的排出。

大 黄

本品为蓼科多年生草本植物掌叶大黄（*Rheum palmatum* L.）、唐古特大黄（*Rheum tanguticum* Maxim. ex Balf.）或药用大黄（*Rheum officinale* Baill.）的干燥根及根茎。生用，或酒炒、酒蒸、炒炭用。

【性味】 苦，寒。

【归经】 入脾、胃、大肠、肝、心包经。

【功能】 攻积导滞，泻火凉血，活血祛瘀。

【主治】 肠道积滞，大便秘结，热结便秘尤为适宜；血热妄行的出血，以及火热上炎的头痛目赤、咽喉肿痛、齿龈肿痛等症；瘀血证，跌打损伤。

【用量】 马、牛 20～90g；猪、羊 6～12g；犬、猫 3～5g；兔、禽 1.3～5g。

【应用】 1. 用于热结便秘、腹痛起卧，常与芒硝、厚朴、枳实等配伍，以加强攻下作用，即大承气汤。热痢初起，肠道湿热积滞不化，亦可用大黄通便，祛湿热积滞。

2. 治血热妄行的出血，以及火热上炎的头痛目赤、咽喉肿痛、齿龈肿痛等症，常与黄连、黄芩、牡丹皮同用。现代临床单用大黄粉治疗上消化道出血，有较好疗效。

3. 用于瘀血证，常与黄芩、黄连、牡丹皮等同用；治跌打损伤，瘀血肿痛，可与当归、桃仁、红花、穿山甲等配伍。

此外，本品亦适用黄疸、淋病等湿热证。因大黄苦寒泄降，能清泄湿热。治黄疸，常配伍茵陈、栀子，即茵陈蒿汤。治疗淋病，常配伍木通、车前子、栀子等，如八正散。

【禁忌】 脾胃虚弱及孕畜慎用，哺乳期忌用。

【成分】 本品含蒽醌类衍生物大黄酚、大黄素、芦荟大黄素和大黄素甲醚等，含蒽酮和双蒽酮衍生物大黄酸、番泻苷等。

【药理】 对痢疾杆菌、伤寒杆菌、大肠埃希菌、铜绿假单胞菌及肺炎双球菌均有较强的抗菌作用；具有导泻、利胆、止血、降血压、降血脂、解痉、抗肿瘤等作用。结合状态的番泻苷是致泻有效成分，主要抑菌成分为大黄酸、大黄素和芦荟大黄素。

芒 硝

本品为硫酸盐类矿物芒硝族芒硝，经加工精制而成的结晶体，主含含水硫酸钠（$Na_2SO_4 \cdot 10H_2O$）。将天然产品用热水溶解，过滤，放冷析出结晶，通称"皮硝"。再取萝卜洗净切片，置锅内加水与皮硝共煮，取上层液，放冷析出结晶，即芒硝。芒硝经风化失去结晶水而成的白色粉末称玄明粉（元明粉）。

【性味】 咸、苦，寒。

【归经】 入胃、大肠经。

【功能】 泻热通便，润燥软坚，外用清火消肿。

【主治】 用于实热积滞，为里热燥结实证之要药。外用可用于目赤肿痛、口腔及咽喉肿痛糜烂。

【用量】 马 200～500g；牛 300～800g；猪 25～50g；羊 40～100g；犬、猫 5～15g；兔、禽 2～4g。

【应用】 1. 适用于实热积滞、大便燥结、腹满胀痛等，常与大黄、甘草同用，如调味承气汤。

2. 治皮肿疮肿、疮疹赤热、痛痒，可将本品溶于冷开水中涂抹；用于目赤肿痛，可将芒硝置豆腐上蒸化，取汁点眼；用于口腔及咽喉肿痛糜烂，可用玄明粉配硼硝、冰片，为冰硼散，共研末，撒于糜烂处。

【禁忌】 孕畜禁用，不宜与三棱同用。

【成分】 本品主含含水硫酸钠，以及少量氯化钠、硫酸镁等。

【药理】 具有泻下、利尿、抗菌、消炎、溶石作用。

番 泻 叶

本品为豆科植物狭叶番泻（*Cassia angustifolia* Vahl.）或尖叶番泻（*Cassia acutifolia* Delile.）的干燥小叶。生用。

【性味】 甘、苦，寒。

【归经】 入大肠经。

【功能】 泻热导滞。

【用量】 马、牛 30～60g；猪、羊 5～10g；犬 3～5g；兔、禽 1～2g。

【应用】 用于热结便秘，脘腹胀满等证，单用泡开水服或与枳实、厚朴同用。配槟榔、大黄、山楂等，可治消化不良、食物积滞。配牵牛子、大腹皮等，可治腹水。用量大时，可有恶心、呕吐、腹痛等副作用。

【禁忌】 孕畜慎用。

【成分】 含番泻苷甲、番泻苷乙，以及少量游离蒽醌衍生物如芦荟大黄素、大黄酸等。

【药理】 可刺激肠管使其蠕动加快而致腹泻。用量过大，因刺激可引起腹痛、盆腔充血和呕吐等反应。若配伍藿香、香附可减少以上副反应。

二、润下药

润下药多为植物种子或种仁，富含油脂，可滑利大肠、润燥通便，泻下力缓，常用于体虚、久病、产后所致津枯、阴虚、血亏便秘者。应用时，根据病情不同，适当配伍其他药物，如热盛津伤便秘者，可与清热养阴药同用；兼血虚者，宜与补血药同用；兼气滞者，须与理气药同用。

火 麻 仁

本品为桑科一年生植物大麻（*Cannabis sativa* L.）的干燥成熟果实。秋季果实成熟时采收，除去杂质，晒干，生用打碎。

【性味】 甘，平。

【归经】 入脾、胃、大肠经。

【功能】 润肠通便，滋养补虚。

【用量】 马、牛 120～180g；猪、羊 10～30g；犬、猫 2～6g。

【应用】 用于邪热伤阴或素体火旺、津枯肠燥而致大便燥结证，常与杏仁、白芍、大黄等同用，如麻子仁丸；若治病后津亏及产后血虚所致的肠燥便秘，常与当归、生地黄等配伍。

【成分】 含脂肪油、蛋白质、挥发油、亚麻酸、葡萄糖醛酸、卵磷脂、维生素 B、维生素 E 等。

【药理】 具有缓泻、降压和降脂作用。

郁 李 仁

本品为蔷薇科植物欧李（*Prunus humilis* Bge.）的种子。夏、秋季采收成熟果实，除去果肉及核壳，取出种子，干燥。

【性味】 辛、苦、甘，平。

【归经】 入脾、大肠、小肠经。

【功能】 润肠通便，利尿消肿。

【主治】 大肠气滞，肠燥便秘，水肿，小便不利等。

【用量】 马、牛 20～60g；猪、羊 5～10g；犬 3～6g；兔、禽 1～2g。

【应用】 1. 用于大肠气滞、肠燥便秘之证，多与火麻仁、柏子仁等同用，如五仁丸。

2. 用于水肿、小便不利、腹满喘促及脚气浮肿等证，常与薏苡仁、茯苓、冬瓜皮等同用，如郁李仁丸。

【禁忌】 孕畜慎用。

【成分】 主含李苷、苦杏仁苷、脂肪油等。

【药理】 郁李仁酊剂有显著降压作用；有利尿作用；李苷有明显的泻下作用。

蜂 蜜

本品为蜜蜂科昆虫中华蜜蜂（*Apis cerana* Fabricius.）或意大利蜜蜂（*Apis mellifera* Linnaeus.）所酿的蜜。

【性味】 甘，平。无毒。

【归经】 入肺、脾、大肠经。

【功能】 润肺，滑肠，解毒，补中。

【主治】 体虚不宜用攻下药的肠燥便秘；肺燥干咳、肺虚久咳等证；脾虚微弱等证。

【用量】 马、牛120～240g；猪、羊30～90g；犬5～15g；兔、禽3～10g。

【应用】 如枇杷叶，常用蜂蜜拌炒，以增强润肺之功。有解毒作用，用于缓解乌头、附子等的毒性。

【禁忌】 痰湿内蕴、中满痞胀及肠滑泄泻者忌服，忌与生葱同用。

【成分】 含果糖、葡萄糖、蔗糖、无机盐、酶、蛋白质、有机酸、糊精、蜡、色素、芳香性物质及花粉粒等。

【药理】 有祛痰、缓泻、杀菌作用；对创面有收敛、营养和促进愈合的作用。

三、峻下逐水药

本类药物大多苦寒有毒，泻下作用峻猛，能引起剧烈腹泻，使体内滞留的水分从粪便中排出，部分药物还兼有利尿作用。适用于水肿、胸腹积水及痰饮喘满等邪实而正气未衰之证。

由于本类药物有毒而力峻，易于损伤正气，而其所适用的水肿、腹水等症，病程较长，大多邪实而正虚，所以在使用时要注意维护正气，采用先攻后补、先补后攻或攻补兼施的方法，中病即止，不宜久服。并注意炮制、剂量、用法及禁忌的掌握，以确保用药安全。

甘 遂

本品为大戟科多年生草本植物甘遂（*Euphorbia kansui* T. N. Liou ex T. P. Wang）的块根。秋末或春季采挖，撞去外皮，晒干。醋炙用。

【性味】 苦，寒。有毒。

【归经】 入肺、肾、大肠经。

【功能】 泻水逐饮，消肿散结。

【主治】 水肿，鼓胀，胸腹之积水等证；本品苦寒性降，善行经隧之水湿，泻水逐饮力峻，药后可连续泻下，使潴留水饮排泄体外；尚有逐痰饮作用，可用于风痰癫痫之证；亦可用于湿热肿毒，可研末水调外敷。

【用量】 马、牛15～25g；猪、羊0.2～1.5g；犬0.1～0.5g。

【应用】 凡水肿，大腹鼓胀，胸胁停饮，正气未衰者，均可用之。可单用，或与牵牛子同用，或与大戟、芫花为末，枣汤送服，如十枣汤；以甘遂为末，入猪心煨后，与朱砂末为丸服，如遂心丹；治湿热肿毒，可研末水调外敷。

【禁忌】 体虚及孕畜忌用。反甘草。

【成分】 本品含大戟酮、甘遂醇、α-大戟甾醇、β-大戟甾醇等。

【药理】 甘遂生用泻下作用较强，毒性亦大，经醋炙后其毒性和泻下作用均减小。且具有镇痛、利尿等作用。

大 戟

本品为大戟科植物大戟（京大戟）（*Euphorbia pekinensis* Rupr.）和茜草科植物红芽大戟（红大戟）（*Knoxia valerianoides* Thorel.）的根。切片生用。

【性味】 苦，寒。有小毒。

【归经】 入肺、脾、肾经。

【功能】 泻水逐饮，消肿散结。

【主治】 1. 京大戟泻水逐饮的功效较好，适用于水饮泛溢所致的水肿胀满、胸腹积水、痰饮积聚、气逆喘咳、二便不利。

2. 红大戟攻毒消肿散结效果较好，适用于热毒壅滞所致的疮黄肿毒等。

【用量】 马、牛 10~15g；猪、羊 2~6g；犬 1~3g。

【应用】 用于牛水草肚胀，可与甘遂、牵牛子等配伍，如大戟散。

【禁忌】 孕畜及体虚弱者忌用。反甘草。

【成分】 京大戟含大戟苷；红大戟含游离及结合性蒽醌类。

【药理】 有泻下作用，京大戟的泻下作用和毒性均比红大戟强。红大戟对痢疾杆菌、肺炎双球菌等有抑制作用。本品毒性大，中毒后腹痛、腹泻，重者可因呼吸麻痹而死亡。体外实验证明其对肿瘤细胞有抑制作用。此外，本品还有抗噬菌体作用。

芫 花

本品为瑞香科植物芫花（*Daphne genkwa* Sieb. et Zucc.）的干燥花蕾，其根白皮（二层皮）也供药用。春季花未开放时采收，除去杂质，干燥，生用或醋炒、醋煮用。

【性味】 苦、辛，温。有毒。

【归经】 入肺、脾、肾经。

【功能】 泻水逐饮，杀虫。

【主治】 与大戟、甘遂类似，但作用稍缓，以泻胸胁之水饮积聚见长。

【用量】 马、牛 15~25g；猪、羊 2~6g；犬 1~3g。

【应用】 用于水肿胀满、胸腹积水等，常与大戟、甘遂、大枣等配伍；外治疥癣秃疮、冻疮。

【禁忌】 体虚者及孕畜忌用。反甘草。

【成分】 含芫花苷、芹菜素、芫根苷等多种黄酮类，以及苯甲酸、β-谷甾醇等。

【药理】 对金黄色葡萄球菌、痢疾杆菌、伤寒杆菌、铜绿假单胞菌、大肠埃希菌、皮肤真菌等有抑制作用；能刺激肠黏膜，使其蠕动增强而致泻，同时有利尿作用；醋制有止咳、祛痰作用。

续 随 子

本品为大戟科植物续随子（*Euphorbia lathyris* L.）的干燥成熟种子，又称千金子。夏、秋两季果实成熟时采收，除去杂质，干燥，打碎生用或制霜用。

【性味】 辛，温。有毒。

【归经】 入肝、肾经。

【功能】 泻下逐水，破血散瘀。

【用量】 马、牛 15~30g；猪、羊 3~6g；犬 1~3g。

【应用】 本品泻下逐水作用较强，且能利尿，可用于二便不通的水肿实证，常与大黄、牵牛子、大戟、木通等同用。又能破血散瘀，用于血瘀之证，常与桃仁、红花配伍。

【禁忌】 孕畜及体弱便溏者忌用。

【成分】 含黄酮苷、大戟双香豆素、大戟醇、脂肪油、白瑞香素、瑞香素、千金子甾醇等。

【药理】 对胃肠有刺激作用，可致腹泻；白瑞香素和瑞香素有镇静、镇痛、抗炎作用。

巴 豆

本品为大戟科乔木植物巴豆（*Croton tiglium* L.）的干燥成熟果实。去皮用仁或制霜。

【性味】 辛，热。有大毒。

【归经】 入胃、大肠、肺经。

【功能】 泻下寒积，逐水退肿，祛痰，蚀疮。

【主治】 1. 本品药性猛烈，用于里寒冷积所致的便秘、腹痛等证。

2. 本品有强烈的泻下作用，用于大腹水肿。

3. 用于喉痹、痰涎壅塞气道、呼吸急促、窒息者。

4. 蚀疮，用于痈肿成脓未溃及疥癣恶疮。外用有蚀腐肉、疗疮毒作用。

【用量】 马、牛10～15g；猪、羊1.3～5g；犬0.2～0.5g。

【应用】 1. 用于里寒冷积所致的便秘、腹痛等证，常与干姜、大黄同用。

2. 治大腹水肿，可与巴豆、杏仁等同用；配绛矾、神曲，治疗晚期血吸虫病肝硬化腹水。

3. 治白喉及喉炎引起的喉梗阻，用巴豆霜吹入喉部，引起呕吐，排出痰涎，或伴有腹泻，使梗阻症状得以解除。

4. 治痈肿成脓未溃者，常与乳香、没药、木鳖子同用，外敷患处，以腐蚀皮肤，促进破溃排脓；治恶疮，单用本品炸油，以油调雄黄、轻粉末，外涂疮面即可。

【禁忌】 孕畜及泌乳期母畜忌用。畏牵牛。

【成分】 本品含巴豆油、毒性蛋白、巴豆苷、生物碱、巴豆树脂等。

【药理】 刺激胃肠分泌和蠕动，产生泻下作用；对皮肤黏膜有强烈刺激作用。

第四节 消 导 药

凡能健运脾胃，促进消化，具有消积导滞作用的药物，称为消导药或消食药。

消导药适用于草料停滞、肚腹胀满、腹痛腹泻、反胃吐食，以及脾胃虚弱、消化不良等症。在临床上运用本类药物时，常根据不同的病情而适当配伍其他药物。如食积而又气滞的，可配理气药；脾胃虚弱者，可配健胃补脾药；脾胃有寒者，可配温中散寒药；湿浊内阻，可配芳香化湿药；积滞化热，则可配苦寒清热药。

神　曲

本品为面粉和其他药物混合后经发酵而成的加工品。原主产于福建，现各地均能生产，而制法规格稍有出入，大致以麦粉、麸皮与杏仁泥、赤豆粉，以及鲜青蒿、鲜苍耳、鲜辣蓼自然汁，混合拌匀，使其不干不湿，做成小块，放入筐内，覆以麻叶或楮叶（构树叶），保温发酵1周，长出菌丝（生黄衣）后，取出晒干即成。生用或炒至略具有焦香气味入药，又称六曲、建曲或焦六曲。

【性味】 甘、辛，温。

【归经】 入脾、胃经。

【功能】 消食化积，健胃和中。

【主治】 草料积滞，消化不良，食欲不振，肚腹胀满，脾虚泄泻等。

【用量】 马、牛20～60g；猪、羊10～15g；犬5～8g。

【应用】 1. 治饮食积滞引起的肚腹胀满，食少纳呆，肠鸣腹泻，常与山楂、麦芽同用，有促进消化、增进食欲的作用。炒焦后消食之力增强。

2. 用于感冒而有食滞者，常与山楂、麦芽、紫苏叶同用。

【成分】 本品为酵母制剂，含有维生素B复合体、酶类、麦角固醇、蛋白质、脂肪等。

【药理】 能促进蛋白质、脂肪、淀粉的消化，特别对单纯性消化不良效果较好。

麦　芽

本品为禾本科植物大麦（*Hordeum vulgare* L.）的成熟果实经发芽干燥而成。各地均产。

【性味】 甘，平。

【归经】 入脾、胃经。

【功能】 消食和中，回乳。

【主治】 消食和中，主要以消草食见长，用治草料停滞、肚腹胀满、脾胃虚弱、食欲不振等。能回乳，用于乳汁郁积引起的乳房肿胀。

【用量】 马、牛20～60g；猪、羊10～15g；禽1.5～5g；犬5～8g。

【应用】 治消化不良,常与山楂、陈皮等同用;治脾胃虚弱,常与白术、砂仁、甘草等配伍。如消食滞胀满而兼热者,多生用;治食滞胀满而兼寒者,多炒黄或炒焦用。

【禁忌】 哺乳期母畜忌用。

【成分】 含淀粉酶、转化糖酶、蛋白质分解酶、维生素B、维生素C、脂肪、卵磷脂、麦芽糖、葡萄糖等。

【药理】 嫩短的芽含酶量较高,微炒时对酶无影响,但炒焦后则酶的活力降低。

山　楂

本品为蔷薇科植物山楂（*Crataegus pinnatifida* Bge.）或山里红（*Crataegus pinnatifida* Bge. var. *major* N. E. Br.）的干燥成熟果实。生用、炒用或炒焦用。处方常用焦山楂、山楂炭等名。主产于河北、河南、江苏、安徽、贵州等地。

【性味】 酸、甘,微温。

【归经】 入脾、胃、肝经。

【功能】 消食健胃,活血化瘀。

【主治】 食积不消,肚腹胀满,瘀血肿痛,下痢脓血等。

【用量】 马、牛18～60g;猪、羊9～15g;禽1～2g;犬、猫3～6g。

【应用】 1. 用治食积不消、肚腹胀满等,尤以消化肉食积滞见长,常与行气消滞药木香、青皮、枳实等同用。治食积停滞,配神曲、半夏、茯苓等,如保和丸。

2. 用治瘀血肿痛、下痢脓血等。如治瘀滞出血,可与蒲黄、茜草等配伍。用治产后瘀滞腹痛、恶露不尽,常与神曲等配伍。

【禁忌】 脾胃虚弱无积滞者忌用。

【成分】 含枸橼酸、抗坏血酸、苹果酸、糖和蛋白质等。

【药理】 能扩张血管、降低血压、降低胆固醇、强心、收缩子宫、促进消化腺分泌、增加胃液中酶类的活性。其水煎剂对痢疾杆菌、铜绿假单胞菌有抑制作用。

莱 菔 子

本品为十字花科植物萝卜（*Raphanus sativus* L.）的干燥成熟种子,又称萝卜子。生用或炒用。各地均产。

【性味】 辛、甘,平。

【归经】 入肺、胃、脾经。

【功能】 消食导滞,理气化痰。

【主治】 食积气滞,痰涎壅盛。

【用量】 马、牛20～60g;猪、羊5～15g;禽1.5～2g;犬3～6g。

【应用】 1. 用治食积气滞的肚腹胀满、嗳气酸臭、腹痛腹泻等,常与神曲、山楂、厚朴等同用。

2. 熟用则祛痰降气,多用治痰涎壅盛,咳嗽气喘等证,常与紫苏子等配伍。

【禁忌】 气虚者忌用。

【成分】 含脂肪油,油中有芥酸甘油酯及微量挥发油。

【药理】 有健胃作用;莱菔子中的芥子油对链球菌、葡萄球菌、肺炎双球菌、大肠埃希菌有抑制作用;莱菔子水浸液（1∶3）对皮肤真菌有抑制作用。

第五节　祛 湿 药

凡能祛除湿邪,治疗水湿证的药物,称为祛湿药。适用于湿邪所致的病证。

湿有内湿、外湿之分,湿邪又常与风、寒、暑、热外邪夹杂而致病,依据祛湿药的作用及特点可分为祛风湿药、利湿药和化湿药。

（1）祛风湿药　能够祛风胜湿，治疗风湿痹证的药物，称为祛风湿药。此类药物多辛苦、温燥，具有祛风除湿、散寒止痛、舒筋活络、通气血、补肝肾、壮筋骨之效。适用于风湿在表而出现的皮紧腰硬、肢节疼痛、颈项强直、拘行束步、卧地难起、四肢拘挛麻木等。本类药物多燥烈，凡阴虚、血虚者慎用，必要时可配伍养阴补血药。

（2）利湿药　凡能利尿、渗除水湿的药物，称为利湿药。此类药物大多味淡气平，以利湿为主，作用比较缓和，有利尿通淋、消水肿、除水饮、止水泻的功效，还能引导湿热下行。所以常用于小便短赤、排尿不利、淋浊、泄泻、水肿、痰饮、黄疸、湿疹、风湿性关节肿痛等。阴虚火旺、老弱、体虚及孕者慎用。

（3）化湿药　凡是具有芳香辟浊、化湿醒脾作用的药物，称为化湿药。此类药物性味多辛温香燥。适用于湿浊内阻，脾为湿困，运化失调而引起的脘腹胀满、呕吐清涎、食少体倦、四肢无力、舌苔白腻等症。

本类药物易于耗气伤阴，对于阴虚津少及气虚者宜慎用。此类药物易于挥发，不宜久煎，以免耗损药力，降低疗效。

一、祛风湿药

羌　活

本品为伞形科植物羌活（*Notopterygium incisum* Ting ex H. T. Chang）或宽叶羌活（*Notopterygium forbesii* Boiss.）的干燥根茎及根。晒干或烘干入药。切成片用。处方常用羌活、川羌活、蚕羌等名。主产于青海、山西、甘肃、四川等地。

【性味】　辛，温。

【归经】　入膀胱、肾、肝经。

【功能】　发表散寒，祛风止痛。

【主治】　1. 用治风寒感冒，颈项强硬，四肢拘挛等。

2. 为祛上部风湿主药，多用于项背、前肢风湿痹痛。用治风湿在表，腰脊僵拘。

【用量】　马、牛 15～45g；猪、羊 5～15g；禽 1～2g；犬 2～5g。

【应用】　常配防风、白芷、川芎等，以增强辛温发汗解表作用。配独活、防风、藁本、川芎、蔓荆子、甘草等，以增强祛风止痛作用。若外感风热，则与蒲公英、板蓝根配用。若风湿兼虚者，则与黄芪、当归配用。

【禁忌】　阴虚火旺，产后血虚者慎用。

【成分】　含挥发油、棕榈酸、油酸、亚麻酸及生物碱等。

【药理】　对皮肤真菌、布氏杆菌有抑制作用。

独　活

本品为伞形科植物重齿毛当归（*Angelica pubescens* Maxim. f. *biserrata* Shan et Yuan）的干燥根。春秋挖取根部，晒干入药。切成片用。处方常用独活、牛尾独活。产于四川、陕西、甘肃、内蒙古等地。

【性味】　辛，温。

【归经】　入肝、肾经。

【功能】　祛风胜湿，散寒止痛。

【主治】　治风寒湿痹，尤其是腰胯、后肢痹痛；外感风寒挟湿、四肢关节疼痛等。

【用量】　马、牛 15～60g；猪、羊 5～15g；禽 0.5～1.5g；犬 2～5g。

【应用】　常与桑寄生、防风、细辛等同用，以增强祛风胜湿作用，如独活寄生汤。常与羌活配伍用于解表药中。

【禁忌】 血虚者忌用。
【成分】 含挥发油、甾醇、有机酸等。
【药理】 有抗风湿、镇痛及催眠作用；能直接扩张血管，降低血压，同时有兴奋呼吸中枢的作用。

威 灵 仙

本品为毛茛科植物威灵仙（*Clematis chinensis* Osbeck.）、棉团铁线莲（*Clematis hexapetala* Pall.）或东北铁线莲（*Clematis manshurica* Rupr.）的干燥根及根茎。切碎生用、炒用。又称灵仙。主产于安徽、江苏等地。

【性味】 辛、咸，温。
【归经】 入膀胱经。
【功能】 祛风通络，消肿止痛。
【主治】 治风湿阻络，痹滞作痛，多用于风湿所致的四肢拘挛、屈伸不利、关节肢体疼痛、跌打损伤等。
【用量】 马、牛 15~60g；猪、羊 5~15g；禽 1~2g；犬、猫 3~5g。
【应用】 对游走性风湿尤宜，常与羌活、独活、秦艽、乳香、没药等配伍。
【禁忌】 气虚、血虚宜慎用。
【成分】 含白头翁素、白头翁醇、甾醇、糖类、皂苷。
【药理】 有解热、镇痛和增加尿酸盐排泄的作用；有抗痛风及抗组胺作用；对金黄色葡萄球菌、志贺氏痢疾杆菌有抑制作用。

木 瓜

本品为蔷薇科植物贴梗海棠［*Chaenomeles speciosa* (Sweet) Nakai.］的干燥近成熟果实，以质坚实、味酸者为佳。蒸煮后切片用或炒用。又称宣木瓜、陈木瓜。主产于安徽、四川、湖北等地。

【性味】 酸，温。
【归经】 入肝、脾、胃经。
【功能】 舒筋活络，化湿和胃。
【主治】 用于风湿痹痛、腰胯无力、后躯风湿、湿困脾胃、呕吐腹泻等。
【用量】 马、牛 15~45g；猪、羊 6~12g；禽 1~2g；犬、猫 2~5g。
【应用】 用治后肢风湿，常与独活、威灵仙等同用。并为后肢痹痛的引经药。治呕吐腹泻、腹痛转筋，常配吴茱萸、茴香、甘草、藿香、黄连、黄芩、黄柏、生姜等，如木瓜散。
【成分】 含有苹果酸、酒石酸、皂苷、鞣酸、维生素C等。
【药理】 对于腓肠肌痉挛所致的抽搐有一定效果。木瓜水煎剂对小鼠蛋白性关节炎有明显的消肿作用。

防 己

本品为防己科植物粉防己（汉防己）（*Stephania tetrandra* S. Moore.）或木防己［*Cocculus trilobus* (Thunb.) DC.］的干燥根。切片生用或炒用。主产于浙江、安徽、湖北、广东等地。

【性味】 苦、辛，寒。
【归经】 入膀胱、肺经。
【功能】 利水消肿（汉防己较佳），祛风止痛（木防己较佳）。
【主治】 水肿、胀满，风湿关节疼痛。
【用量】 马、牛 15~45g；猪、羊 6~12g；禽 1~2g；犬 3~6g。

【应用】 1. 治四肢水湿阻滞的水肿、胀满等，常配伍黄芪、茯苓、桂枝、甘草，如防己茯苓汤。用于治肾虚水肿，常配伍黄芪、茯苓、桂心、巴戟天、胡芦巴等，如防己散。

2. 治风湿关节疼痛，属于风寒湿热痹者，常配木瓜、秦艽、苍术、陈皮、厚朴等，如秦防平胃散；属于风湿热痹者，配苍术、黄柏、牛膝、薏苡仁等，如加味四妙散。

【禁忌】 阴虚无湿滞者忌用。

【成分】 粉防己含多种生物碱，已提纯的有汉防己甲素、汉防己乙素及酚性生物碱等；木防己含木防己碱、异木防己碱、木兰花碱等多种生物碱。

【药理】 1. 有明显镇痛、消炎、抗过敏、解热和降压等作用。汉防己乙素的作用较弱。在体内汉防己、木防己均有抗阿米巴原虫作用。

2. 汉防己小剂量可刺激肾脏使尿量增加，大剂量则作用相反。

3. 汉防己总生物碱具松弛肌肉的作用可用于中药麻醉。

桑 寄 生

本品为桑寄生科植物桑寄生〔*Taxillus chinensis*（DC.）Danser.〕的干燥带叶茎枝。又称寄生。主产于河北、河南、广东、广西、浙江、江西、台湾等地。

【性味】 苦，平。

【归经】 入肝、肾经。

【功能】 补肝肾，除风湿，强筋骨，养血安胎。

【主治】 血虚，筋脉失养，腰脊无力，四肢痿软，筋骨痹痛，背项强直；肝肾虚损，胎动不安。

【用量】 马、牛30～60g；猪、羊6～15g；犬3～6g。

【应用】 1. 本品以养血通络、补肝肾、强筋骨见长，适用于血虚、筋脉失养、腰脊无力、四肢痿软、筋骨痹痛、背项强直，常与杜仲、牛膝、独活、当归等同用，如独活寄生汤。

2. 用治肝肾虚损，胎动不安，常与阿胶、艾叶等配合。

【成分】 含广寄生苷等黄酮类。

【药理】 有利尿、降压作用；对伤寒杆菌、葡萄球菌有抑制作用；有扩张冠状动脉、增加血流量及降血脂作用。

秦 艽

本品为龙胆科植物秦艽（*Gentiana macrophylla* Pall.）、麻花秦艽（*Gentiana straminea* Maxim.）、粗茎秦艽（*Gentiana crassicaulis* Duthie ex Burk.）或小秦艽（*Gentiana dahurica* Fisch.）的干燥根。切片生用。主产于四川、陕西、甘肃等地。

【性味】 苦、辛，平。

【归经】 入肝、胆、胃、大肠经。

【功能】 祛风湿，退虚热，润肠通便。

【用量】 马、牛15～60g；猪、羊3～15g；禽1～1.5g；犬2～6g。

【应用】 1. 用于风湿性肢节疼痛、湿热黄疸、尿血等。配瞿麦、当归、蒲黄、山栀子等，用治尿血，如秦艽散。

2. 虚劳发热，常配知母、地骨皮等。

3. 用于肠燥便秘。

【禁忌】 脾胃虚弱者忌用。

【成分】 含有龙胆碱、龙胆次碱、秦艽丙素及挥发油、糖类等。

【药理】 有镇痛、镇静、解热作用；能增强肾上腺皮质功能，产生抗炎作用，并能加速关节肿胀的消退；秦艽乙醇浸剂对金黄色葡萄球菌、炭疽杆菌、痢疾杆菌、伤寒杆菌等有抑制作用。

二、利湿药

茯　苓

本品为多孔菌科真菌茯苓 [*Poria cocos* (Schw.) Wolf.] 的干燥菌核。鲜生茯苓一般在7月后采集，阴干入药。切成片用。茯苓去皮后再切下外层，内部淡红色部分为赤茯苓，可渗利湿热；茯苓削下的外皮为茯苓皮，可利水消肿，专治皮肤水肿；茯苓的中心有细松根穿过者为茯神，可宁心安神，专治心神不宁。处方常用茯苓、白茯苓、云苓等名。主产于云南、安徽、湖北等地。

【性味】　甘、淡，平。

【归经】　入脾、胃、心、肺、肾经。

【功能】　渗湿利水，健脾补中，宁心安神。

【用量】　马、牛 15～60g；猪、羊 6～12g；禽 2～4g；犬 3～6g。

【应用】　1. 用治脾被湿困，水湿不化所致的水肿胀满、小便不利等症，常与党参、白术、车前子等配伍，以增强健脾利湿作用。一般水湿停滞或偏寒者，多用白茯苓；偏于湿热者，多用赤茯苓；若水肿尿涩者，多用茯苓皮。

2. 治脾虚湿困，水饮不化的慢草不食或水湿停滞等，常与党参、白术、山药、猪苓等配伍，以增强补脾和胃之功。

3. 治心悸、脉结代，常与朱砂、柏子仁等配用，以增强疗效。宁心安神多用茯神。

【禁忌】　阴虚燥热者忌用。

【成分】　含有茯苓酸、9-茯苓聚糖、麦角甾醇、蛋白质、卵磷脂、胆碱及钾盐等。

【药理】　有利尿、镇静作用，其利水作用可能与抑制肾小管重吸收功能有关；对金黄色葡萄球菌、大肠埃希菌等有抑制作用；有抗肿瘤作用。

泽　泻

本品为泽泻科植物泽泻 [*Alisma orientalis* (Sam.) Juzep.] 的干燥块茎。切片生用。主产于福建、广东、江西、四川等地。

【性味】　甘、淡，寒。

【归经】　入肾、膀胱经。

【功能】　渗湿利水，泻肾火。

【用量】　马、牛 15～45g；猪、羊 10～15g；禽 0.5～1g；犬 5～8g。

【应用】　用治水湿停滞的尿不利、水肿胀满、湿热淋浊、泻痢不止、四肢浮肿等，常配伍白术、猪苓、茯苓、桂枝等；治肾虚火旺、阴虚内热，可配伍牡丹皮、熟地黄等，如六味地黄汤。

【禁忌】　肝肾虚而无湿热者忌用。

【成分】　含挥发油、树脂、淀粉等。

【药理】　有显著利尿作用，可增加尿量、尿素及氯化物的排出；能降低血中胆固醇含量，并降低血压、血糖；对金黄色葡萄球菌、肺炎双球菌、结核杆菌等有抑制作用。

木　通

本品为木通科植物木通 [*Akebia quinata* (Thunb.) Decne.]、三叶木通 [*Akebia trifoliata* (Thunb.) Koidz.] 或白木通 [*Akebia trifoliata* (Thunb.) Koidz. var. *australis* (Diels) Rehd.] 的干燥藤茎。又称苦木通、细木通。主产于四川、湖北、湖南、广西等地。

【性味】　苦，寒。

【归经】　入心、小肠、膀胱经。

【功能】　清热利水，通经下乳。

【主治】 心火上炎、口舌生疮、尿短赤、湿热淋痛、尿血；乳汁不通；四肢关节不利。

【用量】 马、牛 25～45g；猪、羊 6～12g；犬 2～4g。

【应用】 1. 治心火上炎、口舌生疮、尿短赤、湿热淋痛、尿血等，常与生地黄、竹叶、甘草等配伍。

2. 治乳汁不通，常与王不留行、穿山甲同用。通经可与牛膝、当归、红花等配伍。

3. 治四肢关节不利，常配伍桂枝、当归、羌活、桑寄生等。

【禁忌】 孕畜及虚寒尿频者忌用。

【成分】 含有白桦脂醇、齐墩果酸、常春藤皂甘元等。

【药理】 有利尿和强心作用，其利尿作用较猪苓弱，较淡竹叶强；对革兰阳性菌、痢疾杆菌、伤寒杆菌有抑制作用。

车 前 子

本品为车前科植物车前（*Plantago asiatica* L.）或平车前（*Plantago depressa* Willd.）的干燥成熟种子。生用或炒用。主产于江西、安徽、浙江等地。

【性味】 甘、淡，寒。

【归经】 入肝、肾、小肠经。

【功能】 利水通淋，清肝明目，镇咳祛痰。

【用量】 马、牛 20～40g；猪、羊 10～15g；禽 1～2g；犬、猫 3～6g。

【应用】 1. 治热淋、肾炎水肿、湿热泄泻、黄疸、尿不利等，常与滑石、木通、瞿麦等配伍。

2. 治眼目赤肿、睛生翳障，常与夏枯草、龙胆、青葙子等配伍。

3. 治痰湿阻肺，咳嗽痰多。

【禁忌】 内无湿热及肾虚精滑者忌用。

【成分】 含车前子碱、车前子烯醇酸、胆碱、维生素 A、维生素 B 等。

【药理】 有显著的利尿、止咳、祛痰等作用，对痢疾杆菌及皮肤真菌等有抑制作用。

注：全草为车前草，功效与车前子相似，兼有清热解毒和止血的作用。

茵 陈

本品为菊科植物茵陈蒿（*Artemisia capillaris* Thunb.）或滨蒿（*Artemisia scoparia* Waldst. et Kit.）的干燥幼嫩茎叶。晒干生用。又称茵陈蒿、绵茵陈。主产于山西、陕西、安徽等地。

【性味】 苦，微寒。

【归经】 入脾、胃、肝、胆经。

【功能】 清湿热，利黄疸。为清热退黄的要药。

【用量】 马、牛 25～45g；猪、羊 5～15g；禽 1～2g；犬 3～6g。

【应用】 1. 治湿热黄疸，常配伍栀子、大黄，如茵陈蒿汤；若湿重于热者，常配伍泽泻、猪苓等，如茵陈五苓散。

2. 治寒湿阴黄，常配附子、干姜等，如茵陈四逆汤。

3. 治湿热泄泻，配苦参、黄芩等。

【成分】 含有挥发油，主要成分为 β-蒎烯、茵陈炔、茵陈酮、茵陈素及叶酸。

【药理】 在增加胆汁分泌的同时也增加了胆汁中固体物质胆酸和胆红素的排泄，因此有明显的利胆作用；同时有解热、降压作用；对枯草杆菌、伤寒杆菌、金黄色葡萄球菌、病原性丝状菌及某些皮肤真菌有一定抑制作用；其乙醇提取物对流感病毒有抑制作用。

金 钱 草

本品为报春花科植物过路黄（*Lysimachia christinae* Hance.）的新鲜或干燥全草。尤以四川大金钱草（过路黄）为好。鲜用或晒干生用。主产于四川、江南等各地。

【性味】 微咸，平。

【归经】 入肝、胆、肾、膀胱经。

【功能】 除湿退黄，利水通淋，清热消肿。为排石要药。

【用量】 马、牛 30~120g；猪、羊 6~25g；犬 3~12g。

【应用】 1. 治湿热黄疸，常配伍栀子、茵陈、郁金等。

2. 治热淋、尿结石，后者尤为常用，常配伍海金沙、滑石、鸡内金等，如二金排石汤。

3. 治疮痈肿毒及毒蛇咬伤，可配鲜车前草捣烂内服或外敷。

【成分】 含酚性成分和甾醇、黄酮类、氨基酸、鞣质、胆碱、钾盐等。

【药理】 有利尿、利胆、退黄、排石等作用；对金黄色葡萄球菌有抑制作用。

三、化湿药

藿 香

本品为唇形花科植物藿香 [*Agastache rugosus* (Fisch. et Mey.) O. Ktze.] 或广藿香 [*Pogostemon cablin* (Blanco) Benth.] 的干燥茎叶。晒干切碎生用。产于贵州、吉林等地。

【性味】 辛，微温。

【归经】 入脾、胃、肺经。

【功能】 芳香化湿，和胃止呕，发表解暑，除湿滞。

【用量】 马、牛 15~45g；猪、羊 5~15g；禽 1~2g；犬 3~5g。

【应用】 1. 治湿浊内阻、脾为湿困、运化失调的肚腹胀满、少食、神疲、口腔滑利、舌苔白腻等偏湿的病证，常与半夏、苍术、厚朴、陈皮、甘草等配伍。

2. 治暑湿或湿温病，常配伍滑石、黄芩、扁豆、佩兰、香薷、茵陈等。

3. 治外感风寒而挟有湿滞等证，常配伍紫苏、白芷、白术、茯苓、陈皮、半夏、厚朴等，如藿香正气散。

【禁忌】 阴虚无湿及胃虚作呕者忌用。不宜久煎。

【成分】 含有挥发油、鞣质、苦味质。

【药理】 藿香挥发油能促进胃液分泌，并能扩张微血管，增强消化力，略有发汗作用；对金黄色葡萄球菌、大肠埃希菌、痢疾杆菌、肺炎双球菌等有抑制作用；对胃肠神经有镇静作用，有收敛止泻作用。

佩 兰

本品为菊科植物佩兰（*Eupatorium fortunei* Turcz.）的干燥茎叶。晒干，切段，生用。主产于江苏、浙江、安徽等地。

【性味】 辛，平。

【归经】 入脾经。

【功能】 醒脾化湿，解暑生津。为醒脾和胃要药，专于化湿解暑。

【用量】 马、牛 15~45g；猪、羊 5~15g。

【应用】 1. 治湿浊内阻、食欲减少、肚胀、胃纳不佳、舌苔白腻、泄泻等，常与藿香、厚朴、白豆蔻、陈皮、白术等同用。

2. 治中暑受湿，配香薷、藿香、青蒿、滑石、知母、生石膏、陈皮、杏仁等，如清暑香薷汤。

3. 治虚寒痢疾，配伍厚朴、白芍、草果、白术、茯苓、青皮、砂仁、干姜等。

【禁忌】 阴虚血燥，气虚者不宜用。

【成分】 挥发油（对-聚伞花素）。

【药理】 有健胃、利尿、解热、防腐作用；对流感病毒有抑制作用。

苍　术

本品为菊科植物茅苍术［*Atractylodes lancea*（Thunb.）DC.］或北苍术［*Atractylodes chinensis*（DC.）Koidz.］的干燥根茎。晒干，烧去毛，切片生用或炒用。又称茅术。主产于安徽、河北、内蒙古等地。

【性味】　辛、苦，温。

【归经】　入脾、胃经。

【功能】　燥湿健脾，发汗解表，祛风湿。

【用量】　马、牛 15～60g；猪、羊 5～15g；禽 1～3g；犬 5～8g。

【应用】　1. 治脾被湿困、运化失司所致的食欲不振、消化不良、胃寒草少、腹痛泄泻等症，常配陈皮、甘草、厚朴等，如平胃散。

2. 治关节疼痛，常配伍羌活、防风、细辛、桂枝、秦艽、木瓜、桑寄生等；治热痹证，配伍黄柏、牛膝、薏苡仁等，如四妙散。

3. 治皮肤湿疹、溃烂发痒，配伍黄柏、苦参、土茯苓、白鲜皮等煎水内服或敷洗患部，有良好效果。

4. 治外感风寒湿邪、恶寒无汗等症，常配伍羌活、防风、细辛、白芷、川芎、甘草等，如九味羌活汤。

5. 治夜盲症，临床上常与石决明等同用。

【禁忌】　阴虚有热或多汗者忌用。

【成分】　含挥发油（苍术醇、苍术酮）、胡萝卜素及维生素 B_1 等。

【药理】　小剂量有镇静作用，大剂量对中枢呈抑制作用，最后呼吸麻痹而死；有降低血糖作用；含有大量维生素 A 和维生素 B，对夜盲症、骨软症、皮肤角化症都有一定疗效。

第六节　化痰止咳平喘药

凡能祛痰或消痰，以治"痰证"为主要作用的药物，称为化痰药；以制止或减轻咳嗽和喘息为主要作用的药物，称止咳平喘药。

本类药物味多辛、苦，入肺经。辛能散能通，故具有宣通肺气之功，肺气宣通，则咳止而痰化。苦能泄能降，故具有降泄肺气之效，肺气肃降，则喘息自平，所以调气又为治喘的一个重要方法。临床上，咳嗽每多挟痰，而痰多亦可导致咳嗽。因此，在治疗上止咳和化痰往往配合应用。因病证上痰、咳、喘三者相互兼杂，故将化痰药与止咳平喘药合并一类介绍。根据化痰止咳平喘药的不同性味和功效，可将其分为以下三类。

1. 温化寒痰药

味多辛苦，性多温燥，主归肺、脾、肝经，有温肺祛寒、燥湿化痰之功，称为温化寒痰药。适用于寒痰、湿痰证所致的呛咳气喘、鼻液稀薄等。常用药物有半夏、天南星等，临床应用时，常与温散寒邪、燥湿健脾药物配伍，以期达到温化寒痰、湿痰的目的。

温燥之性的温化寒痰药，不宜用于热痰、燥痰之证。

2. 清化热痰药

凡药性偏于寒凉，以清化热痰为主要作用的药物，称为清化热痰药。适用于热痰郁肺所引起的呛咳气喘、鼻液黏稠等。常用药物有贝母、桔梗等，临床应用时，常与清热泻火、养阴润肺药配伍，以期达到清化热痰、清润燥痰的目的。

药性寒凉的清化热痰药、润燥化痰药，寒痰与湿痰证不宜应用。

3. 止咳平喘药

凡以止咳、平喘为主要作用的药物，称止咳平喘药。其味或辛或苦或甘，其性或温或寒，由于药物性味不同，质地润、燥有异，止咳平喘之理也就有所不同，有宣肺、清肺、润肺、降肺、敛肺及化痰之别。适用于咳喘，而咳喘之证，病情复杂，有外感内伤之别，寒热虚实之异，临床应用时应审证求因，随证选用不同的止咳、平喘药，并配伍相应的有关药物，总之不可见咳治咳，见喘治喘。

应用本章药物，除应根据病证不同，针对性地选择不同的化痰药及止咳平喘药外，因咳喘每多夹痰，痰多易发咳嗽，故化痰、止咳、平喘三者常配伍同用。再则应根据痰、咳、喘的不同病因病机而配伍，以治病求本，标本兼顾。如外感而致者，当配解表散邪药；火热而致者，应配清热泻火药；里寒者，配温里散寒药；虚劳者，配补虚药。此外，如癫痫、惊厥、眩晕、昏迷者，则当配伍平肝息风、开窍、安神药；痰核、瘰疬、瘿瘤者，配伍软坚散结之品；阴疽流注者，配伍温阳通滞散结之品。治痰证，除分清不同痰证而选用不同的化痰药外，应据成痰之因，审因论治。"脾为生痰之源"，脾虚则津液不归正化而聚湿生痰，故常配伍健脾燥湿药，以标本兼顾。又因痰易阻滞气机，"气滞则痰凝，气行则痰消"，故常配伍理气药，以加强化痰之功。

现代药理研究证明，化痰止咳平喘药一般具有祛痰、镇咳、平喘、抑菌、抗病毒、消炎、利尿等作用，部分药物还有镇静、镇痛、抗痉厥、改善血液循环、调节免疫等作用。

一、温化寒痰药

半　夏

本品为天南星科植物半夏 [*Pinellia ternata* (Thunb.) Breit.] 的块茎。夏、秋季节均可采挖，除去茎叶，洗净泥土，去外皮及须根，晒干。不同的炮制方法其功效有别。

清半夏：用凉水浸泡至口尝无麻辣感，晒干加白矾共煮透，取出切片晾干者，偏于燥湿化痰。

姜半夏：与生姜、白矾共煮透，晾干切片入药者，偏于和胃止呕。

法半夏：以浸泡至口尝无麻辣感的半夏，与甘草煎汤泡石灰块的水混合液同浸泡至内无白心者，功效介于清半夏和姜半夏之间。

【性味】　辛，温。有毒。
【归经】　入脾、胃、肺经。
【功能】　燥湿祛痰，降逆止呕，消痞散结。
【用量】　马、牛 15～45g；骆驼 30～60g；猪、羊 3～10g；犬、猫 1～5g。
【应用】　湿痰，寒痰证；呕吐；心下痞，结胸，梅核气；瘿瘤，痰核，痈疽肿毒，毒蛇咬伤。
【禁忌】　一切血证及阴虚燥咳、津伤口渴、热痰稠黏及孕畜禁用。反乌头。
【成分】　含有挥发油、皂苷、生物碱等。
【药理】　有镇咳、镇吐作用；动物实验证明半夏对咳嗽中枢和呕吐中枢有抑制作用。

天　南　星

本品为天南星科植物天南星 [*Arisaema erubescens* (Wall.) Schott.]、异叶天南星 [*Arisaema heterophyllum* Bl.] 或东北天南星 (*Arisaema amurense* Maxim.) 的块茎。秋季采挖，去茎叶。须根、外皮，个大者切片，晒干或烘干，常晒至半干时，用硫黄熏一次易干。天南星经胆汁炮制为胆南星，功能清热化痰、息风定惊，适用于热痰惊风抽搐。天南星和半夏常配伍使用，但二者各有侧重，天南星善治经络风痰与顽痰；半夏善治脾胃湿痰、寒痰。

【性味】　苦、辛，温。有毒。
【归经】　入肺、肝、脾经。
【功能】　燥湿祛痰，祛风解痉，消肿毒。
【用量】　马、牛 15～25g；猪、羊 3～10g；犬、猫 1～2g。
【应用】　湿痰，寒痰证；风痰眩晕，中风，癫痫，破伤风；痈疽肿痛，蛇虫咬伤。
【禁忌】　阴虚燥痰及孕畜忌用。
【成分】　含 β-谷甾醇、三萜皂苷、安息香酸、氨基酸、淀粉及 D-甘露醇等。
【药理】　动物实验证明，其所含皂苷能刺激胃黏膜，反射性引起支气管分泌增加，而起祛痰作用；水煎剂能提高电痉挛阈值，且有明显的镇静及抗惊作用，故可用于癫痫、破伤风、抽搐等。

旋覆花

本品为菊科植物旋覆花（*Inula japonica* Thunb.）、欧亚旋覆花（*Inula britannica* L.）的头状花序。本品全草名旋覆梗（金沸草），含旋覆花次酯等，其作用与花基本相同。夏秋季花开放时采摘头状花，晒干。

【性味】苦、辛、咸，微温。
【归经】入肺、脾、胃、大肠经。
【功能】降气，消痰，行水，止呕。
【用量】马、牛 15~45g；猪、羊 5~10g；犬 3~6g。
【应用】咳喘痰多，痰饮蓄结，胸膈痞满；噫气，呕吐；气血不和之胸胁痛。
【禁忌】阴虚燥咳，粪便泄泻者忌用。
【成分】含黄酮苷类等。
【药理】有镇吐、祛痰作用。

白附子

本品为天南星科植物独角莲（*Typhonium giganteum* Engl.）的块茎。秋季挖取块茎，除去残茎、须根，撞去或用竹刀削去外皮，或有不去皮的，晒干。斜切成片，用姜片浸蒸，再晒干。

【性味】辛、甘，大温。有毒。
【归经】入胃、肝经。
【功能】祛风痰，逐寒湿，镇痉，止痛。
【用量】牛 15~45g；猪、羊 5~10g；犬 3~6g。
【应用】中风痰壅，口眼歪斜，惊风癫痫，破伤风；痰厥头痛，眩晕；瘰疬，毒蛇咬伤。
【禁忌】血虚生风、内热生惊及孕畜禁服。
【成分】块茎含 β-谷甾醇及其葡萄糖苷、肌醇、黏液质、蔗糖等。
【药理】有显著的祛痰作用；对结核杆菌有抑制作用；抗炎作用；抗破伤风作用；镇静，抗惊厥作用；抗心律失常作用。

二、清化热痰药

桔梗

本品为桔梗科植物桔梗 [*Platycodon grandiflorum* （Jacq.）A.DC.] 的根。春、秋季采挖，以秋季采挖者质量较佳。洗净泥土，除去须根，趁鲜刮去外皮或不去皮，晒干或烘干。桔梗根入药，为肺经气分病证的主药，善于升提肺气，宽胸利膈，能载诸药上行，固为载药上行之主药。

【性味】苦、辛，寒。
【归经】入肺经。
【功能】宣肺祛痰，排脓消肿。
【用量】马、牛 15~45g；猪、羊 3~10g；犬 2~5g；兔、禽 1~1.5g。
【应用】咳嗽痰多，胸闷不畅；咽喉肿痛，失音；肺痈吐脓；癃闭，便秘。
【禁忌】阴虚久咳者忌用。
【成分】本品含有桔梗皂苷（水解后产生桔梗皂苷元）、菊糖、植物甾醇等。
【药理】有促进支气管黏膜分泌及促进类固醇、胆酸分泌的作用；有一定的消炎抗菌作用；能溶血，不宜静脉注射。

贝母

本品为百合科植物川贝母（*Fritillaria cirrhosa* D. Don.）或浙贝母（*Fritillaria thunbergii*

Miq.）的干燥鳞茎，又称大贝或尖贝。川贝母一般在7～9月采挖，浙贝母在立夏前后植株枯萎时采挖，洗净晒干或烘干。

【性味】　川贝母：味苦、甘，性微寒。浙贝母：味苦，性寒。
【归经】　均入心、肺经。
【功能】　止咳化痰，清热散结。
【用量】　马、牛15～30g；猪、羊3～10g；犬、猫1～2g；兔、禽0.5～1g。
【应用】　川贝母：虚劳咳嗽，肺热燥咳；瘰疬，乳痈，肺痈。浙贝母：风热、痰热咳嗽；瘰疬，瘿瘤，乳痈疮毒，肺痈。
【禁忌】　脾胃虚寒及有湿痰者忌用。反乌头。
【成分】　川贝母含川贝母碱、青贝母碱等多种生物碱。浙贝母含有浙贝母碱、贝母酚、贝母替丁等多种生物碱及浙贝母碱苷、甾醇、淀粉等。
【药理】　川贝母碱有降压、增强子宫收缩、抑制肠蠕动的作用，但大量川贝母碱则能麻痹中枢神经系统、抑制呼吸运动等；浙贝母有阿托品样作用，具有松弛支气管平滑肌、降低血压、扩大瞳孔等作用，其散瞳作用比阿托品强大而持久。

枇 杷 叶

本品为蔷薇科植物枇杷［*Eriobotrya japonica*（Thunb.）Lindl.］的干燥叶，刷去绒毛，生用或蜜炙用。多在4～5月间采收，或拾取自然落叶，晒至七八成干时，扎成小把，再晒干。

【性味】　苦，微寒。
【归经】　入肺、胃经。
【功能】　化痰止咳，和胃降逆。
【用量】　马、牛30～60g；猪、羊10～20g；兔、禽1～2g。
【应用】　肺热咳嗽，气逆喘急；胃热呕吐，哕逆。
【禁忌】　本品清降苦泄，寒嗽及胃寒作呕者不宜用。
【成分】　本品含有苦杏仁苷、乌索酸、齐墩果酸、草果酸、柠檬酸、鞣质、维生素B_1等。
【药理】　因含有苦杏仁苷，可抑制呼吸中枢，因而有止咳作用；对金黄色葡萄球菌、肺炎双球菌、痢疾杆菌等有抑制作用。

瓜 蒌

本品为葫芦科植物栝楼（*Trichosanthes kirilowii* Maxim.）或双边栝楼（*Trichosanthes rosthornii* Harms.）的干燥成熟果实。本品入药又有全瓜蒌、瓜蒌皮、瓜蒌仁之分。瓜蒌皮之功重在清热化痰、宽胸理气；瓜蒌仁之功重在润燥化痰、润肠通便；全瓜蒌则兼有瓜蒌皮、瓜蒌仁之功效。

【性味】　甘，寒。
【归经】　入肺、胃、大肠经。
【功能】　清热化痰，宽中散结。
【用量】　马、牛30～60g；猪、羊10～20g；犬6～8g；兔、禽0.5～1.5g。
【应用】　痰热咳喘；胸痹，结胸；肺痈，肠痈，乳痈；肠燥便秘。
【禁忌】　脾胃虚寒，无实热者忌用。反乌头。
【成分】　含三萜皂苷、有机酸、树脂、糖类、色素，种子内含脂肪油。
【药理】　有广谱抗菌作用，如对大肠埃希菌、伤寒杆菌等有抑制作用；所含皂苷，有较强的镇咳和祛痰作用；有一定的抗癌作用。

三、止咳平喘药

杏 仁

本品为蔷薇科植物杏（*Prunus armeniaca* L.）、山杏（*Prunus armeniaca* L. var. *ansu*

Maxim.）、西伯利亚杏（*Prunus sibirica* L.）或东北杏［*Prunus mandshurica*（Maxim.）Koehne.］的干燥成熟种子。夏季采收成熟果实,除去果肉和果皮,取出种子,晒干。杏仁疏利开达,宣肺通肠,为治喘之主药。杏仁有苦、甜之分,苦杏仁善治咳喘,甜杏仁善治便秘。

【性味】 苦,温。有小毒。
【归经】 入肺、大肠经。
【功能】 止咳平喘,润肠通便。
【用量】 马、牛 25～45g;猪、羊 5～15g;犬 3～8g。
【应用】 咳嗽气喘;肠燥便秘;蛲虫病,外阴瘙痒。
【禁忌】 阴虚咳嗽者忌用。
【成分】 含苦杏仁苷、苦杏仁酶、苦杏仁油等。
【药理】 杏仁分苦、甜两种,一般入药多用苦杏仁。甜杏仁较少使用,偏于滋润,多用于肺虚咳嗽;苦杏仁苷水解后产生氢氰酸等,有镇咳和镇静作用。若过量服用,可引起中毒反应,甚至因呼吸麻痹而致死亡。

百 部

本品为百部科植物蔓生百部［*Stemona japonica*（Bl.）Miq.］、直立百部［*Stemona sessilifolia*（Miq.）Miq.］或对叶百部（*Stemona tuberosa* Lour.）的干燥块根。春节萌芽前或秋季地上部分枯萎后采挖块根,除去须根,洗净,置沸水浸透至无白心,晒干。百部可治肺痨咳嗽,善治久嗽久咳。杀虫宜生用,治肺痨止咳宜炙用。

【性味】 甘、苦,微温。有小毒。
【归经】 入肺经。
【功能】 润肺止咳,杀虫灭虱。
【用量】 马、牛 15～30g;猪、羊 6～12g;犬、猫 3～5g。
【应用】 新久咳嗽,百日咳,肺痨咳嗽;蛲虫病,阴道滴虫病,头虱及疥癣。
【禁忌】 热嗽,水亏火炎者禁用。
【成分】 含百部碱。
【药理】 对结核杆菌、炭疽杆菌、金黄色葡萄球菌、白色葡萄球菌、肺炎杆菌等有抗菌作用;所含生物碱能降低呼吸中枢的兴奋性,有助于抑制咳嗽,而起镇咳作用;对猪蛔虫、蛲虫、虱有杀灭作用;过量可引起中毒,重者导致呼吸中枢麻痹。

葶 苈 子

本品为十字花科植物独行菜（*Lepidium apetalum* Willd.）或播娘蒿［*Descurainia sophia*（L.）Webb ex Prantl.］的干燥成熟种子。前者习称"北葶苈子",后者习称"南葶苈子"。葶苈子种子入药,善逐水,主泻肺中水气,水饮去则喘息停。

【性味】 辛、苦,大寒。
【归经】 入肺、膀胱、大肠经。
【功能】 泻肺平喘,利水消肿。
【用量】 马、牛 15～30g;猪、羊 6～12g;犬 3～5g。
【应用】 痰涎壅盛,喘息不得平卧;悬饮,胸腹积水,小便不利。
【禁忌】 肺虚喘促、脾虚肿满、膀胱气虚忌用。
【成分】 播娘蒿种子含挥发油,油中含异硫氰酸苄酯、异硫氰酸丙酯、二硫化烯丙酯等。独行菜种子含脂肪油、芥子苷、蛋白质、糖类。
【药理】 有强心利尿作用。

款 冬 花

本品为菊科植物款冬（*Tussilago farfara* L.）的干燥花蕾。生用或蜜炙用。款冬花润肺祛痰嗽以定喘，偏治寒重咳喘，生用温肺，炙用补肺，善治久嗽久咳。

【性味】 味辛，性温。
【归经】 入肺经。
【功能】 润肺下气，止咳化痰。
【用量】 马、牛 15～45g；骆驼 20～60g；猪、羊 3～10g；犬 2～5g；兔、禽 0.5～1.5g。
【应用】 咳嗽气喘。
【禁忌】 肺火盛者慎服。
【成分】 含有款冬醇、植物甾醇、蒲公英黄色素、鞣质、挥发油等。
【药理】 实验证明其有显著镇咳作用，但祛痰作用不显著；对结核杆菌、金黄色葡萄球菌等多种细菌有抑制作用。

桑 白 皮

本品为桑科小乔木植物桑树（*Morus alba* L.）的根皮。全国大部分地区有产。秋末叶落时至次春发芽前采挖根部。刮去黄棕色粗皮，剖开，剥取根皮，晒干。

【性味】 甘，寒。
【归经】 归肺经。
【功能】 泻肺平喘，利水消肿。
【用量】 马、牛 40～150g；猪、羊 15～75g；犬 5～15g；兔、禽 5～10g。
【应用】 肺热咳喘；水肿；呕血、咯血及肝阳肝火偏旺。
【禁忌】 肺寒无火及风寒咳嗽者禁服。
【成分】 含伞形花内酯、东莨菪素、桑根皮素、桑索、桑色烯、环桑素、环桑色烯等。
【药理】 利尿作用；降压作用；镇静作用；解热、抗炎作用；对金黄色葡萄球菌、伤寒杆菌和福氏痢疾杆菌及某些真菌有抑制作用。

第七节 理 气 药

凡以疏理气机，治疗气滞或气逆证为主要作用的药物，称为理气药，又名行气药。其中理气力量特别强的，习称破气药。

理气药性味多辛苦温而芳香。其味辛能行，味苦能泄，芳香能走窜，性温能通行，故有疏理气机即行气、降气、解郁、散结的作用。并可通过畅达气机、消除气滞而达到止痛之效，即《素问》"逸者行之"、"结者散之"、"木郁达之"之意。因本类药物主归脾、胃、肝、肺经，因其性能不同，而分别具有理气健脾、疏肝解郁、理气宽胸、行气止痛、破气散结等功效。

理气药主要用于治疗脾胃气滞所致脘腹胀痛、嗳气吞酸、恶心呕吐、腹泻或便秘等；肝气郁滞所致胁肋胀痛、抑郁不乐、疝气疼痛、乳房胀痛等；肺气壅滞所致胸闷胸痛、咳嗽气喘等。

应用本类药物时，应针对病情，并根据药物的特长作适宜的选择和配伍。如湿邪困脾而兼见脾胃气滞证，应根据病情的偏寒或偏热，将理气药同燥湿、温中或清热药配伍使用。草料停积，为脾胃气滞中最常见者，每将理气药与消食药或泻下药同用；而脾胃虚弱，运化无力所致的气滞，则应与健脾、助消化的药物配伍，方能标本兼顾。至于痰饮、瘀血而兼有气滞者，则应分别与祛痰药或活血祛瘀药配伍。

理气药多辛温香燥，易耗气伤阴，故对气虚、阴虚的病畜应慎用，必要时可配伍补气、养阴药。

陈 皮

本品为芸香科植物橘（*Citrus reticulata* Blanco.）及其栽培变种的干燥成熟果皮。9～12月采收成熟果实，剥去果皮，晒干。橘络是橘瓤上的筋膜，性平味苦，能通络化痰，治咳嗽痰多、虚劳、咯血。橘核是橘的果核，性温味苦，理气散结、止痛，治疝气、睾丸肿痛、脘腹疼痛。

【性味】 辛、苦，温。
【归经】 入脾、肺经。
【功能】 理气健脾，燥湿化痰。
【用量】 马、牛 30～60g；猪、羊 5～10g；犬、猫 2～5g；兔、禽 1～3g。
【应用】 脾胃气滞证；呕吐、呃逆；湿痰、寒痰咳嗽；胸痹。
【禁忌】 阴虚燥热、舌赤少津、内有实热者慎用。
【成分】 含挥发油（为右旋柠檬烯、柠檬醛等）、黄酮类（为橙皮苷、川陈皮苷等）、肌醇、维生素 B_1。
【药理】 对消化道有缓和的刺激作用，有利于胃肠积气的排出，同时又可使胃液分泌增加而助消化；能刺激呼吸道使其分泌增多，有利于痰液排出；略有升高血压、兴奋心脏的作用；橙皮苷有降低胆固醇的作用。

青 皮

本品为芸香科植物橘（*Citrus reticulata* Blanco.）及其栽培变种的干燥幼果或未成熟果实的果皮。5～6 月收集自落的幼果，晒干，习称"个青皮"；7～8 月采收未成熟的果实，在果皮上纵剖成四瓣至基部，除尽瓤瓣，晒干，习称"四花青皮"。青皮性峻，偏于疏肝破气；陈皮性暖，偏于健脾理气。陈皮多用于上中二焦，青皮多用于中下二焦，若肝脾同病或肝脾不和者，二者同用。

【性味】 苦、辛，温。
【归经】 入肝、胆经。
【功能】 疏肝破气，消积化滞。
【用量】 马、牛 15～30g；猪、羊 5～10g；犬 3～5g；兔、禽 1.3～5g。
【应用】 肝郁气滞证；气滞脘腹疼痛；食积腹痛；癥瘕积聚，久疟痞块。
【禁忌】 阴虚火旺者慎用。
【成分】 含陈皮苷、苦味质、挥发油、维生素 C 等。
【药理】 对胃肠平滑肌的作用；利胆；祛痰平喘；升高血压、抗休克。

香 附

本品为莎草科植物莎草（*Cyperus rotundus* L.）的干燥根茎。去毛打碎用，或醋制、酒制后用。秋季采挖。燎去毛须，置沸水中略煮或蒸透后晒干，或燎后直接晒干。"香附子理气血之用"，主一身之气解六郁，又入血分，"为血中之气药"，是治胎前产后疾病的要药。凡一切血瘀气滞之证均可选用。

【性味】 辛、微苦、微甘，平。
【归经】 入肝、胆、脾、三焦经。
【功能】 疏肝解郁，调经止痛，理气调中。
【用量】 马、牛 30～60g；猪、羊 10～15g；犬 4～8g；兔、禽 1～3g。
【应用】 肝郁气滞胁痛、腹痛；乳房胀痛；气滞腹痛。
【禁忌】 本品苦燥能耗血散气，故血虚气弱者不宜单用。体温过高者和孕畜慎用。
【成分】 含挥发油（香附子烯、香附子醇等）、酚性成分、脂肪酸等。
【药理】 能抑制子宫平滑肌的收缩，对收缩状子宫更为明显；能提高机体对疼痛的耐受性；水煎剂有降低肠管紧张性和拮抗乙酰胆碱的作用。

木 香

本品为菊科植物木香（*Aucklandia lappa* Decne.）的干燥根。切片生用。霜降前采挖生长 2～3 年的根，除去残基及须根，切成短条或剖成 2～4 块，风干或低温烘干，而后去粗皮。"木香理乎气滞"，善于行肠胃气滞，凡脾胃运化失调，胃肠气滞不利而致的腹胀腹痛、泄泻下痢均可应用。

【性味】 辛、微苦，温。
【归经】 入脾、胃、大肠、胆、三焦经。
【功能】 行气止痛，健脾消食。
【用量】 马、牛 30~60g；猪、羊 9~15g；犬、猫 2~5g；兔、禽 0.3~1g。
【应用】 脾胃气滞证；泻痢里急后重；腹痛胁痛，黄疸，疝气疼痛；胸痹；用于补益方剂，以助消化、吸收。
【禁忌】 血枯阴虚、热盛伤津者忌用。
【成分】 挥发油（α-木香烃、β-木香烃、木香内醇、樟烯、水芹烯等）、树脂、菊糖、木香碱及甾醇等。
【药理】 对大肠埃希菌、痢疾杆菌、伤寒杆菌等有不同程度的抑制作用；水煎剂可使兔离体小肠紧张性降低，可拮抗乙酰胆碱的收缩效应；并有降压作用。

厚 朴

本品为木兰科植物厚朴（*Magnolia officinalis* Rehd. et Wils.）或凹叶厚朴（*Magnolia officinalis* Rehd. et Wils. var. *biloba* Rehd. et Wils.）的干燥干皮、根皮或枝皮。切片生用或制用。树皮：5~6月剥取生长15~20年或以上的树皮、根皮及枝皮，剥下的皮堆成堆，或放在土坑上，上面用青草覆盖，使其"发汗"，而后取出晒干。用前剥去粗皮，洗净，润透，切片或切丝晒干。"厚朴温脾而去呕胀消痰亦验"，善于散满除胀，善除胃中滞气，燥脾中湿邪，即可下有形之实满，又能散无形之湿满，对湿浊阻滞者最适用。

【性味】 苦、辛，温。
【归经】 入脾、胃、大肠经。
【功能】 燥湿消痰，下气除满。
【用量】 马、牛 15~45g；骆驼 30~60g；猪、羊 5~15g；犬 3~5g；兔、禽 1.5~2g。
【应用】 湿阻脾胃、脘腹胀满，以及气滞胸腹胀痛、便秘腹胀、梅核气等症。痰饮咳嗽等症。
【禁忌】 脾胃无积滞者慎用。
【成分】 含挥发油（为厚朴酚、四氢厚朴酚、β-桉叶酚等）、生物碱为木兰箭毒碱等。
【药理】 厚朴煎剂对伤寒杆菌、霍乱弧菌、葡萄球菌、链球菌、痢疾杆菌及人型结核杆菌均有抑制作用；水煎剂可抑制动物离体心脏收缩；厚朴碱还有明显的降压作用。

枳 实

本品为芸香科植物酸橙（*Citrus aurantium* L.）及其栽培变种或甜橙（*Citrus sinensis* Osbeck.）的干燥幼果。切片，晒干，生用、清炒、麸炒及酒炒用。5~6月收取自落的幼小果实，除去杂质，晒干，稍大者，自中部横切为两瓣，晒干。枳壳、枳实同为一物，枳壳为已成熟的果实，偏于破胸膈之浊气，用治肚腹胀满、呼吸喘急等；枳实为未成熟者，偏于破肠中浊气，用治肚腹胀大、粪便秘结等。从作用快慢来说，枳壳性缓而枳实性速。

【性味】 苦、辛，微寒。
【归经】 入脾、胃、大肠经。
【功能】 破气消积，化痰除痞。
【用量】 马、牛 30~60g；猪、羊 5~10g；犬 4~6g；兔、禽 1~3g。
【应用】 ①胃肠积滞，湿热泻痢。②胸痹，结胸。③气滞胸胁疼痛。④产后腹痛。⑤胃扩张、胃下垂、脱肛、子宫脱垂等脏器下垂之证。
【禁忌】 脾胃虚弱和孕畜忌服。
【成分】 酸橙果皮含挥发油并含黄酮苷（主要为橙皮苷、新橙皮苷、柚皮苷、野漆苷及忍冬苷等）、N-甲基酪胺、辛佛宁等。
【药理】 能增强胃、肠节律性蠕动，有利于粪便和气体的排出；对子宫有显著的兴奋作用，使子宫收缩有力，肌张力增强，可治子宫脱垂；水煎剂具有收缩血管、升高血压的作用。

槟　榔

本品为棕榈科植物槟榔（*Areca catechu* L.）的干燥成熟种子。又称玉片或大白。切片生用或炒用。冬、春季果熟时采摘，剥下果皮，取其种子，晒干。大腹皮为槟榔果实的外皮，辛，温，入脾、胃经，具下气宽中、利水消肿的作用。本品行气而兼利水，对水气外溢为肿、湿邪内停作胀者，皆有良效。如五皮饮，可用治皮肤水肿、腹下水肿、胸前水肿等。此外，本品对肚腹胀满、尿不利、腹泻等也有疗效。

大腹皮含槟榔碱和副槟榔碱，可引起胃肠蠕动增强，消化液增加，所以具有健脾开胃、宽中下气、利水消肿的作用。

【性味】　辛、苦，温。

【归经】　入胃、大肠经。

【功能】　行气，利水，截疟，杀虫消积。

【用量】　马 5～15g；牛 12～60g；猪、羊 6～12g；兔、禽 1～3g。

【应用】　食积气滞，泻痢后重；水肿，脚气肿痛；疟疾；肠道寄生虫病。

【禁忌】　老弱气虚者禁用。

【成分】　含槟榔碱、槟榔次碱、去甲槟榔碱、去甲槟榔次碱、副槟榔碱、鞣质、脂肪油、槟榔红等。

【药理】　对流感病毒有抑制作用；槟榔碱有拟胆碱样作用，所以有泻下、促使唾液腺及汗腺分泌、缩瞳等作用；所含槟榔碱对绦虫神经系统的麻痹作用最为显著，对姜片虫、蛲虫、蛔虫亦有较好的作用。

乌　药

本品为樟科植物乌药 [*Lindera aggregata* (Sims) Kosterm.] 的干燥块根。切片生用。冬、春两季采挖，除净须根，洗净泥沙晒干，成为"乌药个"。如刮去栓皮，切片，烘干，成为"乌药片"。"乌药有治冷气之理"，乌药、木香、香附均为治诸气疼痛要药，木香、乌药行气止痛，但木香善调胃肠气滞，并治痢疾，乌药则能温肾散寒；槟榔偏于行水、杀虫；丁香长于下气降逆，为治胃寒呕吐要药，又能温肾。

【性味】　辛，温。

【归经】　入脾、胃、肺、肾经。

【功能】　行气止痛，温肾散寒。

【用量】　马、牛 30～60g；猪、羊 10～15g；犬、猫 3～6g；兔、禽 1.3～5g。

【应用】　寒凝气滞所致胸腹诸痛；尿频、遗尿。

【禁忌】　血虚内热、体虚、气虚者慎用。

【成分】　含有乌药烷、乌药烃、乌药酸和乌药醇酯、龙脑、柠檬烯、乌药内酯等。

【药理】　有解除胃痉挛的作用；煎剂能增进肠蠕动，促进气体排除；所含挥发油，有兴奋大脑皮质的作用，并有兴奋心肌、加速血液循环、升高血压及发汗作用；对金黄色葡萄球菌、溶血性链球菌、伤寒杆菌、梭形杆菌、铜绿假单胞菌、大肠埃希菌均有抑制作用。

第八节　理　血　药

凡能调理和治疗血分病证的药物，称为理血药。

血分病证一般分为血虚、血溢、血热和血瘀四种。血虚宜补血，血溢宜止血，血热宜凉血，血瘀宜活血。故理血药有补血、活血祛瘀、清热凉血和止血四类。清热凉血药已在清热药中叙述，补血药将在补益药中叙述，本节只介绍活血祛瘀药和止血药两类。

1. 活血祛瘀药

活血祛瘀药具有活血祛瘀、疏通血脉的作用，适用于瘀血疼痛、痈肿初起、跌打损伤、产后血瘀腹痛、肿块及胎衣不下等病证。

由于气与血关系密切，气滞则血凝，血凝则气滞，故使用本类药物时，常与行气药同用，以增强活血功能。

2. 止血药

止血药具有制止内外出血的作用，适用于各种出血证，如咯血、便血、衄血、尿血、子宫出血及创伤出血等。治疗出血时，必须根据出血的原因和不同的症状，选择适当药物进行配伍，以增强疗效。如属血热妄行之出血，应与清热凉血药同用；属阴虚阳亢之出血，应与滋阴潜阳药同用；属于气虚不能摄血之出血，应与补气药同用；属于瘀血内阻之出血，应与活血祛瘀药同用。

使用理血药应注意以下几点。

① 活血祛瘀药兼有催产下胎作用，孕畜忌用或慎用。

② 使用止血药时，除大出血应急救止血外，还须注意有无瘀血，若瘀血未尽（如出血暗紫），应酌加活血祛瘀药，以免留瘀之弊；若出血过多，虚极欲脱时，可加用补气药以固脱。

一、活血药

川 芎

本品为伞形科植物川芎（*Ligusticum chuanxiong* Hort.）的干燥根茎。切片生用或炒用。平原栽培于5～6月间采挖；山地栽培于8～9月间采挖。挖出全株，除去茎叶，去净泥土，晾干或炕干后，撞去须根。不宜日光暴晒，以免影响色泽。"川芎祛风湿补血清头"，辛温香窜，走而不守，能上行头顶，下达血海，外彻皮毛，为血中之气药，为理血行气要药。

【性味】 辛，温。

【归经】 入肝、胆、心包经。

【功能】 行气开郁，祛风燥湿，活血止痛。

【用量】 马、牛 15～45g；猪、羊 3～10g；犬、猫 1～3g；兔、禽 0.5～1.5g。

【应用】 气血瘀滞所致的难产、胎衣不下，以及跌打损伤、外感风寒、风湿痹痛。

【禁忌】 阴虚火旺、肝阳上亢及子宫出血者忌用。

【成分】 含挥发油、川芎内酯、阿魏酸、四甲吡嗪、挥发性油状生物碱及酚性物质等。

【药理】 对大脑有抑制作用；对心脏微呈麻痹作用，直接扩张血管，量大时能降低血压；量少时能刺激子宫平滑肌使之收缩，量大则反使子宫麻痹。

益 母 草

本品为唇形科植物益母草（*Leonurus japonicus* Houtt.）的新鲜或干燥全草。切碎生用。全草：夏季植株生长茂盛，花未全开时割取地上部分晒干。果实：秋季果实成熟时，割下全草，晒干，打下果实，除去杂质。全草有活血调经、祛瘀生新、利尿消肿的功能，果实有活血调经、清肝明目的功能。

【性味】 辛、苦，微寒。

【归经】 入肝、心、膀胱经。

【功能】 活血祛瘀，利水消肿，清热解毒。

【用量】 马、牛 30～60g；猪、羊 10～30g；犬 5～10g；兔、禽 0.5～1.5g。

【应用】 血滞经闭，痛经，经行不畅，产后恶露不尽，瘀滞腹痛；水肿，小便不利；跌打损伤，疮痈肿毒，皮肤瘾疹。

【禁忌】 孕畜忌用。

【成分】 含益母草碱甲、益母草碱乙、水苏碱、氯化钾、有机酸等。

【药理】 有兴奋子宫、加快收缩的作用，可用于产后子宫复原，排除恶露，还能治疗子宫功能性出血；水煎剂（1∶4）有抑制皮肤真菌的作用；有明显的利尿作用，可用于急、慢性肾性水肿。

丹　参

本品为唇形科植物丹参（*Salvia miltiorrhiza* Bge.）的干燥根及根茎。切片生用。秋季挖取根部，除去茎叶、须根及泥土。丹参破瘀生新，烦热亦除，补血养血作用很弱，以活血祛瘀和镇静安神为特长，其苦寒清热，对于血瘀兼热者尤为相宜。

【性味】 苦，微寒。

【归经】 入心、心包、肝经。

【功能】 活血祛瘀，凉血消痈，养血安神。

【用量】 马、牛 15～45g；骆驼 30～60g；猪、羊 5～10g；犬、猫 3～5g；兔、禽 0.5～1.5g。

【应用】 产后瘀滞腹痛；血瘀心痛，脘腹疼痛，跌打损伤，风湿痹证；疮痈肿毒；热病烦躁神昏，心悸失眠。

【禁忌】 无瘀血者禁服，孕畜慎服。反藜芦。

【成分】 含多种结晶型色素，包括丹参酮甲、丹参酮乙、丹参酮丙及结晶型酚类（丹参酚甲、丹参酚乙）、鼠尾草酚和维生素 B 等。

【药理】 有镇静安神作用；对葡萄球菌、霍乱弧菌、结核杆菌、大肠埃希菌、伤寒杆菌、痢疾杆菌、皮肤真菌有抑制作用；可提高血小板中环磷酸腺苷（cAMP）的含量；给家兔、犬静脉注射煎剂有降压作用。

牛　膝

本品为苋科植物牛膝（*Achyranthes bidentata* Bl.）或川牛膝（*Cyathula officinalis* Kuan.）的干燥根。前者习称怀牛膝，后者习称川牛膝。切片生用。冬季茎叶枯萎时采挖根部，除去须根、茎及泥沙，捆成小把，晒至干皱后，用黄酒喷洒，烧至微干，将顶端切齐，晒干。"牛膝强足补精兼疗腰痛"，能补肝肾、强腰膝，治腰痛脚弱，又善滑利下行，故凡下部疾患及病势上逆之证，每多使用，并常作引使药用。

【性味】 苦、甘、酸，平。

【归经】 入肝、肾经。

【功能】 活血祛瘀，引火（血）下行，利尿通淋，补肝肾，强筋骨。

【用量】 马、牛 20～60g；猪、羊 6～12g；犬、猫 1～3g；兔、禽 0.5～1.5g。

【应用】 瘀血阻滞，经行腹痛，胞衣不下，跌打伤痛；腰膝酸痛，下肢痿软；淋证，水肿，小便不利；头痛，眩晕，齿痛，口舌生疮，吐血，衄血。

【禁忌】 气虚下陷者及孕畜忌用。

【成分】 怀牛膝含有脱皮甾酮、皂苷、多种钾盐及黏液质。川牛膝含生物碱，不含皂苷。

【药理】 有降压及轻度利尿作用，并能增强子宫收缩。

注：怀牛膝滋补肝肾之力较强，川牛膝破瘀之力较大。

红　花

本品为菊科植物红花（*Carthamus tinctorius* L.）的干燥花。生用。夏季当花冠由黄变红时采摘管状花，除去杂质，阴干、烘干或晒干。红花有川红花及藏红花两种。藏红花为鸢尾科植物的干燥花柱头。二者均能活血祛瘀，但藏红花性味甘寒，有凉血解毒作用，多用于血热毒盛的斑疹等。

【性味】 辛，温。

【归经】 入心、肝经。
【功能】 活血通经,祛瘀止痛。
【用量】 马、牛 15~30g;猪、羊 3~10g;犬 3~5g。
【应用】 血滞经闭,产后瘀滞腹痛;癥瘕积聚;胸痹心痛,血瘀腹痛,胁痛;跌打损伤,瘀滞肿痛;瘀滞斑疹色暗。
【禁忌】 孕畜忌用。
【成分】 含红花苷、红花黄色素、红花油等。
【药理】 可兴奋子宫、肠管、血管和支气管平滑肌,使之加强收缩,并可使肾血管收缩,肾血流量减少;小剂量对心肌有轻度兴奋作用,大剂量则抑制心肌,并能使血压下降。

桃　仁

本品为蔷薇科植物桃 [*Prunus persica* (L.) Batsch.] 或山桃 [*Prunus davidiana* (Carr.) Franch.] 的干燥成熟种子。去果肉及核壳,生用或捣碎用。夏、秋季果实成熟时采摘或收集果核,除去果肉及核壳,取出种子,晒干。"桃仁破瘀血兼治腰痛",为行血破瘀的常用药,又有破血祛瘀、润燥滑肠的功效。

【性味】 甘、苦,平。
【归经】 入肝、肺、大肠经。
【功能】 破血祛瘀,润燥滑肠,止咳平喘。
【用量】 马、牛 15~30g;猪、羊 3~10g。
【应用】 瘀血阻滞诸证;肺痈,肠痈;肠燥便秘;咳嗽气喘。
【禁忌】 无瘀滞者及孕畜忌用。
【成分】 含苦杏仁苷和苦杏仁酶、脂肪油、挥发油、维生素 B_1 等。
【药理】 桃仁的醇提取物有显著的血凝抑制作用;苦杏仁苷能分离氢氰酸,对呼吸中枢起镇静作用而止咳,但大剂量可使呼吸中枢麻痹而中毒;含有大量脂肪油,能润肠通便。

郁　金（玉金）

本品为姜科植物温郁金 (*Curcuma wenyujin* Y. H. Chen et C. Ling)、姜黄 (*Curcuma longa* L.)、广西莪术 (*Curcuma kwangsiensis* S. G. Lee et C. F. Liang) 或蓬莪术 (*Curcuma phaeocaulis* Val.) 的干燥块根。前两者分别习称温郁金和黄丝郁金,其余按性状不同,习称桂郁金或绿丝郁金。切片生用。冬末春初茎叶枯萎后采挖,除去茎叶、须根、鳞叶及泥土,蒸或煮至透心,干燥。"行瘀止痛用郁金",入气分以行气解瘀,入血分以凉血破瘀,为利胆、止痛要药。

【性味】 辛、苦,寒。
【归经】 入肝、心、肺经。
【功能】 清心凉血,行气解郁,祛瘀止痛,利胆退黄。
【用量】 马、牛 15~45g;骆驼 30~60g;猪、羊 3~10g;犬 3~6g;兔、禽 0.3~1.5g。
【应用】 气滞血瘀痛证;热病神昏,癫痫痰闭;吐血,衄血,尿血,血淋;肝胆湿热黄疸,胆石症。
【禁忌】 阴虚而无瘀滞者及孕妇忌用。畏丁香。
【成分】 含姜黄素、挥发油、淀粉等。
【药理】 水煎剂能明显降低全血黏度和红细胞聚集指数,显著提高红细胞的变形指数;郁金挥发油能促进胆汁的分泌和排泄,减少尿内的尿胆原;对甲醛造成的大鼠实验性亚急性炎症有明显的抗炎作用,对多种细菌均有抑制作用。

乳　香

本品为橄榄科植物鲍达乳香树 (*Boswellia bhaw-dajiana* Birdw.)、卡氏乳香树 (*Boswellia car-*

terii Birdw.）或野乳香树（*Boswellia neglecta* M. Moore.）切伤皮部所采得的油胶树脂。去油用或制用。春、夏季均可采收。采收时，于树干的皮部由下向上顺序切伤，并开一狭沟，使树脂从伤口渗出，流入沟中，数天后凝成干硬的固体，即可采取。"疗痛止痛于乳香"，治疗痈肿时内服外用均宜，为伤科要药。

【性味】 苦、辛，温。
【归经】 入心、肝、脾经。
【功能】 活血行气止痛，消肿生肌。
【用量】 马、牛 15～30g；猪、羊 3～6g；犬 1～3g。
【应用】 跌打损伤，疮疡痈肿；气滞血瘀痛证。
【禁忌】 无瘀滞者及孕畜忌用。
【成分】 含树脂、挥发油、树胶及微量苦味质。
【药理】 乳香有镇痛、消炎、升高白细胞的作用，并能加速炎症的渗出排泄，促进伤口愈合；所含蒎烯有祛痰作用；乳香能明显减轻阿司匹林、保泰松、利血平所致胃黏膜损伤及应激性黏膜损伤，降低幽门结扎性溃疡指数和胃液游离酸度。

没 药

本品为橄榄科植物没药树（*Commiphora myrrha* Engl.）或其他同属植物茎干皮部渗出的油胶树脂。炒或炙后打碎用。11 月至翌年 2 月或 6～7 月采收。多由树皮的裂缝处自然渗出。采得后去净树皮及杂质，在干燥通风处保存。"没药乃治疮散血之科"，为常用的外科药及跌打损伤药。乳香与没药作用相似，均为行气活血、止痛要药，常同时应用。没药苦平，偏于活血散瘀，破泄力大，长于活血；乳香辛温，长于行气活血，止痛力强，偏于理气。

【性味】 苦，平。
【归经】 入肝经。
【功能】 活血祛瘀，止痛生肌。
【用量】 马、牛 25～45g；猪、羊 6～10g；犬 1～3g。
【应用】 跌打损伤，心腹诸痛，癥瘕，经闭，痈疽肿痛，痔瘘，目障。
【禁忌】 无瘀滞者及孕畜忌用。
【成分】 含树脂、挥发油、树胶及微量苦味质等，并含没药酸、甲酸、乙酸及氧化酶等。
【药理】 有抑制支气管、子宫分泌物过多的作用；1∶2 的没药水浸剂在试管内对皮肤真菌有抑制作用。

穿 山 甲

本品为鲮鲤科动物穿山甲（*Manis pentadactyla* L.）的鳞甲。沙炒至黄色，用时打碎。捕得后，杀死，去净骨肉，割下甲壳，将其置沸水中，甲片自行脱落，晒干供药用。以消痈、溃脓、通乳见长。

【性味】 咸，微寒。
【归经】 入肝、胃经。
【功能】 通经活血下乳，消肿排脓，搜风通络。
【用量】 马、牛 25～45g；猪、羊 6～10g；犬 3～5g。
【应用】 癥瘕经闭；风湿痹痛，中风瘫痪；产后乳汁不下；痈肿疮毒，瘰疬。
【禁忌】 痈疽已溃者忌用。
【成分】 含氨基酸及蛋白质等。
【药理】 有升高白细胞的作用。

王 不 留 行

本品为石竹科植物麦蓝菜［*Vaccaria segetalis* （Neck.）Garcke.］的干燥成熟种子。生用或炒用。夏季果实成熟尚未开裂时采割植株，晒干，打下种子，除去杂质，再晒干。

【性味】 苦，平。
【归经】 入肝、胃经。
【功能】 活血通经，下乳消肿，利水通淋。
【用量】 马、牛 30~100g；猪、羊 15~30g；犬、猫 3~5g。
【应用】 血瘀经闭，难产；产后乳汁不下，乳痈肿痛；热淋，血淋，石淋。
【禁忌】 孕畜忌用。
【成分】 含皂苷、生物碱、香豆精类化合物。
【药理】 煎剂对大鼠离体子宫有收缩作用，其乙醇浸液的作用更强，水浸膏制成片剂内服对催乳和子宫复旧有明显效果；对小鼠实验性疼痛有镇痛作用。

赤 芍

本品为毛茛科植物芍药（*Paeonia lactiflora* Pall.）或川赤芍（*Paeonia veitchii* Lynch.）的干燥根。切段生用。春、秋季挖根，除去地上部分，洗净泥土，根弯曲者理直，晒至半干，捆成小把，晒干。

【性味】 苦，凉。
【归经】 入肝经。
【功能】 清热凉血，散瘀止痛。
【用量】 马、牛 15~45g；猪、羊 3~10g；犬 5~8g；兔、禽 1~2g。
【应用】 1. 用于温热病，热入营血、发热、舌绛、身发斑疹，以及血热妄行等。
2. 用于经闭，跌扑损伤，疮痈肿毒等气血瘀滞证。
【禁忌】 血虚无瘀之症及痈疽已溃者慎服。不宜与藜芦同用。
【成分】 含苯甲酸、葡萄糖及少量树脂样物质。
【药理】 能松弛胃肠平滑肌，可缓解其痉挛性疼痛；对痢疾杆菌、霍乱弧菌、葡萄球菌有抑制作用，其有效成分为苯甲酸。

二、止血药

白 及

本品为兰科植物白及［*Bletilla striata*（Thunb.）Reichb. f.］的干燥块茎。打碎或切片生用。通常在 8~10 月挖取块茎，除去残茎和须根，洗净泥土，立即加工，否则易变黑。加工时分拣大小，然后投入沸水中烫（或蒸）3~5min，至内无白心时，晒至半干，除去外皮，再晒至全干。白及善于生肌收口，多用于肺胃出血。

【性味】 苦、甘、涩，微寒。
【归经】 入肺、胃、肝经。
【功能】 收敛止血，消肿生肌。
【用量】 马、牛 25~60g；骆驼 30~80g；猪、羊 6~12g；犬、猫 1~5g；兔、禽 0.5~1.5g。
【应用】 1. 用于内外诸出血证。如咯血、衄血、吐血、便血及外伤出血。
2. 用于痈肿、烫伤及手足皲裂、肛裂等。
【禁忌】 外感及内热壅盛者禁服。反乌头。
【成分】 含白及胶、黏液质、淀粉、挥发油等。
【药理】 内服、外用均有止血作用；对人型结核杆菌有显著抑制作用。

仙 鹤 草

本品为蔷薇科植物龙牙草（*Agrimonia pilosa* Ledeb.）的地上部分。夏、秋两季茎叶茂盛时采割，除去杂质，晒干。仙鹤草对各种出血疗效均好。

【性味】 苦、涩，平。

【归经】 入肝、肺、脾经。

【功能】 收敛止血。

【用量】 马、牛 15～60g；骆驼 30～100g；猪、羊 10～15g；犬、猫 2～5g；兔、禽 1～1.5g。

【应用】 出血证；腹泻，痢疾；脱力劳伤；疮疖痈肿，阴痒带下；疟疾寒热。

【禁忌】 非出血不止者不用。

【成分】 含仙鹤草素、鞣质、甾醇、有机酸、酚性成分、仙鹤草内酯和维生素 C、维生素 K_1 等。

【药理】 能缩短凝血时间和促进血小板生成，故有止血作用；对革兰阳性菌有抑制作用。

蒲 黄（香蒲、水蜡烛）

本品为香蒲科植物水烛香蒲（*Typha angustifolia* L.）的花粉。炒用或生用，夏季采收。"蒲黄止崩治衄消瘀调经"，生用行瘀血，利小便，治产后瘀血作痛、跌打损伤、血淋、小便不利、尿道作痛等；炒炭用能收涩止血，治吐血、衄血、咯血、尿血等症。

【性味】 甘，平。

【归经】 入肝、脾、心经。

【功能】 活血祛瘀，收敛止血。

【用量】 马、牛 15～45g；骆驼 30～60g；猪、羊 5～10g；犬 3～5g；兔、禽 0.5～1.5g。

【应用】 本品止血作用良好，用于吐血、咯血、衄血、血痢、便血、崩漏、外伤出血；亦可用于心腹疼痛、经闭腹痛、产后瘀痛、痛经、跌仆肿痛、血淋涩痛、带下、重舌、口疮、聤耳、阴下湿痒。

【禁忌】 孕妇慎服。

【成分】 含异鼠李苷、脂肪油、植物甾醇及黄色素等。

【药理】 有收缩子宫作用，能缩短凝血时间。

地 榆

本品为蔷薇科植物地榆（*Sanguisorba officinalis* L.）的根和根茎。生用或炒炭用。夏季返青或秋季枯萎后采挖，除去根茎及须根，洗净，晒干或趁鲜切片晒干。"地榆疗崩漏止血止痢"，具凉血止血功效，多用于下焦血热所致的便血、痔血、血痢、崩漏等。地榆善清大肠湿热，还能收敛生肌，治烧伤有良效。

【性味】 苦、酸，微寒。

【归经】 入肝、胃、大肠经。

【功能】 凉血止血，清热解毒，消肿敛疮。

【用量】 马、牛 15～60g；猪、羊 6～12g；兔、禽 1～2g。

【应用】 吐血，咯血，衄血，尿血，便血，痔血，血痢，崩漏，赤白带下，疮痈肿痛，湿疹，阴痒，水火烫伤，蛇虫咬伤。

【禁忌】 虚寒病畜不宜用。

【成分】 含大量鞣质、地榆皂苷，以及维生素 A 等。

【药理】 能缩短出血时间，对小血管出血有止血作用，其稀溶液作用更显著，并有降压作用；对溃疡病大出血及烧伤有较好疗效，因所含鞣质对溃疡面有收敛作用，并能抑制感染而防止毒血症，并可减少渗出，促进新皮生长；对痢疾杆菌、大肠埃希菌、铜绿假单胞菌、金黄色葡萄球菌等多种细菌均有抑制作用，但其抗菌力在高压消毒处理后显著降低，甚至消失。

血 余 炭

本品为人发煅成的炭。血余炭多用于衄血及子宫出血。

【性味】 苦,平。

【归经】 入肝、胃经。

【功能】 消瘀,止血,利小便。

【用量】 马、牛 15~30g;骆驼 25~50g;猪、羊 6~12g;犬 3~5g。

【应用】 吐血、衄血、血痢、血淋、妇女崩漏及小便不利等证。熬膏外敷可止血生肌。

【禁忌】 内有瘀热者不宜。

【成分】 为一种优质角蛋白,其无机成分为钙、钾、锌、铜、铁、锰等,有机质中主要含胱氨酸,以及含硫基酸等组成的头发黑色素。

【药理】 水煎液能明显缩短小鼠、大鼠和家兔的凝血时间,减少出血量,其止血作用可能与钙、铁离子有关;煎剂对金黄色葡萄球菌、伤寒杆菌、甲型副伤寒杆菌及福氏痢疾杆菌有较强的抑制作用。

大 蓟

本品为菊科植物大蓟（*Cirsium japonicum* DC.）的全草。生用或炒炭用。春末夏初开花时采收。大蓟能凉血、止血,用于血热所致的各种出血证,常与生地黄、蒲黄、侧柏叶、牡丹皮同用,亦能止血。鲜品捣服用于治痈疮肿毒。

【性味】 甘,凉。

【归经】 入肝、心经。

【功能】 凉血,止血,散痈肿。

【用量】 马、牛 30~60g;猪、羊 10~20g。

【应用】 衄血,吐血,尿血,便血,崩漏下血,外伤出血,痈肿疮毒。

【禁忌】 脾胃虚寒而无瘀滞者忌服。脾胃虚寒、无瘀滞、血虚极者不宜使用。

【成分】 含挥发油、三萜、甾体、黄酮及其多糖。

【药理】 煎剂对犬、猫、兔等均有降低血压作用,其中根水煎液降压作用显著;根及全草煎剂对结核杆菌有抑制作用,水提取物对疱疹病毒有明显抑制作用。

小 蓟

本品为菊科植物小蓟 [*Cirsium setosum* (Willd.) MB.] 的全草。生用或炒炭用,夏、秋两季采收。大蓟、小蓟作用基本相同,但大蓟凉血之力较大,并能消痈肿,小蓟止血力较缓,善治尿血、血淋。

【性味】 甘,凉。

【归经】 入心、肝经。

【功能】 凉血止血,散痈消肿。

【用量】 马、牛 30~90g;猪、羊 20~40g;犬 5~10g。

【应用】 咯血,吐血,衄血,尿血,血淋,便血,血痢,崩中漏下,外伤出血,痈疽肿毒。

【禁忌】 脾胃虚寒而无瘀滞者忌服。

【成分】 含生物碱、皂苷。

【药理】 本品对肺炎双球菌、溶血性链球菌、白喉杆菌、伤寒杆菌、变形杆菌、铜绿假单胞菌、痢疾杆菌、金黄色葡萄球菌等均有抑制作用。现代临床报道,用小蓟药膏治疮肿和外伤感染确有良效。

侧柏叶（侧柏）

本品为柏科植物侧柏 [*Platycladus orientalis* (L.) Franco.] 的枝叶。生用或炒炭用。全年

可采，以 9～10 月采收为好，剪下枝叶，阴干。

【性味】 味苦、涩，性微寒。

【归经】 入肝、肺、大肠经。

【功能】 凉血止血，清肺止咳。

【用量】 马、牛 15～60g；猪、羊 5～15g；兔、禽 0.5～1.5g。

【应用】 1. 本品是收敛性凉血止血药，用于便血、尿血、子宫出血等属血热妄行者，常配伍生地黄、生荷叶、生艾叶；若属虚寒出血者，则配伍炮姜、艾叶等温经止血药。

2. 清肺止咳，可用于肺热咳嗽。

【禁忌】 虚寒病畜忌服。

【成分】 含挥发油（主要成分为 2-蒎烯-倍半萜醇、丁香烯等）、生物碱、松柏苦素、侧柏醇、鞣质、树脂及维生素 C 等。

【药理】 叶有止咳、祛痰、平喘作用；枝用于慢性气管炎而偏热者，疗效较好，尤以平喘作用显著。

第九节 温 里 药

凡是药性温热，能够祛除寒邪的一类药物，称为温里药或祛寒药。

温里药具有温中散寒、回阳救逆的功效，即《内经》所说"寒者热之"的治疗原则。适用于因寒邪而引起的肠鸣泄泻、肚腹冷痛、耳鼻俱凉、四肢厥冷、脉微欲绝等证。

本类药物多属于辛热之品，还具有行气止痛的作用，凡寒凝气滞、肚腹胀满疼痛等均可选用。此外，温里药中一部分还有健运脾胃的功效，应用温里药时当按实际情况而定其配伍，如里寒而兼表证者，则与发表药配伍；若脾胃虚寒，呕吐下利者，当选用具健运脾胃作用的温里药物。因此类药物温热燥烈，易伤阴液，故热证及阴虚患畜忌用或少用。

附 子

本品为毛茛科植物乌头（*Aconitum carmichaeli* Debx.）的子根加工品。主产于广西、广东、云南、贵州、四川等地。

【性味】 大辛，大热。有毒。

【归经】 入心、脾、肾经。

【功能】 温中散寒，回阳救逆，除湿止痛。

【主治】 1. 凡阴寒内盛之脾虚不运、伤水腹痛、冷肠泄泻、胃寒草少、肚腹冷痛等，应用本品可收温中散寒、通阳止痛之效。

2. 用于阳微欲绝之际。如大汗、大吐或大下后，四肢厥冷，脉微欲绝，或大汗不止，或吐利腹痛等虚脱危证。

3. 用于风寒湿痹、下元虚冷等。

【用量】 马、牛 15～30g；猪、羊 3～10g；犬、猫 1～3g；兔、禽 0.5～1g。

【应用】 急用附子回阳救逆，如四逆汤、参附汤均用于亡阳证。用于风寒湿痹、下元虚冷等，常与桂枝、生姜、大枣、甘草等同用，如桂附汤。

【禁忌】 热证、阴虚火旺者及孕畜忌用。

【成分】 含乌头碱、新乌头碱、次乌头碱及其他非生物碱成分。

【药理】 1. 少量附子能兴奋迷走神经中枢，有强心、镇痛和消炎作用，同时能使心肌收缩幅度增高。由于毒性大，临床多需炮制，使乌头碱分解，减轻毒性后应用。若生用或大量应用要慎用以防中毒。

2. 另外据报道，本品对垂体-肾上腺皮质系统有兴奋作用。

3. 附子磷脂酸钙及 β-谷甾醇等脂类成分具有促进饱和脂肪酸和胆固醇新陈代谢的作用。

干 姜

本品为姜科植物姜（*Zingiber officinale* Rosc.）的干燥根状茎。切片生用。炒黑后称炮姜，主产于四川、陕西、河南、安徽、山东等地。

【性味】 辛，温。
【归经】 入心、脾、胃、肾、肺、大肠经。
【功能】 温中散寒，回阳通脉。
【主治】 1. 脾胃虚寒、伤水起卧、四肢厥冷、胃冷吐涎、虚寒作泻等均可应用。
2. 本品性温而守，善除里寒，可协助附子回阳救逆。
3. 有温经通脉之效，用于风寒湿痹证。
【用量】 马、牛 15～30g；猪、羊 3～10g；犬、猫 1～3g；兔、禽 0.3～1g。
【应用】 治胃冷吐涎，多配桂心、青皮、益智仁、白术、厚朴、砂仁等，如桂心散；治脾胃虚寒，常配伍党参、白术、甘草等，如理中汤。用治阳虚欲脱证，常与附子、甘草配伍，如四逆汤。
【禁忌】 热证、阴虚及孕畜忌用。
【成分】 同生姜，含辛辣素及姜油。
【药理】 能促进血液循环，反射性地兴奋血管运动中枢和交感神经，使血压上升。

小 茴 香

本品为伞形科植物茴香（*Foeniculum vulgare* Mill.）的干燥成熟果实。生用或盐水炒用。主产于山西、陕西、江苏、安徽、四川等地。

【性味】 辛，温。
【归经】 入肺、肾、脾、胃经。
【功能】 祛寒止痛，理气和胃，暖腰肾。
【主治】 1. 用治子宫虚寒，伤水冷痛，肚腹胀满，寒伤腰胯等。
2. 芳香醒脾，开胃进食。
【用量】 马、牛 15～60g；猪、羊 10～15g；犬、猫 1～3g；兔、禽 5～2g。
【应用】 祛寒止痛，常与干姜、木香等同用。配肉桂、槟榔、白术、巴戟天、白附子等治寒伤腰胯，如茴香散。用治胃寒草少，常与益智仁、白术、干姜等配伍。
【禁忌】 热证及阴虚火旺者忌用。
【成分】 含挥发性小茴香油（茴香脑、茴香酮、茴香醛等）。
【药理】 能刺激胃肠神经血管，促进消化机能，增强胃肠蠕动，排除腐败气体；并有祛痰作用。

肉 桂

本品为樟科植物肉桂（*Cinnamomum cassia* Presl.）的干燥树皮。生用。主产于广东、广西、云南、贵州等地。

【性味】 辛，甘，大热。
【归经】 入脾、肾、肝经。
【功能】 暖肾壮阳，温中祛寒，活血止痛。
【主治】 1. 用治肾阳不足，命门火衰的病证。
2. 用治下焦命火不足，脾胃虚寒，伤水冷痛，冷肠泄泻等病证。
3. 用治脾胃虚寒，肚腹冷痛，风湿痹痛，产后寒痛等证。
此外，用于治疗气血衰弱的方中，有鼓舞气血生长之功效，如十全大补汤。
【用量】 马、牛 25～30g；猪、羊 5～10g；犬 2～5g；兔、禽 1～2g。

【应用】 用治肾阳不足、命门火衰的病证，常与熟地黄、山茱萸等同用，如肾气丸。用治下焦命火不足、脾胃虚寒、伤水冷痛、冷肠泄泻等病证，常配伍附子、茯苓、白术、干姜等。用治脾胃虚寒、肚腹冷痛、风湿痹痛、产后寒痛等证，常与高良姜、当归同用。

【禁忌】 忌与赤石脂同用。孕畜慎用。

注：桂心是肉桂的中层，官桂是肉桂的细枝干皮，肉桂的细枝称为桂枝。

【成分】 含有肉桂油、肉桂酸、甲酯等成分。

【药理】 据试验其能促进胃肠分泌，增进食欲；又有扩张血管，增强血液循环的作用；桂皮油能缓解胃肠痉挛，并抑制肠内的异常发酵，故有止痛作用。

花 椒

本品为芸香科植物花椒（*Zanthoxylum bungeanum* Maxim.）或青椒（*Zanthoxylum schinifolium* Sieb. et Zucc.）的果实。生用或炒用。主产于四川、陕西、江苏、河南、山东、江西、福建、广东等地。

【性味】 辛，温。

【归经】 入肺、脾、肾经。

【功能】 温中散寒，杀虫止痛。

【主治】 脾胃虚寒，伤水冷痛，蛔虫病。

【用量】 马、牛 10～20g；猪、羊 6～10g。

【应用】 温中散寒，多与干姜、党参等同用；杀虫止痛，常与乌梅等配伍。

【禁忌】 阴虚火旺病畜禁用。

【成分】 含挥发油（为柠檬烯、枯醇等）、甾醇、不饱和有机酸。

【药理】 在试管内对炭疽杆菌、溶血性链球菌、白喉杆菌、肺炎双球菌、金黄色葡萄球菌等革兰阳性菌及大肠埃希菌、痢疾杆菌、伤寒杆菌、霍乱弧菌等肠内革兰阴性菌有较好的抑制作用；有局部麻醉止痛作用；对猪蛔虫有杀灭作用。

第十节 平 肝 药

凡能清肝热、息肝风的药物，称为平肝药。

肝藏血，主筋，外应于目。故当肝受风热外邪侵袭时，表现为目赤肿痛，羞明流泪，甚至云翳遮睛等症状；当肝风内动时，可引起四肢抽搐，角弓反张，甚至猝然倒地。根据本类药物疗效，可分为平肝明目和平肝息风两类。

1. 平肝明目药

平肝明目药具有清肝火、退目翳的功效，适用于肝火亢盛、目赤肿痛、睛生翳膜等。

2. 平肝息风药

平肝息风药具有潜降肝阳、止息肝风的作用，适用于肝阳上亢、肝风内动、惊痫癫狂、痉挛抽搐等证。

一、平肝明目药

石 决 明

本品为鲍科动物杂色鲍（*Haliotis diversicolor* Reeve.）或皱纹盘鲍（*Haliotis discus hannai* Ino.）的贝壳。打碎生用或煅后碾碎用。主产于广东、山东、辽宁等地。

【性味】 咸，平。

【归经】 入肝经。

【功能】 平肝潜阳，清肝明目。

【主治】 肝肾阴虚、肝阳上亢所致的目赤肿痛；肝热实证所致的目赤肿痛、羞明流泪等。

【用量】 马、牛 30～60g；骆驼 45～100g；猪、羊 15～25g；犬、猫 3～5g；兔、禽 1～2g。

【应用】 平肝潜阳，常与生地黄、白芍、菊花等配伍。平肝明目，常与夏枯草、菊花、钩藤等同用；治目赤翳障，多与密蒙花、夜明砂、蝉蜕等同用。

【成分】 含碳酸钙、胆素、壳角质等。

【药理】 为拟交感神经药，可治视力障碍及眼内障，为眼科明目退翳的常用药。

决 明 子

本品为豆科植物决明（*Cassia obtusifolia* L.）或小决明（*Cassia tora* L.）的干燥成熟种子。生用或炒用。主产于安徽、广西、四川、浙江、广东等地。

【性味】 甘、苦，微寒。

【归经】 入肝、大肠经。

【功能】 清肝明目，润肠通便。

【主治】 肝热或风热引起的目赤肿痛、羞明流泪；大便燥结。

【用量】 马、牛 20～60g；猪、羊 10～15g；犬 5～8g；兔、禽 1.3～5g。

【应用】 清肝明目，可单用煎服，或与龙胆、夏枯草、菊花、黄芩等配伍。润肠通便，可单用或与蜂蜜配伍。

【禁忌】 泄泻者忌用。

【成分】 含大黄素、芦荟大黄素、大黄酚、大黄酸、大黄酚蒽酮、决明子内酯、红夫刹林、甜菜碱、维生素 A 样物质、蛋白质、脂肪油等成分。

【药理】 泻下作用；降压作用；含有多糖类物质，具有收缩子宫或催产作用；其醇浸出液对葡萄球菌、伤寒杆菌、副伤寒杆菌、大肠埃希菌及多种致病性皮肤真菌均有抑制作用。

木 贼

本品为木贼科植物木贼（*Equisetum hiemale* L.）的干燥地上部分，又称锉草。切碎生用。主产于山西、吉林、内蒙古及长江流域各地。

【性味】 甘、苦，平。

【归经】 入肝、肺经。

【功能】 疏风热，退翳膜。

【主治】 风热目赤肿痛、羞明流泪或睛生翳膜。

【用量】 马、牛 20～60g；猪、羊 10～15g；犬 5～8g。

【应用】 常与谷精草、石决明、草决明、白蒺藜、菊花、蝉蜕等同用。

【禁忌】 阴虚火旺者忌用。

【成分】 含无水硅酸、烟碱、木贼酸、果糖、二甲砜、鞣质及树脂等。

【药理】 所含硅酸盐和鞣质有收敛作用，对所接触部位有消炎、止血作用。

青 葙 子

本品为苋科植物青葙（*Celosia argentea* L.）的干燥成熟种子。生用。全国大部分地区均有分布。

【性味】 苦，微寒。

【归经】 入肝经。

【功能】 清肝火，退翳膜。

【主治】 肝热引起的目赤肿痛、睛生翳膜、视物不见等。

【用量】 马、牛 30～60g；猪、羊 10～15g；兔、禽 0.5～1.5g。

【应用】 常与决明子、密蒙花、菊花等同用。
【禁忌】 肝肾亏虚及瞳孔散大者忌用。
【成分】 含青葙子油、烟酸及硝酸钾等。
【药理】 有散瞳和降低血压的作用；对铜绿假单胞菌有抑制作用。

夜 明 砂

本品为蝙蝠科动物蝙蝠（*Vespertilio superans* Thomas.）或菊头蝠科动物菊头蝠（*Rhinolophus ferrum-equinum* Schreber.）的粪便。生用。主产于我国南方各地。

【性味】 辛，寒。
【归经】 入肝经。
【功能】 清肝明目，散瘀消积。
【主治】 肝热目赤、白睛溢血，内外障翳。
【用量】 马、牛 30～45g；猪、羊 10～15g；犬 5～8g。
【应用】 用于肝热目赤，白睛溢血，可单用或与桑白皮、黄芩、赤芍、牡丹皮、生地黄、白茅根等同用。用于内外障翳，可与苍术等配伍。
【禁忌】 孕畜忌用。
【成分】 含尿素、尿酸、胆甾醇及少量维生素 A 等。
【药理】 有泻下和降压作用；含有多糖类物质，具有收缩子宫和催产作用；其醇浸出液对葡萄球菌、伤寒杆菌、副伤寒杆菌、大肠埃希菌及多种致病性皮肤真菌均有抑制作用。

夏 枯 草

本品为唇形科植物夏枯草（*Prunella vulgaris* L.）的干燥果穗。产于我国各地。

【性味】 苦、辛，寒。
【归经】 入肝、胆经。
【功能】 清肝火，散郁结。
【主治】 肝热传眼，目赤肿痛之证；疮黄、温病等。
【用量】 马、牛 15～60g；猪、羊 5～10g；犬 3～5g；兔、禽 1～3g。
【应用】 清肝火，常与菊花、决明子、黄芩等同用。散郁结，常与玄参、贝母、牡蛎、昆布等配伍。
【成分】 含夏枯草苷（水解后生成乌苏酸）、生物碱、无机盐及维生素 B_1 等。
【药理】 利尿作用明显；降压作用；初步实验证实其能抑制动物某些移植性肿瘤（如小白鼠子宫颈癌）的生长。

二、平肝息风药

天 麻

本品为兰科植物天麻（*Gastrodia elata* Bl.）的干燥块茎。生用。主产于四川、贵州、云南、陕西等地。

【性味】 甘，微温。
【归经】 入肝经。
【功能】 平肝息风，镇痉止痛。
【主治】 肝风内动所致抽搐拘挛之证；偏瘫、麻木、风湿痹痛。
【用量】 马、牛 20～45g；猪、羊 6～10g；犬、猫 1～3g。
【应用】 息风止痉，可与钩藤、全蝎、川芎、白芍等配伍；用于破伤风，可与天南星、僵蚕、全蝎等同用，如千金散；用于偏瘫、麻木等，可与牛膝、桑寄生等配伍；用于风湿痹痛，常与秦艽、牛膝、独活、杜仲等配伍。

【禁忌】 阴虚者忌用。

【成分】 含香草醇、黏液质、维生素 A 样物质、苷类及微量生物碱。

【药理】 有抑制癫痫样发作的作用；香草醇有促进胆汁分泌的作用；有镇痛作用。

钩 藤

本品为茜草科植物钩藤［Uncaria rhynchophylla（Miq.）Jacks.］、大叶钩藤（Uncaria macrophylla Wall.）或毛钩藤（Uncaria hirsuta Havil.）等同属植物的干燥带钩茎枝。生用。不宜久煎。主产于广西、广东、湖南、江西、浙江、福建、台湾等地。

【性味】 甘，微寒。

【归经】 入肝、心包经。

【功能】 息风止痉，平肝清热。

【主治】 热盛风动所致的痉挛抽搐等证；肝经有热、肝阳上亢的目赤肿痛等；外感风热之证。

【用量】 马、牛 30～60g；猪、羊 10～15g；犬 5～8g；兔、禽 1.5～2.5g。

【应用】 息风止痉，常与天麻、蝉蜕、全蝎等同用；平肝清热，常与石决明、白芍、菊花、夏枯草等同用；疏散风热，常与防风、蝉蜕、桑叶等配伍。

【禁忌】 无风热及实火者忌用。

【成分】 含钩藤碱和异钩藤碱。

【药理】 钩藤碱能兴奋呼吸中枢，抑制血管运动中枢，扩张外周血管，使麻醉动物血压下降、心率减慢，但经煮沸 20min 以上，则降压效能降低，故不宜久煎；有明显镇痛作用；能制止癫痫反应的发生。

全 蝎

本品为钳蝎科动物东亚钳蝎（Buthus martensii Karsch.）的干燥体，又称全虫。生用、酒洗用或制用。主产于河南、山东等地。

【性味】 辛、甘，平。有毒。

【归经】 入肝经。

【功能】 息风止痉，解毒散结，通络止痛。

【主治】 惊痫及破伤风、中风口眼歪斜之证；恶疮肿毒；风湿痹痛。

【用量】 马、牛 15～30g；猪、羊 3～9g；犬、猫 1～3g；兔、禽 0.5～1g。

【应用】 用治惊痫及破伤风等，常与蜈蚣、钩藤、僵蚕等同用；用治中风口眼歪斜之证，常与白附子、僵蚕等配伍；用治风湿痹痛，常与蜈蚣、僵蚕、川芎、羌活等配伍。

【禁忌】 血虚生风者忌用。

【成分】 含蝎毒素（为一种毒性蛋白，与蛇毒中的神经毒类似），并含蝎酸、三甲胺、甜菜碱、牛黄酸、软脂酸、硬脂酸、胆甾醇、卵磷脂及铵盐等。

【药理】 蝎毒素可麻痹呼吸中枢，可使血压上升，且有溶血作用；对心脏、血管、小肠、膀胱、骨骼肌等有兴奋作用；全蝎有显著的镇静和抗惊厥作用。

蜈 蚣

本品为蜈蚣科少棘巨蜈蚣（Scolopendra subspinipes multilans L. Koch.）的干燥体。生用或微炒用。主产于江苏、浙江、安徽、湖北、湖南、四川、广东、广西等地。

【性味】 辛，温。有毒。

【归经】 入肝经。

【功能】 息风止痉，解毒散结，通络止痛。

【主治】 癫痫、破伤风等引起的痉挛抽搐；疮疡肿毒、瘰疬溃烂，毒蛇咬伤；风湿痹痛。

【用量】 马、牛 5～10g；猪、羊 1～1.5g；犬 0.5～1g。

【应用】 息风止痉，常与全蝎、钩藤、防风等同用；解毒散结，可与雄黄配伍外用；通络止痛，常与天麻、川芎等配伍。

【禁忌】 孕畜忌用。

【成分】 含两种类似蜂毒的有毒成分，即组胺样物质及溶血蛋白质；尚含酪氨酸、亮氨酸、甲酸、脂肪油、胆甾醇。

【药理】 有抗惊厥作用，并有显著的镇静作用；对结核杆菌及常见致病性皮肤真菌有抑制作用。

僵　蚕

本品为蚕蛾科昆虫家蚕（*Bombyx mori* Linnaeus.）的幼虫，感染或人工接种淡色丝菌科白僵菌［*Beauveria bassiana*（Bals.）Vuillant］而致死的干燥体。生用或炒用。主产于浙江、江苏、安徽等地。

【性味】 辛、咸，平。

【归经】 入肝、肺经。

【功能】 息风止痉，祛风止痛，化痰散结。

【主治】 肝风内动所致的癫痫、中风等；风热上扰而致目赤肿痛；风热外感所致的咽喉肿痛；瘰疬结核。

【用量】 马、牛 30～60g；猪、羊 10～15g；犬 5～8g。

【应用】 息风止痉，常与天麻、全蝎、牛黄、胆南星等配伍；祛风止痛，常与菊花、桑叶、薄荷、桂枝、荆芥、薄荷等同用；化痰散结，常与贝母、夏枯草等同用。

【成分】 含蛋白质、脂肪。

【药理】 所含蛋白质有刺激肾上腺皮质作用。

地　龙

本品为钜蚓科动物参环毛蚓［*Pheretima aspergillum*（E. Perrier.）］、通俗环毛蚓（*Pheretima vulgaris* Chen.）、栉盲环毛蚓（*Pheretima pectinifera* Michaelsen.）或威廉环毛蚓［*Pheretima guillelmi*（Michaelsen.）］等的干燥体。生用，制用或炒用。全国均产，以广东、山东、江苏等地较多。

【性味】 咸，寒。

【归经】 入脾、胃、肝、肾经。

【功能】 息风，清热，活络，平喘，利尿。

【主治】 热病狂躁、痉挛抽搐等；风湿痹痛；肺热喘息；热结膀胱、尿不利，以及水肿等。

【用量】 马、牛 30～60g；猪、羊 10～15g；犬、猫 1～3g；兔、禽 0.5～1g。

【应用】 用于热病狂躁、痉挛抽搐等，可与全蝎、钩藤、僵蚕等配伍；用于风湿痹痛，可与天南星、川乌、草乌等配伍；用于肺热喘息，可与麻黄、杏仁等同用；用于热结膀胱、尿不利，以及水肿等，常与车前子、冬瓜等配伍。

【禁忌】 非热证者忌用。

【成分】 含蚯蚓素、蚯蚓毒素、蚯蚓解热碱、次黄嘌呤、脂肪酸类、琥珀酸、胆甾醇、胆碱及氨基酸等。另外，还提出一种含氮物质 6-羟基嘌呤。

【药理】 有降压作用；浸剂对豚鼠实验性哮喘有平喘作用；有解热、镇静、抗惊厥作用，并有抗组胺的作用。

白　芥　子

本品为十字花科植物白芥［*Brassica alba*（L.）Boiss.］的种子。全国各地均有栽培。盛产于安徽、河南等地。夏季果实成熟时采收，取种子晒干，炒用。

【性味】 辛，温。

【归经】 入肺、胃经。

【功能】 温肺化痰，散结止痛。

【用量】 牛 15~45g；猪、羊 3~10g；犬 2~5g。

【应用】 1. 本品具有辛散利气、温肺祛痰之功。用于治疗寒痰壅滞，咳嗽气喘，胸满胁痛等证，常与紫苏子、莱菔子同用。

2. 具有祛经络之痰、散结止痛之效。用于治疗痰湿阻滞经络所致的肢体关节疼痛，常与桂枝、白附子、麻黄等同用。

【禁忌】 肺虚久咳及无寒痰停滞者忌用。

【成分】 含白芥子苷、芥子碱、芥子酶、脂肪、蛋白质及黏液质等。

【药理】 白芥子苷遇水后经芥子酶的作用生成挥发油。水浸液在试管内对堇色毛癣菌、许兰氏黄癣菌等真菌有不同程度的抑制作用。

第十一节　安神开窍药

凡具有安神、开窍性能，治疗心神不宁，窍闭神昏病证的药物，称为安神开窍药。由于药物性质及功用的不同，故本类药又分为安神药与开窍药两类。

1. 安神药

以入心经为主，具有镇静安神作用。适用于心悸、狂躁不安之证。

2. 开窍药

这类药善于走窜，通窍开闭，苏醒神昏，适用于高热神昏、癫痫等病出现猝然昏倒的证候。

一、安神药

朱　砂

本品为硫化物类矿物辰砂族辰砂，主含硫化汞（HgS），又称丹砂。研末或水飞用。主产于湖南、湖北、四川、广西、贵州、云南等地。

【性味】 甘，凉。有毒。

【归经】 入心经。

【功能】 镇心安神，定惊解毒。

【主治】 心火上炎所致躁动不安、惊痫和因心虚血少所致的心神不宁；疮疡肿毒；口舌生疮、咽喉肿痛。

【用量】 马、牛 3~6g；猪、羊 0.3~1.5g；犬 0.05~0.45g。

【应用】 用于心火上炎所致躁动不安、惊痫等，常与黄连、茯神同用，如朱砂散，可使心热得清，邪火被制，则心神安宁；若用治因心虚血少所致的心神不宁，尚需配伍熟地黄、当归、酸枣仁等，以补心血，安心神。

【禁忌】 忌用火煅。

【成分】 含硫化汞（HgS），常混有少量黏土及氧化铁等杂质。

【药理】 有镇静和催眠作用，能降低大脑中枢神经兴奋性；外用能抑杀皮肤细菌及寄生虫。

酸　枣　仁

本品为鼠李科植物酸枣［*Ziziphus jujuba* Mill. var. *spinosa* (Bunge) Hu ex H. F. Chou.］的干燥成熟种子。生用或炒用。主产于河北、河南、陕西、辽宁等地。

【性味】 甘、酸，平。

【归经】 入心、肝经。
【功能】 养心安神，益阴敛汗。
【主治】 心肝血虚不能滋养，以致虚火上炎，出现躁动不安等；虚汗。
【用量】 马、牛 20～60g；猪、羊 5～10g；犬 3～5g；兔、禽 1～2g。
【应用】 用于心肝血虚，常与党参、熟地黄、柏子仁、茯苓、丹参等同用；用于虚汗，多与山茱萸、白芍、五味子或牡蛎、麻黄根、浮小麦等配伍。
【成分】 含桦木素、桦木酸、有机酸、谷甾醇、脂肪油、蛋白质及丰富的维生素 C。
【药理】 有镇静作用；有持续性降低血压的作用；有对抗安钠咖所致之兴奋作用；对子宫有兴奋作用。

柏 子 仁

本品为柏科植物侧柏 [*Platycladus orientalis* (L.) Franco.] 的干燥成熟种仁。生用。主产于山东、湖南、河南、安徽等地。

【性味】 甘，平。
【归经】 入心、肝、肾经。
【功能】 养心安神，润肠通便。
【主治】 血不养心引起的心神不宁等；阴虚血少及产后血虚的肠燥便秘。
【用量】 马、牛 30～60g；骆驼 40～80g；猪、羊 10～20g；犬 5～10g。
【应用】 养心安神，常与酸枣仁、远志、熟地黄、茯神等同用；润肠通便，常与火麻仁、郁李仁等配伍。
【成分】 含大量脂肪油及少量挥发油、皂苷等。
【药理】 含大量脂肪油，故有润肠作用。

远 志

本品为远志科植物远志 (*Polygala tenuifolia* Willd.) 或卵叶远志 (*Polygala sibirica* L.) 的根或根皮。生用或炙用。主产于山西、陕西、吉林、河南等地。

【性味】 辛，苦，微温。
【归经】 入心、肺经。
【功能】 宁心安神，祛痰开窍，消痈肿。
【主治】 心神不宁、躁动不安；痰阻心窍所致的狂躁、惊痫等；咳嗽而痰多难咯者；痈疽疔毒、乳房肿痛。
【用量】 马、牛 10～30g；骆驼 45～90g；猪、羊 5～10g；犬 3～6g；兔、禽 0.5～1.5g。
【应用】 宁心安神，常与朱砂、茯神等配伍；祛痰开窍，常与石菖蒲、郁金、杏仁、桔梗等同用；消痈肿，单用为末加酒灌服，外用调敷患处。
【禁忌】 胃炎者慎用。
【成分】 含远志皂苷、糖、远志素等。
【药理】 有较强的祛痰作用；对子宫有促进收缩和增强张力的作用；有降压作用；有溶血作用；有刺激胃黏膜而反射性引起轻度呕吐的副作用；有镇静、催眠作用；对金黄色葡萄球菌、痢疾杆菌、伤寒杆菌等均有抑制作用。

合 欢 皮

本品为豆科植物合欢 (*Albizia julibrissin* Durazz.) 的干燥树皮。夏、秋两季剥取，晒干。全国各地均有分布，主产于河南、河北、湖北等地。

【性味】 甘，平。
【归经】 归心、肝、肺经。

【功能】 解郁安神，活血消肿镇痛。
【主治】 心神不安，忧郁失眠；跌打损伤、骨折肿痛；肺痈疮肿。
【用量】 马、牛 10～30g；猪、羊 5～10g。
【应用】 解郁安神，常与夜交藤、柏子仁配伍；活血消肿镇痛，常与当归、红花、川芎配伍。
【禁忌】 消化道溃疡病者慎用，风热自汗、外感不眠者禁用。
【成分】 含皂苷、黄酮类化合物、鞣质和多种木脂素及其糖苷、吡啶醇衍生物的糖苷等。
【药理】 合欢皮水煎液及醇提取物均能延长小鼠戊巴比妥钠睡眠时间；能增强妊娠子宫节律性收缩，并有终止妊娠、抗早孕效应；其水、醇提取物分别具有增强小鼠免疫功能及抗肿瘤作用。

二、开窍药

石 菖 蒲

本品为天南星科植物石菖蒲（*Acorus tatarinowii* Schott.）的干燥根茎。切片生用。主产于四川、浙江等地。

【性味】 辛，温。
【归经】 入心、肝、胃经。
【功能】 宣窍豁痰，化湿和中。
【主治】 痰湿蒙蔽清窍、清阳不升所致的神昏、癫狂；湿困脾胃、食欲不振、肚腹胀满等。
【用量】 马、牛 20～45g；骆驼 30～60g；猪、羊 10～15g；犬、猫 3～5g；兔、禽 1～1.5g。
【应用】 宣窍豁痰，常与远志、茯神、郁金等配伍；化湿和中，常与香附、郁金、藿香、陈皮、厚朴等同用。
【成分】 含挥发油（主要为细辛醚、β-细辛醚）、氨基酸和糖类。
【药理】 内服可促进消化液分泌，制止胃肠异常发酵，并有弛缓肠管平滑肌痉挛的作用；外用对皮肤微有刺激作用，能改善局部血液循环；水浸剂（1∶3）对常见致病性皮肤真菌有不同程度的抑制作用。

蟾 酥

本品为蟾蜍科动物中华大蟾蜍（*Bufo bufo gargarizans* Cantor.）、黑眶蟾蜍（*Bufo melanostictus* Schneider.）的干燥分泌物。蟾蜍耳后腺及皮肤腺所分泌的白色浆液，经收集加工而成。产于全国大部分地区。

【性味】 甘、辛，温。有毒。
【归经】 入心、胃经。
【功能】 解毒消肿，辟秽通窍。
【主治】 1. 外用内服均有较强解毒止痛作用，主要用于痈肿疔毒、咽喉肿痛等，多外用。
2. 开窍醒脑，适用于感受秽浊之气，猝然昏倒之证。
【用量】 马、牛 0.1～0.2g；猪、羊 0.03～0.06g；犬 0.075～0.15g。
【应用】 也常入丸剂用，如六神丸中即含有本品；开窍醒脑，常与麝香、雄黄等配伍。
【禁忌】 孕畜忌用。
【成分】 含华蟾蜍素、华蟾蜍次素、去乙酰基华蟾蜍素，均为强心成分。此外，尚含甾醇类、5-羟基吲哚胆碱、精氨酸及辛二酸。
【药理】 有强心和使动物血压升高及兴奋呼吸的作用；对放射性物质引起的白细胞减少症，有升高白细胞的作用；有局麻和镇痛作用；有抗炎作用，在体外无抑菌作用；对小鼠实验性咳嗽，有止咳作用；静脉或腹腔注射蟾蜍注射液，小鼠出现呼吸急促、肌肉痉挛、心律不齐，最后麻痹而死。

牛 黄

本品为牛科动物牛（*Bos taurus domesticus* Gmelin.）的干燥胆囊结石。研细末用。主产于西北、华北、东北等地。

【性味】苦、甘，凉。

【归经】入心、肝经。

【功能】豁痰开窍，清热解毒，息风定惊。

【主治】热病神昏、痰迷心窍所致的癫痫、狂乱等；热毒郁结所致的咽喉肿痛、口舌生疮、痈疽疔毒等；温病高热引起的痉挛抽搐等。

【用量】马、牛 3~12g；猪、羊 0.6~2.4g；犬 0.3~1.2g。

【应用】本品能化痰开窍，兼能清热，多与麝香、冰片等配伍；清热解毒，常与黄连、麝香、雄黄等同用。

【禁忌】脾胃虚弱及孕畜不宜用，无实热者忌用。

【成分】含胆红素、胆酸、胆固醇、麦角固醇、脂肪酸、卵磷脂、维生素 D、钙、铜、铁、锌等。

【药理】小剂量能促进红细胞及血色素增加，大剂量反而有破坏红细胞的作用。此外，本品尚有镇静、抗惊厥及强心作用。

麝 香

本品为鹿科动物林麝（*Moschus berezovskii* Flerov.）、马麝（*Moschus sifanicus* Przewalski.）或原麝（*Moschus moschiferus* Linnaeus）成熟雄体香囊中的分泌物干燥制成。研末用。主产于四川、西藏、云南、陕西、甘肃、内蒙古等地。

【性味】辛，温。

【归经】入十二经。

【功能】开窍通络，活血散瘀，催产下胎。

【主治】温病热入心包之热闭神昏、惊厥及中风痰厥等；跌打损伤；死胎及胎衣不下。

【用量】马、牛 0.6~1.5g；猪、羊 0.1~0.2g；犬 0.05~0.1g。

【应用】开窍醒脑，多与冰片、牛黄等配伍；用治疮疡肿毒，常与雄黄、蟾蜍等配伍。

【禁忌】孕畜忌用。

【成分】含麝香酮、甾体激素、雄素酮、5-β-雄素酮、脂肪、树脂、蛋白质和无机盐。

【药理】少量可增进大脑功能，大量有麻醉作用；能使心跳、呼吸频率增加；能促进腺体的分泌，有发汗和利尿作用；对家兔离体子宫有兴奋作用；对猪霍乱杆菌、大肠埃希菌、金黄色葡萄球菌有抑制作用。

第十二节 收 涩 药

凡具有收敛固涩作用，能治疗各种滑脱证的药物，称为收涩药。

滑脱病证，主要表现为子宫脱出、滑精、自汗、盗汗、久泻、久痢、二便失禁、脱肛、久咳虚喘等。由于脱证的表现各异，故本类药物又分为涩肠止泻和敛汗涩精两类。

1. 涩肠止泻药

涩肠止泻药具有涩肠止泻的作用，适用于脾肾虚寒所致的久泻久痢、二便失禁、脱肛或子宫脱出等。

2. 敛汗涩精药

敛汗涩精药具有固肾涩精或缩尿的作用，适用于肾虚气弱所致的自汗、盗汗、阳痿、滑精、尿频等，在应用上常配伍补肾药、补气药。

一、涩肠止泻药

乌 梅

本品为蔷薇科植物梅［*Prunus mume* (Sieb.) Sieb. et Zucc.］的干燥近成熟果实的加工熏制品。打碎生用。主产于浙江、福建、广东、湖南、四川等地。

【性味】 酸、涩，平。
【归经】 入肝、脾、肺、大肠经。
【功能】 敛肺涩肠，生津止渴，驱虫。
【主治】 肺虚久咳；久泻久痢；虚热所致的口渴贪饮；蛔虫引起的腹痛、呕吐等。
【用量】 马、牛 15～30g；猪、羊 6～10g；犬、猫 2～5g；兔、禽 0.6～1.5g。
【应用】 敛肺止咳，常与款冬花、半夏、杏仁等配伍；涩肠止泻，常与诃子、黄连等同用，亦可与党参、白术等配伍应用；驱虫，常与干姜、细辛、黄柏等配伍。
【成分】 含苹果酸、枸橼酸、酒石酸、琥珀酸、蜡醇、β-谷甾醇、三萜成分等。
【药理】 对离体肠管有抑制作用；对豚鼠的蛋白质过敏及组胺休克有对抗作用；对大肠埃希菌、痢疾杆菌、伤寒杆菌、霍乱弧菌、铜绿假单胞菌、结核杆菌及多种球菌、真菌有抑制作用。

诃 子

本品为使君子科植物诃子（*Terminalia chebula* Retz.）或绒毛诃子（*Terminalia chebula* Retz. var. *tomentella* Kurt.）的干燥成熟果实。煨用或生用。主产于广东、广西、云南等地。

【性味】 苦、酸、涩，温。
【归经】 入肺、大肠经。
【功能】 涩肠止泻，敛肺止咳。
【主治】 久泻久痢，肺虚咳喘。本品煨用涩肠，生用清肺。
【用量】 牛、马 30～60g；猪、羊 6～10g；犬、猫 1～3g；兔、禽 0.5～1.5g。
【应用】 涩肠止泻，常与黄连、木香、甘草等同用；对痢疾而偏热者，若泻痢日久，气阴两伤，需与党参、白术、山药等配伍；敛肺止咳，常与党参、麦冬、五味子等同用；用于肺热咳嗽时，可配瓜蒌、百部、贝母、玄参、桔梗等。
【禁忌】 泻痢初起者忌用。
【成分】 含鞣质，主要为诃子酸、没食子酸、黄酸、诃黎勒酸、鞣云实素、鞣花酸等。
【药理】 醇提取物口服或灌肠，对痢疾均有较满意的效果；对肺炎双球菌、痢疾杆菌有较强的抑制作用，对伤寒杆菌也有抑制作用。

石 榴 皮

本品为石榴科植物石榴（*Punica granatum* L.）的干燥果皮。切碎生用。我国南方各地均有。

【性味】 酸、涩，温。
【归经】 入大肠经。
【功能】 收敛止泻，杀虫。
【主治】 虚寒所致的久泻久痢；蛔虫、蛲虫病。
【用量】 马、牛 15～30g；骆驼 25～45g；猪、羊 3～15g；犬、猫 1～5g；兔、禽 1～2g。
【应用】 收敛止泻，常与诃子、肉豆蔻、干姜、黄连等同用；杀虫，可单用或与使君子、槟榔等配伍。
【禁忌】 有实邪者忌用。
【成分】 含鞣质及微量生物碱。

【药理】 对痢疾杆菌、铜绿假单胞菌、伤寒杆菌、结核杆菌及各种皮肤真菌有抑制作用。

罂 粟 壳

本品为罂粟科植物罂粟（*Papaver somniferum* L.）的干燥成熟果壳。晒干醋炒或蜜炙用。主产于云南省。

【性味】 涩，平。有毒。

【归经】 入肺、肾、大肠经。

【功能】 涩肠敛肺，止痛。

【主治】 肺气不收，久咳不止；久泻、久痢兼腹痛者。

【用量】 马、牛 30~60g；猪、羊 5~15g；犬 3~5g。

【应用】 收敛肺气，常与乌梅配伍；涩肠止泻，可单用或配伍木香、黄连。

【禁忌】 咳嗽或腹泻初起者忌用。

【成分】 含罂粟酸、吗啡、可待因、那可丁、罂粟碱、酒石酸、枸橼酸及蜡质等。

【药理】 能减少呼吸的频率和咳嗽反射的兴奋性，具有镇咳作用；能抑制中枢神经系统对疼痛的感受性；有松弛胃肠平滑肌的作用，使肠蠕动减少而止泻；有缓解气管平滑肌痉挛的作用，从而达到止支气管喘息之效；用量大时可引起中枢性呕吐、缩瞳、抽搐等。

五 倍 子

本品为漆树科植物盐肤木（*Rhus chinensis* Mill.）、青麸杨（*Rhus potaninii* Maxim.）或红麸杨［*Rhus punjabensis* Stew. var. *sinica* (Diels.) Rehd. et Wils.］叶上的虫瘿，主要由五倍子蚜［*Melaphis chinensis* (Bell) Baker.］寄生而形成。研末用。主产于四川、贵州、广东、广西、河北、安徽、浙江及西北各地。

【性味】 酸、涩，寒。

【归经】 入肺、肾、大肠经。

【功能】 涩肠止泻，止咳，止血，杀虫解毒。

【主治】 久泻久痢，便血日久；肺虚久咳；疮癣肿毒，皮肤湿烂等。

【用量】 马、牛 10~35g；猪、羊 3~10g；犬、猫 0.5~2g；兔、禽 0.2~0.6g。

【应用】 涩肠止泻，可与诃子、五味子等同用；敛肺止咳，常与党参、五味子、紫菀等配伍；杀虫解毒，可研末外敷或煎汤外洗。

【禁忌】 肺热咳嗽及湿热泄泻者忌用。

【成分】 含五倍子鞣质、没食子酸、脂肪、树脂、蜡质、淀粉等。

【药理】 具有鞣质的药理作用，能使皮肤、黏膜溃疡等局部组织蛋白凝固，而呈现收敛止血作用；因能沉淀生物碱，故有解生物碱中毒的作用；其煎剂对金黄色葡萄球菌、肺炎双球菌、铜绿假单胞菌、猪霍乱杆菌、痢疾杆菌、大肠埃希菌均有抑制作用。

二、敛汗涩精药

五 味 子

本品为木兰科植物五味子［*Schisandra chinensis* (Turcz.) Baill.］和南五味子（*Schisandra sphenanthera* Rehd. et Wils.）的干燥成熟果实。生用或经醋、蜜等拌蒸晒干。前者习称"北五味子"，为传统使用的正品，主产于东北、内蒙古、河北、山西等地；南五味子主要产于西南及长江以南地区。

【性味】 酸，温。

【归经】 入肺、心、肾经。

【功能】 敛肺，滋肾，敛汗涩精，止泻。

【主治】 肺虚或肾虚不能纳气所致的久咳虚喘；津少口渴，体虚多汗；脾肾阳虚泄泻；滑精及尿频数等。

【用量】 马、牛 15～30g；猪、羊 3～10g；犬、猫 1～2g；兔、禽 0.5～1.5g。

【应用】 敛肺，滋肾，常与党参、麦冬、熟地黄、山茱萸肉等同用；生津止渴，常与麦冬、生地黄、天花粉等同用；治体虚多汗，常与党参、麦冬、浮小麦等配伍；涩精，止泻，常与补骨脂、吴茱萸、肉豆蔻等同用；治滑精及尿频数等，可与桑螵蛸、菟丝子同用。

【禁忌】 表邪未解及有实热者不宜应用。

【成分】 含挥发油（内含五味子素）、苹果酸、枸橼酸、酒石酸、维生素C、鞣质及大量糖分、树脂等。

【药理】 能增加中枢神经系统的兴奋，调节心血管系统而改善血液循环；能兴奋子宫，使子宫节律性收缩加强，故可用于催产；能降低血液中谷丙转氨酶的含量；能调节胃液及促进胆汁分泌；煎剂对人型结核杆菌有完全抑制作用，对福氏痢疾杆菌、伤寒杆菌、金黄色葡萄球菌有较强的抑制作用。

龙 骨

本品为古代大型哺乳动物如象类、犀牛类、三趾马类等的骨骼化石。生产于河南、河北、山西、内蒙古、青海等地。

【性味】 甘、涩，平。

【归经】 入心、肝、肾经。

【功能】 安神镇静，平肝潜阳，收敛固涩。

【主治】 心神不宁、躁动不安等证；肝阴不足，肝阳上亢之证；滑精、盗汗、久泄不止等证；还可外用于湿疮痒疹及创疡溃后久不收口。

【用量】 马、牛 30～60g；猪、羊 6～10g。

【应用】 安神镇静，多与茯苓、远志、朱砂等配伍；平肝潜阳，多与白芍、牡蛎等配伍；收敛固涩，常与牡蛎、山药等同用。

【成分】 含碳酸钙、磷酸钙及钾、钠、镁、铁、铝等元素。

【药理】 本品所含钙盐吸收后，有促进血液循环、降低血管壁通透性及抑制骨骼肌的作用。

牡 蛎

本品为牡蛎科动物长牡蛎（*Ostrea gigas* Thunberg.）、近江牡蛎（*Ostrea rivularis* Gould.）或大连湾牡蛎（*Ostrea talienwhanensis* Crosse.）的贝壳。生用或煅用。主产于沿海地区。

【性味】 咸、涩，微寒。

【归经】 入肝、肾经。

【功能】 平肝潜阳，软坚散结，敛汗涩精。

【主治】 阴虚阳亢引起的躁动不安等证；瘰疬；煅用长于敛汗涩精，可用于自汗、盗汗、滑精等。

【用量】 马、牛 30～90g；猪、羊 10～30g；犬 5～10g；兔、禽 1～3g。

【应用】 平肝潜阳，常与龟甲、白芍等配伍；软坚散结，常与玄参、贝母等同用；用治自汗、盗汗，常与浮小麦、麻黄根、黄芪等配伍，如牡蛎散；治滑精，常与金樱子、芡实等配伍。

【成分】 含碳酸钙、磷酸钙及硫酸钙，并含铝、镁、硅及氧化铁等。

【药理】 酸性提取物在活体中对脊髓类病毒有抑制作用，使感染鼠的死亡率降低。

桑 螵 蛸

本品为螳螂科昆虫大刀螂（*Tenodera sinensis* Saussure.）、小刀螂 [*Statilia maculata* (Thunberg.)] 或巨斧螳螂 [*Hierodula patellifera* (Serville.)] 的干燥卵鞘，分别习称"团螵蛸"、"长螵蛸"和"黑螵蛸"。生用或炙用。主产于各地桑蚕区。

【性味】 甘、咸、涩，平。
【归经】 入肝、肾经。
【功能】 益肾助阳，固精缩尿。
【主治】 肾气不固所致的滑精早泄及尿频数等；阳痿。
【用量】 马、牛15~30g；猪、羊5~15g；兔、禽0.5~1g。
【应用】 益肾助阳，常配伍益智仁、菟丝子、黄芪等；助阳时，常与巴戟天、肉苁蓉、枸杞子等配伍。
【禁忌】 阴虚有火，膀胱湿热所致的尿频数者忌用。
【成分】 含蛋白质、脂肪、粗纤维、铁、钙及胡萝卜素样的色素。

浮 小 麦

本品为禾本科植物小麦（*Triticum aestivum* L.）干燥瘪瘦果实。生用或炒用。各地均产。

【性味】 甘，凉。
【归经】 入心经。
【功能】 止汗。
【用量】 马、牛60~90g；猪、羊15~30g；犬5~8g。
【应用】 用于治疗自汗、虚汗，常与牡蛎等同用。用治产后虚汗不止，可与麻黄根、牡蛎、黄芪等配伍。
【禁忌】 无汗而烦躁或虚脱汗出者忌用。
【成分】 含大量淀粉及维生素B等。

麻 黄 根

本品为麻黄科植物草麻黄（*Ephedra sinica* Stapf.）、木贼麻黄（*Ephedra equisetina* Bge.）或中麻黄（*Ephedra intermedia* Schrenk et C. A. Mey.）的根及根茎。主产于内蒙古、辽宁、江西、河北、陕西、甘肃等地。

【性味】 甘、微苦、微涩，平。
【归经】 入肺经。
【功能】 治体虚自汗、盗汗。
【用量】 马、牛15~30g；猪、羊3~10g。
【应用】 气虚自汗、阴虚盗汗。
【禁忌】 有表邪者忌服。
【成分】 本品主含麻黄根素、麻黄根碱甲和麻黄根碱乙。
【药理】 有使心脏收缩减弱、血压降低、呼吸幅度增大、末梢血管扩张等作用。

第十三节 补 虚 药

凡能滋补气血阴阳不足，以达到补虚扶弱，治疗各种虚证的药物，称为补虚药。

虚证按其病性可分为气虚、血虚、阴虚、阳虚四类。补虚药也根据其性能与应用范围分为补气药、补血药、补阳药、补阴药四类。但在畜体生命活动中，气、血、阴、阳有着相互依存的关系。一般阳虚多兼气虚，而气虚也常常导致阳虚。所以在应用补气药时，常与补阳药配伍，使用补血药时常与补阴药并用。同时，在临床上又往往数证兼见，如气血两亏、阴阳俱虚。因此，补气药、补血药、补阳药、补阴药常常相互配伍应用。此外，脾胃为后天之本，肺为一身之气，故应以补脾、胃、肺为主；而肾既主一身之阳，又主一身之阴，故使用助阳药、滋阴药时应以补肾阳、滋肾阴为主。

补虚药虽能扶正，但应用不当会产生留邪的副作用，所以当病畜实邪未尽时，不宜早用。若病邪未解，正气已虚，则以祛邪为主，酌加补虚药以扶正增强抵抗力，达到既祛邪又扶正的目的。

一、补气药

补气药多味甘，性平或微温，主入脾、胃、肺经，具有补肺气、益脾气的功能，一般适用肺气虚和脾气虚两证。因脾为后天之本，生化之源，故脾气虚则精神倦怠，大便泄泻，食欲不振，胸腹胀满；肺主一身之气，肺气不足，则气短气少，动则气喘，自汗无力等，凡出现以上诸证皆可应用补气药。又因为气为血帅，气旺可以生血，即阴阳互根，阳生阴长之意。

党 参

本品为桔梗科宿根草本植物党参［*Codonopsis pilosula*（Franch.）Nannf.］的干燥根。切片生用或蜜炙用。又称为潞党参、台党参、百皮党参。原产于东北、华北、西北等地，目前全国各地都有栽培。

【性味】 甘，平。
【归经】 入脾、肺经。
【功能】 补中益气，健脾生津。
【主治】 脾胃虚弱，食欲不振，脾虚泄泻，脱肛，子宫脱垂等证。
【用量】 马、牛 20~60g；猪、羊 6~15g；犬、猫 3~6g。
【应用】 用于中气虚弱、肺虚咳嗽，配黄芪、白术；用于肺虚，配阿胶、紫菀、五味子。
【禁忌】 凡表证未解，中满邪实者不宜用。
【成分】 本品含皂苷、蔗糖、葡萄糖、黏液质、树脂、蛋白质、维生素B及微量生物碱等成分。
【药理】 党参具有兴奋中枢神经、降低血压、增强机体免疫功能、改善血液循环系统功能、调整血糖、祛痰镇咳、抗炎等作用。

黄 芪

本品为豆科多年生草本植物蒙古黄芪［*Astragalus membranaceus*（Fisch.）Bge. var. *mongholicus*（Bge.）Hsiao］或膜荚黄芪［*Astragalus membranaceus*（Fisch.）Bge.］的根。去根头，切为短段，生用或蜜炙用。主产于河北、山西、陕西、内蒙古、辽宁、甘肃、青海、黑龙江等地。

【性味】 甘，微温。
【归经】 入脾、肺经。
【功能】 补气升阳，固表止汗，托毒排脓，利水消肿。
【主治】 食少倦怠，脱肛，子宫脱垂，水肿，表虚自汗等。
【用量】 马、牛 15~60g；猪、羊 6~15g；犬、猫 3~6g。
【应用】 1. 用于气虚证，兼阳虚病畜，配附子；脾虚病畜，配白术；血虚，配当归；中气虚陷，配补气升阳药。
2. 用于畜体衰弱、表虚不固的自汗证，配麻黄根、牡蛎、浮小麦。
3. 用于正气不足的痈疽，配当归、穿山甲、皂角刺。
4. 用于虚性风湿和水肿，配茯苓、车前子。
【禁忌】 阴虚火盛病畜忌用。
【成分】 本品含蔗糖、葡萄糖、黏液质、氨基酸、胆碱、甜菜碱、叶酸、熊竹素、麻油酸、β-谷甾醇等成分。
【药理】 黄芪具有利尿排钠、降血压、扩张血管、增强心脏功能、抗老延寿、改善肝脏功能、抑制血小板聚集、维持血糖、增强机体免疫力等作用。

白 术

本品为菊科多年生草本植物白术（*Atractylodes macrocephala* Koidz.）的根茎。切片生用，土炒或面炒用。又称为生白术、炒白术。主产于福建、江苏、安徽、江西、湖南、湖北、四川、贵州等地。

【性味】 苦、甘、温。

【归经】 入脾、胃经。

【功能】 补脾益气，燥湿利水，固表止汗，安胎。

【主治】 食少胀满，冷痛，泄泻，水肿，表虚自汗，胎动不安等。

【用量】 马、牛15～45g；猪、羊6～15g；犬、猫2～6g。

【应用】 治疗水肿，配茯苓；治疗风湿，配麻黄；治疗表虚自汗，配黄芪；治疗胎动不安，配黄芩。

【禁忌】 阴虚火盛病畜忌用。

【成分】 本品含挥发油（主要成分为苍术醇、苍术酮）、维生素A等成分。

【药理】 白术具有利尿、降血糖、保肝、扩张血管、缓和胃肠蠕动、抗肿瘤、抗凝血作用。此外，其水浸剂在试管内对絮状表皮癣菌、星形奴卡氏菌有抑制作用；煎剂对脑膜炎球菌有抑制作用；对于因化学疗法及放射线疗法引起的白细胞下降，有使其升高的作用。

山 药

本品为薯蓣科多年生蔓生草本植物薯蓣（*Dioscorea opposita* Thunb.）的块根。刮去粗皮晒干，切片，生用或炒用。又称为薯蓣、暑预。我国南北各地都有栽培。

【性味】 甘，平。

【归经】 入肺、脾、肾经。

【功能】 补脾胃，益肺肾。

【主治】 脾胃虚弱，肺虚久咳，湿热泄泻，肾虚滑精，尿频数等证。

【用量】 马、牛30～90g；猪、羊15～30g；犬、猫4～6g。

【应用】 用于脾胃虚弱、少食倦怠、泄泻等证，配党参、白术、黄芪。用于虚痨咳嗽，配沙参。

【禁忌】 实热实邪病畜忌用。

【成分】 本品含淀粉、皂苷、胆碱、糖蛋白、氨基酸、植酸、多酚氧化酶、维生素C、黏液质等成分。

【药理】 山药所含营养成分和黏液质、淀粉有关，有滋补和助消化作用。此外，尚有止泻和祛痰作用。

大 枣

本品为鼠李科落叶乔木植物枣［*Ziziphus jujuba* Mill. var. inermis（Bge.）Rehd.］的干燥成熟果实。又称红枣、大红枣。主产于山西、山东、河南、河北、辽宁、安徽等地。

【性味】 甘，温。

【归经】 入脾经。

【功能】 补脾和胃，益气生津，和解百药。

【主治】 脾胃虚弱，劳伤虚损等证。

【用量】 马、牛25～60g；猪、羊5～20g；犬、猫4～8g。

【应用】 治疗脾胃虚弱等证，配山药、白术、生姜；治疗劳伤虚损，配甘草、麦冬；常用作引药。

【成分】 本品含异喹啉生物碱、光千金藤碱、三萜类化合物、皂苷、蛋白质、糖类、有机酸、黏液质、维生素A、维生素B、维生素C等成分。

【药理】 大枣具有保护肝脏、增强肌力、增加体重、抗过敏、预防输血反应等作用。临床用于非血小板减少性紫癜、急慢性肝炎和肝硬化患者的血清转氨酶活力较高的情况。

甘　草

本品为豆科多年生草本植物甘草（*Glycyrrhiza uralensis* Fisch.）的干燥根茎。切片生用或蜜炙用。又称粉草、甜甘草、国老。产于我国东北、西北和华北等地。

【性味】　甘，平。

【归经】　入十二经。

【功能】　补气和中，泻火解毒，调和诸药。

【主治】　脾胃虚弱，咳嗽喘急，痈疮肿毒，中毒等证。

【用量】　马、牛 15～60g；猪、羊 3～15g；犬、猫 2～6g。

【应用】　治疗脾胃虚弱，配山药、白术；清热解毒，配金银花、连翘；咳嗽喘息，配杏仁；调和诸药，为佐使药。

【禁忌】　反大戟、甘遂、芫花、海藻。

【成分】　本品含甘草酸、甘草甜素、甘草苷、苹果酸、桦木酸、天冬酰胺、微量挥发油等成分。

【药理】　甘草具有解毒、抗炎、抗变态反应、肾上腺皮质样、镇咳、镇痛、抗肿瘤、降低血脂等作用。甘草水提取物能增加胃肠黏膜细胞的"己糖胺"成分，使胃黏膜不受损害。甘草流浸膏内服后，能直接吸附胃酸，故可降低胃酸浓度；对乙酰胆碱、氯化钡、组胺等引起的肠痉挛有解痉作用。

二、补血药

补血药多味甘，性平或微温，大多入心、肝、脾经，有补血功效，适用于体瘦毛焦、口色淡白、精神萎靡、心悸脉弱等血虚之证。因心主血，肝藏血，脾统血，故血虚证与心、肝、脾密切相关，治疗时以补心、肝药为主，配以健脾药物。如血虚兼气虚者则配用补气药，如血虚兼阴虚者则配以滋阴药。

当　归

本品为伞形科多年生草本植物当归［*Angelica sinensis* (Oliv) Diels.］的干燥根。切片生用或酒炒、炒炭用。又称为乾归、秦归、云归。产于甘肃、陕西、四川、湖北、云南等地。

【性味】　辛、甘、苦，温。

【归经】　入心、肝、脾经。

【功能】　补血活血，祛瘀止痛，润肠通便。

【主治】　血虚诸证，跌打损伤，痈肿疮疡，风湿痹痛，产后瘀血腹痛，肠燥便秘。

【用量】　马、牛 20～60g；猪、羊 6～15g；犬、猫 3～6g。

【应用】　补血活血，配熟地黄、芍药、川芎；活血止痛，配红花、桃仁、川芎；腹痛，配厚朴、延胡索；血虚肠燥便秘，配肉苁蓉。

【禁忌】　脾湿中满及泄泻病畜忌用。

【成分】　本品含挥发油、β-谷甾醇、蔗糖、维生素B、烟酸、氨基酸、多种微量金属元素等成分。

【药理】　当归具有调整子宫机能状态、镇静、镇痛、利尿、抗维生素E缺乏、降低血压等作用；对痢疾杆菌、伤寒杆菌、大肠埃希菌、溶血性链球菌等细菌有显著的抑制作用。

熟地黄

本品为玄参科多年生草本植物地黄［*Rehmannia glutinosa* (Gaertn.) Libosch.］的干燥根茎。加酒反复蒸晒后，切片入药。又称熟地黄、大地黄、熟地炭。主产于我国北方广大地区。

【性味】　甘，微温。

【归经】 入心、肝、肾经。
【功能】 补血生津，滋阴养血。
【主治】 阴虚内热和血虚证。
【用量】 马、牛15～60g；猪、羊9～10g；犬、猫2～5g。
【应用】 治疗血虚，常配当归、川芎、白芍；治疗肾阴不足，配玄参。
【禁忌】 脾虚食少，腹满便溏病畜忌用。
【成分】 本品含梓醇、水苏糖、甘露醇、果糖、葡萄糖、蔗糖、维生素、生物碱、脂肪酸、氨基酸、地黄素等成分。
【药理】 熟地黄具有凝血、利尿、强心、扩张血管、降低血糖的作用。此外，地黄对须疮癣菌、石膏样小芽孢癣菌、羊毛状小芽孢状癣菌等真菌有抑制作用。

白 芍

本品为毛茛科植物芍药（*Paeonia lactiflora* Pall.）的干燥根。切片，生用，酒炒或麦麸炒用。又称为白芍药、炒白芍、杭白芍。主产于浙江、山西、安徽、四川、河北、辽宁等地。

【性味】 苦、酸，微寒。
【归经】 入肝、脾、肺经。
【功能】 平抑肝阳，柔肝止痛，敛阴养血，安胎。
【主治】 腹痛，泻痢，肝胃不和，胸胁疼痛，阴虚盗汗，胎动不安等证。
【用量】 马、牛30～60g；猪、羊10～15g；犬、猫3～6g。
【应用】 治疗血虚体弱，配当归、川芎、白芍；治疗肝盛阴虚，常与山茱萸、山药等配伍。
【禁忌】 反藜芦。
【成分】 本品含芍药苷、芍药花苷、β-牡丹粉、甾醇、苯甲酸、脂肪酸、挥发油、树脂、鞣质、黏液质、蛋白质、生物碱等成分。
【药理】 芍药能抑制交感神经的兴奋性，因而有解痉的作用；可增强巨噬细胞的吞噬能力。此外，白芍煎剂在试管内对多种革兰阳性和阴性细菌、病毒、致病真菌均有抑制作用。

何 首 乌

本品为蓼科多年生缠绕草本植物何首乌（*Polygonum multiflorum* Thunb.）的干燥块根。切片，晒干，生用或加黑豆蒸晒用。又称地精、首乌、制首乌。主产于河南、安徽、湖北、贵州、四川、广西、江苏等地。

【性味】 甘、苦、涩，微温。
【归经】 入肝、肾经。
【功能】 生何首乌：通便，解疮毒。制何首乌：补肝肾，益精血，壮筋骨。
【主治】 阴虚血少，腰膝痿弱，滑精早泄，疮疡，皮肤瘙痒等证。
【用量】 马、牛30～90g；猪、羊10～15g。
【应用】 治疗阴虚血少，腰膝痿弱，配熟地黄、枸杞子、菟丝子；治疗疮疡、皮肤瘙痒，配玄参、紫花地丁、天花粉；治疗肠燥便秘，配肉苁蓉、火麻仁。
【禁忌】 脾虚湿盛病畜不宜用。
【成分】 本品含大黄素、大黄酚、大黄素甲醚、大黄酸、大黄苷、粗脂肪、卵磷脂、糖类等成分。
【药理】 何首乌具有降血脂、降血糖、抗菌作用。此外，从何首乌中提取的大黄酚，能促进肠管的运动，并能骤减时值，促进神经兴奋，增加肌肉时值，使肌肉麻痹。

阿 胶

本品为马科动物驴（*Equus asinus* L.）的皮经煎熬、浓缩而制成的胶块。溶化冲服或炒珠用。又称为胶珠。主产于山东、浙江、北京、天津、河北、山西、武汉等地。

【性味】 甘，平。
【归经】 入肝、脾、肺、肾经。
【功能】 补血止血，滋阴润燥，安胎。
【主治】 各种出血证，阴虚肺燥咳嗽，妊娠胎动等。
【用量】 马、牛15～60g；猪、羊8～15g。
【应用】 血虚体弱，配当归、黄芪、熟地黄；各种出血证，配白及、仙鹤草、白茅根、生地黄、地榆；阴虚肺燥咳嗽，配知母、贝母、麦冬、沙参、杏仁；妊娠胎动、下血，配艾叶、葱白。
【禁忌】 内有瘀滞及有表证者不宜用。
【成分】 本品含动物胶、蛋白质，水解后生成多种氨基酸。
【药理】 阿胶具有良好的补血、扩张血管、促进健康动物淋巴细胞转化、防治进行性肌营养障碍的作用。此外，在创伤性休克危急期，用生理盐水亦难挽救的情况下，注射阿胶精制溶液，可使血压上升而转危为安。

三、补阳药

补阳药多味甘或咸，性温或热，多入肝、肾经，有补肾助阳、强筋壮骨的作用，适用于形寒肢冷、腰胯无力、阳痿滑精、肾虚泄泻等。因"肾为先天之本"，故补阳药主要用于温补肾阳。对肾阳衰弱不能温养脾阳所致的泄泻，也可用补肾阳药治疗。补阳药多温燥，故阴虚发热及实热证者等均不宜用。

巴 戟 天

本品为茜草科植物巴戟天（*Morinda officinalis* How.）的干燥根。去心，切段，晒干，生用或盐炒用。又称为巴戟、巴戟肉、盐巴戟天。主产于广东、广西、福建、四川等地。

【性味】 甘、辛，微温。
【归经】 入肝、肾经。
【功能】 补肾阳，强筋骨，祛风湿。
【主治】 肾虚阳痿、滑精早泄，腰胯疼痛，风湿痹痛。
【用量】 马、牛15～30g；猪、羊5～10g。
【应用】 用于腰胯疼痛，关节风湿，配独活、桑寄生。用于阳痿、滑精，配枸杞子、胡芦巴。
【禁忌】 凡阴虚火盛，大便燥结病畜忌用。
【成分】 本品含维生素C、糖类、树脂等成分。
【药理】 巴戟天浸出物和同属植物的提取物对麻醉猫有降压作用，并有一定的安神和利尿作用。

菟 丝 子

本品为旋花科植物菟丝子（*Cuscuta chinensis* Lam.）的干燥成熟种子。生用或盐水炒用。又称为菟丝子饼。主产于东北、河南、山东、江苏、江西、四川、贵州、云南等地。

【性味】 甘、辛，微温。
【归经】 入肝、肾经。
【功能】 补肝肾，益精髓，明目，安胎。
【主治】 肾虚，阳痿，滑精，小便频数，腰膝酸软，胎动不安。
【用量】 马、牛15～30g；猪、羊5～10g。

【应用】 治疗肾虚阳痿、滑精、尿频数、子宫出血等证，配枸杞子、五味子；治疗脾肾虚弱、粪便溏泄等证，配茯苓、山药、白术；治疗胎动，配杜仲、桑寄生。

【成分】 含胆甾醇、菜油甾醇、β-谷甾醇、豆甾醇、β-香树精、三萜酸类物质、树脂苷、维生素、糖类等成分。

【药理】 菟丝子具有改善和增强血液循环系统功能、增强免疫功能、延缓衰老的作用。有学者观察到灌胃可使大白鼠腺垂体、卵巢及子宫重量显著增加。

阳 起 石

本品为硅酸盐类矿石阳起石（Actinolite）或阳起石石棉（Actinolite asbestus.）的矿石。打碎用。又称为白石、煅阳起石。主产于河南、湖北、山西等地。

【性味】 咸，微温。

【归经】 入肾经。

【功能】 温肾壮阳。

【主治】 肾气虚寒，阳痿，滑精，早泄，子宫虚寒，腰胯冷痹等证。

【用量】 马、牛 30～50g；猪、羊 5～10g。

【应用】 用于肾气虚寒、阳痿、滑精、早泄等证，配补骨脂、菟丝子、肉苁蓉。

【禁忌】 阴虚火旺者忌服。

【成分】 本品含硅酸镁、硅酸钙及少量的铁、铝、镁等成分。

【药理】 阳起石具有兴奋性功能的作用。

补 骨 脂

本品为豆科一年生草本植物补骨脂（Psoralea corylifolia L.）的干燥成熟种子。生用或盐水炒用。又称为破故纸、故纸、破故子。主产于河南、安徽、山西、陕西、江西、云南、四川、广东等地。

【性味】 苦、辛，大温。

【归经】 入脾、肾、心经。

【功能】 温肾壮阳，止泻。

【主治】 肾虚阳痿，滑精，腰胯冷痛，泄泻，尿频等证。

【用量】 马、牛 15～45g；猪、羊 3～15g。

【应用】 用于下焦虚冷所致的阳痿、腰胯冷痛、泄泻等证，配五味子、吴茱萸、肉豆蔻。用于滑精、尿频，配益智仁、菟丝子。

【禁忌】 凡阴虚火旺，大便秘结病畜忌用。

【成分】 本品含补骨脂内酯、补骨脂乙素、异补骨脂内酯、豆甾醇、棉籽糖、挥发油及树脂等成分。

【药理】 补骨脂种子提取液在试管中对葡萄球菌，以及抗青霉素等抗生素的葡萄球菌均有抑制作用；补骨脂对霉菌有一定作用；种子的石油醚提取物对蚯蚓有抑制作用，故可能有驱虫效果。

淫 羊 藿

本品为小檗科多年生草本植物淫羊藿（Epimedium brevicornum Maxim.）及同属其他植物的干燥茎叶。切段生用。又称为刚前、仙灵脾。主产于陕西、甘肃、四川、安徽、浙江、江苏、广东、广西、云南等地。

【性味】 甘、辛，温。

【归经】 入肝、肾经。

【功能】 补肾壮阳，祛风除湿。
【主治】 阳痿，滑精，腰胯冷痛，风湿痹痛，不孕等。
【用量】 马、牛15～30g；猪、羊5～10g。
【应用】 用于肾虚阳痿、小便淋沥等证，配巴戟天、益智仁、蛤蚧、肉苁蓉等。用于下焦风寒湿痹之证，配威灵仙、独活、肉桂等。
【禁忌】 阳强易举种畜禁用。
【成分】 本品含淫羊藿苷、淫羊藿素、去甲淫羊藿苷、蜡醇、维生素E、植物甾醇、鞣质、生物碱等成分。
【药理】 淫羊藿具有催淫、扩张冠状动脉、降低血压、镇咳祛痰平喘、抗炎作用。体外实验证明，淫羊藿对白色葡萄球菌、金黄色葡萄球菌、肺炎双球菌、萘氏葡萄球菌、流感嗜血杆菌、结核杆菌均有抑制作用；对培养基中的脊髓灰质炎病毒和某些肠道病毒有抑制作用。

肉苁蓉

本品为列当科植物肉苁蓉 [Cistanche salsa (C. A. Mey.) G. Beck] 的干燥肉质茎。切片生用或盐水制用。又称为淡苁蓉、碱苁蓉、大芸。主产于内蒙古、甘肃、青海、新疆等地。

【性味】 甘、酸、咸，温。
【归经】 入肾、大肠、膀胱经。
【功能】 补肾壮阳，润肠通便。
【主治】 肾虚阳痿，滑精早泄，腰膝疼痛，不孕，肠燥便秘等。
【用量】 马、牛15～30g；猪、羊5～10g。
【应用】 治疗肾虚阳痿，滑精早泄，腰膝疼痛，配熟地黄、菟丝子、五味子、山茱萸；治疗老弱血虚及病后、产后津液不足、肠燥便秘，配火麻仁、柏子仁、当归等。
【禁忌】 阴虚火旺，脾虚便溏病畜忌用。
【成分】 本品含微量生物碱和结晶性中性物质。
【药理】 肉苁蓉稀乙醇浸出物加入饮水中饲养幼大鼠，其体重增长较对照组快。水浸剂、乙醇水浸出液麻醉犬、猫和兔等动物，证明其具有降低血压的作用。

益智仁

本品为姜科植物益智（Alpinia oxyphylla Miq.）的干燥果实。生用或加料炒用。又称为益智。主产于广东、云南、福建、广西、海南岛等地。

【性味】 辛，温。
【归经】 入脾、肾经。
【功能】 温肾固精，暖脾止泻，摄涎唾。
【主治】 脾虚泄泻，尿频，滑精早泄等。
【用量】 马、牛15～45g；猪、羊5～10g。
【应用】 治疗肾阳不足所致的滑精、尿频等证，配山药、桑螵蛸、菟丝子；治疗脾阳不振、运化失常所致的虚寒泄泻、腹部疼痛，配党参、白术、干姜；治疗脾虚不能摄涎，以致涎多自流者，配党参、茯苓、半夏、山药、陈皮等。
【禁忌】 阴虚火盛病畜忌用。
【成分】 本品含挥发油，以桉油精、姜烯、姜醇等为主。
【药理】 益智仁具有健胃、抗利尿、减少唾液分泌的作用。

四、补阴药

凡具有养阴、增液、润燥等作用，适用于阴虚液亏诸证的药物，称为补阴药或滋阴药。
补阴药多味甘，性凉。主入肺、胃、肝、肾经。具有滋肾阴、补肺阴、养胃阴、益肝肾等功效,适用于舌光无苔、口舌干燥、虚热口渴、肺燥咳嗽等阴虚之证。补阴药多甘凉滋腻,凡阳虚阴盛,脾虚泄泻者不宜用。

麦 冬

本品为百合科植物大麦冬(*Liriope spicata* Lour)或麦冬[*Ophiopogon japonicus* (Thunb.) Ker-Gawl.]的干燥块根。生用。又称为麦门冬、寸冬。主产于江苏、安徽、浙江、福建、四川、广西、云南、贵州等地。

【性味】 甘、微苦,凉。
【归经】 入肺、胃、心经。
【功能】 清心润肺,养胃生津。
【主治】 阴虚内热,干咳少痰,口渴贪饮,热病津伤,肠燥便秘。
【用量】 马、牛30~60g;猪、羊10~15g。
【应用】 治疗阴虚内热,干咳少痰等证,配天冬、生地黄;治疗热病伤津,口渴贪饮,肠燥便秘等证,配生地黄、玄参。
【禁忌】 凡寒咳多痰,脾虚便溏病畜不宜用。
【成分】 本品含黏液质、葡萄糖、氨基酸、维生素A、β-谷甾醇等成分。
【药理】 麦冬粉对白色葡萄球菌、枯草杆菌、大肠埃希菌、伤寒杆菌均有抑制作用。

天 冬

本品为百合科植物天冬[*Asparagus cochinchinensis* (Lour.) Merr.]的干燥块根。生用或酒蒸用。又称为天门冬。主产于华南、西南、华中、山东等地。

【性味】 甘、微苦,寒。
【归经】 入肺、肾经。
【功能】 滋阴润燥,清热化痰。
【主治】 干咳少痰,阴虚内热,口干痰稠,津少口渴等。
【用量】 马、牛30~60g;猪、羊10~15g。
【应用】 治疗胃阴伤损口渴,热病津伤之便秘等证,配生地黄、玄参;治疗肺热咳嗽,配天冬、党参。
【禁忌】 寒咳痰多,脾虚便溏病畜不宜用。
【成分】 本品含天冬素、5-甲氧基糠醛、葡萄糖、果糖、维生素A及少量β-谷甾醇、黏液质等成分。
【药理】 天门冬具有抗肿瘤、镇咳祛痰、灭蚊蝇的作用。其煎剂对炭疽杆菌、溶血性链球菌、白喉杆菌、肺炎双球菌、金黄色葡萄球菌、白色葡萄球菌、褐色葡萄球菌等细菌均有抑制作用。

百 合

本品为百合科植物百合(*Lilium brownii* F. E. Brown var. *colchesteri* Wils.)的鳞茎。生用或蜜炙用。又称为花百合、百花百合、野百合。主产于浙江、江苏、湖南、广东、陕西等地。

【性味】 甘、微苦,微寒。
【归经】 入心、肺经。
【功能】 润肺止咳,清心安神。
【主治】 肺燥咳、热咳及肺虚久咳。
【用量】 马、牛30~60g;猪、羊5~10g;犬3~5g。
【应用】 治疗肺燥咳、热咳及肺虚久咳等证,配麦冬、贝母;治疗热病后余热未清气阴不足所致的躁动不安、心神不宁之证,配知母、生地黄。
【禁忌】 外感风寒咳嗽病畜忌用。

【成分】 本品含蛋白质、脂肪、糖类、维生素及微量的秋水仙碱。
【药理】 百合煎剂对氨水引起的小鼠咳嗽具有止咳作用,并能对抗组胺引起的蟾蜍哮喘。

沙 参

本品有南沙参、北沙参两种。南沙参为桔梗科植物轮叶沙参［Adenophora tetraphylla (Thunb.) Fisch.］、杏叶沙参（Adenophora axilliflora Borb.）或其同属植物的干燥根；北沙参为伞形科植物珊瑚菜（Glehnia littoralis Fr. Schmidt ex Miq.）的干燥根。切片生用。南沙参主产于安徽、江苏、四川等地；北沙参主产于山东、河北等地。

【性味】 甘，凉。
【归经】 入肺、胃经。
【功能】 润肺止咳，养胃生津。
【主治】 阴虚发热，肺热咳嗽，热病伤津，舌干口渴，便秘等证。
【用量】 马、牛 30～60g；猪、羊 10～15g。
【应用】 治疗久咳肺虚、热伤肺阴干咳少痰等证，配麦冬、天花粉等；治疗热病后或久病伤阴所致的口干舌燥、便秘、舌红数等，配麦芽、玉竹等。
【禁忌】 肺寒湿痰咳嗽病畜不宜用。反藜芦。
【成分】 南沙参含沙参皂苷；杏仁沙参含呋喃香精素、花椒素；北沙参含挥发油、豆甾醇、β-谷甾醇、生物碱、淀粉等成分。
【药理】 沙参的乙醇提取物能使正常动物的体温轻度下降；对由伤寒疫苗引起发热的家兔有降温作用。此外，本品还有镇痛的作用。

枸 杞 子

本品为茄科植物宁夏枸杞（Lycium barbarum L.）或枸杞（Lycium chinense Mill.）的干燥成熟果实。生用。又称为"枸杞"、"杞果"、"枸忌"。主产于宁夏、甘肃、河北、青海等地。

【性味】 甘，平。
【归经】 入肝、肾经。
【功能】 补益肝肾，益精养血。
【主治】 肝肾亏虚，精血不足，腰膝无力，视力减退等证。
【用量】 马、牛 30～60g；猪、羊 10～15g。
【应用】 治疗肝肾不足所致的视力减退、眼目昏暗、瞳孔散大等，配菊花、熟地黄、山茱萸肉等；治疗肝肾亏虚、精血不足、腰胯乏力等，配菟丝子、熟地黄、山茱萸肉、山药等。
【禁忌】 脾虚湿滞、内有实热的病畜不宜用。
【成分】 本品含甜菜碱、胡萝卜素、酸浆红素、硫胺素、核黄素、烟酸、抗坏血酸、亚油酸等成分。
【药理】 枸杞子具有增强非特异性免疫功能、促进造血器官功能、降血脂、降血糖、保肝、降血压、兴奋肠道的作用。枸杞子提取物能促进乳酸杆菌的生长，并刺激其产酸。

鳖 甲

本品为鳖科动物中华鳖［Amyda sinensis (Wiegmann)］的背甲。生用或炒后浸醋用。主产于安徽、江苏、四川、湖北、浙江等地。

【性味】 咸，平。
【归经】 入肝、肾经。
【功能】 滋阴潜阳，软坚散结。
【主治】 阴虚发热，自汗盗汗，肋腹痞块等证。
【用量】 马、牛 15～60g；猪、羊 6～12g。

【应用】 治疗阴虚发热、自汗、盗汗等证，配龟甲、地骨皮、青蒿、熟地黄等；治疗胁腹痞块、胸肋积聚作痛等，配柴胡、炮穿山甲。

【禁忌】 阴虚及外感未解、脾虚泄泻者，以及孕畜忌用。

【成分】 本品含动物胶、角蛋白、碘、维生素 A、维生素 D。

【药理】 鳖甲能抑制结缔组织增生，有软肝脾的作用，故对肝硬化、脾肿大有治疗作用，并有提高血浆清蛋白的作用。

女 贞 子

本品为木犀科植物女贞（*Ligustrum lucidum* Ait.）的干燥成熟果实。生用或蒸用。又称为冬青子。主产于江苏、湖南、河南、湖北、浙江、四川、云南等地。

【性味】 甘、微苦，平。

【归经】 入肝、肾经。

【功能】 滋阴补肾，养肝明目。

【主治】 阴虚内热，腰膝酸软，滑精，慢性苯中毒之白细胞减少症。

【用量】 马、牛 15～60g；猪、羊 6～12g。

【应用】 治疗肝肾阴虚所致的腰胯无力、眼目不明、滑精等，配枸杞子、菟丝子、熟地黄、菊花等；治疗阴虚发热，配墨旱莲、白芍、熟地黄等。

【禁忌】 凡脾虚泄泻及阳虚病畜忌用。

【成分】 果皮含齐墩果酸、乙酰齐墩果酸、乌索酸、甘露醇、葡萄糖；种子含脂肪酸、女贞苷、洋橄榄苦苷等成分。

【药理】 所含齐墩果酸有强心、利尿及保肝作用；对于因化学疗法及放射线疗法引起的白细胞下降，有使其升高的作用；其煎剂对痢疾杆菌有抑制作用。

第十四节 驱 虫 药

凡能驱除或杀灭畜、禽体内外寄生虫的药物称为驱虫药。主要适用于驱除蛔虫、蛲虫、绦虫、吸虫、螨虫、虱子等。

驱虫药应用于牲畜体内的寄生虫时，应根据牲畜体质的强弱、病情的缓急采取急攻或缓驱方法。对体虚脾弱的患畜，可采用先补后攻或攻补兼施的方法，用药后并应调补脾胃，以免损伤正气。服药时间，一般情况下以空腹服药较为适宜。

驱虫药应用于牲畜体外寄生虫病时，要注意其毒性，要防止患畜舔食，一次涂药面积不要过大，以免发生中毒。

使 君 子

本品为使君子科植物使君子（*Quisqualis indica* L.）的干燥果实。打碎生用或去壳取仁炒用。又称为史君子、君子仁。主产于四川、江西、福建、湖南、台湾等地。

【性味】 甘，温。

【归经】 入脾、胃经。

【功能】 杀虫消积，健脾益胃。

【主治】 蛔虫病、蛲虫病等。

【用量】 马、牛 30～60g；猪、羊 15～20g。

【应用】 驱除蛔虫、蛲虫时，可单用或配伍槟榔、鹤虱等。外用可治疗癣。

【成分】 本品含使君子酸钾、使君子酸、葫芦巴碱、脂肪油、甾醇、花生酸、蔗糖、果糖等成分。

【药理】 使君子酸钾对蛔虫有麻痹作用，使君子水浸剂对皮肤真菌有抑制作用。

雷 丸

本品为多孔菌科雷丸菌（*Polyporus mylittae* Cook. et Mass.）的干燥菌核。多寄生于竹子的枯根上。切片生用或研粉用。主产于四川、贵州、云南等地。

【性味】 苦，寒。

【归经】 入胃、大肠经。

【功能】 消积杀虫，清热利湿。

【主治】 绦虫病、蛔虫病、钩虫病。

【用量】 马、牛 30～60g；猪、羊 6～15g。

【应用】 驱除绦虫、蛔虫、钩虫时，可单用或配伍槟榔、牵牛子、木香等。

【禁忌】 有虫积而脾胃虚寒者慎服。

【成分】 本品含雷丸素、钙、镁、铝等成分。

【药理】 本品含有一种蛋白分解酶（雷丸素），对虫体蛋白有分解作用，能破坏体内虫体的节片；对丝虫病、脑包虫病也有一定的疗效。

南 瓜 子

本品为葫芦科植物南瓜［*Cucurbita moschata*（Duch.）Poiret.］的干燥成熟种子。研末生用。主产于南方各地。

【性味】 甘，平。

【归经】 入胃、大肠经。

【功能】 驱虫，利尿，止咳。

【主治】 绦虫病。

【用量】 马、牛 250～500g；猪、羊 60～120g。

【应用】 驱除绦虫时可单用或配伍槟榔等。驱虫时可生熟各半。

【成分】 本品含脂肪油、蛋白质、南瓜子氨酸、尿酶、维生素 A、维生素 B、维生素 C 等成分。

【药理】 南瓜子氨酸具有麻痹绦虫中后段节片的作用。对血吸虫幼虫有抑制生长的作用；对成虫表现为虫体缩小、色素消失、卵巢萎缩、子宫内虫卵减少的现象。

蛇 床 子

本品为伞形科植物蛇床［*Cnidium monnieri*（L.）Cuss.］的干燥果实。生用。全国各地均有分布。

【性味】 苦、辛，温。

【归经】 入肾经。

【功能】 燥湿杀虫，温肾壮阳。

【主治】 蛔虫病、湿疹瘙痒、荨麻疹、肾虚阳痿、腰胯冷痛、宫冷不孕等证。

【用量】 马、牛 15～30g；猪、羊 5～10g。

【应用】 治疗湿疹瘙痒，配白矾、苦参、金银花；治疗荨麻疹，配地肤子、防风等；治疗肾虚阳痿、腰胯冷痛、宫冷不孕，配五味子、菟丝子、巴戟天等。

【禁忌】 阴虚火旺病畜忌用。

【成分】 本品含蛇床子素、挥发油。其挥发油中的主要成分为左旋蒎烯、异戊酸、龙脑酯等。

【药理】 有类性激素作用，故内服能壮阳；对皮肤真菌、流感病毒有抑制作用。

贯 众

本品为鳞毛蕨科植物贯众（*Cyrtomium fortunei* J. Smith.）的干燥根茎及叶柄残基。生用。

主产于湖南、广东、陕西、四川、云南、福建等地。

【性味】 苦,寒。有小毒。

【归经】 入肝、胃经。

【功能】 杀虫,清热解毒,止血。

【主治】 虫积腹痛,主驱绦虫、蛲虫、钩虫和蛔虫。

【用量】 马、牛30～90g;猪、羊3～10g。

【应用】 治疗湿热疮毒、流感,配白药子;治疗绦虫病、蛲虫病、蛔虫病,配鹤虱;治疗子宫出血、衄血等,配墨旱莲、生地黄、阿胶。

【禁忌】 肝病、贫血、衰老病畜及孕畜忌用。

【成分】 本品含鞣质、绵马素。绵马素能分解产生绵马酸、绵马酚、白绵马酚、黄绵马酚、次绵马酸等。

【药理】 贯众所含绵马素对虫体有较强的毒性,能使虫体麻痹而产生驱虫作用。贯众煎剂对流感杆菌、脑膜炎双球菌、痢疾杆菌和多种病毒均有抑制作用。

常　山

本品为虎耳草科植物常山（*Dichroa febrifuga* Lour.）的干燥根。生用或酒炒用。又称为黄常山、鸡骨常山。主产于长江以南各省及甘肃、陕西等地。

【性味】 苦、辛,寒。有小毒。

【归经】 入肝、肺经。

【功能】 杀虫,解毒。

【用量】 马、牛25～50g;猪、羊5～10g。

【应用】 本品为抗疟原虫专药,除杀灭疟原虫外,亦杀球虫,故能治疗鸡、鸭疟原虫病和鸡、兔球虫病。

【禁忌】 久病体虚者忌用。

【成分】 含常山碱甲、常山碱乙、常山碱丙、常山次碱、常山乙碱、伞形花内酯等成分。

【药理】 常山对甲型流行性感冒病毒有抑制作用;所含生物碱对疟原虫有较强的抑制作用;常山碱甲、常山碱乙、常山碱丙有降压作用;常山能刺激胃肠道及作用于呕吐中枢,引起呕吐。

鸦　胆　子

本品为苦木科植物鸦胆子［*Brucea javanica*（L.）Merr.］的干燥果实。去皮生用。又称为老鸦胆、鸭蛋子、雅旦子。主产于广东、广西、福建、台湾等地。

【性味】 苦,寒。

【归经】 入大肠、肝经。

【功能】 清热,燥湿,杀虫,解毒。

【主治】 痢疾,久泻,疟疾疔毒,赘疣。

【用量】 马、牛20～50粒;猪、羊10～20粒。

【应用】 治疗里急后重、疟原虫、早期血吸虫病:鸦胆子去壳留肉,开水冲灌。鸦胆子去皮研为末,以烧酒调外敷,可治疗扁平疣。

【禁忌】 脾胃虚弱,呕吐者忌服。

【成分】 本品含鸦胆子碱、鸦胆宁、鸦胆子苷、鸦胆子酚、脂肪、鸦胆子酸等成分。

【药理】 鸦胆子水浸剂对痢疾杆菌、伤寒杆菌、霍乱弧菌等没有抑制作用,对原虫如阿米巴、草履虫乃至疟原虫均有杀灭效力;从鸦胆子中提出的鸦胆子苷甲对离体兔心有短暂的抑制作用,能引起兔的血压下降,对离体兔耳或蛙下肢血管呈收缩作用,对离体兔子宫无明显作用;鸦胆子苷乙对兔及蛙心也有短暂的抑制作用;酚性化合物能引起离体兔、蛙心的收缩不全。

第十五节 外 用 药

凡以外用为主,通过涂擦、外敷、喷洗形式治疗家畜外科疾病的药物,称为外用药。

外用药一般具有杀虫解毒、消肿止痛、祛腐生肌、收敛止血等功用,临床上多用于疮疡肿毒、跌打损伤、疥癣等病证。由于疾病发生部位及症状不同,用药方法也有差异,如内服、外敷、喷洒、熏蒸、浸浴等。

外用药多数具有毒性,内服时必须严格按制药的方法,进行处理及操作(如砒石、雄黄等),以保证用药安全。本类药物一般都与其他药物配伍使用,较少单味使用。

冰 片

本品为菊科植物大艾(*Blumea balsamifera* DC.)的鲜叶经蒸馏、冷却所得的结晶品,或以松节油、樟脑为原料经化学方法合成。入丸剂或散剂用,不宜煎煮。又称为梅片、龙脑。主产于广东、广西、上海、北京、天津等地。

【性味】 苦、辛,微寒。
【归经】 入心、肝、脾、肺经。
【功能】 宣窍除痰,消肿止痛,清热解毒。
【主治】 神昏窍闭,痈疮肿毒。
【用量】 马、牛 3~6g;猪、羊 0.5~2g。
【应用】 内服治疗神昏、惊厥诸症,配麝香。外用治疗咽喉肿痛,配硼砂、朱砂、玄明粉等;单用点眼治疗目赤肿痛。
【禁忌】 孕畜忌服。
【成分】 合成冰片含消旋龙脑,艾叶冰片含左旋龙脑。
【药理】 冰片具有止痛及温和的防腐败作用;本品 1:400 的酊剂在试管内能抑制沙门氏菌、大肠埃希菌、金黄色葡萄球菌的生长。

硫 黄

本品为天然硫黄矿或含硫矿物的提炼品。宜作丸、散、膏剂用。又称为石硫黄、黄牙。主产于山西、陕西、河南、广东、台湾等地。

【性味】 酸,温。有毒。
【归经】 入肾、脾、大肠经。
【功能】 外用解毒杀虫,内服补火助阳。
【主治】 疥螨,疮毒,下焦虚寒等证。
【用量】 马、牛 10~30g;猪、羊 3~6g。
【应用】 用于治疗皮肤湿烂、疥螨,配成软膏外敷;治疗命门火衰、腰膝酸软、阳痿,配附子、肉桂等;治疗肾不纳气之喘逆,配胡芦巴、补骨脂。
【禁忌】 阴虚阳亢病畜及孕畜忌用。
【成分】 含硫,并含有少量砷、铁、石灰、黏土、有机质等。
【药理】 硫黄与皮肤接触后变为硫化氢与五硫黄酸,然后溶解皮肤角质和杀灭皮肤寄生虫;内服后变为硫化氢、硫化砷,能刺激肠壁而引起缓泻作用;对皮肤真菌有抑制作用;对疥螨有杀灭作用。

雄 黄

本品为含硫化砷的矿石。生用。又称为腰黄、雄精。主产于湖南、贵州、湖北、云南、四川等地。

【性味】　辛，温。
　　【归经】　入肝、胃经。
　　【功能】　清热燥湿，祛风解痉，解毒杀虫。
　　【主治】　疥螨，疮毒，湿疹等。
　　【用量】　马、牛 2～3g；猪、羊 0.1～0.3g。
　　【应用】　外用治疗各种恶疮疥螨及毒蛇咬伤，研末涂撒或制成油剂外敷；治疗湿疹，可同煅白矾研末外撒；治疗毒蛇咬伤，可与五灵脂为末酒调外敷。
　　【禁忌】　孕畜禁用。
　　【成分】　本品含三硫化二砷及少量重金属等。
　　【药理】　雄黄具有较强的杀虫作用，并对化脓性细菌、大肠埃希菌、结核杆菌、皮肤真菌均有抑制作用。

木 鳖 子

　　本品为葫芦科植物木鳖 [*Momordica cochinchinensis* (Lour.) Spreng.] 的干燥成熟种子。又称为木鳖、霜鳖子。主产于广东、广西、湖北、安徽等地。
　　【性味】　微甘、苦，温。有毒。
　　【归经】　入肝、大肠经。
　　【功能】　消瘀消肿，拔毒生肌。
　　【用量】　外用适量。
　　【应用】　外敷治疗痈肿痛（日久不溃者，可促使其破溃排脓）、瘰疬、跌打损伤肿痛。
　　【成分】　本品含木鳖子酸、齐墩果酸、海藻糖、皂苷、甾醇、脂肪油等成分。
　　【药理】　木鳖子水浸液、乙醇-水浸液和乙醇浸出液对犬、猫、兔等麻醉动物有降压作用，但毒性大，无论是肌内注射或静脉注射，动物均于数日内死亡。

炉 甘 石

　　本品为天然菱锌矿（含碳酸锌的矿石）。火煅或醋淬后，研末用或水飞用。又称为碎甘石、煅甘石。主产于广西、湖南、四川等地。
　　【性味】　涩，平。
　　【归经】　入胃经。
　　【功能】　散瘀消肿，拔毒生肌。
　　【主治】　目赤肿痛，羞明流泪，睛生云翳，湿疹，创疡肿痛等。
　　【用量】　外用适量。
　　【应用】　常与冰片、硼砂、玄明粉为末点眼治疗目赤肿痛、羞明流泪、睛生云翳；与铅丹、煅石膏、枯矾、冰片共为末治疗湿疹、疮疡多脓或久不收口等。
　　【成分】　本品含碳酸锌及钴、铁、锰、钙的碳酸盐等成分。
　　【药理】　炉甘石外用能溶解并吸收创面分泌液，起收敛、防腐和保护作用；并能抑制葡萄球菌的生长。

明 矾

　　本品为含硫酸盐类矿石中的明矾石，又称白矾。煅后称为枯矾。内服则生用，外治多煅用。主产于山西、甘肃、湖北、浙江、安徽等地。
　　【性味】　涩、酸，寒。
　　【归经】　入脾、肺经。
　　【功能】　止血止泻，解毒燥血，杀虫止痒。
　　【主治】　久泻，出血，疮疡湿疹等。

【用量】 马、牛 15~30g；猪、羊 3~10g。
【应用】 外用枯矾与等份雄黄浓茶调敷，治疗痈肿疮毒；与雄黄、冰片为末调敷，治疗湿疹疥螨；与冰片研末外涂，治口舌生疮；生白矾单用或配五倍子、五味子内服，治疗久泻不止。
【禁忌】 阴虚胃热，无湿热者忌服。
【成分】 本品含碱性硫酸钾铝等成分。
【药理】 内服后能刺激胃黏膜引起呕吐，并能制止肠黏膜的分泌，因而具有止泻作用；枯矾能与蛋白化合形成沉淀，故可用于创伤出血的止血；对结核杆菌、金黄色葡萄球菌、伤寒杆菌、痢疾杆菌有抑制作用。

斑 蝥

本品为芫青科昆虫南方大斑蝥（*Mylabris phalerata* Pallas.）和黄黑小斑蝥（*Mylabris. cichorii* Linnaeus.）的干燥全体。又称为斑猫、龙尾。全国大部分地区均有分布，以安徽、河南、广东、广西、贵州、江苏等地产量较大。
【性味】 辛，寒。有大毒。
【归经】 入胃、肺、肾经。
【功能】 破血逐瘀消癥，攻毒散结。
【主治】 疥螨，恶疮等。
【用量】 马、牛 10~0 枚；猪、羊 5~10 枚。
【应用】 治疗痈疽肿硬不破，用本品研末和蒜捣膏外涂；研末后蜂蜜调匀外涂治疗疥螨、恶疮；斑蝥 1~3 只放入鸡蛋内煮食，可使部分肿瘤体积变小。
【禁忌】 孕畜禁用。
【成分】 本品含斑蝥素、甲酸、蛋白质、挥发油、树脂、色素等成分。
【药理】 斑蝥外用使皮肤发红、发泡，又可刺激毛根，促进毛的发生，故可作生发药；斑蝥素可由皮肤吸收，经肾脏排出时，对肾脏产生刺激作用，引起肾炎、膀胱炎和血尿。此外，斑蝥水浸剂对皮肤致病性真菌有抑制作用，在体外能杀死丝虫幼虫。

【目标检测】

1. 试述解表药的含义、功效及适应证。试比较麻黄、桂枝与柴胡、葛根的功用异同点。
2. 试述清热药的含义、分类、功效及适应证。试比较石膏与知母，黄芩、黄连与黄柏，金银花与连翘的性能、功效与应用之异同点。
3. 泻下药分哪几类？举例说明各用于哪些方面？
4. 神曲、麦芽、山楂和莱菔子皆能消食，临证如何区别应用？
5. 祛湿药分哪几类？举例说明各适用于哪些病证？
6. 试述温化寒痰、清化热痰、平喘药的适应证有何区别？
7. 陈皮、青皮、厚朴、槟榔和枳实临证如何区别应用？
8. 举例说明理血药临证如何区别应用。
9. 简述肉桂、附子、干姜的主治与作用。
10. 试述补虚药的含义、类型及临床应用。
11. 常用的驱虫药有哪些？临床上使用时应注意什么？
12. 外用药有哪些功效？主要用于哪些方面及其注意事项有哪些？

【实训三】 药用植物形态识别

【实训目的】
1. 初步学会识别药用植物的基本方法。

2. 基本掌握最常用中药的形态、特征、颜色、生长特性等，为学习运用中药奠定基础。

【实训材料】 药锄8把，柴刀8把，枝剪8把，标本夹4付，吸水纸若干，照相机1台，彩色胶卷1卷，钢卷尺8把，游标卡尺8把，放大镜8只，笔记本人手1本，技能单人手1份。

【实训内容】

1. 根与根茎类药物植物

丹参：选取有代表性的植株，进行下列项目观察。

(1) 根　形状、外皮颜色、长度、直径、断面颜色、气味。
(2) 茎　形状、分枝、皮色、株高、茎粗。
(3) 叶　质地、组成、形状、叶缘、表面及背面颜色与被毛。
(4) 花　萼片、花冠、花序的形状及颜色。
(5) 果　形状、颜色。

2. 皮类药物植物

厚朴：审视树冠后，挖取侧根1支，剪取完整树枝1支，进行以下项目的观察。

(1) 根　形状、外皮颜色、气味。
(2) 茎　树皮颜色、皮孔、树枝上的托叶及叶痕。
(3) 叶　形状、顶端与基部形状、叶脉对数、表面及背面颜色和被毛。
(4) 花　蕾位大小、花被数量与排列形状、颜色、雌雄蕊。
(5) 果　颜色、形状。

3. 花类药物植物

红花：选取有代表性的植株，进行下列项目观察。

(1) 根　形状、数量、大小、颜色。
(2) 茎　株高、形状、分枝、颜色。
(3) 叶　着生、形状、叶缘与齿端、表面及背面颜色和被毛。
(4) 花　花序、花冠的形状与颜色、气味、雄蕊、子房与柱头。
(5) 果　颜色、形状。

4. 果实与种子类药用植物

薏苡：拔取有代表性的植株，进行下列项目观察。

(1) 茎　茎高、形状、茎基部。
(2) 叶　形状、长度、宽度、中脉、叶缘。
(3) 花　花序、总苞、雄花穗的形状。
(4) 果　颜色、形状。

5. 全草类药用植物

薄荷：选取有代表性的植株，进行下列项目观察。

(1) 茎　形状、颜色、气味。
(2) 叶　形状、叶缘、叶柄。
(3) 花　花序、苞叶、花萼、花冠的形状与颜色、雄蕊、花柱。
(4) 果　颜色、形状。

【实训方法】 以班为单位，由教师和实验人员带领，利用学校药圃或到校园附近的野外进行，在现场由指导老师边讲边看，讲解后将学生分成若干小组。分组仔细观察，每组识别药用植物数量不少于20种，认真识别药物植物的根、茎、叶、花、果实等，根据需要可进行刨根、剪枝、采花、摘果、拍照等操作，并做好详细记录。

【注意事项】

1. 应选在植物盛花、盛果期进行。
2. 禁止学生任意品尝，防止中毒。
3. 标本的根、茎、叶、花、果应尽量齐全。

4. 实训前教师最好提前考察实训地，并编印技能单，以保证实验顺利进行。

【实训报告】
1. 描述所见药用植物的形态特征。
2. 绘出1~2张药用植物的形态图。

【实训四】 药用植物标本制作

【实训目的】
1. 了解药用植物标本制作的基本方法和程序。
2. 掌握彩色蜡叶标本和浸制标本的制作方法。

【实训材料】 植物标本若干种，枝剪8把，剪刀8把，细草纸1令，粗草纸2令，台纸（24cm×26cm）若干张，标签若干张，小麻绳若干条，标本夹8付，透明胶纸8卷，耐热搪瓷盆4个，电炉4台，铝桶4只，冰醋酸4瓶，醋酸铜4小瓶，蒸馏水10L，竹制夹钳8只，喷雾器1具，敌杀死1瓶，亚硫酸1瓶，浓硫酸1小瓶，标本瓶若干个，长玻璃片若干，丝线8卷，技能单及笔记本每人1本。

【实训内容】
（一）蜡叶标本制作
1. 修剪

将采集的新鲜药用植物，在保持其完整形态的前提下，齐小枝基部和叶柄处把重叠的枝叶剪掉。去尽根部泥沙。标本整体不得大于台纸的尺寸。

2. 压制

用稍大于两份台纸的细草纸和粗草纸3张，折为夹层，细草纸置于最内层，备用。将修剪好的植物标本，使其大部分叶面向上，少数叶背向上，平展地铺放在双层细草纸的夹层之间，平端着移入标本夹中，用小麻绳将标本夹加压捆紧，使植物组织中的水分能迅速压出而被草纸吸出。勤加换晒粗草纸，换纸时，不得将标本直接取出，应连同细草纸一起移入干燥的粗草纸夹层中，以免损坏标本。

3. 上台纸

植物标本压至全干后取出，喷洒适量的敌杀死溶液，以防虫蛀。阴干后，仔细地移置于台纸上，用透明胶纸带加以固定。在标本的右下角贴上标签，最后用塑料薄膜封盖，收藏。标签内容一般包括：名称、别名、学名、科属、功效、产地、采集时间、采集人、鉴定人等。

（二）彩色蜡叶标本制作
1. 溶液制备

取冰醋酸0.5L，蒸馏水或凉开水0.5L，置耐热搪瓷盆中混匀，电炉上文火缓慢加热，取醋酸铜结晶，多量少次地加入冰醋酸溶液中，边加边搅拌，让其充分溶解，直至不能溶解为止，制成饱和溶液备用。

2. 煮制标本

将上述醋酸铜饱和溶液，加4倍蒸馏水，置电炉上加热。再将按（一）法修剪过的药用植物标本，摘下花果，洗净泥沙，投入加热的醋酸铜溶液中，煮至植物的茎叶由绿变黄，再由黄转绿，变成原植物的色调时取出，在流水中反复冲洗，除去附着于茎叶表面的铜离子，沥干水分。

3. 压制上台

均同（一）法，但因标本的含水量高，故应勤换吸水纸，第一天多换几次，并增加吸水草纸的张数，而后上台纸。

（三）彩色浸制标本制作
1. 溶液制备

(1) 50%醋酸铜溶液　取冰醋酸1L置耐热容器中，间接加热80～90℃，逐渐加入醋酸铜至不溶解为止。冷却后加等量蒸馏水，制成50%醋酸铜溶液。

(2) 0.3%～0.5%亚硫酸溶液　取亚硫酸3～5mL置量筒或容量瓶中，加蒸馏水至1000mL，滴加浓硫酸数滴，充分混匀。随配随用。

2. 煮制

取50%醋酸铜溶液适量，置耐热瓷盆中，文火上缓慢加热，再取经过修剪整理的植物标本，置溶液中煮制。叶质菲薄柔嫩的加热至30～50℃，叶质厚实坚老的加热至70～80℃。加热时间不拘，以植物茎叶由绿变白，再由白转绿，恢复到原有色调时，置流水中洗净表面的铜离子，沥去过多的水分。

3. 浸制

将沥过水分的煮制标本，视标本缸的大小，以丝线捆缚固定于事先准备好的玻璃条上，浸入盛有0.3%～0.5%亚硫酸溶液的玻璃或有机玻璃标本缸中，加注浸液，使缸里尽量少留空间，然后加盖密封，贴上标签。

【实训方法】　本实习以蜡叶标本制作为主，指导教师示范后，学生分组活动，按照上述要求每人压制2份不同种类的药用植物，全班尽量不要雷同，认真写好标签，以供课余识别。

【分析讨论】　讨论制作标本的要领，分析其原理。

【实训报告】　写出蜡叶标本制作要领，每人完成2份不同品种蜡叶标本的制作。

【实训五】　常用中药、饮片实物辨认

【实训目的】

1. 对常用的中药材或饮片有一个大致的了解。
2. 初步掌握识别中药材最基本的方法，为学习运用中药打下基础。

【实训材料】　各类常用中药材100种以上，笔记本人手1本，技能单人手1份。

【实训内容】　识别常用中药材。

【实训方法】　一般有眼观、手摸、鼻闻、口尝四种方法，所以，把它叫做性状鉴别。眼观在必要时可借助放大镜，还可折断以观其断面；手摸以鉴别其质地的轻重软硬；鼻闻以鉴别其气味的辛香腥臭；口尝以鉴别其味道的甘、淡、辛、酸、涩、苦。口尝时应折断或揉碎后，用舌尖舐尝，切忌不顾有毒或无毒，随意放入口中咀嚼或吞咽。

实施时指导教师先予示范，然后学生在教师的监护下，有秩序地分别进行药材识别。

中药材的识别不可能通过1～2次标本观察就可以掌握。本实训以学习中药材的性状鉴别方法为主要内容，看、摸、闻、尝应综合运用，不可偏废。应充分利用本校的中药标本室，在课外时间或专业实践课时进行，以期掌握常见中药材性状的形态、特征、颜色等。

【分析讨论】　中药的颜色、形态、气味与其功效有何关系；互相交流识别中药材的要领。

【实训报告】　写出5～10种中药的形态特征。

【实训六】　清热解毒药的抗菌实验

【实训目的】　掌握中药体内外抗菌实验的方法。

【实训材料】

1. 菌种

选大肠埃希菌、沙门氏菌、链球菌、铜绿假单胞菌、金黄葡萄球菌等中的1种或数种。接种于适宜培养基37℃培养24h复壮。取复壮菌种1环，置于适宜培养基内37℃培养。培养时间及所需培养基因菌种不同而异。一般细菌培养6h，菌液浓度每毫升含菌量9亿左右，再用肉汤液1:500稀释后供使用。链球菌、肺炎双球菌等培养18h，菌液浓度相当于每毫升3亿左右，再用

肉汤液1:5稀释后供使用。体内抑菌实验用临床分离出的大肠埃希菌24h培养物。

2. 药物

如黄连、黄芩、苦参、栀子等制成的100%灭菌煎剂。经55157.6Pa气压灭菌20min，冷却后置冰箱中备用。

3. 培养基

普通肉汤培养基或肉汤琼脂培养基、羊血肉汤培养基等，视菌种不同而异。

4. 器材

无菌试管、接种环、酒精灯、注射器、剪毛消毒用品等。

5. 动物

健康小鼠6～12只，体重20g左右。

【内容方法】

（一）体外抗菌实验

1. 试管法

用普通肉汤培养基或羊血肉汤培养基与100%中药煎剂进行倍比稀释（第一管双倍培养基），稀释度为1:2、1:4、1:8、…、1:256，每管量为1mL。然后将菌液分别接种于不同浓度的药液培养基中，接种量为已稀释好的菌液0.1mL。同时设药液（药液与培养基1:2）、细菌（细菌与培养基0.1:1）、培养基（不加药液与菌液）各1管，作为对照。将上述试管摇匀后，置于37℃恒温箱中培养24h，再观察结果。

2. 平板法

先将药物按试管法稀释为（1:2）～（1:256）等不同浓度。将各稀释度的药液1mL，置于无菌平皿中，然后将各平皿加已溶化的琼脂培养基9mL，迅速与药液混匀，对照用10mL琼脂培养基。已凝固的平板作标记后置于37℃恒温箱中1～2h，使其水分干燥。取出平皿，将细菌以划线法接种于平板上，再置于37℃恒温箱内培养24h后观察结果。

（二）体内抗菌实验

将小鼠等分3组，每组3只，相同条件下饲养。

1. 健康对照组

不感染，不给药，观察其生活情况，作为对照。

2. 感染组

用分离出的大肠埃希菌培养物进行腹腔接种感染，但不给药，以观察其是否发病。发病后的情况及其结果。

3. 感染给药组

按上述感染组方进行感染，感染后1h腹腔注射药液0.5mL，并观察其情况及结果。

【观察结果】

1. 体外抑菌实验

主要观察试管和平板上有无细菌生长，有细菌生长，用"＋"表示，无细菌生长，用"－"表示。

2. 体内抑菌实验

主要观察各组小鼠的发病情况和存活结果。

【实训报告】 写出清热解毒药体内外抗菌实验的方法和过程。

第七章 方剂总论

【学习目标】
1. 要了解方剂的概念、组方原则。
2. 重点掌握各类常用方剂的组成、功效、主治及加减应用。

一、方剂的概念

方剂又名处方，俗名汤头。方剂是选取适当单味药物，按组方和配伍原则组成，是理、法、方、药中的一个重要环节，它是在辨证法的基础上，根据复杂病情的需要，选择一至数味药物，明确用量，通过严密配伍而成处方。

"方"含有"法度"和"准则"的意思。"剂"含有"配合"和"调和"的意思。因此，配合成一个方剂，一定要做到有法度有准则，而不是无原则的配伍，组成方剂后，就同原有的单味药物的作用有所不同，它们通过相互配合，既能相辅相成，增强药效，又能调和偏性，制其毒性，消除或减轻对机体的不良影响，更重要的是，在配伍时可以根据中兽医的基本理论，透过复杂的病象、病邪和正气的盛衰，抓住主要矛盾，从整体观念出发，正确地处理邪与正、局部与整体的辨证关系。而且还可以根据病情的缓急、气血阴阳的失调、标本先后等，具体情况具体处理。例如，采取气血双补，和解表里，寒热并投，补泻兼施，开合相济，补气固脱等。同时还可以因地、因时、因畜制宜。一切从具体的病情出发，灵活掌握和运用。

二、立法与组方的原则

"立法"，即确定疾病的治则，是根据临床证候，经过辨证、审证求因，在中医理论的指导下审因论治而制订出来的。只有根据立法，才能选择适当药物并组成方剂。此种关系即为"辨证立法，依法立方"。例如，临床遇发热、微恶风寒、无汗或少汗、咳嗽、口微渴、苔薄白，当用辛凉解表法，据此则可选用银翘散，也可依法创立新方进行治疗。

方剂，不是把药物进行简单的堆砌，也不是单纯将同类药效的药物相加，而是在中兽医理论指导下，在辨证"立法"的基础上，根据病情的需要，选择主药和辅药，并酌定剂量，按一定的配伍原则组合而成的处方，是中兽医辨证论治的具体体现，其组成原则和配伍规律，贯穿着辨证的思想，应当根据主要疾病和兼症确立"治法"，依"法"选药。

"法"是制订方剂的准绳。一个方剂中可体现出一个甚至多个"法"。因此"法"亦有主次之分。依法选出的药物，亦会有"主"与"辅"的区别。组成方剂，必须处理好这些关系。中药理论把这种主辅关系，概括为"君、臣、佐、使"的组方原则。

君药是方剂中的主药，是针对病因或主症而起主要治疗作用的药物。

臣药是辅助君药和加强君药功效的药物。

佐药的意义有二：一是对主药有制约作用；二是能协助主药治疗兼症或次要证候的药物。前者适用于主药有毒或质味太偏，后者适用于兼症较多的病例。兼症是指伴随主要病因，同时存在的众多病因所引起的一组症状群，对疾病的发展不起决定作用，是次要矛盾。所以，兼症可作为选择佐药的依据之一。

使药为引经药，具有引导其他药物直达病所的作用；但有时使药并不是引经药，而起调和诸药的功用。

以麻黄汤为例：麻黄汤由麻黄、桂枝、杏仁、甘草四味药组成；功能发散寒邪，润肺平喘；治风寒表实证，症见发热、恶寒、无汗、咳喘、苔薄白、脉浮紧等。其主要矛盾是风寒束表，故选用麻黄作为君药，以发表散寒，宣肺平喘，解除主因。臣以桂枝温经散寒，解肌，协助麻黄发汗解表，增强疗效。佐以杏仁利肺理气，助麻黄宣肺平喘，并治兼症。使以甘草调和诸药。诸药相合，共奏发汗解表、宣肺平喘之功。

在每个方剂中，君药是必不可少的。在简单的方剂中，臣、佐、使药则不一定俱存，有些方剂的君药或臣药本身就兼有佐药或使药的作用。也有一些方剂由于组成比较庞杂，则按药物的不同作用，或以主要、次要部分来区别，而不分君臣佐使，至于一方中君臣佐使的多少，并非硬法规定，应根据辨证立法的需要而定，一般是君药少而辅佐药较多。

总之，在组方时既要突出要点，抓主要矛盾，又要兼顾全面，以适应复杂的病证需要；还要时时注意因地、因时、因个体制宜，才能发挥最佳的治疗效果。这种对具体事物作具体分析的辩证思想，是中兽医学的重要特点之一。

三、方剂的加减变化

方剂的组成虽有一定的原则，但在临床运用时并不是一成不变的，还须根据病情的缓急、患畜的个体差异、季节的变化、地域的不同而灵活加减化裁，要"师其法而不泥其方"，才能切合实际，取得良好疗效。方剂组成的变化包括药味加减的变化、药量加减的变化、剂型变更等形式。

1. 药味加减的变化

在主症和君药不变的情况下随着兼症或次要症状的增减变化而加减其臣、佐、使药，亦作"随证加减"。例如，桂枝汤是由桂枝、芍药、生姜、大枣、甘草五味药组成，功能是解肌发表、调和营卫，主治外感风寒表虚证。若患畜兼见喘症，则可加杏仁、炙枇杷叶以降逆平喘。

2. 药量加减的变化

药量加减的变化是指方剂中的药物不变，只加减药量，以改变方剂药力的大小或扩大其治疗范围，甚至可改变方剂的主药和主治，从而增强或减弱某方面的药力。如小承气汤是由大黄、枳实、厚朴三味药组成。方中以大黄120g为君药，枳实三枚为臣药，厚朴60g为佐使药，功效荡热攻实，主治马属动物便秘症；若改用厚朴240g为君药，枳实五枚为臣药，大黄120g为佐使药，则方名厚朴三物汤，功效行气通便，主治气滞性腹胀便秘。由此可见，药味相同，仅改变其用量，而方药作用也就随之而变。

3. 剂型的变化

剂型的变化是指同一个方剂，由于剂型不同，在运用上也有区别。根据家畜种类、病情、使用部位等的不同需求，而改变药物剂型，其治疗作用有时也有相应的差异。例如，理中丸是用治疗患畜脾胃虚寒证的方剂，将理中丸改为汤剂投服，则作用快而力猛，适用于证情较重较急患畜。反之，某些慢性疾病不能急于求效，则多采用散剂和丸剂，取其作用持久而力缓，又相应地节省药材，且便于储藏和携带。

从上述药味、药量、剂型三种变化方式可看出，方剂的运用，既有严谨性，又有灵活的权宜变化，这就充分体现出方在理、法、方、药中的具体运用特点。只有掌握了这些特点，才能在临床上适用于繁纷复杂的病变。

第八章 常用方剂

第一节 清热方

凡具有清热、泻火、凉血、解毒等作用,以治疗里热证的一类方剂,称为清热方。常用于治疗热证。但根据病情深浅、正邪消长,里热证可分为不同的证型,应使用不同的治疗原则和不同的清热方剂对症治疗。因而清热剂可分为清热泻火方、清热解毒方、清营凉血方、清热燥湿方、清热祛暑方及清虚热方等类。

一、清热泻火方

清热泻火法适用于热在气分,病情由浅入深,由表入里,邪入脏腑,正盛邪实的阶段。正邪相争激烈,阳热亢盛,热多在肺和胃肠。临床上常见肺热壅滞所致的呼吸气短,身热喘咳,以及热结肠道所致的粪便燥结或热结旁流等。尽管病情多样,症状均以发热、不恶寒为特征,体温升高,多呈稽留热,伴有口渴、多汗、舌红、苔黄、脉洪数、尿短赤等。气分热证的治疗以宣通理肺、泻火解毒为主要原则。

(一)白虎汤(石膏知母汤)

【来源】《伤寒论》。

【组成】 生石膏250g、知母45g、粳米300g、甘草45g。

【用法】 使用时将石膏打碎,先煎,再与其他几味药物水煎至米熟汤成,去渣待温后投服或各药共为细末加常水冲服。

【功能】 清热生津。

【主治】 阳明经热盛或温热病气分热盛,症见高热、口津干燥、舌苔黄、烦渴贪饮、大汗出、脉洪大有力。

【方义解析】 白虎汤为清气分热的主方,阳明经证或气分热盛之典型症状为"四大症",即大热、大汗、大渴、脉洪大。阳明经证虽热势弥漫,但尚未见腑实证者,不宜攻下;虽热势炽盛,易伤津液,若过用苦寒,恐化燥伤阴,白虎汤以甘寒之品清热生津,是泻火生津的主要方剂。方中生石膏为君药,辛甘大寒能清泻肺胃之火而除烦热;知母为臣药,苦寒滋阴、清热、生津止渴,能加强石膏清热力;甘草、粳米益胃护津,且缓和石膏、知母寒凉之弊,又防过寒之性伤其胃家之气,共为佐使。四药相合,共奏清热生津之凯歌。

【临床应用】 白虎汤为治疗阳明经证或气分热证的代表方剂。凡症见发热、口干、舌红、苔黄燥、脉洪大而数者均可应用。用于治疗某些传染性或非传染性病(流感、脑炎、肺炎、牛高热、猪无名高热等病)的高热期,常能收到较好的效果。

【方歌】 白虎汤中生石膏,知母粳米与甘草,烦热津伤兼口渴,大热大渴功效好。

(二)清肺散

【来源】《蕃牧纂验方》,原名凉肺散。

【组成】 板蓝根90g、葶苈子60g、浙贝母45g、甘草30g、桔梗45g。

【用法】 水煎投服或共为末,过筛,开水冲,加蜂蜜、糯米粥、童便同调灌服。

【功能】 清肺化痰,止咳平喘。

【主治】 马喘咳及非实热喘。

【方义解析】 本方为治马热喘粗所设。常由于燥热三邪侵袭肺脏，以致肺热壅滞，气失宣降，或因胃中积热，上蒸于肺而成喘。方中以葶苈子、浙贝母清热定喘为君药；臣以桔梗开宣肺气而祛痰，并能载药上浮直达病所，使升降调和则喘咳自消；板蓝根、甘草清热解毒，为佐药；使以蜂蜜、糯米、童便调和诸药，且能润肺金护脾土。诸药合用，热清痰祛，咳喘自愈。

【临床应用】 凡肺热咳嗽，如支气管炎、肺炎均可加减使用。热盛痰多，加知母、瓜蒌、桑白皮、黄药子、白药子；喘重者，可加紫苏子、杏仁、炙紫菀；肺燥干咳者加麦冬、沙参、天花粉等。

【方歌】 清肺散用板蓝贝，葶苈甘桔共相随，蜂蜜童便共为引，肺热喘粗皆可退。

二、清热解毒方

清热解毒剂具有清热、泻火、解毒的作用，适用于瘟疫、毒疫或疔疖肿毒等。若三焦火毒炽盛，症见烦热、吐血、发斑及外科的疔毒痈疡等；胸膈热聚，症见身热面赤、胸膈烦热、口舌生疮、便秘、溲赤等症状。本类方剂常以黄芩、黄连、连翘、金银花、蒲公英等清热解毒泻火药物为主组成，若便秘溲赤可配伍芒硝、大黄等以导泻下行；疫毒发于头面而肿胀者，可在清热解毒药中配辛凉疏散之品，如牛蒡子、薄荷、僵蚕等；热在气分则配伍泻火药，热在血分则配伍凉血药。

（一）黄连解毒汤

【来源】 《外台秘要》引崔氏方。

【组成】 黄连45g、黄芩30g、黄柏30g、栀子45g。

【用法】 用时以水煎服；或适当调整剂量，研末，开水冲调，待温后投服。

【功能】 泻火解毒，凉血止血。

【主治】 热盛，烦躁狂乱，积热上攻，迫血妄行引起的吐、衄、斑疹，亦于外科痈肿属热毒炽盛者。

【方义解析】 黄连解毒汤为治热毒炽盛三焦的常用方，也是一个清热解毒的基础方。火热炽盛即为毒，是以解毒必须泻火，火主于心，宣泄其所主，故以黄连为君药，以泻心火，兼泻中焦之火；黄芩泻上焦之肺火，黄柏泻下焦相府之火，栀子通泻三焦之火，泻胃火而如神，导其下行，共为辅佐药。四药结合，苦寒直折，使火邪去而热毒解，诸症得愈。

【临床应用】 适用于火热壅盛于三焦之证。凡败血症、脓毒败血症、痢疾、肺炎等属于火毒炽盛者，多由热毒内蕴、气血瘀滞而成疮黄疔毒者。

【方歌】 黄连解毒汤四味，黄柏黄芩栀子备，高热壅滞火炽盛，疮疡痈毒皆可退。

（二）消黄散

【来源】 原为《畜牧纂验方》里"四时适之宜"中的一个方。

【组成】 黄药子25g、白药子25g、知母25g、栀子20g、黄芩20g、大黄30g、浙贝母20g、连翘25g、郁金20g、朴硝90g、甘草15g、防风20g、蝉蜕15g、黄芪20g。

【用法】 共为细末，开水冲，待温后加蜂蜜120g、鸡子清4个，调匀灌服，或诸药稍加量水煎服。

【功能】 清热散痈，泻火解毒。

【主治】 马火热内壅，气促喘粗，或生黄肿。

【方义解析】 消黄散的"黄"（或作"癀"），是指火热壅滞于脏腑或肌肤所出现的各种病证，如脑黄、肠黄、肺黄、体表的黄肿等。

马为火畜，性情炎烈，值夏季炎热之际，则易生火热壅盛之证，欲称"黄"。消黄散清热解毒，一派寒凉之性，为夏令常用之方。黄多属火热之证，火热之性易炎上。故方中以知母、浙贝母、黄芩清上焦华盖之热，为君药；黄药子、白药子清热解毒，大黄泻火，郁金凉血散郁，共为辅佐也；甘草以补中润肺，缓和诸药的寒凉之气而保护脾胃之气。综观全方，虽属清热泻火消黄之通剂，但就脏腑而论，侧重治肺；以气血而论，偏于气分。夏季给马匹适当灌服，能调整畜体阴阳，以适应炎天热暑。对于火热壅毒诸症，可防患于未然，或制止于病初。

【临床应用】 适应于马夏季火热内壅之症，症见身热，气促喘粗，有时出汗或生疮黄肿毒，口色红，脉洪数。本方剂被中兽医界广泛采用，流传最广，是最具代表性的方剂，既可用于治疗，又可用于预防调理。

【方歌】 消黄散用栀朴硝，二药二母蝉防草，郁金芩芪大黄翘，心热舌疮加薄荷。

（三）郁金散

【来源】《元亨疗马集》。

【组成】 郁金30g、诃子15g、黄芩30g、大黄30g、黄连30g、黄柏30g、栀子30g、白芍15g。

【用法】 上药共为末，开水冲调，待温后灌服，或适当加大剂量煎汤灌服。

【功能】 清热解毒，散瘀止泻。

【主治】 马急性肠黄。症见荡泻如水，赤秽兼腥，口色赤红，舌苔黄厚，脉数。

【方义解析】 本方为治马热毒炽盛，积于大肠所致肠黄的主方。方中郁金凉血散瘀，行气破瘀，为君药；黄芩、黄连、黄柏、栀子清热解毒，清三焦之郁火，兼化湿热，为臣药；白芍敛阴和营，诃子涩肠止泻，大黄泻热散瘀，三味各司其职而共为佐使之用。诸药相合，共奏清热解毒、散瘀止泻之大功。

【临床应用】 本方为治疗马急性肠黄的一个常用方。凡马急性胃肠炎、痢疾而属于热毒壅盛者，均可酌情加减应用。

【方歌】 郁金散中用黄芩，栀子诃子川将军，黄连黄柏与白芍，急慢肠黄施可稳。

三、清营凉血方

清营凉血剂适应用于邪热入营血之证。营为水谷之精气注于脉中的部分，血为营气所化，循行脉中，川流不息。营气通于心，营分热多扰心和心包，故营分证可见心神被扰的症状，其发热以午后加重、入夜更甚为特征，常见高热不退、神昏躁动、呼吸急促、口舌红绛、斑疹隐隐、脉数等。其症状表现相当于急性传染病的极盛期，除各种传染病的特殊病变进一步加深外，热扰神明的症状较为突出。凝血功能紊乱，血管的中毒性损害进一步发展。营分证多由气分传入，邪热病入营，若能及时将入营之邪清解外透而转入气分，则病情较轻，否则，待正气损伤，邪热内盛，则有内陷入血趋向。邪热入营，治宜清营泄热、透热转气，方药选用清营汤加减；若邪热内闭心包、神昏躁动，严重时也可用清心开窍法。

营是血的前身，营分有热常累及血分。血分发热，热多在心、肝、肾，其发热夜晚尤甚，同时见神昏、烦躁，临床表现除了营分热所见症状外，还有动血之象，如口舌深绛、斑疹密布、吐血、衄血、便血、尿血等。血分热的症状表现相当于急性传染病的衰竭期，各重要系统、脏器（中枢神经、心、肺、肾、肝等）的损害较前更为严重，机体反应性及抵抗力下降，重者出现弥散性凝血和休克等。其治疗以凉血散瘀，改善血液循环为主。由于此阶段的特点是邪毒炽盛而正气已虚，临床需要扶助正气以防闭脱，其治疗应在凉血解毒的基础上加用益气养阴之药物，临床上可选用清营汤、犀角地黄汤等。

（一）清营汤

【来源】《温病条辨》。

【组成】 水牛角（替代犀角）30g、生地黄60g、玄参45g、竹叶心15g、麦冬45g、丹参30g、黄连25g、金银花45g、连翘30g。

【用法】 共为末开水冲调，候凉灌服，或水煎服。

【功能】 清营解毒，透热养阴。

【主治】 邪热初入营分，患畜表现为发热、口绛口干、脉细数或斑疹隐隐。

【方义解析】 本方适用于温热病邪由气分传营分，热伤营阴，而气分病邪又尚未尽解之症。

治法上在清营解毒之中，配合清气分之品，可达到气营两清的目的。因此，方中以水牛角清解营分热毒，为君药；热甚则伤阴，故用玄参、生地黄、麦冬甘寒清热养阴为臣药，佐以苦寒之黄连、竹叶心、连翘、金银花清心解毒，并透热于外，使热转出气分而解，为气营两清之法。丹参清热凉血，并能活血散瘀，以防热与血结，亦为佐药；且又能引导诸药入心而清热，又为使药。诸药相合，共奏清营解毒、透热养阴之功效。

【临床应用】 1. 清营汤适用于温热病热邪由气分转入营分之证。邪初入营而气分之邪尚未尽解者，亦可用之。如脑炎、败血症等。

2. 若气分重而营分热轻，应重用金银花、连翘、黄连、竹叶心，并相对减少水牛角、生地黄、玄参之用量。

【方歌】 清营汤是营热方，热邪侵入气营伤，犀地丹连玄麦偿，银翘竹叶服之康。

（二）犀角地黄汤

【来源】《备急千金要方》。

【组成】 水牛角（替代犀角）30g、生地黄150g、芍药60g、牡丹皮45g。

【用法】 共为末开水冲调，或水煎，去渣待温后灌服，注意犀角用锉磨细末，入药液冲服。

【功能】 清热解毒，凉血散瘀。

【主治】 患畜发热，舌绛，发斑或衄血、尿血、便血等。

【方义解析】 犀角地黄汤专为温热之邪燔于血分而设。方中水牛角清营凉血，清热解毒，为君药；生地黄清热凉血，协助君药清解血分热毒，并能养阴，以治热甚伤阴，为臣药；芍药、牡丹皮清热凉血，活血散瘀，两药相合以增强凉血之力，又可防止瘀血停滞，共为佐使之用。诸药相合，具有清热之功并兼养阴，使热清血宁而无耗血之虑，凉血之中兼以散瘀，使血止而无留瘀之弊。

【临床应用】 1. 犀角地黄汤是治疗热入血分之各种出血证的主方。本方适用于外感热性病入营血、心包，症见高热，神昏，热甚动血而出现吐血、衄血、便血，以及发斑发疹、黄疸、舌质红绛、脉细数。临床上犀角地黄汤常用于可见上述症状的急性热病的出血、败血症、脓毒血症、尿毒症、肝昏迷，以及急性白血病。

2. 犀角地黄汤只适宜于热在血分，血热妄行的"血证"；不宜用于阳虚血亏及脾胃虚弱者。

【方歌】 犀角地黄汤四味，芍药丹皮要伴随，热扰心营血分症，投之此方皆可退。

（三）清瘟败毒散

【来源】《疫疹一得》。

【组成】 石膏120g、水牛角（替代犀角）6g、生地黄30g、黄连20g、栀子30g、牡丹皮30g、黄芩30g、赤芍30g、玄参30g、知母30g、连翘25g、桔梗25g、竹叶30g、甘草10g。

【用法】 石膏先煎，水牛角锉细末冲服，水煎去渣，待温后灌服。

【功能】 清热解毒，凉血养阴。

【主治】 家畜一切火证，症见气血两燔，大热烦躁，渴饮，昏狂，发斑，舌绛，脉数。

【方义解析】 本方为综合石膏知母汤、黄连解毒汤、犀角地黄汤加减组成，为气血两清疫毒火邪之主方。方中生石膏、知母清气分实热，水牛角、地黄凉血解毒，为君药。配合其他大量的清热解毒泻火、凉血养阴生津的药物，气血同治。此外，桔梗开肺，竹叶清心利尿，导热从下而去。诸药相合，气血两清作用较强，使热毒得清。

【临床应用】 对乙型脑炎或其他高热而有脑炎症状者，以及败血症等急性重症热性病均可使用。病厥抽搐者，可加僵蚕、石菖蒲、钩藤等。热毒炽盛发斑紫暗者，可加金银花、大青叶、紫草等。

【方歌】 清瘟败毒连地芩，丹甘栀石竹叶寻，犀角玄桔知翘芍，清热解毒亦滋阴。

四、清热燥湿方

清热燥湿剂是以清热燥湿和清热利湿药为主组成的方剂，主要适用于湿热外感、湿热内盛或湿热下注所致的黄疸、热淋、痹痛等症。常用清热燥湿或清热利湿药为清热燥湿剂方中的主要药物（如黄连、黄柏、黄芩、茵陈、栀子、滑石、木通等）。清热燥湿剂代表方剂有茵陈蒿汤、龙胆泻肝汤、白头翁汤等。

（一）龙胆泻肝汤

【来源】 龙肝泻肝汤原出于李东恒《兰室秘藏》，原方中无黄芩、栀子。

【组成】 龙胆（酒炒）30g、柴胡 30g、泽泻 60g、车前子（炒）45g、木通 30g、生地黄（黄酒炒）45g、当归尾（酒炒）25g、栀子（炒）30g、黄芩（酒炒）45g、甘草 30g。

【用法】 用常水煎，去渣，待温后灌服；或研末开水冲调，温后灌服。

【功能】 清泻肝胆实火，清三焦湿热。

【主治】 患畜肝胆实火上炎证，症见目赤肿痛、肋痛、耳肿、舌红苔黄、口腔黏腻、脉弦数有力；也可用于肝胆湿热下注证，症见阴肿、小便淋浊、舌红苔黄腻、脉弦数有力。

【方义解析】 本方为肝胆实火或湿热下注而设，治宜清肝胆，利下焦。方中以龙胆泻肝胆实火及下焦湿热，为君药。黄芩、栀子苦寒泻火，协助龙胆以清肝胆湿热，为臣药。泽泻、木通、车前子清利湿热，引火从小便而出；肝藏血，肝有热则易伤阴血，故用当归尾活血，生地黄养血滋阴，柴胡舒畅肝胆，甘草调和诸药，共为佐使。诸药相合，共奏泻肝胆之火、清燥热、养阴血之功效。

【临床应用】 龙胆泻肝汤适用于肝胆实火上炎，或湿热下注所致的各种证候。凡急性结膜炎、外耳道痈肿、急性黄疸型肝炎、尿路感染等病，属于肝火上炎或湿热下注者，均可使用本方。

【方歌】 龙胆泻肝生地柴，栀子黄芩车前泽，木通当归同甘草，肝经湿热偕可排。

（二）茵陈蒿汤

【来源】 《伤寒论》。

【组成】 茵陈蒿 150g、栀子 75g、大黄 50g。

【用法】 用常水煎，去渣，待温后灌服，亦可研末开水冲服。

【功能】 清热利湿，退黄。

【主治】 湿热黄疸，症见口、眼、肌肤俱黄，黄色鲜明如橘，尿黄短赤，舌苔黄腻，脉滑数。

【方义解析】 本方为治湿热阴黄而设。阳黄乃湿热交蒸，热不得下泄，肝失疏泄，胆汁外溢肌肤所致。方中重用茵陈蒿，因其最善清热除湿，利胆退黄，为君药。以栀子清泄三焦湿热，为臣药，可增强清热利胆退黄的作用；佐以大黄之苦寒，泻热通腑，使腑气通畅。二药相合，可使湿热从小便而出。茵陈蒿配大黄，可使瘀热从大便而解。三药合用，清利降泄，且引湿热自尿液和粪便二路而去，使邪有去路，则黄疸自除。茵陈蒿汤虽药仅三味，但力专效宏，善能清热利湿退黄，乃治疗阳黄最为有效之剂。

【临床应用】 本方为治湿热黄疸之主方，善于清热、利湿、退黄，对于急性黄疸型肝炎、急性胆囊炎及其他疾病出现黄疸而属于湿证者，均可加减应用。

【方歌】 茵陈蒿汤治阳黄，栀子大黄二药偕，胆汁外溢发黄疸，清热利湿方药良。

（三）白头翁汤

【来源】 《伤寒论》。

【组成】 白头翁 60g、黄柏 45g、黄连 30g、秦皮 45g。

【用法】 用常水煎，去渣，待温后灌服；或研末开水冲调，待温后灌服。

【功能】 清热解毒，凉血止痢。

【主治】 家畜痢疾。患畜表现为泻痢脓血、赤多白少，排粪黏滞不爽，频频努责，里急后重，腹痛，舌红苔黄，脉数。

【方义解析】 白头翁汤性味苦寒，苦能燥湿，寒能除热，是治疗痢疾、下痢脓血的主方。方中白头翁清热解毒，凉血止痢，为治热毒赤痢的主药；黄连、黄柏、秦皮协助主药清热解毒，燥湿治痢，均为佐使药。四药合用，具有清热解毒、凉血止痢之功效。

【临床应用】 1. 适用于湿热下痢。凡马牛肠炎、猪下痢等属于湿热证者，均可应用。据报道，白头翁煎剂能抑制阿米巴原虫的生长，可应用于阿米巴痢疾。

2. 白头翁汤药性苦，易伤脾阳，久服会出现大便溏薄、腹胀，不宜长时间应用。脾阳虚弱、大便溏泻、腹胀者慎用，以免损伤胃家之正气，加重病情发展。

【方歌】 白头翁汤治热痢，黄柏黄连与秦皮，性寒味苦清湿热，坚阴止痢最适宜。

五、清热祛暑方

清热祛暑剂适用于夏日感暑之证，以身热烦渴，汗出体倦，脉虚为主症。夏日淫雨，天暑下迫，地湿上蒸，湿热之邪易于相因为患，故有"暑多挟湿"之说；暑热伤气，又多出现汗多气虚等证。兼表寒者，宜祛暑解表，代表方如香薷散；兼湿邪者，法当清暑利湿，代表方如六一散。

使用祛暑剂，需掌握兼症的有无及主次轻重，如暑病挟湿而暑重湿轻者，则湿易从热化，用药不宜过于温燥，以免燥伤津液；如湿重暑轻，暑轻易为湿遏，甘寒滋腻之剂又当慎用，以免湿邪缠绵不去。

香薷散

【来源】 《元亨疗马集》。

【组成】 香薷 30g、黄芩 26g、黄连 15g、甘草 25g、柴胡 30g、当归 30g、连翘 30g、天花粉 45g、山栀子 20g。

【用法】 使用时上药为末，开水冲调，待温后灌服（原方等分为末，每服二两，加温开水半升，童便半盏同调，灌服）。

【功能】 清热解暑，养血生津。

【主治】 夏季伤暑或中暑。患畜表现为身热，喜阴凉，精神倦怠，头低耳耷，眼闭似昏睡，行走如痴，卧多立少，口色鲜红，脉象洪数。

【方义解析】 香薷散可治疗马伤暑或中暑。方中香薷辛温发散，兼利湿，乃暑月解表之要药，前人总结其为"夏令之麻黄"，为君药；黄芩、黄连、山栀子、连翘寒凉清热于里，柴胡和解表里，利少阳枢机，内透外达，均为臣药；热盛心肺壅极，上扰神明，故用当归和血以治风，热盛伤津，故用天花粉清热生津，均为佐药；甘草清热和中，为使药。诸药合用，共奏清热解暑之凯歌。

【临床应用】 1. 香薷散原方适用于马热证中暑（或称"热痛"）。《元亨疗马集》中说："热痛者，阳气太盛也。皆因暑月炎天乘骑，地里弯远，鞍屉失于解卸，乘热而喂料草，热和于胃，胃火遍行经络也。今兽头低眼闭，行立如痴，卧多少立，恶热便阴，此谓暑伤之症也。香薷散治之。"

2. 中暑有轻重缓急之分，急症中暑，病情重，也称为"黑汗风"；慢性中暑，病情较轻，称"热痛"。香薷散适用于后者。

【方歌】 香薷散用芩连草，栀子花粉归柴翘，蜂蜜冲服作引药，清心解暑疗效高。

六、清虚热方

清虚热法适用于热病后期，邪热未尽，阴液已伤，热留阴分，出现暮热早凉、舌红少苔，或因肝肾亏损而骨蒸潮热，或久热不退的虚热证。治宜养阴透热或滋阴清热。

青蒿鳖甲汤

【来源】 《温病条辨》。

【组成】 青蒿 30g、鳖甲 60g、细生地黄 60g、知母 30g、牡丹皮 45g。

【用法】 使用时水煎，去渣，取汁，待温后灌服或研末冲服。青蒿芳香性较强，易挥发，不耐高温，宜后下，或用沸水浸泡即可。

【功能】 养阴透热。

【主治】 温病后期，邪热未尽，深伏阴分，阴液已伤。患畜表现为傍晚发热，白昼热退，舌红少苔，机体消瘦，脉数。

【方义解析】 青蒿鳖甲汤为治疗虚热的代表方剂。温病后期，阴液已伤，热邪仍留，既不能滋阴，滋阴则留邪，又不能纯用苦寒，苦寒则化燥，唯养阴透热并举，使阴复则足以制火，邪去则其热自退。方中鳖甲直入阴分，咸寒滋阴，以退虚热；青蒿芳香，清热透络，引邪外出，共为君药。生地黄、知母益阴清热，协助君药以退虚热；牡丹皮凉血透热，协助青蒿以透泄阴分之伏热，共为佐使。诸药相合，共奏养阴透热之功效。

《温病条辨》曰："邪气深伏阴分，混处气血之中，不能纯用养阴，又非壮火，更不得任用苦燥。故以鳖甲蠕动之物，入肝经至阴之分，既能养阴，又能入络披邪；以青蒿芳香透络，从少阳领邪外出；细生地清阴络之热；丹皮泻血中之伏热；知母者，知病之母也，佐鳖甲、青蒿而成披剥之功焉。此方有先入后出之妙用，青蒿不能直入阴分，有鳖甲领之入也；鳖甲不能独出阳分，有青蒿领之出也。"

【临床应用】 1.《温病条辨》云："夜热早凉，热退无汗，热自阴来者，青蒿鳖甲汤主之。"青蒿鳖甲汤最宜治疗余热未尽，阴液已伤的虚热证，以夜热早凉、热通无汗、舌红少苔、脉细数为证治要点。可用于原因不明的发热，以及慢性肾盂肾炎、骨结核等属阴虚内热，低热不退者。

2. 老弱、久病体虚及产后血虚所致阴虚发热，舌质红绛而干，脉细数的患畜，亦可应用青蒿鳖甲汤治疗。

【方歌】 青蒿鳖甲地知丹，夜热早凉退无汗，余热未尽虚热证，养阴透热服之安。

第二节 解 表 方

解表剂，凡具有发汗、解肌、透疹等作用的方剂，统称为解表剂。适用于外感表邪，疹毒透发不畅等证。在八法中属于"汗法"。《素问》云："其在皮者，汗而发之"，"因其轻而扬之"；《三农记》云："中风者散之，感寒者表之"，就是这类方剂的方法原则。

解表剂多用于六淫之邪侵入肌表，主要是寒、热外感的初期。

常见的表证有风寒表证和风热表证两种。风寒表证治宜辛温解表；风热表证治宜辛凉解表。表证而兼有正气虚弱的，还需结合补益法，以扶正祛邪。因此，解表剂可分为辛温解表、辛凉解表和扶正解表等类。

解表剂所用药物大多辛散轻扬，不宜久煎，否则药性蒸腾散失，作用减弱。灌药后，患畜宜置暖圈，避风寒，甚至适当覆盖，以助药效。

解表剂使用不当，容易耗气伤津，故只适用于表邪未解之时。若表邪已解，或病邪入里、麻疹已透、疮疡已溃、虚证水肿、泄泻、失血等情况，均不宜使用。

一、辛温解表方

辛温解表剂，适用于外感风寒表证。患畜表现为恶寒，或皮毛直立、寒战，喜卧温暖处，发热，精神沉郁，弓背，有汗或无汗，脉浮，苔薄白。

（一）麻黄汤

【来源】 《伤寒论》。在《中兽医方剂大全》、《中兽医方剂精华》中均有收录。

【组成】 麻黄（去节）45g，桂枝 30g，杏仁 45g，甘草 15g。

【用法】 使用时水煎汤去渣，待温后灌服；或各药为末，用开水冲调，待温后灌服。

【功能】 发汗散寒，宣肺平喘。

【主治】 外感风寒表实证。患畜表现为恶寒发热，精神抑郁，弓腰，无汗而喘，舌苔薄白，脉浮紧。

【方义解析】 麻黄汤原为主治太阴伤寒而设。所谓太阴伤寒，即外感风寒表实证。治宜用发汗宣肺之法，以解除在表之风邪，开泄郁闭之肺气，使表邪得解，肺气顺通，自然寒热退而喘咳平。方中麻黄发汗解表以散风寒，宣肺利气以平喘咳，为君药；桂枝发汗解肌，温经散寒，助君药发汗解表，为臣药；杏仁顺畅肺气，止咳平喘，为佐药；炙甘草调和诸药，并有清热解毒、补中止咳平喘之作用，为使药。四药配伍合用，共奏发汗散寒、润肺平喘之功效。

【临床应用】 本方为发汗解表而设，多用于风寒表实证。临床常用本方加减治疗感冒、流感及慢性气管炎。如外感风寒，咳嗽，喷嚏，气粗痰多者，可去桂枝之通阳发汗，使其用于润肺止咳，名"三拗汤"。

若表虚有汗则不宜应用，对风热表证也忌用。

【方歌】 麻黄汤中用桂枝，甘草杏仁四味施，发热恶寒表实证，风寒无汗服之宜。

（二）桂枝汤

【来源】 《伤寒论》。在《中兽医方剂大全》、《中兽医方剂精华》中均有收录。

【组成】 桂枝 45g、芍药 45g、甘草 30g、生姜 45g、大枣 20g。

【用法】 水煎汤，去渣，待温后灌服；或各药为末，用开水冲调，待温后灌服。

【功能】 解肌发表，调和营卫。

【主治】 外感风寒表虚证。患畜表现为发热，汗出恶风，舌苔薄白，脉浮缓。

【方义解析】 本方为外感风寒表虚证的常用方剂。此证因风寒客表，营卫不和所致。外感风寒，邪正搏于肌表，故发热、脉浮；营卫不和，卫阴不能外固，营阴不能内守，故恶风、汗出、脉缓。方中桂枝散风寒以解肌表，为君药。芍药敛阴养阴和营，使桂枝辛散而又不致伤阴，为臣药。二药合用一散一收，调和营卫，使表解肌里和。生姜温中散寒，散表邪，大枣补气补血和营阴，共为佐药。甘草清热解毒，补中止咳平喘，调和诸药，为使药。诸药相伍，共奏解肌发表、调和营卫之功。

【临床应用】 用于家畜外感风寒的表虚证。若见有咳喘症状，可加厚朴、杏仁、炙甘草。本方重在解肌发表、调和营卫，与专于发汗的方剂不同，只适用于外感风寒的表虚证。若表实无汗，不宜应用，表热证忌用。

【方歌】 风寒表虚桂枝汤，调和营卫最适当，桂枝芍药与甘草，再加姜枣效更良。

（三）荆防败毒散

【来源】 《摄生众妙方》。

【组成】 荆芥 30g、防风 30g、羌活 25g、独活 25g、柴胡 25g、前胡 25g、桔梗 30g、枳壳 25g、茯苓 45g、甘草 15g、川芎 20g。

【用法】 共为末，开水冲，或共为细末，加水稍煎，候温灌服。

【功能】 发汗解表，散寒祛湿。

【主治】 外感挟湿的表寒证。临床症见发热，无汗，恶寒，肢体疼痛，咳嗽，舌苔白腻，脉浮。

【方义解析】 本方原系"人参败毒散"去人参加荆芥、防风加减而来，为外感风寒挟湿证而设的辛温解表剂。故方中以荆芥、防风发散肌表风寒，羌活、独活祛一身之风湿，四药合用以解表驱邪，为君药；川芎散风止痛，柴胡协助荆芥、防风疏解表邪，茯苓渗湿健脾，均为臣药；枳壳理气宽胸，前胡、桔梗润肺止咳，为佐药；甘草和中益气，调和诸药，为使药。诸药集合，共奏发汗、解表、散寒、祛湿之功效。

【临床应用】 用于感冒、流感等体质虚弱而挟湿的表寒证，疮疡具风寒表证者亦可应用。

【方歌】 荆防败毒草苓芎，二活柴前枳桔同，风寒挟湿偕可行，解表祛湿获良功。

二、辛凉解表方

辛凉解表剂适用于风热表证，患畜表现为发热，微恶风寒，精神沉郁，口干，或咳嗽，气喘，脉浮数，舌红苔薄白或稍黄等。常以辛凉解表药为方中主要药物，如金银花、薄荷、菊花、葛根等。辛凉解表的代表方剂有银翘散、桑菊饮等。

（一）银翘散

【来源】《温病条辨》。《中兽医方剂大全》中有收载。

【组成】 连翘 45g、金银花 45g、淡豆豉 25g、薄荷 30g、牛蒡子 25g、荆芥 25g、苦桔梗 25g、淡竹叶 20g、生甘草 25g。

【用法】 用时共为末，开水或鲜芦根煎汤冲服，待温后灌服；也可适当加大剂量煎汤去渣灌服。

【功能】 疏散风热，清热解毒。

【主治】 温病初起，患畜表现为发热、微恶风寒、精神沉郁、口干、舌红、脉浮数。

【方义解析】 银翘散为辛凉方剂，适用于温病潮热、风热表证。方中金银花、连翘清热解毒，轻宣透表，为君药；荆芥穗、薄荷、淡豆豉辛散表邪，透热外出，为臣药，其中荆芥穗虽属辛温之品，但温而不燥，且与金银花、连翘、竹叶、芦根等配伍，温性被制，可增强本方辛散解表之功。牛蒡子、桔梗、生甘草能解毒利咽散结，宣肺祛痰；淡竹叶、芦根甘凉轻清，清热生津以止渴，均为佐药。甘草并能调和诸药，为使药。方中清热解毒与辛散表邪药物配伍，共奏疏散风热、清热解毒之功。

【临床应用】 银翘散为辛凉平剂，可用于治疗温病范围的各种疾病的初期。如流行性感冒、肺炎、脑炎，以及其他发热性流行病初期，凡是表现为卫分风热症状者，也可用于疮黄疔毒初起而有风热表证者，或酌加蒲公英、地丁等药，以加强清热解毒作用。

【方歌】 辛凉解表银翘散，牛蒡豆豉甘桔梗，芥穗薄荷竹叶验，温热初起芦根灌。

（二）桑菊饮

【来源】《温病条辨》。

【组成】 苦杏仁 30g、连翘 30g、薄荷 15g、桑叶 40g、菊花 30g、桔梗 30g、甘草 15g、芦根 30g。

【用法】 用时共为末，开水冲服，待温后灌服；也可适当加大剂量水煎去渣，待温后灌服。

【功能】 疏散风热，润肺止咳。

【主治】 风温初起或风热咳嗽。患畜表现为风热表证的症状，但咳嗽较重，或以咳嗽为主症。

【方义解析】 桑菊饮为治风温之邪入肺经的一个古方剂。方中以桑叶、菊花甘凉轻清，疏散上焦风热，且桑叶善走肺经，清肺热而止咳嗽，共为君药；薄荷协助君药以疏散上焦风热，苦杏仁、桔梗润肺止咳，为臣药；连翘苦辛寒而质轻，清热透表，芦根甘寒，清热生津而止渴，共为佐药；甘草调和诸药，为使药，且与桔梗配伍以利咽喉。诸药相伍，使上焦风热得以疏散，肺气得以顺畅，则表证解，咳嗽止。

【临床应用】 用于治疗属于风热的各种病证，如流行性感冒、急慢性支气管炎、咽炎等，若药力轻者，可酌加知母、贝母、黄芩、天花粉等。

临证加减：气粗似喘，热在气分者，加石膏、知母；舌绛暮热甚，热邪入营，加玄参、犀角；热在血分者，去薄荷、芦根，加麦冬、生地黄、玉竹、牡丹皮；肺热者，加黄芩；口渴者，加天花粉。

【方歌】 桑菊饮中桔梗翘，杏仁甘草薄荷交，芦根甘寒生津剂，透表宣肺止咳嗽。

第三节 泻下方

泻下法属于"八法"中的"下法"。泻下剂主要由泻下药物组成，具有通利肠道、排出胃肠积滞、荡涤实热、攻逐水饮及寒积等作用，以治疗里实证。

泻下剂的主要目的是攻逐里实。根据病邪性质的不同及畜体体质、素质虚实的差异，以及病情轻重、病程长短，泻下剂常分为攻下、润下、逐水三类，适用于热结阳明、脾虚寒积、津枯肠燥、水饮内停和气血已虚而里实未去等证候。但孕畜、老龄阴虚体弱及产后血虚的患畜，忌服攻逐泻下剂。

一、攻下方

攻下剂也称峻下剂，药力峻猛，适用于里实证。患者大多表现为粪便秘结，肚腹胀满，腹痛起卧，舌苔黄厚，脉实有力。常以攻下药为方中主要药物，如大黄、芒硝、巴豆等。肠道阻塞可导致胃肠气滞，故攻下方中亦常配合理气药，如厚朴、枳实、木香等。常用代表方如大承气汤、槟榔散等。

大承气汤

【来源】《伤寒论》。

【组成】 生大黄60g、厚朴（去皮，炙）45g、枳实60g、芒硝250g。

【用法】 用时先煎枳实、厚朴，后下大黄，去渣取汁，冲调芒硝，待温后灌服，或研末开水冲服。

【功能】 泻下攻下，消积通肠。

【主治】 结症。症见粪便秘结，腹部胀满，二便不通，口干舌燥，苔厚而干，脉沉实。

【方义解析】 外邪入里化热，热盛伤津，实热与积滞壅结于胃肠而成里实热证。热结导致燥、实，胃肠积滞则腑气不通，出现痞满，法当攻泻热结，急下存阴。

大承气汤泻下作用较强，为治疗阴阳腑实证的主要方剂。方中大黄苦寒，泻热通便，荡涤肠胃，为君药；芒硝咸寒泻热，软坚润燥，助君药泻热通便，缓解肠中热结，为臣药；君臣相须为用，重于攻积泻热，驱除有形实邪。积滞内阻，致气滞不行，故以枳实、厚朴破结、行气、宽中，治疗无形之气滞，消除胀满，并助君臣加速积滞排泄，共为佐使。

【临床应用】 大承气汤适用于阳明腑实证，患畜表现为腑实便秘，常用于马属动物之大结肠便秘。应用时，根据病情轻重可在本方基础上加减化裁。如加槟榔、石蜡油；或加酒曲、火麻仁、青皮、香附、木通，名"酒曲承气汤（《中兽医治疗学》）"。或加牵牛子、番泻叶、秦皮、木香、玉米仁、白豆蔻，名"枳实破气散"；对老龄体弱、津枯肠燥的结症，又可加玄参、麦冬、生地黄（"增液汤"），则为攻补兼施之剂，名"增液承气汤"。

【方歌】 大承气汤用大黄，枳实厚朴共成方，芒硝不煎要冲汤，结症起卧自安康。

二、润下方

润下法主要是使用滋阴润燥、油质含量较多的果仁类药物，以滑润肠道治疗便秘。适用于病情较缓、病程较长或体弱血虚、津液亏少的便秘症。润下法属于缓下范围，常用的药物有肉苁蓉、杏仁、桃仁、郁杏仁、火麻仁等，代表方剂为当归苁蓉汤。有时稍佐以理气、通下药物则效果更佳。

当归苁蓉汤

【来源】《中兽医治疗学》。

【组成】 全当归（麻油炒）120～250g、肉苁蓉（黄酒浸蒸）60～120g、番泻叶30～60g、广木香10～15g、川厚朴20～30g、炒枳壳30～60g、醋香附30～60g、瞿麦12～18g、通草丝10～15g、炒神曲60g、麻油250g。

【用法】 使用时各药为末，开水冲调，或常水文火煎煮，待温后加麻油灌服。

【功能】 润燥理气，滑肠通便。

【主治】 家畜肠燥便秘，粪干难下。患畜表现为弓腰努责，排粪困难，口干舌燥，脉细数。

【方义解析】 老弱津亏或产后家畜的便秘症为本虚标实证，治宜标本兼顾。方中当归辛甘湿润，养血润肠，用麻油炒更增强其滋润之功，为君药；肉苁蓉咸温润降，补肾润肠，番泻叶甘苦润滑、润肠导滞，共为臣药；木香、厚朴、香附疏理气机，瞿麦、通草有降泄之性，枳壳、神曲具宽导之功，共为佐药；麻油润燥滑肠，为使药。诸药合用于湿润之中，寓有通便之力。

【临床应用】 1. 当归苁蓉汤药性平和，多用于老弱或胎前产后之便秘。

2. 当归苁蓉汤原方可酌情加减应用，体瘦气虚者加黄芪；孕畜去瞿麦、通草丝，加炒白芍；鼻凉者加升麻。

【方歌】 当归苁蓉番泻叶，木香枳朴并瞿麦，通草香附与麻油，肠燥便秘用通结。

三、逐水方

逐水剂作用峻烈，能使体内停积之水液从大小便排出，适用于水肿或水饮停聚之证。但逐水剂多有毒性，故只适用于体质强壮的患畜，常以峻下逐水药为方中主要药物，如大戟、甘遂、芫花、牵牛子、槟榔等。逐水剂的代表方剂有大戟散、十枣汤等。

（一）大戟散

【来源】 《元亨疗马集》。

【组成】 大戟30g，滑石60g，甘遂30g，牵牛子60g，黄芪30g，芒硝90~150g（原方有巴豆），大黄60g。

【用法】 共为末，开水冲，待温后加猪油250g调灌，或适当加大药量水煎，去渣灌服。

【功能】 逐水，泻下。

【主治】 牛水草肚腹胀满。症见肚腹胀满，口中流涎，舌吐出口外。

【方义解析】 本方系《元亨疗马集》中治疗牛水草肚胀方。本病证主要是由于水与草停滞胃腑而引起的肚腹胀满，故以大戟、甘遂、牵牛子峻泻逐水，为君药；辅以大黄、芒硝、猪油、滑石助主药攻下逐水；佐以黄芪扶正祛邪，以防攻逐太过，损伤正气。诸药相合，有逐水泻下之功效。

【临床应用】 本方减甘遂，加麦芽、山楂、六曲、黄芩治疗牛宿草不转；加黄芩，增大黄芪用量，名为"穿肠散"，用以治疗草伤脾胃。

【方歌】 大戟散用硝大黄，滑丑甘遂黄芪尝，猪油不煎共调灌，水草肚胀效果良。

（二）十枣汤

【来源】 《伤寒论》。

【组成】 芫花5~15g，甘遂5~10g，大戟5~10g，大枣150g。

【用法】 使用时芫花、甘遂、大戟三味共为细末，大枣煎汤调灌服。

【功能】 攻逐水饮。

【主治】 胸腹积水或水肿属于实证者。

【方义解析】 十枣汤为峻下逐水之剂，主治实证水饮停聚。《金匮要略》云："病水腹大，小便不利，其脉沉弦者，有水，可下之。"方中甘遂善行经逐水湿，大戟善泄脏腑水湿，芫花善消胸胁伏饮痰癖，三药药性峻烈，合而用之，逐水饮之力甚著。三药皆有毒，凡大毒治病，每伤正气，故以大枣益气养胃，缓和药性之峻烈，诸药相合，攻逐水饮。

【临床应用】 1. 十枣汤适用于水肿、胸腹积水等属实证者。凡渗出性胸膜炎、胸水、腹水或全身水肿体质尚佳者，可酌情使用，但须辨清证的虚实，体质壮实之实证者可用本方；体虚、邪实，非攻不可的，要与补益剂交替使用。

2. 体虚及孕畜慎用。

【方歌】 大戟遂花十枣汤，攻逐水饮方药良。

第四节 消 导 方

消导方是以消导、化积药为主组成，具有消积导滞、行气宽中作用的一类方剂。积滞郁结之证多由气、血、痰、湿、食壅滞郁结所致,可使用消导剂。治疗食积痞块的制剂统称消导剂,用于治疗草料停滞、食积不消等病证。

消导剂的用法属于"八法"中的"消法"。消导剂量是根据"坚者削之"、"结者散之"、"留者攻之"的治疗原则而立法,具有消食导滞、消痞化积之功,适用于脾失健运,胃失通降,或饮食失节而致的伤食症,或变生痞满、下痢等疾病。

消导类方剂常以山楂、神曲、麦芽、槟榔、莱菔子为主要药物,代表方剂有曲麦散、消滞汤、和胃消滞汤等。

一、曲麦散

【来源】 《元亨疗马集》。

【组成】 神曲 60g、麦芽 45g、山楂 45g、甘草 15g、厚朴 25g、枳壳 25g、陈皮 25g、青皮 25g、苍术 25g。

【用法】 用时各药共为末,开水冲调,候温灌服(原方为末,每服二两,生油二两,生萝卜一个捣烂,童便一升,同调灌之)。

【功能】 消食导滞,化谷宽肠。

【主治】 马伤料。患畜表现为精神倦怠,不食料豆,舌红苔厚,有时拘行束步,四足如攒。

【方义解析】 曲麦散适用于马伤料。《元亨疗马集》云:"伤料者,生料过多也,凡治者,消积破气,化谷宽肠。"方中神曲、麦芽、山楂消食导滞,为君药;积滞内停,每使脾胃气机运行不畅,故用枳壳、厚朴、青皮、陈皮疏理气机,宽中除满,为臣药;苍术燥湿健脾,以助运化,为佐药;甘草健脾胃而调和诸药(或加生油、萝卜下气润肺),为使药。诸药合用,共奏消食导滞、化谷宽肠之功效。

【临床应用】 1.《元亨疗马集》云:"伤料者,生料过多也。皆因蓄养太盛,多喂少骑,谷气凝于脾胃,料毒积在肠中,不能运化,邪热妄行五脏也。令兽神昏似醉,眼闭头低,拘行束步,四足如攒,此调谷料所伤之证也。曲蘖散治之。"

2. 临床用治伤料时,常加槟榔、牵牛子,以至芒硝、大黄等攻下药,以增强消导通泻之功。

3. 若患马兼见拘行束步、四足如攒症状者,宜按料伤五攒痛施治,即消食导滞与活血清热并用。

4. 凡脾胃素虚或老弱而伤料者,宜标本兼顾,攻补并行之。

【方歌】 曲麦散用青陈皮,三仙枳朴苍术依,甘草麻油生萝卜,马牛伤料施之宜。

二、消滞汤

【来源】 《中兽医治疗学》。

【组成】 山楂 30g、麦芽 30g、神曲 30g、炒莱菔子 30g、大黄 20g、芒硝 30g。

【用法】 使用时水煎,分两次服用;或适当减剂量研末,开水冲服。

【功能】 消食导滞,荡涤肠胃。

【主治】 猪伤食积滞。患畜表现为不思饮食,肚腹饱满,或呕吐,或泄泻,舌苔厚腻,口色稍红。

【方义解析】 消滞汤适应证为猪采食过量,积滞不消,治宜消导泻下。方中神曲、山楂、麦芽消导化食,为君药;芒硝、大黄攻逐积滞,荡涤肠胃,为臣药;莱菔子下气,为佐使药。诸药合用,消导泻下之力甚捷。

【临床应用】 1. 消滞汤适用于猪伤食积滞,以贪食过多、肚腹饱满、舌苔厚腻为主症。若泄泻,应少用或不用芒硝、大黄;若呕吐甚,可酌加陈皮、生姜。

2. 消滞汤亦可用于治疗猪食少或不食、粪干便秘、发热等症。

【方歌】 伤料积食消滞方,三仙卜子并大黄,芒硝不煎要冲汤,消积导滞方药良。

第五节 和 解 方

凡是利用具有和解、解郁、疏畅、调和等作用的方剂,用于治疗少阳病或肝脾不和,以及肠胃不和者,统称和解剂。属于"八法"中的"和法"。

和解剂主要是针对少阳胆经发病而设,然肝胆经相表里,胆经发病有时也会影响于肝,肝经发病有时也可影响于胆,并且肝胆性疾病往往又可影响脾胃,因此,在临床治疗上相互兼顾施治,如肝脾不和、肝胃不和等证。常用方剂有小柴胡汤、四逆散等。

凡属邪在肌表,或表邪已全入里者,均不宜使用和解剂。因病邪在表,若误用和解,易引邪入里,发生他患;若表邪已全入里,使用和解剂便会延误病情。

一、小柴胡汤

【来源】《伤寒论》。

【组成】 柴胡 60g、黄芩 45g、人参(党参)45g、炙甘草 30g、生姜 45g、大枣 20g、半夏 45g。

【用法】 用时各药水煎,去渣,待温后灌服;或研末开水冲服。用量:马、牛 150~300g;猪、羊 30~60g;犬、猫 5~15g。

【功能】 和解少阳,扶正祛邪。

【主治】 少阳病。患畜表现为精神沉郁,食欲不振,寒热往来,口干,苔薄白,脉弦。

【方义解析】 小柴胡汤为少阳病而设。少阳位于半表半里,邪犯少阳,正邪相争,既不能解表,又不能攻里,只宜和解少阳。方中柴胡清解少阳之邪,疏畅气机之郁滞,为君药;黄芩协助君药以清少阳之邪热,为臣药;党参、半夏、生姜、大枣补中扶正,和胃降逆,杜绝邪气传入太阴而成虚寒,为佐药;甘草调和诸药,又可相助扶正,为使药。诸药相合,共奏和解少阳、补中扶正、和胃降逆之功。综观全方,能升能降,能开能合,去邪而不伤正,扶正又不留邪,故前人喻为"少阳枢机之剂,和解表里之总方"。

【临床应用】 用于少阳病。症见家畜精神不振,饥不欲食,寒热往来,口色淡红,或舌苔黄白相杂。

【方歌】 小柴胡汤用黄芩,姜夏甘枣和党参,寒热往来邪气侵,和解少阳能生津。

二、逍遥散

【来源】《太平惠民和剂局方》。《中兽医方剂大全》中有收录。

【组成】 炙甘草 20g、当归(微炒)45g、茯苓 45g、白芍 45g、白术 45g、柴胡 45g。

【用法】 用时加薄荷、生姜少许,共为末,开水冲调,待温后灌服,或适当加大剂量水煎服。

【功能】 疏肝解郁,健脾养血。

【主治】 肝郁血虚,肝脾不和。患畜表现为口干食少,神疲乏力,或见寒热往来,舌淡红,脉弦而虚。

【方义解析】 逍遥散所治,为肝郁血虚,以致脾土不和之证,治宜疏肝解郁、养血健脾。方中柴胡疏肝解郁,当归、白芍养血补肝,三药配合补肝,为君药;茯苓、白术补中理脾,为臣药;薄荷、生姜助柴胡疏散条达,为佐药;甘草补中,调和诸药,为使药。诸药合用,使肝郁得解,血虚得养,脾虚得补,则诸证自愈。

【临床应用】 逍遥散适应证为口干,食欲减少,或见寒热往来,舌稍红,脉弦而虚。凡具有这些症状而属于肝脾不和者,可酌情应用本方。若肝郁血虚发热,加栀子、牡丹皮以增加疏肝解热作用,名"丹栀逍遥散"。

【方歌】 逍遥散用术草薄,当归柴苓生姜芍,疏肝解郁和理脾,郁火丹栀皆可挫。

第六节 化痰止咳平喘方

凡是能止咳、平喘、清热或燥湿化痰的方剂，统称为止咳化痰平喘剂。祛痰止咳平喘剂是以祛痰、止咳、平喘药物为主组成，具有消除痰证，缓解或制止咳喘的作用，治疗肺经疾病的方剂。

咳嗽与痰、喘在病机上关系密切，咳嗽多挟痰，痰多可致咳嗽，久咳则肺气上逆而作喘，三者在病机上互为因果。在治疗上，对于咳嗽兼痰涎者，可用祛痰止咳剂；喘者可用平喘剂。本类方剂可分为祛痰剂和平喘剂。

祛痰止咳剂适用于肺经疾病引起的咳嗽痰涎。疾病原因很多，根据"脾为生痰之源，肺为贮痰之器"之说，液有余便是痰，既是致病之因，又是病理产物。本类方剂是根据《素问·至真要大论》"寒者热之，热者寒之"，"燥者润之"，"坚者削之，客者除之"，"结者散之"和《金匮要略》"病痰饮者，当以温药和之"的原则立法。根据《内经》确立治疗方法，即健脾燥湿，降火顺气为先，然后分别进行治疗：清热痰、温寒痰，湿痰则润之、清之、化之，风痰则散之、息之，顽痰要软之，食痰要消之。属于八法中的"消法"。即所谓"善治痰者，治其生痰之源"。

平喘剂是以平喘药物为主组成，有消除或缓解肺气出入失常的作用，用于呼吸作喘之症。肺热作喘可清热平喘；风寒束肺者应宣肺平喘；肾不纳气者，可温肾纳气、摄肺定喘；毒邪壅肺作喘者，可解毒敛肺以定喘。

由于痰随气而升降，气壅则痰聚，气顺则痰消，可在祛痰止咳剂中配伍理气药物。《证治准绳》云："善治痰者，不治痰而治气，气顺则一身津液亦顺矣。"祛痰止咳剂常以陈皮、半夏、贝母、桔梗、百合等为主要组成药物，代表方剂为二陈汤、止嗽散、款冬花散、清燥救肺汤、麻杏石甘汤、定喘汤等。

一、二陈汤

【来源】 《太平惠民和剂局方》。

【组成】 制半夏50g、陈皮60g、茯苓40g、甘草20g。

【用法】 用时为末，开水冲服；或水煎去渣，待温后（马、牛分为1～2次）灌服。用时可酌加生姜为引。

【主治】 痰湿咳嗽。症见咳嗽痰多、色白，舌苔白润，脉滑。

【方义解析】 本方是治疗湿痰的基础方。湿痰的形成因脾胃不和，脾失健运，湿聚而成。痰饮犯肺，则咳嗽痰多；胃失和降，胃气上逆，则为呕吐，当以燥湿化痰、理气和中为治则。方中半夏燥湿化痰，降逆止呕，为君药；气顺则痰降，气化则痰消，辅以陈皮理气化痰；又因痰由湿生，脾复健运则湿可化，湿去则痰消，故加茯苓健脾利湿，为佐；使以甘草和中健脾，协调诸药。四药相合，具有燥湿化痰、理气和中之功。

【临床应用】 1. 二陈汤主要用于中阳不运，湿痰为患。湿困脾阳，脾失运化，导致水湿凝聚而成。

2. 二陈汤主治湿痰，以咳嗽痰多、舌苔白腻或白润、脉缓、滑等辨证要点。

【方歌】 二陈汤中陈甘草，茯苓半夏燥湿妙，生姜散寒和温中，服下此方镇咳嗽。

二、止嗽散

【来源】 《医学心语》。

【组成】 百部60g、紫菀60g、白前50g、桔梗40g、陈皮40g、荆芥60g、甘草20g。

【用法】 用时研末，开水冲调。牛、马1～2次灌服；猪、羊减量，可水煎灌服。

【功能】 止咳化痰，宣肺平喘。

【主治】 外感咳嗽，且咳嗽日久不止，痰多稀白。动物表现为微恶风发热，咳嗽，喉头敏感，舌苔薄白，脉浮滑等。

【方义解析】 止嗽散中百部、紫菀温而不燥，具有降气祛痰、调肺止咳功能，为君药；桔梗、陈皮宣肺理气以祛痰止咳，气顺则痰消，痰消则咳止；白前长于降肺气以祛痰止咳，能治肺气壅塞之痰多咳嗽；荆芥疏风解表，以除表邪；甘草和中化痰，调和药性。

【临床应用】 1. 主要用于多种咳嗽，尤其适用于治疗外感咳嗽较久。症见咳嗽，多有痰，肺气机不畅，同时兼有表证，可见动物恶寒、发热、鼻汗不匀等。

2. 用于家畜外感咳嗽。症见咳嗽频繁，流清涕，触诊喉头敏感，舌苔淡白，兼有恶寒。若表证重者，可加紫苏叶、生姜以散表邪；湿者痰多者，重加半夏、茯苓以燥湿化痰；热邪伤脾之咳嗽加天花粉、黄芩、栀子以清肺热。

3. 若有风寒咳嗽，可加紫苏叶、防风、生姜，以解表宣肺；若为风热咳嗽，可加连翘、桑白皮、瓜蒌皮、芦根以清解肺热；如为风燥咳嗽者，可加沙参、桑叶、天冬、麦冬以清热润肺；若为暑湿犯肺咳嗽，可加藿香、佩兰、香薷等以加强清暑邪作用；对于湿痰咳嗽，可加半夏、茯苓、紫苏子以燥湿化痰。

【方歌】 止嗽散用桔白前，荆菀陈草百部联，咳嗽湿痰皆可用，随症加减效更验。

三、款冬花散

【来源】 《元亨疗马集》。

【组成】 款冬花 60g、黄药子 60g、僵蚕 30g、郁金 30g、白芍 60g、玄参 60g。

【用法】 水煎服，或共为末，开水冲调，待温后灌服。

【功能】 滋阴降火，止咳平喘。

【主治】 阴虚肺热引起的咳嗽气急，咽喉肿痛。

【方义解析】 本方证系因阴虚肺热，津液耗伤，燥痰阻肺而致咳嗽气急、咽喉肿痛等。方中款冬花润肺化痰、止咳平喘，玄参养阴润肺、清热祛痰，为君药；辅以白芍养阴清热，助君药滋阴降火；肺火上炎而致咽喉肿痛，故佐以黄药子、郁金、僵蚕清利咽喉且消肿痛；蜂蜜润肺清热，协调诸药，为使药。

【临床应用】 1. 款冬花散主要治疗肺热咳喘。肺有蕴热，耗津为痰，而痰热互结，阻碍肺的清肃功能，从而引起咳嗽气急。

2. 动物如出现大便燥结，可加大黄、芒硝以利通肺腑热；若肺热较重，可加栀子、黄芩以增强清肺热、解毒的功效。

【方歌】 肺燥咳嗽冬花散，黄药郁金白僵蚕，玄芍蜂蜜共调灌，滋阴清热止咳喘。

四、麻杏石甘汤

【来源】 《伤寒论》。

【组成】 麻黄（去节）30g、杏仁 45g、炙甘草 30g、石膏 120g。

【用法】 使用时为末，开水冲调，待温后灌服；或适当加大剂量，煎汤服。

【功能】 辛凉宣泄，清肺平喘。

【主治】 表邪化热，壅遏于肺所致的咳喘。患畜表现为发热，咳嗽，气促喘粗，口干舌红，苔白或黄，脉浮数。

【方义解析】 麻杏石甘汤原名麻黄杏仁甘草石膏汤，出自《伤寒论》，是一个清宣肺热的重要方剂。方中石膏辛甘而寒，清泄肺胃之热以生津；麻黄辛苦温，宣肺解表而平喘，共为君药。两药相制为用，既能宣肺，又能泄热，虽然一个辛温，一个辛寒，但辛寒大于辛温，使麻杏石甘汤仍不失辛凉之性。杏仁苦降，协助麻黄以止咳嗽平喘，为佐药；炙甘草调和诸药，为使药。

【方歌】 麻杏石甘平喘方，四药合施得益彰，辛凉宣泄清肺热，止咳平喘效果良。

第七节 祛 湿 方

祛湿方以化湿、燥湿或利湿类药物为主组成，具有化湿利水、通淋泻浊的作用。用以治疗湿邪为病的方剂，统称祛湿剂。

湿邪的来源有外湿、内湿之分。湿性重浊黏腻，可阻塞气机，形成实邪，导致疾病，不易速愈。外湿指湿邪外侵，因淋雨渍水、久处阴湿之处而发湿病，多在体表经络、肌肉关节，症见恶寒发热、肢体痹痛或浮肿等；内湿为脾阳失运，湿从内生，常由过食甘腻、生冷引起，症见胀满、泻痢、黄疸、水肿等。但外湿与内湿往往相互错杂，不能截然分开。

患畜体质强弱有差异，邪气有兼杂，故病情又有寒化、热化、属虚、属实，以及兼风、挟暑等复杂变化。因此治湿的方法有很大的差别，大抵湿邪在外在上者，可表散以解之；在内在下者，可芳香苦燥以化之，或甘淡渗湿以利之；湿从寒化，宜温阳化湿；湿从热化，宜清热利湿；水湿壅盛，可攻逐水湿。

本节主要分为祛风胜湿、理气燥湿、利水渗湿三类方剂。

一、祛风胜湿方

祛风胜湿剂适用于风寒湿邪在表所致的一身尽痛，恶寒微热，或风湿着于筋骨的腰肢痹痛等症。常以祛风湿药为祛风胜湿剂中的主要药物，如防风、羌活、独活、秦艽、桑寄生等。若痹痛日久，经络阻滞者，常须配以活血药，即"治风先治血，血行风自灭"之理。若属久病正虚，又当配以扶正之品。祛风胜湿剂代表剂有独活散、独活寄生汤、通经活络散等。

（一）独活寄生汤

【来源】《备急千金要方》。

【组成】 独活45g、桑寄生90g、杜仲45g、牛膝45g、当归30g、白芍25g、细辛15g、秦艽45g、茯苓60g、肉桂心10g、防风45g、干地黄45g、川芎30g、党参60g、甘草30g。

【用法】 用常水煎煮，去渣，待温后灌服；或适当减少剂量，研末冲灌。

【功能】 祛风湿，止痹痛，益肝肾，补气血。

【主治】 痹证日久，肝肾两亏，气血不足。症见腰胯寒痛，四肢伸屈不利，腰腿软弱，行走无力，卧地难起，口色淡，脉象细弱。以腰膝冷痛，关节伸屈不利，心悸气短，舌淡苔白，脉细弱为诊治要点。

【方义解析】 独活寄生汤所治乃风寒湿三气痹着日久，肝肾不足，气血两虚之证。治宜祛风湿，补气血，邪正兼顾。故方中重用独活、桑寄生祛风除湿，活络通痹，为君药；地黄、杜仲、牛膝补肝肾、壮筋骨，当归、白芍、川芎养血和营，党参、茯苓、甘草益气健脾、扶正祛邪，共使气血旺盛，有助于风湿的祛除，为臣药；细辛、肉桂心可温散肾经风寒，防风、秦艽配伍又能将周身之风寒湿邪从肌表而解，为佐药。诸药相合，共奏祛风湿、止痹痛、益肝肾、补气血之功。

【临床应用】 对于慢性风湿症，以及腰胯、肌肉、四肢、关节等处风湿，皆可酌情加减运用。

【方歌】 独活寄生防艽辛，芎归地芍苓桂心，杜仲牛膝草党参，冷风顽痹肢可伸。

（二）活络丹

【来源】《太平惠民和剂局方》。

【组成】 制川乌180g、制草乌180g、地龙180g、制南星180g、乳香60g、没药60g。

【用法】 共为细末，酒面糊为丸，每丸重3g，每次服15～20丸，日服1～2次，空腹时，加陈酒100mL灌服。

【功能】 驱风活络，祛湿止痛。

【主治】 着痹，以及湿痰瘀血滞留经络的病证。

【方义解析】 风寒湿邪或湿痰留阻经络，致使气血不能宣通，营卫不得流畅，故见肢体麻木等症，当以驱风、祛湿、温经逐瘀为治。方中川乌、草乌祛风驱寒，温经通络，为君药；辅以南星燥湿化痰，并能驱风活络；乳香、没药行气活络止痛，为佐药；使以地龙、川乌、草乌通经活络，陈酒助药势，通经活络，活血行瘀，祛风止痛。诸药相合，可得驱风活络、祛湿止痛之功效。

【临床应用】 本方对日久不愈的着痹，以及湿痰瘀血滞留经络的病证，酌情加减运用。本方药物多燥烈，药力峻猛，宜用于体质壮实的患畜。阴虚有热及孕畜忌用。

【方歌】 活络丹中南星用，二乌乳没和地龙，酒面糊丸经络通，风寒湿邪闭在经。

二、理气燥湿方

理气燥湿方主要用于湿浊内盛，脾失健运，患畜表现为食草料减少、大便溏泄、呕吐、肚腹胀满、舌苔白而厚腻、脉濡缓等症状。组方常以理气燥湿或苦温燥湿之品为主，并以消导或解表药为辅。理气燥湿剂代表方剂有平胃散、藿香正气散等。

（一）平胃散

【来源】 《太平惠民和剂局方》。

【组成】 陈皮（去白）25g、姜厚朴 25g、苍术 40g、炒甘草 15g。

【用法】 共为细末，生姜、大枣煎汤冲调，待温后灌服。

【功能】 燥湿运脾，行气和胃。

【主治】 湿阻脾胃。患畜表现为草料减少，肚腹胀满，或泻便稀溏，舌苔白而厚腻，脉缓。本方性偏苦燥，最善燥湿行气，以脘腹胀满、舌苔厚腻为证治要点。

【方义解析】 湿邪困脾，气机阻滞，故生诸症。治宜燥湿运脾，行气和胃。平胃散方中重用苍术，因其苦温性最燥，最善除湿运脾，故为君药；厚朴苦温，行气化湿，消胀除满，为臣药；陈皮辛温，理气化滞，为佐药；甘草甘缓和中，生姜、大枣调和脾胃，均为使药。诸药相合，共奏化湿浊、畅气机、健脾运、和胃气之功。

【临床应用】 凡湿困中焦，郁阻气机而出现的宿草不消、脾虚慢草、肚腹胀满、大便溏泻等，均可化裁应用。如本方以白术易苍术，加山楂、香附、砂仁等药，即为"消积平胃散"，主治马伤料不食。如畜体虚弱，加党参、白术、黄芪、茯苓等。

【方歌】 平胃散用朴陈皮，苍术甘草四味宜，姜枣煎汤为引药，燥湿行气又舒脾。

（二）藿香正气散

【来源】 《太平惠民和剂局方》。

【组成】 藿香 90g、紫苏叶 30g、白芷 30g、大腹皮 30g、茯苓 30g、白术 60g、半夏曲 60g、陈皮（去白）60g、厚朴（姜汁炙）60g、苦桔梗 60g、炙甘草 25g。

【用法】 用时共为末，每次 50～150g，生姜、大枣煎水冲调，待温后灌服；亦可适当减剂量水煎，灌服。

【功能】 解毒化湿，理气和中。

【主治】 外感风寒，内伤湿滞。患畜表现为发热恶寒，肚腹胀满，肠鸣泄泻，或呕吐，舌苔白腻等。

【方义解析】 藿香正气散所治之证乃外感风寒，内伤湿滞，以致肌表不疏，脾运失常，重点为内伤湿滞。方中藿香用量偏重，能辛散风寒，又能芳香化浊，且兼升清降浊，善治霍乱，为君药。配以紫苏叶、白芷辛香发散，助藿香外解风寒，兼可芳香化湿浊；半夏、陈皮燥湿和胃，降逆止呕；白术、茯苓健脾运湿，和中止泻；厚朴、大腹皮行气化湿，畅中除满，共为臣药。桔梗宣肺利膈，既利于解表，又善于化湿；生姜、大枣、甘草调和脾胃，且和药性，为佐使药。诸药相合，使风寒外散，湿浊内化，清升浊降，气机通畅，诸症自消。藿香正气散重在化湿和胃，以恶寒发热、上吐下泻、舌苔白为证治要点。

【临床应用】 主要适用于内伤湿滞、外感风寒的四时感冒，尤其是夏季感冒、流行性感冒。以及胃肠型流感、急性胃肠炎、消化不良等属外感风寒，而以湿滞脾胃为主症者。

【方歌】 藿香正气陈芷苏，甘桔云苓厚朴术，半夏腹皮与姜枣，化湿理气皆可舒。

三、利水渗湿方

利水渗湿剂适用于水湿壅盛所致的癃闭、淋浊、泄泻、水肿等症。所谓"治湿不利小便，非其治也"，即是指此而言。常以利水渗湿药为利水渗湿剂方中的主要药物，如茯苓、猪苓、泽泻等。利水渗湿剂代表方剂有五苓散、滑石散、八正散、五皮饮、猪苓散等。

（一）五苓散

【来源】 《伤寒论》。

【组成】 猪苓 45g、泽泻 75g、白术 45g、茯苓 45g、桂枝 30g。

【用法】 用时研末，开水冲调，待温后灌服；或水煎，去渣灌服。

【功能】 利水渗湿，温阳化气。

【主治】 外有表证，内停水湿，症见发热恶寒、小便不利、舌苔白、脉浮；亦治水湿内停之泄泻、水肿、小便不利等。

【方义解析】 太阳表邪未解，内传太阳膀胱腑，致膀胱气化不利，水蓄下焦，而成太阳经腑同病。治宜利水渗湿，兼化气解表。五苓散方中重用泽泻渗湿利水，直达膀胱，为君药；茯苓、猪苓渗湿利水，以增强蠲饮之功，为臣药；白术健脾，以运化水湿之力，为佐药；桂枝一则外解太阳之表，一则温化膀胱之气，为使药。诸药相伍，共奏行水化气、解表健脾之功。

【临床应用】 若无表证，应将方中桂枝改为肉桂，以增强化气利水作用。本方加茵陈，名茵陈五苓散，治湿热黄疸、小便不利而偏于湿重者。

【方歌】 五苓散中用桂枝，泽茯猪苓白术施，通阳化气水可行，亦治脾伤湿胜时。

（二）滑石散

【来源】 《元亨疗马集》。

【组成】 滑石 60g、泽泻 25g、灯心草 15g、茵陈 25g、知母 25g、酒黄柏 20g、猪苓 20g。

【用法】 共为末，开水冲调，待温后灌服。

【功能】 清热，化湿，利尿。

【主治】 马胞转。症见肚腹胀痛，踏地蹲腰，欲卧不卧，打尾刨蹄等。

【方义解析】 本方证是由于湿热积滞，膀胱气化功能受阻所致。方中滑石泻热，渗湿利水，为君药；辅以猪苓、泽泻、茵陈、灯心草清利湿热，助君药利水；知母、黄柏清热泻火，为佐药。诸药相合，具有通调水道、清热利湿之功。

【临床应用】 用于膀胱热结或不利。若湿热较重，出现黄疸，加栀子、黄芩、大黄等，以增加清热除湿作用。

【方歌】 滑石散用泽灯草，知柏茵苓利湿妙，热淋有血瞿麦到，膀胱湿热服之好。

（三）八正散

【来源】 《太平惠民和剂局方》。

【组成】 木通 30g、瞿麦 30g、萹蓄 30g、车前子 45g、滑石 10g、甘草梢 25g、栀子 25g、大黄 15g、灯心草 10g。

【用法】 共为末，开水冲调，待温后灌服。

【功能】 清热泻火，利水通淋。

【主治】 湿热下注之热淋、石淋、血淋等。患畜表现为排尿不畅，淋沥涩痛，甚至癃闭不通，尿色深或带血，舌红苔黄，脉实而数。八正散所治以尿频尿急、溺时涩痛、舌苔黄腻、脉数为证治要点。

【方义解析】 湿热下注所致之热淋等，治宜清泻湿热、利尿通淋。方中瞿麦、萹蓄降火通淋，车前子、木通、滑石清利湿热，通淋利窍，为君臣药；栀子通泻三焦之湿热，制大黄攻下之力缓而泄热降火之力强，共为佐药；灯心草清心利水，甘草缓急挛痛，调和诸药，为使药。诸药合用，共奏清热泻火、利尿通淋之效。

【临床应用】 凡膀胱炎、尿道炎、泌尿结石、急性肾炎、急性肾盂肾炎属于下焦湿热者，均可应用本方治疗。

【方歌】 八正木通与车前，萹蓄大黄滑栀添，草梢瞿麦灯心草，湿热诸淋服之痊。

第八节 理 气 方

凡能疏理气机、调整脏腑功能，治疗各种气分病的方剂，称为理气方。气病有气滞、气逆和气虚三种。治疗时以气滞行气、气逆降气、气虚补气为原则。行气方主要由辛温香窜的理气药或破气药组成。这类方剂适用于气机郁结，见有慢草、腹胀、腹痛、下痢、泄泻等症者。

一、健脾散

【来源】 《元亨疗马集》。

【组成】 当归 30g、白术 30g、甘草 15g、石菖蒲 25g、泽泻 25g、厚朴 30g、肉桂 30g、青皮 25g、陈皮 30g、干姜 30g、茯苓 30g、五味子 20g、砂仁 25g。

【用法】 共为末，开水冲调，待温后加炒盐 30g、酒 120mL，同调，待温后灌服；或水煎灌服。

【功能】 温中行气，健脾利水。

【主治】 脾气痛。症见蹇唇似笑，泄泻肠鸣，摆头打尾，卧地蹲腰等。

【方义解析】 健脾散所治之证系因冷伤脾胃，气失升降，故腹痛作泻。法当温中行气，健脾利水。方中厚朴、砂仁、干姜、肉桂温中散寒，为君药；青皮、陈皮、当归、石菖蒲行气活血，为臣药；白术、茯苓补脾燥湿，泽泻助茯苓行水，五味子补虚止泻，均为佐药；使以甘草协调诸药。

【临床应用】 用于脾胃虚寒，胃肠寒湿性的腹痛、泄泻等症。若寒重者，可加干姜；湿重者，则重用白术、五味子、茯苓，加猪苓、车前子；草料不化者，加三仙；体质虚弱者，酌减理气药，加党参、黄芪等。

【方歌】 健脾散用朴青陈，菖苓泽桂归砂仁，五味术草姜盐酒，脾胃虚寒方药神。

二、消胀汤

【来源】 《中兽医研究所研究资料汇编》。

【组成】 酒大黄 35g、醋香附 30g、木香 30g、藿香 15g、厚朴 20g、郁李仁 35g、牵牛子 35g、木通 20g、五灵脂 20g、青皮 20g、白芍 25g、枳实 25g、当归 25g、滑石 25g、大腹皮 30g、乌药 15g、莱菔子（炒）30g、麻油 250g。

【用法】 先将醋香附、厚朴、郁李仁、牵牛子、木通、青皮、白芍、枳实、当归、大腹皮、乌药、莱菔子煎沸 15min，加酒大黄、藿香、木香、五灵脂再煎 15min，去渣取汁，再加入滑石、麻油，待温后一次灌服。

【功能】 消胀破气，宽肠利便。

【主治】 马急性肠气胀。

【方义解析】 本方为破气消胀缓下之剂。因过食草料，阻滞肠胃，腹胀难消，治宜消胀破气、宽肠利便。方中以酒大黄缓泻，为君药；辅以枳实、厚朴、莱菔子、青皮、大腹皮理气宽中消胀；郁李仁、牵牛子、木通、滑石通利二便，藿香醒脾除湿，当归、白芍、五灵脂、木香、香附、乌药活血理气以止痛，皆为佐药。诸药合用，宿草下行，二便通利，气血调畅，腹胀腹痛消失。

【临床应用】 本方随证加减，可用于马急性肠气胀。

【方歌】 消胀酒黄厚李通，青腹枳乌三香行，泻灵归芍卜麻丑，急性气胀见奇功。

三、越鞠丸

【来源】《丹溪心法》。

【组成】 香附 30g、苍术 30g、川芎 30g、六曲 30g、栀子 30g。

【用法】 共研末，开水调灌；或水煎，去渣取汁待温后灌服。

【功能】 行气解郁。

【主治】 六郁之病。气、火、血、痰、湿、食所致的肚腹胀满、嗳气呕吐、水谷不化等属于实证者。

【方义解析】 本方为统治六郁之证而设。六郁可致肚腹胀满、嗳气呕吐、水谷不化等症。六郁中，以气郁为主，气行则郁散。六郁之生成，主要是由于脾胃气机不畅，升降失常，以致湿、食、痰、火、血等相因郁滞。故治宜行气解郁，气行则血行，气机通畅则湿、食、火、痰、血诸郁自去。方中君以香附行气解郁，以治气郁。苍术燥湿健脾，以治湿郁，六曲消食和胃，以治食郁；川芎行气活血，以治血郁诸痛；栀子清热除烦，通泻三焦之火，以治火郁；皆为辅佐药。痰郁多因气、火、湿、食诸郁所致，尤以气郁更使湿聚而痰生，若气机通畅，湿去火清，诸郁得解，则痰郁亦随之而解，故不需另加化痰药。

【临床应用】 临床应用时还需按六郁的偏甚而加味使用。气郁偏重，以香附为主，并加厚朴、木香、枳壳等，以加强行气解郁的功能；若湿郁偏重，以苍术为主，加入茯苓、泽泻以利湿；如食郁偏重，以六曲为主，加山楂、麦芽以加强消食作用；如血郁偏重，以川芎为主，加入桃仁、当归、红花等以活血；如火郁偏重，以栀子为主，再加黄连等以清热；如有痰郁者，加半夏、胆南星、瓜蒌等以化痰；挟寒者，加吴茱萸以祛除寒邪。总之，应根据临床随证加减，灵活应用。

【方歌】 六郁宜用越鞠丸，芎苍曲附栀子添，食气血湿痰火郁，理气解郁病自痊。

第九节 理 血 方

凡能调理血分，治疗血分病证的方剂，称为理血方。

理血剂是以理血药物为主要成分，具有促进血液循行、消散瘀血或制止出血等作用，以调理血分，治疗血分病变的方剂。

血分病的范围较广，均属血病范畴，治疗方法各不相同。本章节主要讨论治疗血瘀的活血祛瘀剂和治疗出血的止血剂。治疗血热之清热凉血剂和血虚之补血剂之分别见清热及补益剂。

血证病情复杂，有寒热虚实之分，有轻重缓急之别。治疗血病时，必须审证求因，分清标本缓急，做到急则治其标，缓则治其本，或标本兼治，并根据体质强弱、患病新久组方遣药。同时，逐瘀过猛，易于伤正，止血过急，易致留瘀。因此，在使用活血祛瘀剂时，常在活血药中辅以扶正之品，使瘀消不伤正；使用止血剂时，对出血而兼有瘀滞者，适当配以活血祛瘀药，以防血止留瘀之弊。

一、当归散

【来源】《元亨疗马集》。

【组成】 枇杷叶 20g、黄药子 25g、天花粉 30g、牡丹皮 25g、白芍 20g、红花 20g、桔梗 15g、当归 30g、甘草 15g、没药 20g、大黄 20g。

【用法】 共为末，开水冲调，加童便 100mL 温后灌服。

【功能】 活血顺气，宽胸止痛。

【主治】 马胸膊痛。患畜表现为胸膊疼痛，束步难行，频频换蹄，站立艰辛，口色深红，脉象沉涩。

【方义解析】 瘀血凝于脾间，痞气滞于膈内，致使血凝气滞而胸膊痛。治宜活血顺气，宽胸止痛。方中当归、没药、红花活血祛瘀止痛，为君药；大黄、牡丹皮助君药活血行瘀，为臣药；桔梗、枇杷叶宽胸利气，黄药子、天花粉清解郁热，白芍、甘草缓急止痛，甘草并能调和诸药，共为佐使药。诸药合用，可使瘀血去，肺气调畅，气血畅行，则疼痛自止。

【临床应用】 用于马胸膊痛。治疗时，可放胸膛血或蹄头血，再投服当归散，针药合治，疗效更佳。

【方歌】 当归散用大黄丹，黄药芍药花粉添，没药杷草桔童便，闪伤胸膊病自痊。

二、红花散

【来源】 《元亨疗马集》。

【组成】 红花20g、没药20g、桔梗20g、枳壳20g、神曲30g、当归30g、山楂30g、厚朴20g、陈皮20g、甘草15g、白药子20g、黄药子20g、麦芽30g。

【用法】 共为末，开水冲调，待温后灌服。

【功能】 活血理气，消食化积。

【主治】 料伤五攒痛。

【方义解析】 家畜由于喂料过多，或脱缰偷食精料而积于胃腑，加之运动不足，脾胃运化失职，料毒流注肢蹄所致。方中红花、没药、当归活血祛瘀，为君药；枳壳、厚朴、陈皮、六曲、山楂、麦芽行气宽中，消积化食，为臣药；桔梗开胸膈滞气，黄药子、白药子凉血解毒，均为佐药；甘草和中缓急，为使药。诸药相合，活血行气，消食除积。

【临床应用】 用于马料伤五攒痛，也可用于食滞性消化不良。

【方歌】 活血消瘀红花方，黄白没药朴陈当，桔曲楂麦枳甘草，料伤五攒服之康。

三、桃红四物汤

【来源】 《医宗金鉴》。

【组成】 桃仁45g、当归45g、赤芍45g、红花30g、川芎20g、生地黄60g。

【用法】 共药水煎，去渣取液，待温后灌服。

【功能】 活血祛瘀。

【主治】 血瘀所致的四肢痛，以及产后瘀血阻滞胞宫等。

【方义解析】 桃红四物汤为治瘀血阻滞的基础方，是由"四物汤"加桃仁、红花组成。"四物汤"有补血活血作用，但将方中补血养阴的白芍换为活血祛瘀的赤芍，将补养滋阴的熟地黄改为凉血消瘀的生地黄，使原方的补血作用，变为活血凉血作用。再合入活血祛瘀的桃仁、红花，则突出了活血化瘀作用，成为一个较平和有效的活血化瘀方剂。

【临床应用】 对于血瘀诸症，均可以本方为基础加减运用。

【方歌】 桃红四物祛瘀方，桃仁红花赤芍当，川芎生地水煎服，活血祛瘀显效良。

四、秦艽散

【来源】 《元亨疗马集》。

【组成】 秦艽30g、炒蒲黄30g、瞿麦30g、车前子30g、天花粉30g、黄芩20g、大黄20g、红花20g、当归20g、白芍20g、栀子20g、甘草10g、淡竹叶15g。

【用法】 共为末，开水冲调，待温后灌服；或水煎，去渣取汁灌服。

【功能】 清热止血，养血行瘀。

【主治】 努伤尿血。症见尿血，努气弓腰，头低耳耷，草细，毛焦，舌质如绵，脉滑。

【方义解析】 秦艽散治疗努伤尿血证。方中蒲黄、瞿麦、秦艽通淋止血，和血止痛，为君药；当归、白芍养血滋阴，为臣药；甘草调和诸药。诸药相合，清热止血，养血行瘀。

【临床应用】 对于体质虚的病畜，可随症加减应用。

【方歌】 秦艽散芍归川军，瞿麦红花蒲黄芩，车前花粉竹栀草，清热止血马尿淋。

第十节 平 肝 方

凡以平肝息风和清肝明目药物为主，治疗肝风内动、肝阳上亢、肝热目赤、睛生云翳的方剂，称为平肝方。

平肝方主要用于治疗目赤肿痛、云翳遮睛、惊痫抽搐、口眼歪斜等症。

一、决明散

【来源】 《元亨疗马集》。

【组成】 煅石决明45g、草决明45g、栀子30g、大黄30g、白药子30g、黄药子30g、黄芪30g、黄连20g、没药20g、郁金20g。

【用法】 水煎去渣取汁，待温后加蜂蜜60g、鸡子清2个，同调灌服。

【功能】 清肝明目，退翳消瘀。

【主治】 肝经积热，外传于眼所致的目赤肿痛、流泪、云翳遮睛等。

【方义解析】 本方剂为清肝明目、退翳之剂。方中石决明、草决明清肝热，消肿痛，退云翳，为君药；黄连、黄芩、栀子、鸡子清清热泻火，黄药子、白药子凉血解毒，加强清热解毒作用，为臣药；大黄、郁金、没药散瘀消肿止痛，黄芪补脾气，均为佐药；蜂蜜冲汤为引，调和诸药，为使药。诸药相合，共奏清肝明目、消瘀退翳之功。

【临床应用】 用于目生云翳、外障眼及鞭伤所致的目赤肿痛、睛生云翳、眵盛难睁、羞明流泪、畏光等。

【方歌】 决明散中二决明，芩连栀黄鸡蜜清，郁金芪没二药用，肝热外障云遮睛。

二、洗肝散

【来源】 《太平惠民和剂局方》。

【组成】 羌活30g、防风30g、薄荷30g、当归30g、大黄20g、栀子20g、甘草15g、川芎15g。

【用法】 共为末，开水冲调，待温后灌服。

【功能】 疏散风热，清肝解毒。

【主治】 肝经风热。症见目赤肿痛，羞明流泪，四肢关节疼痛等。

【方义解析】 本方剂为治风热上亢，目赤肿痛之剂。方中薄荷、羌活、防风宣散内郁之风热，为君药；川芎行气活血、宣散风热，当归补肝养血，大黄清热泻火，栀子通泻三焦之火、泻心利尿、引火下行，均为辅佐药；甘草泻火解毒，调和诸药，为使药。诸药相合，共获疏散风热、清肝解毒之大成。

【临床应用】 用于风热上炎所致目赤肿痛、眵盛难睁、羞明流泪。

【方歌】 洗肝散治目红肿，风热邪伤火上攻，羌薄归芎草防风，栀黄泻火见其功。

三、镇肝熄风汤

【来源】 《医学衷中参西录》。

【组成】 怀牛膝90g、生赭石90g、生龙骨45g、生牡蛎45g、生龟甲45g、生杭白芍45g、玄参45g、天冬45g、川楝子15g、生麦芽15g、茵陈15g、甘草15g。

【用法】 共水煎，去渣取汁，待温后灌服。

【功能】 镇肝息风，滋阴潜阳。

【主治】 阴虚阳亢、肝风内动所致口眼歪斜，转圈运动或四肢活动不灵，痉挛抽搐，脉弦长有力。

【方义解析】 镇肝熄风汤为肝阳上亢、肝风内动所设。多因阴虚阳亢，肝风内动，气血并走于上，蒙扰清窍所致。方中重用牛膝滋养肝肾，引血下行，赭石降逆气，二药相合用，平肝潜阳，为君药；龙骨、牡蛎、龟甲、杭白芍潜阳降逆、柔肝息风，玄参、天冬滋阴清火，助君药以制阳亢，为臣药；茵陈、麦芽、川楝子疏肝理气，为佐药；甘草缓急和中，为使药。诸药相合，镇肝息风，潜阳滋阴。

【临床应用】 用于肝阳上亢，阴虚肝风导致的拘挛、抽搐、口眼歪斜及转圈运动等症。

【方歌】 镇肝熄风龙天冬，牛膝麦芽赭石用，玄楝龟芍牡茵草，此方施于肝风动。

第十一节 安神开窍方

本类方剂以养心、重镇安神的药物为主。治疗惊悸、狂躁不安等症的方剂，称为安神方。以芳香走窜药为主，治疗神志昏迷及气滞痰闭蒙窍等症的方剂，称为开窍方。

一、朱砂散

【来源】 《元亨疗马集》。

【组成】 朱砂15g、党参（人参）45g、茯神60g、黄连20g。

【用法】 用时研末（朱砂水飞），加猪胆汁100mL、童便1碗，开水冲调，待温后灌服。

【功能】 镇心安神，清热泻火。

【主治】 马心热风邪。因心神不安，易惊喜恐，食欲减少，浑身出汗，肉颤头摇，左右乱跌，气促喘粗，口色赤红，脉洪数。

【方义解析】 朱砂散用治心热风邪。因外受热邪，热积于心，扰乱神明所致。方中朱砂甘寒，镇心安神，且能清心火，重能镇怯，寒能胜盛，甘以生津，抑阴火之浮游，以养上焦之元气，为安神之第一品，为君药。黄连苦寒，清泄心经之火热，为臣药。茯苓甘平，能宁心安神，增强主药安神作用，且心火旺盛，则汗出过多而耗气伤阴；党参性甘平，可补气生津，可防朱砂碍胃之弊，达到扶正祛邪功效，为佐药。猪胆汁和童便具有清热引经作用，为使药。诸药相合，有镇心安神、泻火宁心的功效。

【临床应用】 朱砂散为治疗心热风邪而设。临床常见心气虚弱，且内热蕴集，在受到突然惊吓时，导致心神惊扰，不能自主，以致动物烦躁不安，易惊喜恐。癫狂痰迷者，可加胆南星、贝母、陈皮、石菖蒲、半夏等以涤痰开窍；热盛者，可加黄芩、栀子以清热泻火；惊恐者，可加珍珠母、琥珀以镇静安神；大便秘结者，可加大承气汤以达到"釜底抽薪"，荡涤实热下行的作用；伤阴者，可加生地黄、麦冬、竹叶、连翘以滋阴清心泻火。

【方歌】 朱砂散中茯神用，党参扶正又补中，黄连生用泻心火，心热风邪见其功。

二、镇心散

【来源】 《元亨疗马集》。

【组成】 朱砂（另研）10g、茯神30g、党参30g、防风30g、远志30g、栀子30g、郁金30g、黄芩30g、黄连20g、麻黄20g、甘草20g。

【用法】 共为末，开水冲调，待温后加鸡子清4个、蜂蜜120g灌服。

【功能】 清热泻火，镇心安神。

【主治】 马心黄（心气黄）。症见眼光惊恐，浑身肉颤，咬身啮足，口色绛红，脉象洪数。

【方义解析】 本方为治疗心热炽盛的标本同治方剂。方中朱砂甘微寒，具有清心泻火解毒作用，茯神甘平，宁心神；远志苦辛微寒，具有祛痰利窍、宁心安神作用；党参具有益气宁心作用，为臣药。郁金辛苦寒，行血解郁，宣窍凉血；麻黄、防风疏风解表，使热自表而出；同时党参具有补气益津、扶正祛邪之功，共为佐药。甘草、蜂蜜解毒、调和药性，共为佐使药。诸药共奏清热解毒、祛痰安神之功。

【临床应用】 主要用于治疗马心黄。因"热极生惊,惊急生风"。脏腑积热,热极生风,引起肝风内动;同时热灼伤津液成痰,导致痰火攻心,乃生癫狂。若痰火盛者,可减党参,加竹茹、天竺黄、天南星以清热涤痰;热盛伤阴者,可加玄参、麦冬、生地黄、柏子仁以养阴清心;小便短赤者,加滑石、木通以清热利尿,使热从小便而出。

【方歌】 镇心散朱栀子黄,远志茯神郁金防,党参甘草与芩连,心热惊狂效果良。

第十二节 收 涩 方

凡以固涩药物为主组成,具有收敛固涩作用,用以治疗气、血、精、津液耗散滑脱之证的方剂,统称为固涩剂。

固涩法为正气虚而气、血、精、津液耗散滑脱的病证所设。如果气、血、精、津液耗散过度,引起滑脱不禁,可导致机体虚弱甚至死亡,须采用固涩收敛的方法,以制其变。除在治疗中使用收敛药物外,应根据气、血、精、津液的耗伤程度配伍药物,达到标本兼治的效果。

收涩类方剂适用于气、血、精、津液耗散滑脱之证。由于病因及发病部位不同,常见自汗、盗汗、久咳不止、遗精滑泄、小便失禁等症状。固涩剂根据所治病证的不同,分为固表止汗剂、敛肺止咳剂、涩肠固脱剂、涩精止遗剂。由于固涩类方剂的特点,在使用中应注意以下事项。

① 固涩剂是为正气内虚、耗散滑脱之证而设。在运用时还应根据患畜气、血、精、津液耗伤程度的不同,配伍相应补益药,使之标本兼顾,不可一味同涩,导致留邪之弊。

② 元气大虚,亡阳欲脱所致的大汗淋漓、小便失禁,应用参附之类回阳固脱,非单纯固涩所能治疗。

③ 固涩剂为正虚无邪者设,故凡外邪未去,误用固涩,则有"闭门留寇"之误,转生他变。此外,对于实邪所致的热病多汗、火热遗泄、热痢疮起、食滞泄泻等,均非本方剂之所宜。

一、乌梅散

【来源】 《蕃牧纂验方》。

【组成】 乌梅25g、诃子20g、干柿子25g、黄连10g、姜黄10g。

【用法】 共药研末,开水冲调,待温后灌服;也可煎汤灌服。

【功能】 涩肠止泻,解毒散瘀,清热。

【主治】 常用于幼畜久泻久痢。症见里急后重,粪便带有黏液和脓血,毛焦肷吊,机体瘦,精神不振,口色淡红,眼球下陷等。

【方义解析】 本方主要用于治疗幼畜奶泻。方中乌梅涩平,具有涩肠止泻、生津的功能,为君药;黄连苦寒,清热燥湿而止泻,为臣药,这样可达到泻不伤正、敛而不留邪的目的。干柿子、诃子甘涩寒凉,能清热、涩肠止泻;姜黄辛温,能行气活血而止痛,为佐使药。诸药共用达到清热燥湿、涩肠止泻之功效。

【临床应用】 乌梅散主要用于治疗幼畜滑泻不止,也可用于治疗牛、马、仔猪等的久泻久痢。若动物出现腹痛肢冷,可去黄连,加罂粟壳、干姜温中涩肠;食滞不化者,可加焦三仙消食导滞;兼有气虚者,可加党参、附子以固气救逆,或者加白术、茯苓、山药等以益气健脾;体热者,可去诃子、干柿子,加金银花、蒲公英、黄柏、黄芩等以清热解毒。

【方歌】 涩肠止泻乌梅散,干柿诃子与黄连,姜黄温中能散寒,幼畜奶泻方药验。

二、牡蛎散

【来源】 《太平惠民和剂局方》。

【组成】 牡蛎80g、麻黄根60g、浮小麦40g、黄芪40g。

【用法】 共为药末，开水冲调，待温后灌服。马、牛分2~3次灌服。
【功能】 敛汗潜阳，益气固表。
【主治】 主要用于治疗体虚自汗，心动过速，好卧少气，口色淡白，脉虚。
【方义解析】 本方用于治疗体虚自汗。汗出为卫气虚不能外固，营阴亏不能内守而致。方中牡蛎具有潜阳敛汗功效，为君药；黄芪益气固表，麻黄根止汗，与君药一起益心气而敛汗固，为臣药；浮小麦养心阴，清心热，为佐药。诸药相合，具有益气固表、益阴止汗功效。
【临床应用】 用于治疗因阳气虚弱而不能卫外之自汗。该证导致汗液自出，夜间更甚；汗为心之液，汗出过多，导致心阳受损，不能内敛心阴；肺主卫外，肺气虚则卫外之力弱，出现少气。若阳虚较甚，则可加白术、附子以助阳固表；若阴虚，可加生地黄、白芍以养阴止汗；若气虚者，加党参、白术以健脾益气。
【方歌】 牡蛎散中用黄芪，浮麦麻根最适宜，虚汗自汗兼盗汗，收敛固表方药启。

三、固精散

【来源】 《医方集解》。
【组成】 沙苑蒺藜60g、芡实60g、莲须30g、煅龙骨30g、煅牡蛎30g、莲肉30g。
【用法】 共药研末，开水冲调，待温后灌服；或水煎，去渣取汁灌服。
【功能】 补肾涩精。
【主治】 肾虚滑精，腰胯四肢无力，尿频，舌淡，脉细弱。
【方义解析】 固精散为治肾虚滑精而设。肾主骨、藏精生髓，肾虚则精关不固而滑泄。方中沙苑蒺藜补肾益精，治其不足，为君药；莲肉、芡实固肾涩精，为臣药；莲须、煅龙骨、煅牡蛎涩精安神，为佐药。诸药相合，共奏补肾涩精之神功。
【临床应用】 肾阳偏虚者，加山茱萸肉、补骨脂以温补肾阳；若肾阴偏虚者，可加女贞子、龟甲等以滋养肾阴。
【方歌】 固精散用芡莲须，沙菀蒺藜莲肉需，龙骨牡蛎煅煎汤，肾虚滑精用相宜。

第十三节 补 益 方

补益剂是以补养药物为主要组成，具有补益作用，用于治疗各种虚证的方剂。在八法中属于"补法"，称为补益方。

临床上引起虚证的原因很多，但总的来说可以分两方面，即先天不足与后天失调。不论是先天不足，还是后天失调，总是离不开五脏偏衰之弊。而五脏之伤不外乎气、血、阴、阳。若以气、血、阴、阳为纲，五脏为目，则虚证提纲挈领。因此，补益剂一般分为补气、补血、补阴、补阳四个方面。

①补气剂适用于气虚证，主要为脾肺气虚，补气剂的代表方剂有四君子汤、补中益气汤等。

②补血剂适用于血虚证，补血剂的代表方剂有四物汤、归芪益母汤、归脾汤等。

③补阴剂适用于阴虚证，补阴剂的代表方剂有六味地黄丸、知母散等。

④补阳剂适用于阳虚证，补阳剂的代表方剂有肾气丸、荜澄茄散、催情散等。

由于气血相因，阴阳互根，故补气与补血、补阴与补阳又每每配合应用。

一、四君子汤

【来源】 《太平惠民和剂局方》。
【组成】 人参（党参）60g、白术45g、茯苓45g、炙甘草15g。
【用法】 用时水煎，去渣，待温后灌服；亦可研末，开水冲调灌服。
【功能】 益气补中，健脾养胃。

【主治】 脾胃气虚。患畜表现为头低耳耷，毛焦肷吊，四肢无力，惫行好卧，慢草，或泄泻，口色淡，脉虚无力。

【方义解析】 本方所治之证为脾胃气虚，运化力弱。法当益气健脾。方中人参（党参）甘温，益气补中，为君药；脾喜燥而恶湿，脾虚不运，则每易生湿，故以白术健脾燥湿，并合人参以益气健脾，为臣药；茯苓渗湿健脾，为佐药；炙甘草甘缓和中，为使药。诸药合用，协同为用，共奏益气补中、健脾养胃之功。

【临床应用】 四君子汤为补气的基本方剂。后世以补气健脾为主的许多方剂多从本方发展而来，故凡属气虚的各种证均可酌情加减应用，但以治胃气虚为主。

【方歌】 参苓术草四君汤，补气健脾施此方，慢草便溏机体瘦，甘平益胃效果良。

二、参苓白术散

【来源】《太平惠民和剂局方》。本方药量有调整，并以党参代原方的人参。

【组成】 党参45g、白术45g、白茯苓45g、山药45g、白扁豆（姜汁浸泡去皮、微炒）60g、薏苡仁30g、砂仁30g、莲子肉30g、桔梗30g。

【用法】 水煎温服，或为末冲服。

【功能】 健脾益气，和胃渗湿。

【主治】 脾胃气虚兼湿。症见四肢无力，毛焦体瘦，草料减少，或泄泻，口色淡白，脉象虚缓。

【方义解析】 脾虚兼湿，治宜健脾益气、和胃渗湿。方中党参、山药、莲子肉益气健脾、和胃止泻，为君药；白术、茯苓、薏苡仁、白扁豆渗湿健脾，为臣药；炙甘草益气和中，砂仁、陈皮和胃醒脾、理气宽胸，为佐药；桔梗载药上浮兼保肺，宣肺利气，借肺之能布精而养全身。诸药相合，补其虚、除其湿、行其滞、调其气，调和脾胃，则诸症自愈。

【临床应用】 参苓白术散性平和，温而不燥，是健脾益气、和胃渗湿、并兼生津保肺的常用方剂，可根据病情随证加减应用。参苓白术散对一些慢性疾病，如慢性消化不良、慢性胃肠炎、久泄、贫血等，呈现消化功能减退、食欲不振、消瘦乏力者，均可酌情应用。对幼畜脾虚泄泻，尤为适宜。

【方歌】 参苓白术白扁豆，薏苡砂仁与莲子，桔梗上浮兼保肺，毛焦肷吊机体瘦。

三、补中益气汤

【来源】《脾胃论》。

【组成】 黄芪75g、炙甘草25g、党参50g、当归50g、陈皮30g、升麻15g、柴胡15g、白术50g。

【用法】 用时水煎，去渣，待温后灌服；或适当减剂量研末开水冲服。

【功能】 补气升阳，调补脾胃。

【主治】 脾胃气虚。患畜表现为头低耳耷，毛焦体瘦，四肢无力，惫行好卧，草料减少，出虚汗，口色淡，脉虚无力，或久泻，脱肛，子宫脱垂等。

【方义解析】 本方所治之证为治脾胃气虚，中气下陷，治宜益气升阳、调其脾胃。方中黄芪补中益气，升阳固表，为君药；党参、白术、炙甘草益气健脾，为臣药；陈皮理气和胃，当归养血补血，升麻、柴胡升提下陷之阳气，为佐使药。诸药相合，使脾胃强健，中气提升，诸症自消。

【临床应用】 用于气虚下陷、泻痢脱肛、子宫脱垂或气虚发热自汗、倦怠无力等症。

【方歌】 补中参芪术归陈，甘草升柴药效神，劳倦内伤热自汗，气虚下陷方药准。

四、四物汤

【来源】《太平惠民和剂局方》。

【组成】 熟地黄45g、白芍45g、当归45g、川芎90g。

【用法】 上药水煎,去渣,取汁,待温后灌服。

【功能】 补血调血。

【主治】 血虚诸证。症见舌淡、脉细者;或血虚夹有瘀滞者。

【方义解析】 四物汤是治疗血虚血滞的主要方剂。方中熟地黄滋阴补血,为君药;当归养血活血,为臣药;白芍养血敛阴,川芎行气活血,使补而不滞,营血调和,为佐使药。从组方配伍关系来看,熟地黄、白芍是血中之血药,川芎、当归是血中之气药,两药相伍,补而不滞,营血调和。

【临床应用】 对于营血虚损、气滞血瘀、胎前产后诸疾均可以本方为基础方,加减应用。如气血两虚,加"四君子汤",气血双补;兼阳虚,加肉桂、附子,名为"十全大补汤",用于气血双亏兼阳虚有寒者;血虚有热,可加黄芩、牡丹皮,并改熟地黄为生地黄。

【方歌】 四物地芍与归芎,活血补血方有灵,营血诸证加减用,临证之时要变通。

五、当归补血汤

【来源】 《内外伤辨惑论》。

【组成】 黄芪250g、当归(酒洗)30g。

【用法】 用时水煎,去渣,待温后灌服;亦可研末,开水冲调,待温后灌服。用量:马、牛200~400g;猪、羊40~80g;犬、猫15g。

【功能】 补气生血。

【主治】 过劳伤力,气虚血弱。患此病的马、牛表现为头低耳耷,四肢无力,怠行好卧,口色淡,脉细弱。

【方义解析】 患畜因过力劳伤,气血俱虚,治宜补气生血。方中重用黄芪大补脾肺之气,以资生血之源,为君药;当归养血和营,使阳生阴长,使气旺血生,为辅佐药。

方中黄芪与当归用量之比为5∶1,重用黄芪意在补气生血。正如《名医方论》云:"当归味厚,为阴中之阴,故能养血;黄芪则味甘,补气者也。今黄芪多数倍而补血者,以有形之血不能自主,生于无形之气故也。"

【临床应用】 本方主要用于过力劳伤所致的气血俱虚、产后气血虚弱等症。疮疡久溃不愈者,亦可用本方托毒生肌。

【方歌】 当归补血用黄芪,甘温除热效神奇,芪取五份归取一,阳生阴长相衡比。

六、归脾汤

【来源】 《济生方》。《中兽医方剂大全》、《中兽医方剂精华》中有收载。

【组成】 白术45g、茯苓50g、黄芪60g、龙眼肉50g、酸枣仁(炒去壳)50g、人参(党参)60g、木香25g、炙甘草25g、当归50g、远志50g。

【用法】 生姜30g、大枣15枚为引,水煎,去渣,取汁,待温后灌服;亦可适当减少剂量为末,开水冲灌。用量:马、牛200~400g;猪、羊40~80g;犬、猫15~18g。

【功能】 益气生血,健脾养心。

【主治】 心脾两虚,气血不足。症见体倦神疲,草料减少,口色淡,脉动细弱;以及脾虚气弱不能统摄所致的便血、子宫出血,或其他出血证等。

【方义解析】 患畜心脾两虚,治宜益气补血、健脾养心。方中黄芪、党参补气健脾,为君药;当归、龙眼肉养血和营,辅君药以益气养血;白术、木香健脾理气,使补而不滞,茯苓、远志、酸枣仁养血安神,共为佐药;甘草、生姜、大枣和胃健脾,以资生化,使气旺而血充,为使药。诸药相合,能补益心脾,使气旺血生,则诸症自去。

【临床应用】 主要适用于心脾两虚及气不摄血的出血证。凡久病体虚、再生障碍性贫血、胃肠道慢性出血、子宫出血等属于心脾两虚者,均可酌情加减应用。

【方歌】 归脾汤中参术芪，归草茯神远志随，枣仁木香和龙眼，再加姜枣益心脾。

七、六味地黄丸

【来源】 《小儿药证直诀》。

【组成】 熟地黄240g、山茱萸肉120g、干山药120g、泽泻90g、牡丹皮90g、茯苓90g。

【用法】 使用时研为细末，炼蜜为丸。马、牛50～150g；猪、羊10～30g；犬、猫2～6g，亦可按比例减量水煎灌服，或研末冲灌。

【功能】 滋阴补肾。

【主治】 肾阴不足。症见形体消瘦，腰胯、四肢痿软，虚热盗汗，滑精早泄，舌红少苔，脉细数等。

【方义解析】 患畜肾阴不足，阴虚内热，治宜滋补肾阴。方中熟地黄滋肾填精，为君药；山茱萸肉养肝肾而涩精，山药补益脾阴而固精，均为臣药；三味相合，以达到肾、肝、脾三阴并补之大功，这是补的一面。又配茯苓渗利脾湿，以助山药益脾之灵；泽泻清泻肾火，并防熟地黄滋腻之弊；牡丹皮清泻肝火，并制山茱萸肉之温，共为佐使药，这是泻的一面。诸药相伍，使之滋补而不留邪，降泻而不伤正，补中有泻，寓泻于补，相辅相成，相得益彰，是通补开合之妙方。

【临床应用】 六味地黄丸适用于肝肾阴虚证。凡慢性肾炎、肺结核、周期性眼炎、甲状腺功能亢进等，以及其他慢性消耗性疾病，只要属于肝肾阴虚者，均可加减运用。

【方歌】 六味地黄滋肾肝，山药萸肉苓泽丹，肝肾阴亏火上炎，滋阴泻火方药验。

八、百合固金汤

【来源】 《医方集解》。

【组成】 生地黄60g、熟地黄40g、玄参45g、百合40g、麦冬60g、贝母15g、当归20g、白芍30g、桔梗20g、甘草15g。

【用法】 水煎，去渣取汁，待温后灌服；或研末冲调，牛、马分2～3次灌服。

【功能】 养阴滋肾，润肺化痰。

【主治】 肺肾阴虚，虚火上炎。症见咳嗽，气喘，痰中带血，咳声嘶哑，舌红津少，苔少或无，脉细数。

【方义解析】 本方为治阴虚燥咳之剂。方中生地黄、熟地黄、玄参滋阴补肾，为君药；百合、麦冬、贝母润肺化痰，为臣药；当归、白芍养血和阴，桔梗载药上行，清利咽喉，化痰散结，为佐药；甘草止咳利咽，调和诸药，为使药。诸药共同使用以达到滋养肺津、润肺化痰之功效。

【临床应用】 主要用于肺肾阴亏的治疗。动物病久易致肾阴亏虚，阴不制阳，出现虚火刑金，肺受火刑；或者久咳肺虚，耗伤肺肾阴液，出现阴虚火旺，肺失阴润，则咳嗽气喘，而咳伤肺络，可见咳嗽带血。因此，在临床治疗中，应润肺滋肾，以达到金水并调之效，使肺清肃功能恢复，则气机下行，肾阴足则阳不上亢，火不灼肺。若肺肾虚亏，咳嗽气喘，热盛者可加知母、鱼腥草以清泄肺热；咳嗽血多可加侧柏叶、仙鹤草以凉血止血。本方可用于治疗肺结核、气管炎、咽喉炎等。

【方歌】 百合固金二地黄，川贝玄参甘桔良，麦冬白芍与当归，燥火嗽血肺家伤。

九、肾气丸

【来源】 《金匮要略》。《中兽医方剂大全》、《中兽医方剂精华》中有收载。

【组成】 干地黄240g、山药（薯蓣）120g、山茱萸120g、泽泻90g、茯苓90g、牡丹皮90g、桂枝30g、炮附子30g。

【用法】 使用时各药为末，炼蜜为小丸。用量：马、牛50～150g；猪、羊10～30g；犬、猫

3~10g，亦可按比例酌减剂量煎汤服，或研末冲服。

【功能】 温补肾阳。

【主治】 肾阳不足。患畜表现为形寒肢冷，四肢耳鼻不温，腰腿痿软，口色淡，脉沉细等。

【方义解析】 肾阳虚弱，治宜温补肾阳。方中干地黄滋阴补肾，为君药；山茱萸、山药补益肝脾精血，以少量附子、桂枝温阳暖胃，意在微微生火，以鼓舞肾气，取"少火生气"之意，故方名"肾气"，共为臣药；茯苓、泽泻、牡丹皮调协肝脾，为佐药。诸药相合，共奏温补肾阳之功。肾气丸补阳药与补阴药并用，正如《景岳全书》曰："善补阳者，必于阴中求阳，则阳得阴助而生化无穷。"

【临床应用】 适用于肾阳不足。临证应用时，往往用熟地黄易干地黄，用肉桂易桂枝，则温补肾阳效果更佳。凡慢性肾炎、公畜性功能减退（阳痿）、甲状腺功能低下、肾性水肿等属于肾阳不足者，均可酌情加减应用。

【方歌】 肾气丸用补肾虚，生地泽泻山茱萸，丹苓桂附和薯蓣，温补肾阳本方需。

第十四节　胎　产　方

凡是以活血化瘀和补益药物为主，具有活血化瘀、补益气血功能，治疗母畜胎产病的方剂称为胎产方。

使用胎产方时，应注意妊娠特点。凡峻下、滑利、破血耗气、散气及一切有毒的药物，都需要慎用或禁用。

一、生化汤

【来源】《傅青主女科》。

【组成】 全当归120g、川芎45g、桃仁30g、炮姜30g、炙甘草10g。

【用法】 水煎，去渣，待温后灌服；或适当调整剂量研末冲服（原方用黄酒、童便各半煎服）。

【功能】 活血化瘀，温经止痛。

【主治】 产后恶露不行。证见瘀血不尽，有时腹痛。

【方义解析】 产后恶露不行，多因瘀血内阻挟寒所致，治宜活血祛瘀为主，使瘀去新生。生化汤方中重用当归活血补血、祛瘀生新，川芎活血行气，桃仁活血祛瘀，共为主药；炮姜温经止痛，为辅药；或使用黄酒以助药力，为佐药；炙甘草调和诸药为使药。诸药合用，共奏活血化瘀，温经止痛之功。

【临床应用】 治疗产后瘀血内阻，恶露不行之方，以产后瘀阻而兼血虚有寒者为宜。

【方歌】 产后宜施生化汤，恶露不尽用此方，桃仁归草芎炮姜，再加酒便方药良。

二、通乳散

【来源】《江西省中兽医研究所方》。

【组成】 黄芪60g、党参40g、通草30g、川芎30g、白术30g、川断30g、山甲珠30g、当归60g、王不留行60g、木通20g、杜仲20g、甘草20g、阿胶60g。

【用法】 共为末，开水冲，加黄酒100mL，待温后灌服。

【功能】 补气血，通乳汁。

【主治】 气血不足所致的缺乳症。

【方义解析】 通乳散主要治疗气血不足之缺乳症。乳乃血液所化生，血是由脾运化的水谷之精微所化生。气衰则血亏，血虚则乳少。方中黄芪、党参、白术、甘草、当归、阿胶气血双补，为主药；杜仲、川断、川芎补肝益肾，通利肝脉，木通、山甲珠、通草、王不留行通经下乳，增加乳汁，治其标为辅佐药；黄酒助药势为使药。诸药相合，补气血，通乳汁。

【临床应用】 用于母畜气血不足的缺乳症。对于气机不畅、经脉滞涩，阻碍乳汁通行的缺乳症宜用当归、王不留行、路路通、山甲、木香、瓜蒌、生玄胡索、通草、川芎组成的"通乳散"以调畅气机，疏通经脉。

【方歌】 通乳散芪参术草，芎归杜仲通草胶，山甲木通王不留，黄酒为使催乳好。

第十五节 驱 虫 方

以驱虫药物为主，驱杀畜体内寄生虫的方剂，称为驱虫方。用于治疗寄生虫病的方剂较多，寄生虫的种类很多，危害较重的有马胃蝇蛆、蛲虫、猪蛔虫、牛羊绦虫、肝片吸虫等。运用驱虫剂时，应辨别虫的种类，选择针对性强的方药。

驱虫剂宜空腹灌服，有时还需适当配合泻下药物，以促进虫体排出。体质虚弱者，在驱虫后还要适当调理脾胃。

另外，在运用驱虫剂时，还应根据畜体正气的虚实和兼症的寒热，适当给予清热药、温里药、消导药、补益药等。驱虫药多系攻伐之品，对年老、体弱、孕畜宜慎用，同时剂量也要适当。剂量过大则容易伤正或中毒，剂量不足则达不到驱虫目的。

驱虫方剂常以驱虫药为方中主要药物，如贯众、槟榔、使君子、苦楝根皮、雷丸等。驱虫剂代表方有化虫汤、肝蛭散等。

一、化虫汤

【来源】《中兽医药方及针灸》。

【组成】 鹤虱 30g、使君子 30g、槟榔 30g、芜荑 30g、雷丸 30g、贯众 30g、乌梅 30g、百部 30g、诃子 30g、大黄 30g、榧子 30g、干姜 15g、附子 15g、木香 15g。

【用法】 共为末，蜂蜜 250g 为引，开水冲调，空腹服。服后 1h 再灌石蜡油或植物油 500mL，促使虫体排出。

【功能】 驱虫。

【主治】 胃肠道虫积证。

【方义解析】 方中鹤虱、使君子、槟榔、芜荑、雷丸、贯众、乌梅、百部、榧子驱杀胃肠道诸虫；干姜、附子、诃子肉温脾暖肠胃；大黄利便通肠，引药下行；木香行气止痛；蜂蜜和中解毒，调和诸药之性。

【临床应用】 主要驱杀胃肠各种寄生虫。

【方歌】 化虫鹤虱用使君，芜荑雷丸贯众槟，姜附乌梅诃榧子，木香百部蜜川军。

二、肝蛭散

【来源】《中兽医药方及针灸》。

【组成】 苏木 30g、肉豆蔻 20g、茯苓 30g、贯众 45g、龙胆 30g、木通 20g、甘草 20g、厚朴 20g、泽泻 20g、槟榔 30g。

【用法】 共为末，温水调灌。猪、羊剂量酌减。

【功能】 杀虫利水，行气健脾。

【主治】 肝片吸虫病。

【方义解析】 方中贯众、槟榔杀虫，为君药；苏木活血止痛，龙胆利湿健胃，木通、泽泻利水消肿，茯苓健脾渗湿，厚朴、肉豆蔻、甘草理气健脾，均为佐使药。

【临床应用】 用于牛、羊肝片吸虫病。

【方歌】 肝蛭散治肝片虫，贯众苏木槟榔龙，甘草厚朴豆蔻用，泽泻茯苓木通同。

第十六节 痈疡方

痈疡方是具有清热解毒、消散痈疮等作用，以治疗里热证的一类方剂。适用于瘟疫、毒痢、疮痈等热毒证，常用的代表方剂有苇茎汤、仙方活命饮、五味消毒饮等。

一、苇茎汤

【来源】《千金方》。

【组成】苇茎150g、冬瓜仁60g、薏苡仁90g、桃仁60g。

【用法】水煎，去渣，取汁，待温后灌服。

【功能】清肺化痰，祛瘀排脓。

【主治】肺痈。症见发热咳嗽，痰黄臭，或带脓血，口干舌红，苔黄腻，脉滑数。

【方义解析】苇茎汤为治肺痈的有效方剂。肺痈一般由于风热外侵，蕴热内结，内外合邪，以致痰热瘀血郁结肺中而成，当以清热化痰、逐瘀排脓为治则。方中苇茎为治疗肺痈之要药，能清肺泄热，故为君药；辅以冬瓜仁祛痰排脓，桃仁活血化瘀，薏苡仁利湿排脓，共为佐使药。诸药相合，共奏清热化痰、逐瘀排脓之功效。

【临床应用】临床上本方常用于治疗肺脓疡、大叶性肺炎。初起清热解，化脓后可促使脓汁排出。但其清热解毒之力尚嫌不足，使用时可配清热解毒之品，以增强疗效。初起，可加蒲公英、金银花、连翘、鱼腥草、薄荷、牛蒡子、黄药子、白药子等；脓成，可加贝母、桔梗、生甘草等以增强其化痰排脓之功。

【方歌】治疗肺痈汤苇茎，排脓桃瓜薏仁仁，郁热肺内积痈毒，甘寒清热前焦稳。

二、仙方活命饮

【来源】《校注妇人良方》。

【组成】金银花45g、陈皮45g、白芷15g、贝母15g、防风15g、赤芍15g、当归尾15g、甘草节15g、炒皂角刺15g、炙穿山甲15g、天花粉15g、乳香15g、没药15g。

【用法】用时共为末，开水冲调，待温后加酒为引灌服；或适当加大剂量水煎服。

【功能】清热解毒，消肿溃坚，活血止痛。

【主治】疮疡阳证。症见疮肿疔毒初起，红肿热痛，舌红苔黄，脉数有力。

【方义解析】本方以清热解毒为主，理气活血为辅，药性偏甘寒，是外科清热解毒、消肿散结、活血止痛的主要方剂，用于热毒蕴结、气血郁滞而成的各种局部化脓性疾患，有较好疗效。疮肿疔毒，多因火热壅结、气血瘀滞而成。治宜清热解毒，消肿散结，活血止痛。方中金银花清热解毒，消散疮肿，乃治疮痈之要药，为君药；当归尾、赤芍、乳香、没药活血散瘀止痛，陈皮理气行滞消肿，贝母、天花粉清热化痰排脓，防风、白芷疏风散结，穿山甲、皂角刺解毒通络、消肿溃坚，甘草清热解毒，以酒为引，因酒性善走，即善活血，又能协诸药直达病所，共为佐使。全方结构严谨，诸药协同作用增强，共奏清热解毒、消肿散结、活血止痛之功效。

【临床应用】主要用于疮疡阳证及其他局部化脓性感染。应用本方治疗痈疡肿毒初起，局部红肿热痛，发热、头痛，微寒，舌苔薄白或薄黄，脉弦滑或洪数，属于阳证体征者。现代常用本方加减治疗早期急性乳腺炎、多发性脓肿、急性阑尾炎等。

【方歌】仙方活命金银花，防芷归陈穿山甲，贝母萎根与乳没，草芍皂刺酒煎佳。

三、五味消毒饮

【来源】《医宗金鉴》。

【组成】金银花60g、野菊花60g、蒲公英60g、紫花地丁60g、紫背天葵子30g。

【用法】 用时各药为末，开水冲调，待温后灌服；或水煎灌服。
【功能】 清热解毒，消散疮肿。
【主治】 各种疮、痈、疔、疖。患病部位红、肿、热、痛、功能障碍为五大临床症状特征，坚硬根深，舌质红，脉象数。
【方义解析】 本方为治疗疮肿疔毒的重要方剂。方中金银花清热解毒，消散痈肿，为君药；紫花地丁、紫背天葵子、蒲公英、野菊花均可清热解毒，为治疗疮肿疔毒之要药，共为佐使。五味相合，共奏清热解毒、消散疮肿之功效。
【临床应用】 凡疮肿疔毒，局部红肿热痛，坚硬根深，舌红脉数者，均可酌情运用。热甚者，加黄连、连翘；肿甚者，加防风、白芷；血热毒甚者，加生地黄、牡丹皮、赤芍等。亦可用于乳房疾患，适当加瓜蒌皮、贝母等。
【方歌】 五味消毒疗诸疔，二花野菊蒲公英，紫丁天葵清热毒，痈疮疔疖方药灵。

第十七节 外 用 方

凡能直接作用于病变局部，具有清热凉血、消肿止痛、去腐提脓、敛疮生肌、接骨续筋和体外杀虫止痒等功能的一类方剂，称为外用方剂。

外用方剂是中兽医外治法使用方剂，主要用于疡科治疗。疡科也称中医外科，其诊治范围很广，包括现代医学的外科感染、皮肤病、肛肠病、水火烫伤、跌打损伤、虫兽伤，以及部分产科疾病。外用剂多属局部用药剂型，治疗外科疾患时，直接作用于病变部位，有利于强化局部药效并减少对机体无关组织器官的影响。当然，外用剂不仅限于外科病的局部治疗，有时也用于内科病的外治。常用于外治的代表方剂有生肌散、青黛散、冰硼散、九一丹、接骨膏、擦疥方等。

一、生肌散

【来源】 《外科正宗》。
【组成】 煅石膏 500g、轻粉 500g、赤石脂 500g、黄丹 100g、龙骨 150g、血竭 150g、乳香 150g、冰片 150g。
【用法】 上药共为细末，混匀，装瓶密封备用，用时撒布于疮口。
【功能】 去腐，敛疮，生肌。
【主治】 外科疮疡痈疽。
【方义解析】 方中轻粉、黄丹、冰片去腐消肿；乳香、血竭活血止痛，敛疮生肌；煅石膏、龙骨、赤石脂生肌敛疮。诸药相合，共奏去腐、敛疮、生肌之功。
【临床应用】 适用于疮疡破溃后久不愈合者。
【方歌】 生肌散中用黄丹，轻粉石脂竭冰片，龙骨乳香石膏研，去腐生肌重收敛。

二、青黛散

【来源】 《元亨疗马集》。
【组成】 青黛、黄连、薄荷、桔梗、儿茶、黄柏各等份。
【用法】 上药共为末，每次适量装纱布袋，噙患畜口内；或吹撒于患处。
【功能】 清热解毒，消肿止痛。
【主治】 马、牛口舌生疮。
【方义解析】 心经伏热，心火上炎，则口舌生疮，治宜清热解毒、消肿止痛。方中青黛清热解毒，黄连、黄柏、儿茶清热收湿，止痛生肌；桔梗开心气而利膈，薄荷清热而消肿。诸药合用，共奏清热解毒、消肿止痛之功效。
【临床应用】 可用于口舌生疮、咽喉肿痛等症。
【方歌】 青黛散宜治舌疮，黄连黄柏薄荷偿，儿茶桔梗共细末，口噙吹撒法适当。

三、冰硼散

【来源】 《外科正宗》。

【组成】 冰片50g、朱砂60g、玄明粉500g、硼砂500g。

【用法】 上药共研极细末，混匀，装瓶备用，用时适量吹撒患部。

【功能】 清热解毒，消肿止痛。

【主治】 口腔黏膜疮疡肿痛。

【方义解析】 方中诸药均具寒凉之性，有清热解毒作用。而冰片、硼砂又能消肿止痛；朱砂又能防腐疗疮疡。诸药相合，共奏清热解毒、消肿止痛之功。

【临床应用】 主要用于口舌生疮，咽喉肿痛诸症。

【方歌】 冰硼散治口舌疮，冰片硼砂性寒凉，再加朱砂玄明粉，消肿止痛药力强。

四、九一丹

【来源】 《医宗金鉴》。

【组成】 熟石膏9份、升丹1份（升丹制法见《医宗金鉴》）。

【用法】 共为细末，搅拌均匀，装瓶备用。每用少许掺于疮口，或用药线蘸药插入疮口中。

【功能】 提脓拔毒，去腐生肌。

【主治】 溃疡溃后脓水不尽，腐肉难脱，疮口坚硬，肉色暗紫，不易收口者。

【方义解析】 方中升丹提脓去腐生肌；熟石膏敛疮生肌，且可鉴制升丹的腐蚀之性。二药合用，可提脓去腐、生肌敛口。

【临床应用】 九一丹主要适用于疮疡脓水未尽者，凡日久不愈之溃疡、瘘管等，均可酌情应用。方中熟石膏和升丹的比例可根据需要调整。九一丹即含熟石膏9份、升丹1份，故名。如果需要增强其提脓脱腐作用，可相对加大升丹比例，如熟石膏7份、升丹3份，即名七三丹；若二者各半，即名五五丹。升丹比例小者，去腐力弱而生肌力强，升丹比例高者，去腐力强而生肌力弱。

升丹有剧毒，严禁入口。丹药多为汞制剂，长期大量应用可造成汞蓄积而中毒，应慎重。

【方歌】 九一提脓去腐剂，熟膏九份升丹一，共药碾末撒患处，疮疡久溃方药奇。

五、接骨膏

【来源】 《中兽医诊疗》。

【组成】 当归尾20g、栀子20g、刘寄奴20g、秦艽20g、杜仲20g、仙鹤草20g、透骨草20g、煅自然铜20g、木香20g、补骨脂20g、儿茶20g、川芎20g、红花15g、乳香15g、没药15g、牛膝20g、紫草20g、木瓜30g、骨碎补30g、血竭30g、乌鸡骨60g、黄丹250g、植物油500g。

【用法】 除乳香、没药、血竭、黄丹外，其余药捣碎，布包入油内炸至红赤色，以药油滴入冷水中成珠不散为度，去药包，加入碾碎之没药、乳香、血竭，小心搅拌，待化开，再加入黄丹，并不断搅动，见锅内冒出白蓝色烟，闻有膏药味时，速将油锅端下，倾入冷水中，捏成条状备用。

【功能】 活血接骨。

【主治】 骨折。

【方义解析】 方中当归、川芎、红花、乳香、没药、血竭、木香、刘寄奴、紫草活血散瘀、生肌止痛，其他药物接骨疗伤。诸药相合，接骨活血。

【临床应用】 本药膏外敷治疗骨折。将药膏化开，用涂布法，涂于纱布上，敷骨折处，用夹板固定。

【方歌】 乳没紫芎接骨膏，栀归竭艽透骨草，寄香木膝破铜瓜，杜仙丹儿乌油好。

六、擦疥方

【来源】 《元亨疗马集》。

【组成】 狼毒120g、牙皂120g、巴豆30g、雄黄9g、轻粉6g。

【用法】 共为细末,用热油调匀备用。用时涂擦患处,隔日1次。

【功能】 灭疥止痒。

【主治】 疥癣。

【方义解析】 擦疥方中诸药均属辛散有毒之品,可以毒杀疥螨、消肿止痛。

【临床应用】 治疗家畜疥癣。应用时患处用温水洗干净,再分片涂擦,不要涂得过多,以防中毒。

【方歌】 患畜癣痒擦疥方,疥螨藏皮痒难当,雄狼皂豆轻粉偿,油调涂之自安康。

[附1] 中药饲料添加剂

中药饲料添加剂,顾名思义是以中药为原料制成的饲料添加剂,是指在饲料加工、储存、调配和使用过程中,为满足动物某些特殊需要而添加的特殊物质的总称,是配合饲料的重要组成部分。添加的目的主要是改善饲料营养,提高饲料利用率,增强饲料的适口性,促进动物生长发育,提高动物生产性能,防治动物疾病,改进动物产品品质,便于饲料加工、储藏、运输和饲喂等。

饲料添加剂的分类方法很多,一般按照组成和用途划分。

(1) 按组成分类　从营养角度将饲料添加剂分为营养性饲料添加剂和非营养性饲料添加剂两大类。

① 营养性饲料添加剂。营养性饲料添加剂含有畜禽必需的营养成分。饲料中的营养成分主要指蛋白质、碳水化合物、脂肪、矿物质和维生素,水分也是重要的营养物质。

② 非营养性饲料添加剂。非营养性饲料添加剂不含畜禽所必需的营养物质。这类物质加入饲料中,具有促进畜禽生长、增强食欲、预防某些疾病、防止饲料氧化和霉败等作用。目前被广泛使用的非营养性饲料添加剂有抗生素类、激素类、驱虫保健类、中药类、酶制剂类、缓冲剂、着色剂、黏附剂和微生态类制剂等饲料添加剂。

(2) 按用途分类　根据饲料添加剂的使用目的,可分为营养类(氨基酸、维生素、微量元素)、促生长和防疾病类(抗生素、各种疾病防治剂)、防止饲料劣化类(饲料抗氧化剂、饲料防霉剂等)、提高饲料嗜食和产品质量类(调味剂、香料剂及着色剂等)、调整生理功能类(激素、酶类、镇静剂)五大类。

(3) 中药添加剂目前尚无统一标准,按国家审批和管理将其归入药物类饲料添加剂,然而由于中药既是药物又是天然产物,含有多种有效成分,基本具备饲料添加剂的所有作用,可作为独立的一类饲料添加剂。中药添加剂具有增强免疫、抑菌驱虫、调整功能、促进生长、促进生殖、改善肉质、改善蛋白质、改善乳汁、改善饲料品质、补充营养、增香除臭、防腐保鲜等作用。常用代表方剂有肥猪菜、催肥散、猪长散、促蛋散、鸡保康等。

一、肥猪菜

【来源】 《中华人民共和国兽药典》(2010年版)第二部。

【组成】 白芍20g、前胡20g、陈皮20g、滑石20g、碳酸氢钠20g。

【制法】 粉碎过筛,混匀。

【用法用量】 在饲料中添加,猪25～50g。

【功能】 健脾开胃。

【用途】 增强食欲,促进生长。

【按语】 经过多年来的应用表明，该方效果良好，应用安全，无毒副作用。现代药理研究证明，白芍煎剂对志贺氏痢疾杆菌有抑菌作用，其成分芍药苷对胃肠平滑肌运动有抑制作用，并有显著镇痛效果。前胡苷元有抗菌及抗真菌作用。陈皮挥发油对胃肠道有温和的刺激作用，能促进消化液分泌和排除肠内积气，其成分橙皮苷对肠道运动有双向调节作用。滑石有保护黏膜及抗菌作用。

二、催肥散

【来源】 《河北畜牧兽医》。

【组成】 山楂10g、麦芽20g、陈皮10g、槟榔10g、苍术10g、木通8g、甘草6g。

【制法】 诸药干燥，炮制后粉碎，混匀。

【用法用量】 在饲料中添加，每次半剂，每周1次，连用4个月。

【功能】 消食理气。

【用途】 促进育肥。

【按语】 方中山楂、麦芽、槟榔消积导滞，苍术、陈皮燥湿健脾理气，木通清热利水，甘草补中益气。诸药相合，理气消食，促进生长。夏云（1989年）试验，试验组日增重较对照组高230g。

三、猪长散

【来源】 《中药饲料添加剂学术讨论会论文选编》。

【组成】 一年蓬8份、陈皮1份、女贞子1份。

【制法】 粉碎成粗粉，过筛，混匀。

【用法用量】 在育肥猪日粮中添加3%。

【功能】 清热解毒，健脾补益。

【用途】 促进育肥猪增重。

【按语】 方中一年蓬清热解毒，陈皮理气健脾，女贞子滋补肝肾。三药相合，清热解毒，健脾补气。苏德辉（1990年）报道，在育肥猪饲料中分别添加60天、113天，增重率分别比对照组提高8.65%、9.7%，饲料转化率提高11.6%，每头猪平均增加经济效益16.18元；肉质符合肉制品标准。在哺乳母猪日粮中添加3%的一年蓬，对仔猪白痢、仔猪下痢有明显的预防效果，成活率提高。

四、促蛋散

【来源】 《中药饲料添加剂学术讨论会论文选编》。

【组成】 补骨脂2份、益母草1份、罗勒1份。

【制法】 三药粉碎，过80目筛，混匀。

【用法用量】 在饲料中添加，每只鸡每天1g。

【功能】 补骨活血，促排卵。

【用途】 提高蛋鸡产蛋率和种蛋受精率。

【按语】 方中补骨脂、罗勒滋阴补肾；益母草活血化瘀，并有激素样作用，因而全方有促产蛋作用。徐立教授等（1990年）在13844只蛋鸡饲料中添加促蛋散，平均产蛋率提高15.2%。在不同的鸡场试验，增蛋效果不完全一致，差者7.2%，最好达25.2%。在种鸡饲料中添加促蛋散，试验组受精率达93.3%，对照组为86.6%，表明其有提高种鸡蛋受精率的作用。在青年鸡开产时添加促蛋散，可提早开产。

五、鸡保康

【来源】 《中兽医医药杂志》。

【组成】 黄芪6份、酸枣仁2份、远志2份。

【制法】 各药干燥后粉碎,过60目筛,混匀。
【用法用量】 在饲料中添加1.5%,每隔5天添加1次。
【功能】 补气,固本,安神。
【用途】 促进雏鸡生长,提高蛋鸡产蛋率。
【按语】 方中黄芪、酸枣仁、远志含有丰富的铜、锌、铁、锰、钴、硒等元素,粗蛋白含量也较高,具有补气、固本、卫外、安神之功效,能够增强免疫功能,调节机体代谢并补充营养。袁福汉等(1992年)报道,在15日龄雏鸡饲料中添加鸡保康,雏鸡体重比对照组提高5.7%($P<0.01$),饲料报酬提高5.61%($P<0.05$),在蛋鸡饲料中添加鸡保康,产蛋率提高5.91%($P<0.01$)。

[附2] 常用方剂补充表

类别	方名	组成	功用主治	备注
解表	麻黄桂枝汤	麻黄 桂枝 细辛 羌活 防风 桔梗 苍术 牙皂 荆芥 紫苏叶 薄荷 槟榔 枳壳 甘草	发汗解表,疏通气血 治外感风寒湿邪,浑身冰冷 气血闭塞	
	发汗散	麻黄 党参 升麻 当归 川芎 葛根 白芍 紫荆皮 香附	发表散寒,补气和血 主治牛风寒感冒,气血不足兼外感风寒证。症见恶寒发热无汗,咳嗽流涕,体瘦食少,脉浮	凡内伤体虚、发热恶寒、无汗、咳嗽可加减使用
	防风通圣散	防风 荆芥 连翘 麻黄 薄荷 川芎 当归 炒白芍 白术 黑栀子 大黄(酒蒸) 芒硝 石膏 黄芩 桔梗 甘草 滑石	解表通里,疏风清热 主治风热壅盛,表里俱实。证见恶寒壮热,目赤口干,咳嗽气喘,鼻流脓黏稠,粪便燥结,尿短赤等	
清热	洗心散	天花粉 黄芩 黄连 连翘 茯神 黄柏 栀子 牛蒡子 木通 白芷	泻火解毒,散瘀消肿 治心热舌疮	
	清胃散	当归身 黄连 生地黄 牡丹皮 升麻	清胃凉血 主治胃有积热	
	六一散	滑石 甘草	清暑利湿 主治暑湿所伤,也可用于治疗膀胱温湿热证	
	黄连阿胶汤	黄连 阿胶 黄芩 芍药 鸡子黄	清热除烦,滋阴安神 治高热伤阴,阴虚火旺,烦躁不安	
	泻白散	地骨皮 桑白皮 甘草 粳米	清泻肺热,平喘止咳 治肺热咳喘	
	玉女煎	石膏 熟地黄 麦冬 知母 牛膝	清胃滋阴 治胃热阴虚,烦热口渴	
	清宫汤	玄参心 莲子心 竹叶卷心 莲子心 麦冬 连翘心 犀角尖	清心热,养阴液 治外感温病,发汗而汗出过多,耗伤心液,精神不振,邪陷心包等证	
	栀连二石汤	栀子 黄连 生石膏 鲜生地黄 木通 滑石 车前子 白矾 青皮 皮硝 生甘草 广木香 青木香	善清热泻火,利水顺气 主治牛里实热证。症见身热,角热,目赤,尿赤短,口渴,脉洪数者	
	泻心汤	大黄 黄连 黄芩	泻火解毒 治疗三焦积热,心火亢盛所致的口舌生疮、眼肿目赤、衄血等	
	公英散	蒲公英 金银花 连翘 丝瓜络 通草 芙蓉花 穿山甲	清热解毒,消肿散痈 主治乳痈初起,乳房肿胀疼痛	
	黄连香薷散	黄连 姜制厚朴 香薷	清心脾,除烦热 治中暑热盛,口渴便血	

续表

类别	方名	组成	功用主治	备注
泻下	甘遂通结汤	甘遂末 牛膝 厚朴 桃仁 赤芍 大黄 木香	攻水通结,活血化瘀 治重型肠梗阻,肠腔积液较多者	甘遂末冲服,逐下作用经煎服强,但须慎用
	猪膏散	滑石 牵牛子 甘草 大黄 肉桂 甘遂 大戟 续随子 白芷 地榆皮 猪脂 蜂蜜	峻泻,润肠,通便 主治牛百叶干	大戟、甘遂与甘草相反,但未见毒副作用
	马价丸	木香 槟榔 青皮 大黄 芒硝 牵牛子 京三棱 木通 郁李仁	行气化结,泄热通便 主治马属动物结症	
	麻子仁丸	麻子仁 杏仁 枳实 大黄 厚朴 芍药	润肠通便 治热结肠中、津液不足引起的便秘及老、弱家畜之粪便燥结	
	黄龙汤	大黄 芒硝 枳实 厚朴 甘草 当归 人参 桔梗 生姜 大枣	泻热通便,补益气血 主治大便秘结而气血虚弱之证	属气血亏虚,邪实下虚者用
和解	柴胡疏肝散	柴胡 芍药 枳壳 川芎 香附 炙甘草	疏肝行气,活血止痛 治肝气郁结,胁肋疼痛,寒热往来	
	四逆散	炙甘草 枳实(破、水渍、炙干) 柴胡 芍药	清解郁热,疏肝理脾 主治热厥证。证见四肢厥冷,或食欲不振,或肚腹胀满,或泄泻,脉弦	
祛湿	实脾散	茯苓 白术 木瓜 木香 大腹皮 草蔻 干姜 厚朴 附子 生姜 大枣 炙甘草	健脾利水 治脾虚水肿	
祛痰	清燥救肺汤	石膏 桑叶 麦冬 阿胶 胡麻仁 杏仁 枇杷叶(去毛蜜炙) 党参 甘草	清肺润燥 治温燥伤肺,干咳无痰,发热口燥	
	定喘汤	白果 麻黄(去节) 苏子 甘草 款冬花 杏仁 桑皮 黄芩 法半夏	宣肺平喘,清热化痰 主治家畜咳嗽或喘粗,痰黄气急,舌苔黄,脉滑数	
	贝母汤	石膏 瓜蒌 紫苏子 桑白皮 贝母 栀子 桔梗 杏仁 紫菀 百部 牛蒡子 黄芩 天花粉 知母 甘草	清肺化痰,燥湿止咳,下气平喘 治肺热咳喘,鼻流浓涕	
	三子养亲汤	白芥子 紫苏子 莱菔子	顺气化痰 治痰湿咳嗽	
	涤痰汤	姜半夏 胆南星 橘红 枳实 茯苓 党参 石菖蒲 竹茹 甘草	涤除风痰 治痰迷舌强	
	半夏散	半夏 升麻 防风 枯矾 生姜 蜂蜜	燥湿化痰,和胃止呕 治马肺寒吐沫	
	止咳散	知母 枳壳 麻黄 桔梗 苦杏仁 陈皮 芫蔚子 桑白皮 生石膏 前胡 射干 枇杷叶 甘草	清肺化痰,止咳平喘 主治肺热咳嗽	
	礞石滚痰丸	礞石 黄芩 大黄 沉香	泻火涤痰 主治实热顽痰结聚的癫狂、惊悸等	

续表

类别	方名	组　　成	功用主治	备　注
祛痰	白矾散	白矾　贝母　黄连　白芷　郁金　黄芩　大黄　甘草　葶苈子	敛肺平喘，清热化痰 主治牛气喘。症见气促喘粗，咽喉肿痛等	黑斑病甘薯中毒之气喘有一定疗效
	百合散	百合　贝母　大黄　甘草　天花粉	清热，润肺，化痰 主治马肺壅鼻脓。症见喘粗鼻咋，连声咳嗽，鼻孔流脓	
	贝母散	贝母　栀子　桔梗　甘草　杏仁　紫菀　牛蒡子　百部	清热润肺，化痰止咳 主治肺热咳嗽。症见连声咳嗽，咽喉疼痛，痰涕黄稠，口赤，脉数	
	小青龙汤	麻黄　芍药　细辛　干姜　甘草　桂枝　半夏　五味子	解表散寒，温肺化饮 治风寒束表，内停水饮。症见恶寒发热，咳嗽喘息，痰多稀	也可用于慢性支气管炎、肺气肿等
消导	和胃消食汤	刘寄奴　厚朴　木通　六曲　枳壳　木香　槟榔　茯苓　青皮　山楂　甘草	消食导滞，活血散瘀 主治食积	
	消积散	山楂（炒）　麦芽　神曲　莱菔子（炒）　大黄　芒硝	消积导滞 主治伤食	常用于饲料突变，过量采食，损伤脾胃，不能运化者
	健胃散	山楂　神曲　麦芽　莱菔子　枳实　槟榔　大黄　甘草	消食，导滞，健胃 主治伤食积滞，食欲不振	
	枳实导滞丸	枳实　大黄　黄芩　黄连　白术　神曲　茯苓　泽泻	消积导滞，清热利湿 治食滞胃肠、湿热蕴结之腹痛、腹胀、泄泻或便秘	
	木香槟榔丸	木香　香附　青皮　陈皮　枳壳　黄连　黄柏　槟榔　牵牛子　三棱　莪术　大黄	行气导滞，泄热通便 主治胃肠积食、肚腹胀满、气滞作痛、大便秘结	
理气	橘皮散	青皮　陈皮　厚朴　肉桂心　细辛　茴香　当归　白芷　槟榔　葱白　炒盐　醋	理气活血，暖胃止痛 治马伤水起卧、腹痛等症	
	橘核丸	橘核　川楝子　海藻　海带　昆布　桃仁　肉桂　厚朴　枳实　炒延胡索　木香　木通　盐酒	调和气血，散寒祛湿，消坚散结 主治睾丸、阴囊肿痛，或上引脐腹绞痛	
	醋香附汤	醋香附　酒莪术　砂仁　青木香　米醋　炒莱菔子　三棱	行气止痛，破满消胀 主治马大肚料伤，食滞气胀，起卧不安	
	丁香散	丁香　木香　藿香　青皮　陈皮　槟榔　黑丑　白丑　麻油	温中行气，消胀通肠 主治中焦寒湿阻滞气机	
	苏子降气丸	紫苏子　前胡　陈皮　制半夏　肉桂　厚朴　当归　生姜　炙甘草	降气平喘，化痰止咳 治痰涎壅盛，咳喘气短	慢性支气管炎、轻度肺气肿加沉香效果显著
	三子下气汤	白芥子　紫苏子　莱菔子　车前子　葶苈子　陈皮　广木香　厚朴　麦芽　附子　当归　炙甘草	降气平喘，温阳化痰 主治肺有痰壅，肾气不纳的上实下虚证	
理血	血府逐瘀汤	桃仁　红花　当归　生地黄　川芎　赤芍　牛膝　桔梗　柴胡　枳壳　甘草	活血祛瘀，行气止痛 主治胸中血瘀。症见胸痛，口色暗红，脉象涩或弦紧	
	槐花散	炒槐花　炒侧柏叶　荆芥炭　炒枳壳	清肠止血，疏风理气 主治肠风下血，血色鲜红，或粪中带血	

续表

类别	方名	组成	功用主治	备注
理血	十黑散	知母 黄柏 地榆 蒲黄 栀子 槐花 侧柏叶 血余炭 杜仲 棕榈皮(各药炒黑)	清热泻火,凉血止血 用于膀胱积热所致的尿血	
	十灰散	大蓟 小蓟 荷叶 侧柏叶 白茅根 大黄 茜草 栀子 牡丹皮 棕榈皮(烧灰存性,研细冲服)	凉血止血 用于各种血热妄行的出血	
祛寒	真武汤	附子(炮炮) 白术 茯苓 白芍 生姜	温阳利水 治阳虚水泛证	
	益智散	益智仁 肉豆蔻 五味子 当归 川芎 广木香 砂仁 白术 细辛 草果 肉桂 青皮 厚朴 白芷 枳壳 白芍 槟榔 甘草	温中散寒,行气降逆 治外感风寒,内伤阴冷,脾胃虚寒,腹痛吐草	
	茴香散	茴香 肉桂 槟榔 白术 木通 巴戟天 当归 藁本 牵牛子 白附子 川楝子 肉豆蔻 荜澄茄	暖腰肾,祛风湿 主治寒伤腰胯	
	桂心散	肉桂心 青皮 益智仁 白术 厚朴 干姜 当归 陈皮 砂仁 五味子 肉豆蔻 炙甘草	温脾暖胃,活血顺气 治脾胃虚寒证	
祛风湿	蠲痹汤	羌活 姜黄 当归 黄芪 赤芍 防风 甘草	补气和营,疏风祛湿 治风湿痹证	
	独活散	独活 羌活 防风 肉桂 泽泻 酒黄柏 大黄 当归 桃仁 连翘 汉防己 炙甘草	祛风湿,止痹痛 主治风湿痹痛	
	茵陈五苓散	茵陈 茯苓 猪苓 白术 泽泻 桂枝	清热,利湿,退黄 治湿热黄疸	
	五皮饮	生姜皮 桑白皮 陈橘皮 大腹皮 茯苓皮	健脾渗湿,利水消肿 主治因脾虚湿盛,水溢肌肤所致的水肿。症见全身性水肿,或四肢、腹下水肿,或妊娠浮肿	
	猪苓散	猪苓 茯苓 泽泻 青皮 陈皮 莨菪叶 牵牛子	利水行气,祛湿止泻 主治马冷肠泄泻	
	三仁汤	杏仁 半夏 白蔻仁 竹叶 厚朴 通草 薏苡仁 滑石	芳香化浊,清利湿热 用于湿温初起或暑温夹湿,湿重热轻者	
平肝	天麻散	天麻 党参 川芎 蝉蜕 防风 荆芥 薄荷 何首乌 茯苓 甘草	和血息风,祛湿解表 治马脾虚湿邪	
	羚羊钩藤汤	羚羊角 钩藤 桑叶 菊花 生地黄 白芍 贝母 竹茹 茯神 甘草	凉肝熄风,止痉 主治热盛动风,高热不退,躁动不安,项背强直,四肢抽搐甚至神昏,舌绛而干,脉弦而数	
	大定风珠	生白芍 阿胶 生龟甲 麻仁 干地黄 五味子 生牡蛎 炙甘草 麦冬 生鳖甲 鸡子黄	息风潜阳,养血滋阴 治阴虚动风证	
	青葙子散	青葙子 决明子 石决明 防风 菊花 木贼 蝉蜕 黄连 黄芩 龙胆 旋覆花 地骨皮	疏风清肝,明目退翳 主治肝火上炎,云翳遮睛	

续表

类别	方名	组成	功用主治	备注
平肝	千金散	防风 蔓荆子 天麻 羌活 独活 细辛 川芎 全蝎 乌蛇 僵蚕 蝉蜕 制南星 旋覆花 阿胶 沙参 桑螵蛸 制何首乌 升麻 藿香 生姜	散风解痉,息风化痰,活络养血 主治破伤风	
	牵正散	白附子 僵蚕 全蝎	祛风化痰 主治面神经麻痹	酌加蜈蚣效佳;气虚血瘀或内风引动者不宜单用本方
	三甲复脉汤	炙甘草 干地黄 生白芍 生牡蛎 麦冬 阿胶 生鳖甲 生龟甲 麻仁	滋阴复脉,潜阳息风 治温病邪热,羁留下焦,热深厥甚	
	玉真散	天南星 防风 白芷 天麻 羌活 白附子	祛风化痰,定搐止痉 治破伤风	
安神开窍	补心丹	生地黄 五味子 当归身 天冬 麦冬 柏子仁 酸枣仁 人参 玄参 丹参 白茯苓 远志 桔梗 朱砂	滋阴清热,养血安神 治心虚火扰证	
	通关散	猪牙皂、细辛各等分,研末,吹鼻取嚏	通关开窍 治高热神昏,痰迷心窍,神志迷糊	
	安宫牛黄丸	牛黄 水牛角 黄芩 黄连 雄黄 山栀子 朱砂 梅片 麝香 珍珠母 金箔衣	清热解毒,豁痰开窍 主治温热病,热邪内陷心包,痰热壅闭心窍所致高热烦躁,神昏,舌蹇肢厥;痰热内闭	
	养心汤	党参 黄芪 当归 川芎 肉桂 茯苓 茯神 柏子仁 远志 酸枣仁 五味子 半夏 甘草	养心安神,补脾益血 主治心气耗伤,心神失养,精神衰疲,神志恍惚,眼光呆滞,心悸,易惊善恐,口色淡白、脉虚	本方为劳伤心血,或大病、久病后心血不足,血虚气耗,心神失养所设
补益	虎潜丸	虎胫骨(狗骨代) 牛膝 陈皮 白芍 熟地黄 锁阳 当归 知母 黄柏 龟甲 干姜 羊肉	补肝肾,益精血 治精血不足,脚膝痿弱,行走无力	
	增液汤	玄参 麦冬 生地黄	养阴清热,增液润燥 治阳明温病,津液不足证	
	巴戟散	巴戟天 肉苁蓉 补骨脂 胡芦巴 小茴香 肉豆蔻 陈皮 青皮 肉桂 木通 川楝子 槟榔	温补肾阳,通经止痛,散寒除湿 主治马肾痛,后肢难移。症见患畜腰脊僵硬,后肢难移	
	养心汤	炙黄芪 茯神 茯苓 当归 半夏曲 川芎 炒远志 炒酸枣仁 肉桂 柏子仁 五味子 人参 炙甘草 生姜 大枣	补血宁心 治心虚血少	
	补肺阿胶散	蛤蚧粉 炒阿胶 马兜铃 炒牛蒡子 杏仁 糯米	生津润燥 治肺阴虚,咳嗽痰燥	
	人参蛤蚧散	蛤蚧 杏仁 甘草 知母 桑白皮 人参 茯苓 贝母	补肺纳气,化痰定喘 治体虚咳喘	
固涩	缩泉丸	乌药 益智仁 山药	温肾止遗,缩尿固涩 治下元虚冷,小便频数	
	玉屏风散	黄芪 防风 白术	益气固表止汗 治表虚卫阳不固证	

续表

类别	方名	组成	功用主治	备注
固涩	四神丸	补骨脂 五味子 肉豆蔻 吴茱萸 大枣 生姜	温肾暖脾,固肠止泻 治五更泻	
	金锁固精丸	沙苑蒺藜 芡实 莲须 煅龙骨 煅牡蛎	补肾涩精 主治肾虚滑精,四肢无力,尿频	下焦湿热忌用
补虚	益气黄芪散	黄芪 党参 炙甘草 茯苓 苍术 升麻 青皮 酒黄柏 泽泻 生地黄 生姜	益气健脾,除湿清热 用于脾胃虚弱,大便溏泻,耳角身热,或脾虚带下色黄,日久不止之症	
	泰山磐石散	熟地黄 当归 白芍 黄芪 党参 白术 川续断 川芎 炙甘草 砂仁 黄芩 糯米	益气健脾,养血安胎 治马、驴产前不食或少食症;奶牛妊娠肿及气血两亏胎动不安等症	方中有黄芩,无热象者可不用
	炙甘草汤	炙甘草 党参 生姜 阿胶 桂枝 麻仁 麦冬 生地黄 大枣	益气养血,滋阴复脉 主治气虚血少,脉结代,心悸气短,口色淡	
	透脓散	黄芪 炮穿山甲珠 川芎 当归 皂角刺(为末,加白酒调灌)	补气养血,托毒排脓 治气血虚弱之疮疡久不成脓,或脓成不溃	
	生脉散	党参 麦冬 五味子	补气敛汗,养阴生津 主治热病气津两伤	常用于热性病后期之气阴两虚,以及心力衰竭、心律不齐、慢性气管炎等
	左归饮	熟地黄 山药 山茱萸肉 枸杞子 茯苓 炙甘草	滋补肾阴 主治肾阴不足所致的腰胯无力,盗汗遗精,咽干口渴	
	熟地黄散	熟地黄 生地黄 党参 天冬 当归 地骨皮 柴胡 黄连 黄芩 枳壳 甘草	益肺滋肾,养阴清热 主治虚损劳伤,劳热咳嗽;或肝肾亏虚所白内障眼病	
	荜澄茄散	荜澄茄 补骨脂 胡芦巴 川楝子 肉豆蔻 厚朴 茴香 巴戟天 肉桂心 益智仁 槟榔	温肾补阳,行气散寒 主治马肾虚之后腿难移	
胎产	催衣散	穿山甲 大戟 滑石 海金沙 猪油 灰汁	逐瘀活血,下胎衣 主治母畜产后胎衣不下	
	催情散	淫羊藿 阳起石 菟丝子 当归 香附 益母草	补肾催情,养血调经 主治母畜肾虚不发情	对卵巢静止、卵泡萎缩、持久黄体等,有促进发情作用
	完带汤	党参 白术 山药 苍术 柴胡 白芍 荆芥穗 车前子 陈皮 甘草	益气健脾,除湿止带 主治脾虚带下,证见带下色白或淡黄,无臭秽味,食欲减少,肢冷,大便溏泻,口色淡白,脉象缓弱	
驱虫	万应散	槟榔 大黄 皂角 苦楝根皮 牵牛子 雷丸 沉香 木香	攻积杀虫 主治蛔虫、姜片吸虫、绦虫等虫积证	对孕畜、体弱家畜宜慎用
	贯众散	贯众 使君子 鹤虱 大黄 芫荑	驱虫 主治马胃蝇蛆	
	槟榔散	槟榔 苦楝皮 枳实 朴硝(冲服) 鹤虱 大黄 使君子	攻逐杀虫 主治猪蛔虫病	体质好加雷丸以增强驱蛔力,食差加陈皮、麦芽、神曲等消导药以健脾消食

续表

类别	方 名	组 成	功用主治	备 注
驱虫	苦参汤	苦参 蛇床子 地肤子 金银花 黄柏 菊花 白芷 石菖蒲	清热除湿,杀虫止痒 主治疥癣、风疹、湿疹等症	
外用	桃花散	陈石灰 大黄	收敛止血 主治新鲜创伤出血	二药同炒至黄红色或粉红色,去大黄,将石灰研成极细,外用即可
外用	防腐生肌散	枯矾 陈石灰 熟石膏 没药 血竭 乳香 黄丹 冰片 轻粉	防腐吸湿,生肌敛口 主治痈疽疮疡及各种外科出血证久不收口、久治不愈者	研极细末,温醋或水调敷,亦可撒布创面
	拔云散	炉甘石 硼砂 青盐 黄连 铜绿 硇砂 冰片	退翳明目 主治外障眼	本品共为极细末,过筛点眼用
	紫草膏	紫草 金银花 当归 白芷 冰片 植物油 白蜡	泻火解毒,凉血止痛 主治烫、火伤	炼成膏使用;专治烫、火伤

【目标检测】

1. 方剂的组成原则是什么？怎样进行方剂的加减变化？
2. 清营汤配伍清气分热药物的意义是什么？
3. 龙胆泻肝汤为何配用利水药及养血药？
4. 怎样合理应用郁金散？
5. 试论大承汤的组成意义及用量、用法、主治病证。
6. 小柴胡汤和逍遥散有何异同？
7. 防风通圣散和荆防败毒散的运用特点有何不同？
8. 八正散与五苓散有何不同？
9. 简述二陈汤的组成及方义，怎样进行变化运用？
10. 泻下药与消导药两类方剂有何异同点？
11. 独活寄生汤和羌活散在组成、功能及主治上有何不同？
12. 试述越鞠丸的组方意义，为何可治六郁？
13. 试述通乳散和生化汤在组成及主治上有何异同？
14. 试述参苓白术散与补中益气汤的组成意义及临床应用特点有何不同？
15. 试述镇心散的组成特点、功能、主治及方义解析。
16. 天麻散和镇肝熄风汤在功能、主治上有何异同？分析其组方意义。
17. 试比较六味地黄丸与当归补血汤的组方意义、功能、主治有何区别？
18. 仙方活命饮与五味消毒饮的组成、主治有何不同？

【实训七】 木槟硝黄散及其拆方对兔离体肠管的作用

【实训目的】 了解某些攻下方药对肠管的作用及其临床意义。

【实训材料】

1. 动物 家兔。
2. 药物 大黄煎液（1.5%），芒硝煎液（5%），槟榔煎液（0.5%），木香煎液（0.5%），木硝黄煎液（100mL煎液中含木香0.5g、大黄1.5g、芒硝5g），木槟硝黄煎液（100mL煎液中含木香、槟榔各0.5g，芒硝5g，大黄1.5g）。大黄与木香不宜久煎，一般后入。台氏液。
3. 器材 眼科剪刀和镊子，普通手术剪刀和镊子，烧杯，缝针，缝线，麦氏浴皿，L形通气管，球胆，注射器（5mL、1mL），螺旋夹，双凹夹，铁台，酒精灯及其架，火柴，温度计，量杯，记纹鼓，杠杆，描记笔，胶泥，打气筒等。

【内容方法】

1. 家兔1只，击毙或耳静脉注入空气致死，立即打开腹腔，剪取小肠数段，置于台氏液中，洗净肠内容物，供实验用。

2. 仪器妥善装置后，取小肠一段，长约2cm，沿肠管剪去肠系膜。在肠肌的两端用缝针各对穿丝线一条，其中一端丝线略短，并联结在L形通气管一端的小钩上，置于盛有40mL台氏液的麦氏浴皿中；肠肌的另一端丝线略长，联结在描记笔尾上。

3. 麦氏浴皿置于保温热水烧杯中，为使烧杯中热水保持在38℃左右，在烧杯下方置一微火酒精灯，并时刻注意火候，以免温度偏高或偏低。

4. L形通气管的另一端，用橡胶管连接于充满空气的球胆上，放松螺旋夹，使球胆内空气经L型通气管小钩端的小孔，徐徐放出气泡，每秒1~2个气泡溢出，以供肠管活动所需要的氧气。

5. 开记纹鼓记录，先描记正常蠕动曲线，然后依次加入药物于麦氏浴皿中，加药时应尽量接近肠肌，但不能触动肠肌，每加换一种药液前，必须用温台氏液冲洗2~3次，待肠蠕动恢复正常后再加药，观察并描记肠蠕动曲线。

【观察结果】

1. 加大黄煎液0.1mL后描记肠蠕动曲线，观察其结果。依次观察加0.1mL木香煎液、槟榔煎液、木硝黄煎液及木槟硝黄煎液后的结果。

2. 加0.15mL以上的槟榔煎液，造成肠痉挛收缩后，再加木硝黄煎液0.5mL以上，可观察到解痉的结果。

【实训报告】

1. 分析实验中哪一味药是促进肠蠕动的主药？
2. 说明实验中哪一组合为最佳配方？
3. 木硝黄煎液解除槟榔的痉挛在中兽医临床中有什么意义？

【实训八】 五苓散的利尿作用

【实训目的】 通过本实验，主要观察五苓散的利尿作用，以加深对利湿方药功效的理解。

【实训材料】

1. 动物　选同一品种健康家兔，体重相近，约2kg左右。雌雄各2只。

2. 药物　3％异戊巴比妥钠注射液或25％氨基甲酸乙酯，生理盐水，将五苓散（猪苓3份、茯苓3份、泽泻4份、白术2份、桂枝2份）制成1:1煎剂。

3. 器材　磅秤，兔手术台，常规手术器械（套），塑料导尿管（用市售18号无毒聚氯乙烯医用塑料管代替），10mL玻璃注射器及针头，剪毛剪，烧杯，缝合丝线，记滴器或秒表。

【内容方法】

1. 3％异戊巴比妥钠注射液进行耳静脉麻醉家兔（0.8mL/kg）或25％氨基甲酸乙酯（1g/kg）进行耳静脉注射麻醉。将兔仰卧保定于手术台上。

2. 在下腹部剪毛（约一掌大的面积），于近耻骨联合上缘，沿腹中线旁开约0.5cm处，做7cm的腹壁切口，开腹找出膀胱（若充满尿液，可用手轻轻压迫使之排空）。在膀胱底部前3~4cm处，用小止血钳剥离出两侧输尿管，右手持眼科剪在输尿管上剪开一斜向创口（剪口为输尿管的1/2），再将一根充满生理盐水的细塑料导尿管向肾脏方向插入2cm，然后用缝合线结扎固定。再以同样方法将对侧输尿管也插入塑料导管。最后将两支塑料导管的游离端合并在一起，使其开口向下，固定于手术台的一侧，尿液即由导管慢慢滴出。下面放烧杯，收集尿液。腹部手术创口用浸有温生理盐水的纱布覆盖。其余3只家兔也进行同样的手术。

3. 尿液记滴有两种方法。其一,将塑料导管开口连接于记滴器上,自动记滴;其二,人工记滴,即从导尿管排出第一滴尿液的时间算起,计数 5min 内排出的滴数(或排出 3 滴尿液所用的时间,也可作为一种记数方法),作为实验用药前泌尿指标的自身对照。

4. 分组,2 只为实验组(雌雄各 1 只),实验前对尿液记滴,然后用注射器向小肠内注射五苓散煎剂(5mL/kg),给药后每隔 15min 观察 1 次,连续观察 60min。另外两只兔为对照组,用生理盐水(5mL/kg)注于小肠,做对照,观察记数方法同实验组。

【观察结果】

组别	项目	给药前尿量		给药后尿量	
		各兔尿量/mL	平均值($\bar{X}$)/mL	各兔尿量/mL	平均值($\bar{X}$)/mL
实验组	1 号 2 号				
对照组	3 号 4 号				

观察实验组与对照组,给药前后的尿量变化,并记录填入上表内。

【实训报告】

根据实验结果,分析并讨论五苓散的利尿作用。

第三篇

临 床

第九章 诊 法

【学习目标】
1. 掌握中兽医诊法的基本内容和基本概念。
2. 学会四诊的基本操作方法和注意事项。
3. 在临诊中熟练运用望、闻、问、切的诊断方法，为进一步辨证论治提供依据。

所谓诊法，就是中兽医诊察了解病畜情况的手段和方法。主要包括望诊、闻诊、问诊和切诊四种，通常简称为"四诊"。

由于动物体是一个表里相通、内外相应的有机整体，内脏的病变，可以从五官体表各个方面表现出来，即"有诸内者，必形于诸外"。因此，中兽医就是利用四诊技术来收集疾病信息，并进一步分析脏腑气血的病理变化，为辨证论治提供可靠的依据。

在临诊家畜疾病的过程中，中兽医四诊中每一个诊法，各有侧重方面，只有把望、闻、问、切有机地结合起来，共同运用，才能从不同角度了解疾病症状和疾病信息，才能全面系统地了解病情，这就称为"四诊合参"。只有"四诊合参"，"望其形，闻其声，问其因，切其脉"，全面了解，综合分析，才能作出正确的诊断。

总之，由诊察获得的感性认识，上升为辨证的理性认识的全过程，就是中兽医学诊法的综合概括。

第一节 望 诊

望诊，就是对病畜的全身和局部的一切情况及其分泌物、排泄物等进行有目的的观察，从而获得有关疾病资料的一种诊断方法。

望诊时，要按照一定的方法和次序进行，一般不要急于接近动物，先待病畜处于自然状态，诊者站在距离病畜适当的地方，先整体观察病畜的精神、营养、形体、呼吸、胸腹、站立姿势、排粪尿等情况，并注意是否有异常，然后再由前向后、由左向右，进一步有目的地局部望诊。

望诊的范围很广，内容很多，大体可以分为整体望诊、局部望诊、察口色三个方面。在望诊中，察口色本应属于局部望诊内容，但因其是中兽医所特有的诊断方法之一，且内容丰富，故在学习过程中，单独叙述。

一、整体望诊

整体望诊就是对病畜的精神状态、营养情况、姿势与步态进行观察，与动物正常状态相区别，从而找出疾病发生的部位，并获得初步印象。

（一）望精神

精神是动物体生命活动的外在表现。神不能离开形体而独立存在，神的盛衰是动物体健康与否的重要标志之一，形健则神旺，形弱则神衰。

动物精神的好坏，主要从眼、耳及神态表现反映出来，通过望精神可以判断动物正气的盛衰、病情的轻重、预后的好坏。动物精神正常则目光有神，两耳灵活，对外界环境反应敏感，呼叫而来，称之为有神，标志着动物体正气旺盛，一般为无病状态，即使有病，病情也轻或为初病，预后良好。反之，动物精神萎靡，双目无神，垂头耷耳，呼叫不应，对外界刺激反应迟钝，则称之为失神或无神，标志着动物体正气已衰，病情较重，预后不良。故有"得神者昌，失神者亡"之说。

动物精神失常主要可表现为兴奋和抑制两种类型，通常有下面四种表现。

（1）兴奋 主要有躁动不安，全身出汗，肉颤头摇，气促喘粗等表现。多见于心热风邪、黑汗风等。

（2）狂躁 主要有狂奔乱走，左右乱跌，冲墙撞壁，攀登饲槽，尖声怪叫，盲目转圈等表现。多见于心黄、脑黄、狂犬病等。

（3）沉郁 主要有耳耷头低，两目半闭，反应迟钝，神疲倦怠，行走无力等表现。多见于热证初期、中暑、中毒等。

（4）昏迷 主要有神志不清，昏睡不起，四肢划动，反应失灵，瞳孔散大等表现。多见于重症后期、产后瘫痪、中毒等。

（二）望形态

望形态主要包括望形和望态两个方面，即望动物的形体和动态。

1. 望形体

形体指家畜体质的肥瘦强弱。健康动物发育正常，气血旺盛，皮毛光润，皮肤有弹性，肌肉丰满，骨骼结实，四肢轻捷。久病重病的动物发育不良，形体瘦弱，肌肉消瘦，骨骼细小，倦怠无力。

一般来说，形体强壮的家畜，发病时则多属实热证；形体瘦弱的家畜，发病时常以虚寒证为多。

2. 望动态

动态指家畜的动作和姿态。家畜患有的病证不同，动态表现也不一样；当患某些病证时，家畜还表现出特定的动态。因此，望动态在临床诊断中有很重要的意义。

动物患有一般病证时，常表现精神不振，头低耳耷，怠行好卧，行动迟缓，表现倦怠。

疼痛时，病畜常表现出各种不同的疼痛动态。在这方面，前人积累了相当丰富的经验。《元亨疗马集》中对马的腹痛就有这样的描述："直尾行，大肠痛；卷尾行，小肠痛；蹲腰踏地，胞经痛；肠鸣泄泻，冷气痛；急起急卧，脾经病。"对于四肢疼痛引起的异常姿态，前人也有很好的经验总结，即"敢踏不敢抬，病痛在胸怀；敢抬不敢踏，病痛在蹄甲；敢抬且敢动，病痛在中部"。

家畜某些病证还表现为僵直动态。如患风湿痹痛病的动物，表现为腰肢板硬，行走转弯不灵活；患破伤风病的动物，表现为耳紧尾直，四肢僵硬，形如木马。

当病邪入心包时，病畜常出现不由自主的迷乱动态，如昏迷痴呆、靠墙抵柱、狂奔乱跑、痉挛抽搐、咬人踢人等。

病证垂危或临死前，家畜则往往表现为呆立失神、步履蹒跚、后退倒地、四肢划泳、角弓反张等垂危动态。

（三）望皮毛

望皮毛，即观察皮肤和被毛的色泽，以及皮毛的状态。皮毛为一身之表，是机体抵御外邪的屏障，其变化可反映出家畜的营养状况、气血盛衰、肺气强弱。

健康家畜皮肤柔软而富有弹性，被毛细密平顺而有光泽，且随季节、气候的变化而及时换毛，所以有"皮毛光润，百病不生"的说法。

若皮毛焦枯缺乏光泽或换毛迟缓，多为气血不足；皮肤紧缩，被毛直立，常见于风寒束肺；皮肤燥痒，浑身起疙瘩，口眼虚浮，多为遍身黄；被毛脱落，皮肤燥裂起痂，不时擦痒，间有溃烂脓疱，日久不愈，见于肺毒生疮（疥癣、湿疹）；若牛背部皮肤有大小不等的肿块，患部脱毛，用力挤压常有牛蝇幼虫蹦出，则为蹦虫病；若羊被毛散乱，口、眼、鼻及四肢内侧等部位出现红斑或丘疹、水疱、脓疱，最后结痂者，多为羊痘；皮肤出现红斑，多见于瘟疫，如猪丹毒等。

汗孔布于皮肤，望皮毛时还应注意家畜出汗情况。健康家畜因剧烈运动、气候炎热常出汗，这是正常现象。若轻微使役或运动即出汗，则为自汗，属阳虚；夜间休息而出汗则为盗汗，属阴虚；剧烈疼痛或病证垂危时也可出汗。

二、局部望诊

在整体望诊的基础上进行局部望诊，以确定发病的脏腑和疾病的性质。局部望诊主要是对病畜的眼、耳、鼻、口唇、饮食等方面进行进一步诊断。

（一）望眼

眼为肝之外窍，五脏六腑之精气皆上注于目，故其异常变化，不仅反映出肝的病变，也与五脏六腑的病变密切相关。因此，望眼可测知五脏六腑的变化。

健康家畜两眼转动灵活，眼神敏感，结膜粉红。若目赤肿痛、流泪生眵，多为肝经风热或肝火上炎；眼睑淡白，两目干涩，视物不清或夜盲者，多为肝血不足；眼睑色红，甚至红肿湿烂，为脾胃有热或脾胃湿热；眼睑晦暗，多为肾虚；白睛及上下眼睑发黄，则为黄疸；眼睑懒睁，头低耳耷，多为过劳、慢性疾病或重病；若瞳孔散大或缩小，多见于中毒或濒死期。

（二）望耳

耳为肾之外窍，十二经脉皆连于耳，故耳的动态与家畜的精神好坏有关，还与肾及其他脏腑的病证变化有关。

健康家畜两耳经常竖立（除土种猪外）而灵活，听觉正常。若两耳下耷，多为肾气衰弱、久病或重病；若两耳热、耳背部血管暴起并延至耳尖者，多为表热证；若两耳凉而背部血管缩小不见者，多为表寒证；若单耳下垂，迟缓无力，兼口歪眼斜，多为歪嘴风（颜面神经麻痹）；两耳竖立，触之温热，有惊急状态者，多为热邪犯心。

（三）望鼻

鼻为肺之外窍，故肺及呼吸道病证常外映于鼻。望鼻要注意鼻孔的张缩、鼻液的有无及性质、鼻镜的干湿。

健康家畜鼻孔清洁润泽，随呼吸而鼻孔微有张缩。鼻孔张开，鼻翼扇动，鼻液稠黄，兼有呼吸迫促者，多为肺热；不时喷鼻而流清涕者，多为外感风寒；鼻流黏涕，多为外感风热；两侧鼻孔流脓性鼻液，下颌淋巴结肿大，多见于腺疫；鼻液灰白污秽，腥臭难闻，多为肺败或肺痈；鼻腔内黏膜有结节、烂斑或溃疡，多为鼻疽或鼻痈；若牛鼻镜干热无汗而有裂纹或鼻冷无汗，则多见于百叶干或重症后期。

（四）望口唇

口唇是脾的外应，唇的变化多与脾经有关。望口唇，要观察唇、颊、舌、齿、颚、咽等各部分的形态及变化。

健康家畜口唇端正，运动灵活，口津分泌正常。若口唇肿痛、糜烂，多为脾胃有热；搴唇似笑，即上唇揭举，多为脾寒；下唇松弛不收，多为脾虚；口舌糜烂或口内生疮，多为心经有热；若津液黏稠牵丝，唇内黏膜红黄而干者，多为脾胃积热；若口流清涎，口色清白滑利，多为脾胃虚寒；若口吐大量泡沫状唾涎，多属肺寒吐沫，见于唾液腺炎。此外，药物中毒也可引起唾液增加。

（五）望饮食

望饮食，包括观察饮食欲、饮食量、采食动作、咀嚼和吞咽。牛、羊等复胃动物，还应注意其反刍情况。

健康家畜脾胃功能良好，食欲旺盛，当发生疾病时，可使饮、食欲发生异常变化。若食欲减少，多为疾病初期或轻症；若喜食干草、干料，多为脾胃有寒湿；若喜食带水饲料，则为胃腹有热；若咀嚼缓慢小心，边食边吐，下咽困难，多为牙齿疾病或咽喉肿痛；若口渴见水急饮者，多为热证或伤津之证；口不渴或饮欲大减者，多为寒证或水湿内停之证。此外，感冒、发热、宿草不转、百叶干等疾病，可引起反刍减少或停止。

（六）望呼吸

呼吸是畜体内外清浊气体交换的一种生理功能。肺主气，司呼吸。呼吸的异常变化，反映了肺的病变。

在疾病过程中，呼吸次数及状态常发生变化，主要变化有快、慢、盛、微、姿势异常等。若呼吸微弱无力，次数变动不大或减少，多属虚寒证；呼吸粗大，次数增多，多属实热证；呼吸时，腹部起伏明显，即腹式呼吸，多为胸部疼痛，见于肺痈、肺胀；若胸部起伏明显，即胸式呼吸，多为腹部疼痛，见于结症、肷黄；若吸气长而呼气短，表示气血相接，元气尚足，病虽重但尚可治；吸气短而呼吸长，则为肺气败绝，多为危症。

（七）望躯干

望躯干，主要是观察胸背、腰、肚肷等部位的情况和变化。除望家畜皮毛之外，还应注意有无胀、缩、拱、陷等外形异常。

健康动物的胸背端正，左右对称，胸腹大小适中。若胸部陷塌，见于肋骨骨折；若胸前明显肿胀，多为胸黄；腰背板硬，卧地不起，食欲减退，日渐消瘦，多为翻胃吐草（骨软症）；腰胯疼痛，难起难卧，多为闪伤；若腹大下垂，嗛窝凹陷，多为宿水停脐；若肚底漫肿，界限明显，多为肚黄；若肷部胀满，伴有腹痛，多为胀肚或结症。

（八）望四肢

望四肢就是观察病畜站立或行走时四肢的姿势和步态，以及四肢各部分的形状变化。这对于某些病证，尤其对于肢蹄病的诊断，有着重要意义。

健康家畜四肢强健，运动协调，屈伸灵活有力，各关节、筋腱和蹄爪形态正常。病畜站立时，患肢不敢负重，经常伸向前方、后方、内方或外方，同时用蹄尖、蹄踵或蹄侧负重，有时患肢完全不负重而提举悬垂，有时则负重不实而身体偏向对侧。病畜行走时，随着病变所在部位的不同，在点头运动、关节屈伸、肢蹄负重、臀部升降等各方面都要发生相应的变化。

《元亨疗马集·点痛论》在跛行诊断方面积累了相当丰富的经验，如"昂头点，膊尖肩，平头点，下栏痛；偏头点，乘重痛；低头点，天臼痛；难移前脚，抢风痛；蹄尖着地，掌骨痛；蓦地点脚，攒筋痛；虚行下地，漏蹄痛；垂蹄点，蹄尖病；悬蹄点，蹄心痛；直腿行，膝上痛；屈腿行，节上痛……"其对于跛行诊断，至今仍有很高的参考价值。

（九）望二阴

二阴即前阴和后阴。前阴，指公畜的阴茎、睾丸或母畜的阴门；后阴，指肛门。检查二阴在诊断某些疾病方面很有参考价值。

正常雄性动物阴茎、阴囊及睾丸外观无异常，当遇见发情雌性动物时，阴茎能自动勃起；雌性动物阴部外观正常，阴道色泽红润有光泽。若阴囊、睾丸硬肿，如石如冰，为阴肾黄；阴囊热而痛者，为阳肾黄；阴囊肿大而柔软，或时大时小，常伴有腹痛症状者，多为阴囊疝气；产后阴门长久排出紫红色或污黑色液体，称为恶露不止；若阴门一侧内陷，有腹痛表现者，多为子宫扭转。

肛门为督脉所过，内连大肠，可反映脏腑的虚实。望肛门，一般应注意其松紧伸缩状态及其周围的情况。若肛门松弛无力，内陷，多为久泻气虚；直肠脱出于肛门之外，为中气下陷或弩伤，见于脱肛；肛门、尾根及其周围有粪便污染，多见于泄泻；肛门周围有黄色或灰白色污物，是肠道虫积症的表现。

（十）望粪尿

家畜通过脾胃的升清降浊运动，将水谷的精微部分吸收，以营养五脏六腑；糟粕由大肠、小肠、膀胱等传送，经二阴排出体外，即为粪尿。望粪尿，主要是观察粪尿数量、颜色、气味和形态等性状的变化。

健康家畜粪尿各项指标，在正常情况下是比较恒定的。当动物患病时，粪尿会出现各种异常的变化，这些变化有重要的临诊参考价值。若粪臭而干燥，色呈黄黑，外包黏液，为胃肠有热；若粪稀软带水，颜色淡黄，为胃肠有寒；若粪便粗糙，完谷不化，稀软带水，稍有酸臭，见于脾胃虚弱；粪便稀薄，内夹有赤白色黏液，其气腥臭，且排出不畅者，多为胃肠湿热或瘟疫，如肠黄、痢疾、猪瘟、副伤寒等。

正常牛尿淡黄透明，猪尿淡黄色或无色清亮，马尿白色浑浊。若病畜尿赤短，色深而量少，多属实热证；若病畜尿清长，色淡而量多，多属虚寒证；尿液红色带血者，为血尿，其色鲜红或夹有凝血块者，多属外伤性因素，多见于肾出血、尿道出血；当患畜有严重血尿，其色常呈红褐色，常见于血液寄生虫病、幼驹溶血性黄疸；排尿失禁或遗尿，多属肾虚，常见于脊髓挫伤及虚脱证；频频做排尿姿势而无尿液排出者，多为尿闭或尿结石。

三、察口色

察口色，就是观察口腔各有关部位的色泽、舌苔、口津、舌形等的变化来诊断疾病的一种方法。通过口色的变化来判断疾病的虚实、病位的表里和病性的寒热，以及预后的好坏。察口色诊病是中兽医的特长之一，长期以来积累了丰富的经验，成为望诊中的重要内容。故《元亨疗马集·脉色论》中说："口色，验疾之所也。""色脉者，医之准绳也，疾之龟鉴也"。说明察口色在诊断中占有重要的地位。

（一）察口色的部位

察口色的部位主要有唇、舌、排齿（上下齿龈）、卧蚕（舌下肉阜）、口角五个部位，其中以察舌色为主。舌的不同部位对应不同脏腑，即："舌色应心，唇色应脾，金关（左卧蚕）应肝，玉户（右卧蚕）应肺，排齿应肾，口角应三焦。"此外，还有上颚（又称棱颚，即硬腭）、仰池（又称仰陷，即舌下凹陷部）等部位，也应注意观察。

（二）察口色的方法

检查马属动物口色时，检查者右手拉住笼头，左手食指和中指拨开上下嘴唇，就可看到唇和排齿的颜色；然后将食指和中指伸入口腔，感受口内温度和湿度；再用两指打开口腔，以观察口色的变化；最后再将舌头拉出口腔之外，仔细观察舌苔、舌面、舌体及卧蚕的细微变化。

检查牛的口色时，检查者先查看牛的鼻镜，然后一手握住牛的鼻中隔，另一只手翻开上下唇，观察唇和排齿；然后从口角伸入口腔，以感觉口腔的温度和津液的稀稠；最后再将手横放在口中，将口撑开以观察舌面、舌底及卧蚕等部位的变化。

在临诊需要时，也可借助开口器等工具将家畜的口腔打开以进行观察。

（三）正常口色

健康家畜口色为舌质淡红，鲜明光润，舌体灵活自如，微有白苔，干湿适中，不燥不滑。正如《元亨疗马集·脉色论》中所言："舌如莲花鲜明润，唇似桃花色更辉。"其非常准确地形容了家畜的正常口色。

由于四季气候的影响及动物种类和年龄的偏差，正常口色也有一定的差异和变化。如夏季炎热，气血运行旺盛，口色偏红一些；冬季寒冷，气血运行舒缓，口色偏淡一些，正所谓"春如桃花夏似血，秋如莲花冬似雪"；猪的口色比牛的口色红一些，羊的口色比马属动物淡一些；老龄动物口色偏红，幼龄动物则偏淡。此外，饲料、药物等因素对家畜口色也有一定影响，临诊时应注意鉴别。

（四）有病口色

有病口色应从口色、舌苔、口津、舌形等多方面的变化进行观察，而仅凭舌质色泽的变化，往往不能得出全面而正确的诊断。

1. 口色

有病口色指家畜凡因病而出现的一切不正常的口色，也称病色。常见的病色有白色、赤色、青色、黄色和黑色五种。

（1）白色 主虚证，为气血不足的表现。其中淡白为气血虚弱，多见于长期脾胃虚弱的营养不良、各种贫血、虫积等证；苍白为气血极度虚弱，多见于内脏出血及严重虫积等。

（2）赤色 主热证，为气血趋向于外的反映。微红为表热，见于轻型热证，如外感风热；鲜红主热在气分，见于中度里热证，如马的黑汗风；绛红主热深入营血，见于温热病后期及喘气病、肠扭转等疾病；赤紫为气滞血瘀，见于重度肠黄、中毒等。

（3）青色 主寒、主痛、主风，多为感受寒邪及疼痛的象征。其中青白为脏腑虚寒，见于冷痛、外感风寒、脾胃虚寒等；青黄为内寒挟湿，见于冷肠泄泻、寒湿困脾等；青紫为气滞血瘀、肝风内动，见于心力衰竭等。

（4）黄色 主湿证，多由肝、胆、脾湿热所引起。黄色鲜明如橘色者为阳黄，见于肝炎急性发作、胆管阻塞等；黄色晦暗如烟熏者为阴黄，一般多见于慢性肝炎等证。

（5）黑色 主寒极或热极。临床上真正的黑色是不出现的，黑色是由青紫色发展而来的，青由寒发展而来，紫由热发展而来，所以，青紫结合则主寒极和热极。口色青紫，口津滑利为寒极；口色青紫，口津干燥为热极；两者皆为重危病证。

2. 舌苔

舌苔主要由胃气熏蒸而来。健康动物舌苔很薄，呈白色或稍黄色，稀疏分布，干湿得中。检查舌苔主要从苔质和苔色两个方面进行。

（1）苔质 指舌苔的有无、厚薄、润燥和腐腻变化。

① 有无舌苔：舌苔有无，表示胃气的盛衰、病势的进退。舌苔由无到有，表示胃气渐复，病情好转；舌苔从有到无，表示胃气衰退，预后不良。

② 苔质厚薄：舌苔的薄厚反映病势的轻重、进退。苔厚者病情重，苔薄者病情轻，苔由薄增厚表示病情发展，苔由厚变薄表示病情减轻。

③ 苔质润燥：苔质的润与燥，反映津液的盈亏、病性的寒热。苔润表明津液未伤；苔滑多主水湿内停；苔燥多主津液已耗。

④ 苔质腐腻：腐苔为苔质粗糙疏松易剥离，多见于胃有实热或食滞；腻苔为苔质厚而致密细腻，如糨糊一样粘在舌上，不易剥离，属于内有湿浊不化。

（2）苔色 常见的苔色分为白苔、黄苔、灰黑苔三种。

① 白苔：主表证、寒证。苔白而燥，表明津液已伤；苔白而滑，表明寒湿内停；苔白中带黄，多为病邪化热，由表及里，表明病情发展。

② 黄苔：主里证、热证。苔黄而润为表热；苔黄而燥为津液已伤；苔黄而腻，多为湿热；苔黄而焦裂，多为热极。

③ 灰黑苔：主热证、寒湿证。灰黑而润，多为阳虚寒甚；灰黑而干，多为热炽伤津。灰黑苔表明患畜病情危重。

3. 口津

口津就是口内津液的简称，是口内干湿度的表现，可反映机体津液的盈亏与存亡。健康家畜口津充足，口内色正光润。

口津不足或黏稠，为口津干燥，见于肺肾阴虚或胃阴虚等证；口唇焦燥，津液枯竭，舌苔粗糙起裂纹，为口内干燥，多为亡阴危象；口内湿滑，多为水湿偏盛，见于肠黄、冷肠泄泻等证；口流清涎，稀薄量多，口腔无病变，兼有寒象者，多为脾胃阳虚、水湿停聚，见于胃冷吐涎等证；口舌生疮，咽喉及齿龈肿痛者，也可见口内流涎，但口涎多黏滞。此外，某些中毒也会引起口内垂涎，使口津出现异常变化。

4. 舌形

舌形指舌体的形态，健康家畜的舌体胖瘦适度，柔软，富于弹性，灵活自如，舌面分布均匀的舌苔。

舌淡白胖大，多属脾肾阳虚；舌赤红肿胀，多属热毒亢盛；舌肿满口，板硬不灵，多为心火太盛，见于木舌症；舌质红绛，舌面有裂纹，多为热盛；舌体震颤，多为久病气血两虚或肝风内动；舌淡白瘦薄，舌质绵软缺乏弹性，多为气血不足；舌淡而痿软，伸卷无力，甚至垂于口外不能自行回缩者，见于气血俱虚，多为病情危重的征象。

（五）绝色

绝色是危重症或濒死期的口色，主要有青黑色和紫黑色两种。正如《司牧安骥集》指出："大抵怕青黑。"《元亨疗马集》中也说："青黑两兼，骐骥天年数尽。""唇光如墨黑，时间气绝；舌色如煤妆，刻下身亡。"都是指青黑色或紫黑色为动物的绝色。但其他颜色也能成为动物的绝色。正如《元亨疗马集·脉色论》中所说："青如翠玉者生，似靛染者死；赤如鸡冠者生，似衃血者死；白如豕膏者生，似枯骨者死；黑如乌羽者生，似炲煤者死；黄如蟹腹者生，似黄土者死。"

一般来说，判断某种颜色是否为绝色，关键在于有无光泽，即有光泽者正气未伤，预后良好；无光泽者正气已损，预后不良，故有"明泽则生，枯夭则死"的说法。

总之，在观察动物口色时，应注意将口色、舌苔、口津、舌形、口内光泽度等进行全面的检查和分析，才能够得出客观完整的结论。

第二节 闻 诊

闻诊，就是利用听觉和嗅觉来判断家畜所发出的声音和气味的变化，用以诊断家畜疾病的手段和方法。它包括听声音和闻气味两个方面的内容。

家畜在正常无病的情况下，没有什么特殊的气味。只有在患病过程中，由于排泄物、分泌物和病理产物的异常变化，才发出异常的气味。

一、听声音

家畜发出的声音大小，是脏腑功能盛衰的反应。一般来说，声音洪大有力者，为正气旺盛，即使有病，也是初病或轻病，多属实证；声音低短无力者，为正气衰弱，多属久病、重病、虚证。听声音通常包括听叫声、呼吸声、咳嗽声、咀嚼声、胃肠音等声音的异常变化，从而推测脏腑功能和病情的变化。

（一）听叫声

一般情况下，健康家畜多在呼群、唤子、求偶、饥渴、受惊、疼痛时，发出各种叫声，其叫声洪亮、清脆、有节奏。若家畜叫声发生改变，多为有病的表现。若病初就声音嘶哑，多见于外感风寒；久病失音，多为肺气亏损，多见于肺痿；叫声无力，不时发出呻吟，则为病重的表现，常预后不良；若叫声怪异，多为邪毒入心，见于狂犬病、破伤风、脑黄等。

（二）听呼吸声

健康家畜肺气清肃，气道畅通，呼吸平和，若不用听诊器，一般不易听到声音。若吸气长而呼气短者，正气尚存；吸气短而呼气长者，为正气亏伤，肾肺两虚；呼吸时伴有痰鸣音，为痰饮壅聚；呼吸伴有鼻塞音，多为鼻道肿胀、生疮；呼吸困难而促迫，气如拽锯，多为重症。

当呼吸气息急促时，称为喘，有实喘和虚喘之分。喘气声长，张口掀鼻者，为实喘；喘息声低，气短而不相接者，为虚喘。

用听诊器听诊健康家畜肺呼吸音如轻读"夫、夫"的声音。若为水泡破裂音，多为寒湿、痰饮证；若有空瓮音，多为肺空洞；若有捻发音，多为过劳伤肺或肺痈；若有拍水音，多为胸水、胸膜疾病等。

（三）听咳嗽声

咳嗽是肺经病的重要症候之一。健康动物一般不咳嗽，但剧烈而长时间的咳嗽，即为病理状态。咳而有痰者为湿咳，多见于肺痿或肺寒；咳而无痰者为干咳，多见于肺热初期或阴虚肺燥；

咳嗽声大者，为肺气盛而病轻；半声咳嗽者，为肺气阻滞而病重；咳嗽低弱无力，伴有气喘，昼轻夜重，多属肺肾两虚。

咳嗽时，患畜可能出现各种异常表现，如伸头直项、肋肷振动、肢蹄刨地等，多为咳嗽困难或痛苦征象。另外，其他脏腑的病变也会对肺有不同程度的影响，引起动物咳嗽。

（四）听咀嚼声

健康的家畜在采食时，发出清脆而有节奏的咀嚼声。若咀嚼缓慢小心，声音很低，多为牙齿松动、疼痛、胃热等证；患病过程中，口内无异物而牙齿咬磨作响，出现磨牙现象，一般是由疼痛引起的，如马、骡的急肠黄、大肚伤、肠断、肺痈等，以及牛、羊的百叶干、创伤性网胃炎、肠梗阻等病证；在一般疾病过程中，如果患畜出现磨牙现象，多为病重病危的征象。

（五）听胃肠音

牛、羊等反刍家畜腹腔左侧的大部分位置为瘤胃占据，因此，左腹壁听到的一般是瘤胃蠕动音，因此，我们在检查反刍动物时，有必要对其瘤胃进行听诊。正常的瘤胃蠕动音如捻发样，有一定的持续和间隔时间，一般牛瘤胃每2min蠕动2～5次，羊为4～8次，每次蠕动时间为15～30s。若瘤胃蠕动减弱或停止，多见于脾胃虚弱、真胃阻塞、百叶干、宿草不转、肠便秘及创伤性网胃炎等证。

动物小肠和大肠蠕动时所发生的声音称为肠鸣。肠鸣可通过听诊器或贴近动物腹壁时听到，健康家畜小肠音如流水，平均每分钟8～12次，大肠音如雷鸣声，平均每分钟4～6次。肠音增强或亢进，即肠音响亮，连绵不断，多属虚寒证，如冷痛、肠寒泄泻等症；肠音减弱或肠音废绝，多为胃肠滞塞不通，常见于胃肠积滞、便秘、结症及肠变位后期等，若久治而不恢复肠音者，常为病情严重、预后不良的征象。

二、嗅气味

嗅气味就是用嗅觉来判断家畜呼出的各种气体、分泌物及排泄物的气味，借以用来判断疾病的方法。

（一）嗅口腔

健康家畜的口腔内无异常臭味，仅带有草料气味。若口气秽臭，并伴有食欲废绝者，多为胃肠有热，常见于牛的百叶干、家畜的胃热等病证；若口气酸臭，多为胃有积滞，常见于牛的宿草不转、马的料伤等病证。若口气腥臭或腐臭，多为黏膜糜烂溃疡，常见于口疮、牙龈或齿槽脓肿等病证。

（二）嗅鼻腔

健康家畜鼻腔无特殊气味。由于肺主鼻孔呼出之气，故鼻气的异常多与肺的疾病相关，但鼻腔、鼻旁窦的某些病变也可影响到鼻孔呼出之气。若鼻流黄色脓汁，气味恶臭，多为肺热；若鼻液呈黄灰色，气味腥臭，常见于肺痈；若流出灰白色豆腐脑样鼻液，并伴有尸臭气味，多为肺败；若一侧鼻孔流恶臭鼻脓，见于脑颡黄；当羊患鼻蝇幼虫病时，也有黏稠而腥臭的鼻液流出。

（三）嗅粪尿

各种家畜的粪便都有固定的臭味，但在某些胃肠疾病过程中，粪便的气味会发生异常变化。若粪便清稀带水，臭味不显著，则多为脾虚泄泻；若粪便带血或黏液，腥臭难闻，多属湿热证，常见于肠黄、痢疾等。若粪便粗糙，气味酸臭，多为伤食。

健康马尿气味较浓烈，其他家畜尿的气味较小。若尿液浓稠短赤，臊刺鼻臭，多为实热证；若尿液清长，无异常臭味，多属虚寒证。

（四）嗅脓汁

正确分辨脓汁的气味，对于判断外科疮疡症有一定的临床意义。若脓汁呈黄色、明亮、无臭或略带臭味，多为疮疡的良性脓汁；若脓汁黄稠，浑浊，有恶臭味，多为实证、阳证，为火毒内盛；若脓汁灰白清稀，气味腥臭，多为虚证、阴证，为毒邪未尽，气血衰败。

在外科疮疡痈疽病证中，脓汁无异样气味者，多表示病在浅面容易痊愈；若脓液腥臭难闻者，则多属于病在里，较难愈。一般说来，脓液腥臭不重者，其质必稠，大多是顺证；脓液腥秽恶臭的，其质必薄，大多是逆证，而且往往是穿膜着骨之证。

（五）嗅其他

对于危重病畜、农药中毒、代谢疾病、某些瘟病，常出现特异气味。脏腑败绝者有尸臭；酮病者有烂苹果味；尿毒症者有尿臊臭；瘟疫病者有腥臭等不同气味。

第三节 问 诊

问诊，就是通过询问畜主及有关饲养人员，对家畜病情进行了解的一种诊断方法。通过问诊可以获得很多与疾病有关的宝贵资料，是诊察疾病的重要方法之一，在四诊中占有重要的地位。对于问诊所得，要善于去伪存真，辨识主次，这样才能获得真实可靠的资料。

一、问发病及诊疗经过

（一）问发病经过

主要是问患畜的发病时间、发病时的主要症状、病情发展快慢、发病过程等，这对于判断疾病的轻重、缓急、寒热、虚实、预后有重要意义。通过询问发病时间，可以了解动物的患病天数，从而分析疾病处于初期、中期还是后期，属于急性病，还是热性病。问发病时的主要症状，重点询问患畜发病时的精神状态、饮食、反刍、粪尿、咳嗽、运动姿势、疼痛等表现。通过问病情发展快慢及发病过程，为判断疾病类型提供依据，如突然发病，死亡头数多，并伴有高热，症状基本相同，则可能为时疫流行；若饲后发病，食欲好的病情重，死亡快，则可能为中毒；若发病慢，数目多，症状基本相同，没有误食毒饲料者，则可能为营养缺乏。

（二）问诊疗经过

就是要问清是否进行过诊断治疗，曾诊断为何种病证，采用何种方法、何种药物，以及治疗时间及治疗效果等。通过了解这些情况，对于疾病确诊、合理用药、提高疗效、避免医疗事故的发生等方面，都是非常重要的。如患畜临诊前已经过治疗，应询问治疗方法和所用方药有无效果，若治疗有效，即辨证正确，治疗无效，即辨证不清或错误，应重新进行辨证。

总之，问诊可以初步了解病畜发病后的临床表现，以及疾病发生、发展和变化的规律，对指导辨证论治有重要的参考意义。

二、问饲养管理及使役情况

饲养管理和使役直接影响家畜的健康，临诊时了解这些情况极为重要。

（一）问饲养情况

应对饲料的种类、品质、来源、调制和饲喂方法等进行询问。如饥饱不均、突然改变饲料、长期饲喂单纯饲料等，均可以导致脾胃虚弱、消化不良、结症等疾病；过量采食冰冻饲料或空肠饮冷水过多，可导致冷痛，妊娠动物还可导致胎动不安；采食霉败不洁饲料，易发生霉菌中毒。

（二）问管理情况

应了解圈舍的保暖、通风、采光、防暑、地面干湿度、圈养密度，以及环境、畜体卫生等情况。如家畜夜露风霜、风雨或天气突变，易外感风寒；夏季通风不良，则易发生中暑；圈舍光线不足、潮湿泥泞，易招致风湿、蹄病等证；饲养密度过高，消毒不严，常能加剧疫病的发生和流行；畜体不洁或环境卫生差，也会引发皮肤病的发生。

（三）问使役情况

对于牛、马等役用家畜，应了解使役情况，包括使役种类、使役量、鞍具、挽具、套具等情况。如长期使役过重，奔走太急，易发生肢体疼痛、心肺疾病、劳伤等；鞍具、挽具及套具不合理，易引发鞍伤、背疮等病证；奔驰跳跃，易发生闪伤、骨折、脱臼等；夏季长途运输，烈日照射，易患黑汗证。

三、问既往病史和防疫情况

（一）问既往病史

了解家畜以往所患过的疾病情况，有助于推断新病的发生、发展、诊断和防治。如患有鸡瘟、猪瘟、羊痘等疾病，动物康复后能够终身免疫，在诊断疾病时就可排除；若为脾胃不和证，经常由于饲养不当而再发；有些疾病还可继发其他疾病，如料伤可继发五攒痛；结症可继发肠黄；创伤可继发破伤风等。

（二）问防疫情况

应了解患畜曾是否进行过预防注射，注射何种疫苗、菌苗、血清等兽医生物制品，有必要询问注射的时间、方法、药量，并了解疫（菌）苗的产地和批号，从而排除某些传染病，为正确进行疾病的诊断提供依据和参考。

四、问繁殖配种情况

动物的配种、妊娠、产仔与疾病的发生、诊断、治疗有着密切的关系。如公畜配种过于频繁，可以导致肾气亏虚，而发生性欲降低、滑精、阳痿等疾病；母畜在怀孕期间若出现胎动不安的征兆，即表现不安、腹痛起卧频繁、阴门流出分泌物，而导致流产和早产的发生；经产母猪或高产奶牛，常发生产后瘫痪；此外，母畜在妊娠期间，药物对其妊娠和胎儿的不良影响也应引起高度重视。因此，询问患畜配种及胎前产后情况，对临床诊断疾病有一定的指导意义。

第四节 切 诊

切诊，是检查者依靠手指的感觉，对家畜机体一定部位进行切、按、触、叩，以获得辨证资料的一种诊断方法。切诊是我国兽医学中诊断疾病的重要方法之一，可以帮助分析辨别疾病的部位，识别病性的寒热、虚实、真伪，判断疾病的预后等，以作为诊断疾病的主要依据。切诊分为脉诊和触诊两个部分。

一、脉诊

脉诊也称切诊，是用手指切按患畜一定脉象变化来诊断疾病的一种方法。脉象和口色一样，也是畜体气血反映于外的一种征象，而气血又是脏腑活动的物质基础和功能表现。因此，五脏六腑和畜体各器官组织的状况，都能不同程度地由脉象反映出来。正如《内经》中所说："能合色脉，可以万全。"

（一）切脉的部位

因动物种类不同，切脉的部位也不同。各种家畜常用的部位是：马切双凫脉（颈静脉沟下1/3）或颌外动脉（下颌支血管切迹处）；牛切尾动脉；猪、羊、犬可切股内动脉。

（二）切脉的方法

马传统上切双凫脉，但目前多切颌外动脉。切诊马颌外动脉时，诊者站在动物侧方，一手抓住笼头，另一手的食指、中指、无名指，放置在适当的位置上，然后采取不同的指力进行触压，以感受脉象的变化。

切诊牛尾动脉时，诊者站在病畜后方，左手将尾略向上举，右手食指、中指和无名布按于尾根腹面正中切脉，拇指置于尾根背面以固定。

切诊猪、羊、犬股内动脉时，诊者蹲于病畜侧面，手指沿腹壁由前到后慢慢伸入股内，摸到动脉即可诊察。

切脉时，常用浮取、中取和沉取三种指力，即：轻用力，按于皮肤，名浮取（举）；中度用力，按于肌肉，名中取（寻）；重用力，按于筋骨，名沉取（按）。

浮、中、沉三种指力可反复运用。此外，诊者还要感觉脉搏幅度大小、流利程度、快慢程度等，对脉象作出一个完整的诊断。

（三）脉象

脉象，就是脉搏应指的形象。是由动脉搏动显现部位的深浅、速率的快慢、搏动的强度、脉跳的节律及形态等方面组成。一般来说，脉象可分为正常脉象、病理脉象和病危脉象，也称为平脉、反脉和易脉。

1. 正常脉象

家畜的正常脉象是：三部三关有脉，不浮不沉，不快不慢，不大不小，和缓有力，节律均匀。这是健康家畜的脉象，也称平脉。一般马一息（一吸一呼为"一息"）3～4 至，牛一息 4～5 至，猪、羊一息 5～6 至。

由于受季节气候，以及家畜年龄、体质等因素的影响，脉象也可能随之发生某些变化。如春脉稍弦、夏脉稍洪、秋脉稍浮、冬脉稍沉，即所谓"春弦、夏洪、秋毛、冬石"；幼畜脉搏多偏数；老弱家畜脉多偏虚；强壮家畜脉较有力；体瘦家畜脉多浮；膘肥家畜脉多沉。正常脉象一定范围内的变化，属于正常现象，仍为平脉，不要与反脉混淆。

2. 病理脉象

病理脉象即有病之脉，又称反脉。前人对反脉进行了多种归类和描述，这里根据一般临诊需要，仅介绍临床上常见的几种病理脉象。以部位的深浅来区分，分为浮脉和沉脉；以脉跳的速率来区分，分为迟脉和数脉；以搏动的强度来区分，分为虚脉和实脉。

（1）浮脉

① 脉象：脉搏浅表，轻按即得脉感，重按脉动不足。

② 主症：主表证。浮而有力为表实证，浮而无力为表虚证，见于感冒、急性温热病的初期。若脉浮大无力，按之中空，见于动物大失血。

③ 脉解：外邪侵袭体表，卫阳抵抗而鼓动于外，故显浮脉。

（2）沉脉

① 脉象：脉搏深沉，轻按不显脉感，重按才能摸清。

② 主症：主里证。沉而有力为里实证，沉而无力为里虚证，见于肠黄、食滞等慢性内伤性疾病。

③ 脉解：邪郁于里，气血内滞，正邪相争在里，故显沉脉。

（3）迟脉

① 脉象：脉搏迟慢，马一息少于 3 至，牛一息少于 4 至，猪、羊一息少于 5 至。

② 主症：主寒证。迟而有力为实寒证，迟而无力为虚寒证，见于寒性腹痛、腹泻、阴黄等。

③ 脉解：寒为阴邪，其性凝滞，易致气滞血瘀，气血不畅，故显迟脉。

（4）数脉

① 脉象：脉搏急促，马一息 4 至以上，牛一息 5 至以上，猪、羊一息 7 至以上。

② 主症：主热证。数而有力为实热证，迟而无力为虚热证，见于热性疾病或阴虚火盛。

③ 脉解：热为阳邪，其性亢盛，鼓动气血，脉行加速，故显数脉。

（5）虚脉

① 脉象：浮、中、沉取时，脉动无力，按之虚软。

② 主症：主虚证。多为气血两虚，见于久病、重病所致的脏腑气血虚弱证。

③ 脉解：气不足无以运其血，则脉来无力，血不足无以充其脉，则按之空虚，故显虚脉。

（6）实脉

① 脉象：浮、中、沉取时，脉动有力，按之实满。

② 主症：主实证。多为新病正气尚强、邪气亢盛，见于高热、便秘等症。
③ 脉解：邪盛而正不虚，邪正相搏，脉管实满而有力，故显实脉。

3. 病危脉象

病危脉象是家畜疾病危重期出现的一种脉象，为四时变易之脉，也称易脉、怪脉、绝脉。脉象一般表现为脉形大小不等，快慢不一，节律紊乱，杂乱无章，皆为危亡之绝脉。常见的病危脉象有以下几种。

（1）屋漏脉　脉来不相接续，时久跳一次，跳时无力，如屋漏水，呈十断九绝，半晌一滴。

（2）雀啄脉　脉来甚数而急，连连凑指，来三四次又停一次，少息后复来，过而散乱，如雀啄食之状。

（3）虾游脉　脉如虾游水面，时而杳然不见，时而突然跃出，忽而又隐而不见。

（4）鱼翔脉　脉在皮肤，头定而尾摇，似有似无如鱼在水中游动。

（5）解索脉　脉来动数，散乱无序，如解乱绳之状。

（6）弹石脉　脉在筋肉间，凑指促而坚硬，如指弹石。

（7）釜沸脉　脉状有出无入，浮而无根，如汤涌沸。

切脉是中兽医诊法中的一项特长，具有一定的临证意义，值得很好的学习和研究。正如《内经》所说："微妙在脉，不可不察。"但切脉必须与其他诊法结合起来，才能全面地考察病情，作出正确的判断。

二、触诊

触诊是检查者用手对家畜机体一定部位进行触摸按压，以探察冷热温凉、软硬虚实、局部形态及疼痛感觉等方面的变化，获得有关病情资料的一种诊断方法。

（一）触温度

畜体温度的变化，是发病的主要标志，因此，触诊时应首先触测畜体的温度变化。一般情况下，健康家畜的体温是比较恒定的。现在，经常用体温计测定直肠温度，而且比较准确。各种畜禽的正常体温（℃）如下。

马：37.5～38.5℃；牛：37.5～39.5℃；猪：38.0～39.5℃；羊：38～39.5℃；犬：37.5～39.0℃；猫：38.0～39.5℃；鸡：40.0～42.0℃；兔：38～39.5℃。

触诊家畜温度时，一般从口温度、鼻温度、耳温度、角温度、皮温度和四肢温度等方面进行检查。

1. 口温度

健康家畜口腔温和而湿润。若口温度低，口腔滑利，多为阳虚寒湿证；若口温度低，并伴有口津干燥，多为气血虚弱证；若口温度高，口津黏滑，多为湿热证；若口温度高，并伴有口津干燥，多为实热证。

2. 鼻温度

健康家畜鼻头温和湿润，呼气均匀和缓。若鼻头热，呼出气热者，多属热证；若反刍动物鼻镜干燥、龟裂，多属热证；若鼻冷气凉，多属寒证。

3. 耳温度

健康家畜耳尖部较凉，耳根部较温。若耳尖、耳根均热，多属热证；若耳尖、耳根均凉，多属寒证；若耳尖时冷时热，多属风寒犯表；若耳尖、耳根均冰冷，多属阳气败绝，病证危重。

4. 角温度

健康牛、羊角尖凉，角根温热。检查时，诊者四指并拢，小指靠近角根部，用手握角。角温高，多属热证；角温低，多属寒证；角冰冷，多属重症。

5. 体表温度

健康家畜体表不热不凉，温湿无汗。若体表灼热，皮温增高，多属阳气亢盛，见于热证；若体表寒冷，皮温降低，多属阳气不足，气血虚弱；若皮温不整，多属外感风寒、热证初期。

6. 四肢温度

一般情况下，四肢温度比躯体温度略低。若四肢发热，直至蹄部，表示里热炽盛，多属热证；若四肢发凉，表示气血不足，多属阴寒过盛之证；若四肢冰冷，多属危重之证。

（二）触肿痛

肿痛是家畜受各种因素的影响，使气、血、津液瘀滞，引起局部肿胀疼痛的一种症状。

触诊肿胀部位时，主要从肿胀的性质、形状、大小及敏感度等方面进行检查。若肿胀坚硬如石，多为骨肿；若肿胀柔软而有弹性，多为脓肿或血肿；若按压肿胀如面团样，多为水肿；若按压肿胀柔软而有捻发音，多为气肿。

（三）触咽喉及槽口

触诊咽喉，主要应注意有无温热、痛病、肿胀等异常变化。咽喉触诊敏感者，多属颡黄；喉部敏感，触诊咳嗽者，多为肺经病。

触诊槽口多用于马属动物。健康马槽口清利，皮肤柔软松弛而有弹性。当患有槽结或肺败，触诊时有肿胀疙瘩，甚至肿满槽口，并有热痛表现。

（四）触胸腹

触诊胸部时，要密切关注病畜的疼痛表现；触诊腹部时，主要感觉腹内的虚实，从而为临床诊断提供参考依据。

若叩击两侧胸壁时，病畜躲闪，多为胸壁内疼痛，见于肺痈；若触压牛的剑状软骨处，有疼痛躲避表现时，多为胃内异物刺伤胃壁，见于创伤性心包炎。

若按压腹部，腹内充满而坚实，多为食滞胃肠；若应胀如鼓，按之有弹性，多为气性腹胀；若压之有波动感，摇晃时听到流水音，多为腹腔积液；若触压腹壁紧张，并有躲闪表现，见于腹膜炎、胃肠破裂等症；若触诊牛的左肷窝，瘤胃出现蠕动减弱，多为脾胃功能降低或瘤胃积滞。

（五）触腹内

触诊腹内主要采取直肠检查的方法。直肠检查，又称谷道入手，就是手从肛门伸入直肠内按摸探寻的一种诊断方法，主要适用于马、牛等大家畜。尤其对于马、骡的结症，是一种传统的诊断和治疗技术，直到现在，仍具有很重要的临证意义。

1. 直肠检查的过程

检查前，待检家畜要妥善保定；诊者指甲剪短、磨光，手臂洗净后涂抹润滑剂；入手前，用适量的温水灌肠，并尽可能排除一切有碍检查的因素。如腹胀者，应先穿刺放气；腹痛者应先止痛；心力衰竭者应先强心。

检查时，诊者站于家畜的左后方，右手五指并拢成圆锥形，缓慢旋转插入肛门。如遇宿粪应纳手心后取出；如家畜努责或骚动不安，应暂停入手，待安静后继续伸入。当手到达玉女关后，入手要小心谨慎，在探索肠腔方向的同时，用手臂轻压肛门，诱使家畜做排粪动作，使肠管逐渐套于手上。通过玉女关后，诊者即可进行检查，但切忌手指叉开盲目触压，以免损伤直肠。检查完毕后，将手缓慢退出。

2. 直肠检查的顺序

在直肠检查过程中，诊者应按照一定的顺序进行。

（1）牛　直肠→子宫→卵巢→膀胱→盲肠→结肠圆盘→瘤胃→左肾→腹主动脉→子宫动脉

（2）马　直肠→膀胱→结肠→左右侧大结肠→腹主动脉→脾脏→前肠系膜根→胃→胃状膨大部→盲肠。

直肠检查可以诊断结症、骨盆和腰椎骨折、肾脏及膀胱疾病、子宫及卵巢疾病等，同时还能够检查母畜怀孕、妊娠情况等，是中兽医独具特色的临床诊断方法和手段。

【目标检测】

1. 什么是"四诊合参"？并说明其临床意义。
2. 简述察口色的部位及方法。
3. 检查者应从哪些方面进行问诊？
4. 如何正确进行各种动物的切诊？
5. 如何辨别家畜的健康口色及有病口色？

【实训九】 问诊与望诊

【实训目的】 通过实训学会问诊与望诊的基本操作技能。

【实训材料】 病畜或实习动物4头（匹），动物保定栏4个，保定绳索4套，工作服每人1件，技能单及笔记本每人各1份。

【内容方法】

（一）问诊

一般情况下，问诊时应先问清畜主姓名、住址，动物类别、年龄、性别、毛色、品种及用途。初步了解后，进一步询问发病及诊疗经过、饲养管理、使役情况、既往病史、防疫情况及繁殖配种情况，并做好问诊记录。

（二）望诊

望诊时应先望整体，后看局部，依次进行。望整体应包括精神、形态及皮毛；望局部包括眼、耳、鼻、口唇、饮食、呼吸、躯干、四肢、二阴及粪尿。特别是察口色，应注意观察口腔各个有关部位，特别应注意舌的色泽、舌苔、口津、舌形等方面的变化。

【注意事项】

1. 问诊应做到有的放矢，准确恰当，简要无遗。
2. 问诊时对畜主态度和蔼，语言通俗易懂，抓住畜主陈述的主要问题，尽可能全面而准确地收集和分析临诊资料。
3. 望诊时，对于就诊的患畜，应让其休息片刻，待体态自然后，诊者再进行临床检查。
4. 察口色时，动作应尽可能轻柔，并按照舌苔→舌质→卧蚕的顺序检查，观察各处的色泽及润燥情况。此外，还应注意物理、化学、药物、季节、年龄、体质等因素对口色的影响。

【实训报告】 整理问诊与望诊所得资料，详细记入病历，并对动物的口色及其主病作出正确的分析。

【实训十】 闻诊与切诊

【实训目的】 通过实训学会闻诊与切诊的基本操作技能。

【实训材料】 病畜或实习动物4头（匹），动物保定栏4个，保定绳索4套，听诊器4具，体温计4支，工作服每人1件，技能单及笔记本每人各1份。

【内容方法】

（一）闻诊

闻诊包括听声音和嗅气味两个方面内容。听声音时，主要听取患畜的叫声、呼吸、咳嗽、咀嚼、胃肠蠕动等声音。嗅气味主要辨别患畜的口腔、鼻腔、粪尿、脓汁等气味的异常。

（二）切诊

切诊分为切脉和触诊两个部分。

1. 切脉

切诊马颌外动脉时，诊者站在动物侧方，一手抓住笼头，另一手的食指、中指、无名指，放置在适当的位置上，然后采取不同的指力进行触压，以感受脉象的变化。

切诊牛尾动脉时，诊者站在病畜后方，左手将尾略向上举，右手食指、中指和无名指布按于尾根腹面正中切脉，拇指置于尾根背面帮助固定。

切诊猪、羊、犬股内动脉时，诊者蹲于病畜侧面，手指沿腹壁由前到后慢慢伸入股内，摸到动脉即可诊察。

2. 触诊

触诊主要对患畜的温度、肿痛、咽喉、槽口、胸腹、腹内等方面进行检查，一般触温度时应从口温度、鼻温度、耳温度、角温度、皮温度及四肢温度等方面进行；触诊腹内部应采取直肠谷道入手，即直肠检查的方法操作。

【注意事项】

1. 听声音时，周围环境一定要保持安静，听内脏音时，可以借助听诊器进行。
2. 嗅气味时，要靠近病变部位，或用棉签蘸取分泌物或排泄物，或用手煽动着嗅气味。
3. 切脉时间一般不少于3min，操作过程中，要保持一个安静的内外环境，并使患畜保持站立的姿势。诊者应细心体察轻、中、沉取三种指力下的脉搏形象。

【实训报告】 整理闻诊与切诊所得资料，详细记入病历，并对动物的脉象及其主病作出正确的分析。

第十章 辨证论治

【学习目标】
1. 理解辨证论治的基本原理。
2. 重点掌握八纲辨证、脏腑辨证的基本方法，了解气血津液辨证、卫气营血辨证、六经辨证的基本知识。
3. 初步学会在四诊的基础上，能将一系列所收集到的症状加以综合分析、归纳，正确地辨明疾病的部位、性质，并确定适宜的治则及方药。

辨证是以中兽医学理论为指导，对四诊所搜集的临床症状和检验指标进行综合分析与归纳，辨别疾病发生的原因、性质、部位、变化趋势及正邪消长，从而建立病证诊断的过程。

中兽医的辨证方法很多，有八纲辨证、脏腑辨证和卫气营血辨证等。其中八纲辨证是概括性的辨证纲领，是从各种辨证方法的个性中概括出来的共性；脏腑辨证是以脏腑理论为基础的，多用于内伤杂病；卫气营血辨证是针对外感热病的辨证方法。它们虽各有特点和应用范围，但又是互相联系、一脉相承的。相比之下，八纲辨证和脏腑辨证较为重要。

第一节 八纲辨证

八纲，即表、里、寒、热、虚、实、阴、阳八种证候类型。将四诊所获得的各种病情资料进行分析综合并归纳为这八种具有普遍性的证候类型，用以说明病变部位、疾病性质、正邪力量对比，以及疾病类型的辨证方法，就称为八纲辨证。

疾病的表现尽管极其复杂，但基本上都可用八纲加以归纳。表里辨病位的深浅，寒热辨疾病的性质，虚实辨正邪的盛衰，阴阳则概括疾病的类别，将表、热、实证归类为阳，里、寒、虚证归类为阴，所以阴阳又是八纲中的总纲，是分析疾病共性的辨证方法。

一、表里

表里是辨别疾病病位深浅、病情轻重及病势进退的两个纲领。一般来说，病邪侵犯肌表而病位浅者属表，病在脏腑而病位深者为里。表里辨证要点见表10-1。

表10-1 表里辨证要点

证候	寒 热	舌苔	脉象	治疗
表	发热、恶寒并见	薄	浮	解表
里	无发热、恶寒并见症状，但热不寒，或但寒不热	厚	沉	治里

注：此表引自戴永海，王自然. 中兽医基础.

（一）表证

《元亨疗马集·八证论》说："夫表者，一身之外也，皮肤为表，六腑亦然。"表证病位在肌表，病变较浅，多由皮毛受邪所引起。表证的一般症状表现是以发热、恶寒（被毛逆立、寒战）、舌苔薄白及脉浮紧等症状为主，并常伴有肢体疼痛、咳嗽、鼻流清涕等。表证的治疗宜采用汗法，又称解表法，根据寒热轻重的不同，或辛温解表，或辛凉解表。

根据感受病邪的不同和机体抵抗力的差异，表证可分为表寒、表热、表虚、表实四种类型。

1. 表寒

症见恶寒重，发热轻，无汗，不渴，口色青白，舌苔薄白，脉浮紧等。治宜辛温解表，方用荆防败毒散（荆芥、防风、羌活、独活、柴胡、前胡、桔梗、枳壳、茯苓、甘草、川芎，《摄生众妙方》）加减。

2. 表热

症见发热重，恶寒轻，耳鼻微温，或有微汗，口渴，舌微红，苔薄白或微黄，脉浮数等。治宜辛凉解表，方用银翘散（金银花、连翘、淡豆豉、桔梗、荆芥、淡竹叶、薄荷、牛蒡子、芦根、甘草，《温病条辨》）加减。

3. 表虚

症以自汗或汗出而恶风（遇风则抖），脉浮缓无力为特征。治宜调和营卫、益气固表，方用桂枝汤（桂枝、白芍、炙甘草、生姜、大枣，《伤寒论》）加减。

4. 表实

症以发热恶寒较重，无汗，脉象浮紧或浮数而有力为特征。治宜发汗解表，方用麻黄汤（麻黄、桂枝、杏仁、炙甘草，《伤寒论》）加减。

（二）里证

《元亨疗马集·八证论》中说："夫里者，一身之内也，诸内为里，五脏亦然。"相对表证而言，里证病位在脏腑，病变较深。里证的治疗不能一概而论，需根据病证的寒热虚实，分别采用温、清、补、消、泻诸法。

1. 里寒

症见形寒肢冷，耳鼻俱凉，不渴，尿清长，粪稀溏，口色青白或青黄，口津滑利，苔薄白，脉沉迟。治宜温里散寒。

2. 里热

症见发热，耳鼻四肢俱温，口渴，尿短赤，粪便干燥或腐腻腥臭，口色鲜红、深红或赤紫，舌苔干黄，脉洪数。治宜清热泻火解毒。

3. 里虚

症见毛焦体瘦，头低耳聋，精神倦怠，卧多立少，口色淡白，无苔，舌质如绵，脉沉无力。治宜补虚。

4. 里实

症见肚腹胀满，腹痛起卧，呼吸气粗，粪便秘结，尿淋涩不通，口色红燥，舌苔黄厚，脉沉有力。治宜攻下。

（三）表证与里证的关系

1. 表里转化

包括表邪入里和里邪出表两个方面。

（1）表邪入里　表邪不解，内传入里，由表证转化为里证。如温病初期，多为表热证，若失治、误治，则表热症状消失，出现高热、粪干、尿短赤、舌红苔黄、脉洪数等里热症状，说明病邪已经由表入里，转化成了里热证。

（2）里邪出表　病邪从里透达于外，由肌表而出，里证便转化为表证。如某些痘疹类疾病，先有内热、喘促、烦躁等症，继而痘疹渐出，热退喘平，便是里邪出表的表现。

表里转化，反映了疾病发展的趋势。表邪入里表示病势加重，里邪出表反映病势减轻。

2. 表里同病

指表证和里证同时在同一个病畜体上出现。引起表里同病的原因，一是外感和内伤同时致病，二是外感表证未解病邪入里；三是先有内伤而又感受外邪，或先有外感，又伤饮食等。表里同病，往往与寒热、虚实互见，常见的有表里俱寒、表里俱热、表寒里热、表热里寒、表里俱实、表里俱虚、表虚里实、表实里虚等，临床上需要仔细辨别。

表里同病的治疗原则，一般是先解表后攻里或表里同治；如果里证紧急，也可先攻里后解表。

二、寒热

寒热是辨别疾病性质的一对纲领，即阴阳偏盛偏衰的具体表现。一般来说，寒证是感受寒邪或机体功能活动衰退所表现的证候，即所谓"阴盛则寒"、"阳虚则外寒"；热证是感受热邪或机体功能活动亢盛所反映的证候，即所谓"阳盛则热"，"阴虚则内热"。寒热辨证要点见表10-2。

表10-2 寒热辨证要点

证候	寒热	口渴	四肢	粪便	尿液	口色	舌苔	脉象
寒	畏寒喜热	不渴	冷	稀溏	清长	清白	白润	迟
热	恶热喜寒	渴饮	热	便秘	短赤	赤红	干黄	数

注：此表引自戴永海，王自然. 中兽医基础。

（一）寒证

《元亨疗马集·八证论》中说："夫寒者，冷也，阴胜其阳也。"引起寒证的病因，一是外感风寒，或内伤阴冷；二是内伤久病，阳气耗伤，或在内伤阳气的同时，又感受了阴寒邪气。

寒证的一般症状是畏寒喜暖，肢冷蜷卧，涕涎清稀，口不渴，粪便稀溏，尿液清长，口色淡白或青白，舌苔白而滑润，脉迟或紧。"寒者热之"，故治疗寒证宜采用温法，根据病情，或辛温解表，或温中散寒，或温肾壮阳。

1. 实寒证

症见耳鼻俱凉、四肢厥冷、肠鸣腹痛起卧、脉沉迟、口色青白等一系列寒的证候。表寒证和里寒证俱属实寒证，已在表里证中介绍，在此不再重复。

2. 虚寒证

症见形寒肢冷、多卧少立、慢草不食、肠鸣泄泻、完谷不化或见浮肿、尿清、口色淡白或青白、舌苔薄白或无苔、脉沉迟等一系列虚寒证候。治宜温补。

（二）热证

《元亨疗马集·八证论》说："夫热者，暑也，阳胜其阴也。"引起热证的病因也主要有两个方面：一是外感风热，或内伤火毒；二是久病阴虚，或在阴虚的同时，又感受热邪。由阳盛所致的热证为实热证，由阴虚所致的热证为虚热证。

热证的一般症状表现是发热喜凉，口渴喜冷饮，躁扰不安，粪便秘结，尿液短赤，口色赤红，苔黄干燥，脉数。有时还有目赤、气促喘粗、贪饮、恶热等症状。"热者寒之"，故治疗热证宜用清法，根据病情，或辛凉解表，或清热泻火，或壮水滋阴。

1. 实热证

症见发热、耳鼻温热、呼吸迫促、粪便干燥、尿液赤黄、口干舌燥、舌苔干黄、脉象洪数等一派阳盛证候。表热证和里热证均属实热，在表里证中介绍，在此不再重复。

2. 虚热证

症见精神倦怠、耳聋头低、低热不退、或午后发热、粪干、尿少而黄、口色淡红微燥、少苔、脉象细数等一派阴虚的证候。治宜养阴清热。

（三）寒证与热证的关系

1. 寒热转化

寒热转化指在一定的条件下，寒证可以转化为热证，热证也可以转化为寒证。

（1）寒证转为热证　疾病本为寒证，后出现热证，随热证的出现而寒证消失。如外感风寒，出现恶寒重、发热轻、苔薄白、脉浮紧的表寒证；若误治、失治，致使寒邪入里化热，则出现不恶寒、反恶热、口渴贪饮、舌红苔黄、脉数的里热证，这就是由寒证转化为热证的证候。

（2）热证转为寒证 疾病原属热证，后出现寒证，随寒证的出现而热证消失。如高热病畜，因大汗不止，阳从汗泄；或吐泻过度，阳随津脱，最后出现体温降低、四肢厥冷、脉微欲绝的虚寒证，这便是由热证转化为寒证的证候。

寒证、热证的互相转化，反映着邪正盛衰的情况。由寒证转化为热证，表示机体正气尚盛；由热证转化为寒证，则代表机体邪盛正虚，正不胜邪。

2. 寒热错杂

寒热错杂指在同一患畜身上，既有寒证，又有热证，寒证和热证同时存在的情况。常见的寒热错杂证有以下两种。

（1）单纯里证的寒热错杂 有上寒下热和上热下寒两种。

① 上寒下热：指患畜的上部有寒证表现，而下部有热证表现。如寒在胃而热在膀胱的证候，患畜上部有胃脘冷痛、草料迟细的寒象，下部又有小便短赤、尿频尿痛的热象。

② 上热下寒：指患畜的上部有热证表现，而下部有寒证表现。如热在心经而寒在胃肠的证候，上部有口舌生疮、牙龈溃烂的热象，下部又有腹痛起卧、粪便稀薄的寒象。

（2）表里同病的寒热错杂 有表寒里热和表热里寒两种证型。

① 表寒里热：常见于先有内热，又外感风寒；或外感风寒，外邪入里化热而表寒未解的病证。例如，寒在表、热在里的证候，既有发热、恶寒、被毛逆立的表寒症状，又有气喘、口渴、舌红，苔黄的里热症状。

② 表热里寒：多见于素有里寒而复感风热；或表热证未解，误用下法而致脾胃阳气损伤的病证。例如，患畜平素就有草料迟细、口流清涎、粪便稀薄的里寒症状，若外感风热则又可见发热、咽喉肿痛、咳嗽等表热症状。

3. 寒热真假

在疾病的发展过程中，特别是在病情危重阶段，有时会出现一些与疾病本质相反的假象。这种外部症状表现与疾病本质不一致的现象，叫做"寒热真假"。

（1）真热假寒 即内有真热而外见假寒的证候。临床多表现为四肢冰冷，苔黑，脉沉，似属寒证，但体温极高，苔既黑而干燥，脉虽沉按之却数而有力，更见口渴贪饮、口臭、尿短赤、粪燥结、舌色深红等内热之象。这种情况下，四肢冰冷、苔黑、脉沉就是假寒现象，而内热才是疾病的本质。此为内热过盛，阴阳之气不相顺接，阳热郁闭于内，不能布达于四肢下部而形成的阳盛于内、拒阴于外的阴阳格拒现象。

（2）真寒假热 即内有真寒而外见假热的证候。临床常表现为体表发热，苔黑，脉大，似属热证，但体表虽热而不烫手，苔虽黑却湿润滑利，脉虽大却按之无力，更有小便清长、大便稀薄等一派内寒之象。这种情况下，体表发热、苔黑、脉大就是假热的现象，而内寒才是疾病的本质。此为阴盛于内、逼阳于外所形成的阴阳格拒现象。

从以上分析可知，所谓寒热真假，就是由于寒热格拒所致的疾病现象和本质不符的情况。"真"是疾病的本质，"假"则是疾病的现象。诊断时，应抓住本质，不要为假象迷惑。

三、虚实

虚实是辨别邪正盛衰的一对纲领。虚指正气不足，实指邪气旺盛。虚实既不对立，也不相互排斥，而是相互联系，互为因果的。体质虚弱，邪气亦不盛，出现生理功能及抗病力衰退的多属虚证；邪气旺盛，正气也不虚，出现生理功能亢盛的多属实证。若体虚邪实，则会出现虚实错杂的证候。一般而言，虚证是正气不足的证候，而实证则是邪气亢盛有余的证候。故《素问·通评虚实论》说："邪气盛则实，精气夺则虚。"虚实辨证要点见表10-3。

（一）虚证

《元亨疗马集·八证论》中说："夫虚者，劳伤之过也，真气不守，卫气散乱也。"故虚证是

表 10-3 虚实辨证要点

证候	病程	体质	精神	动态	声音	胸腹	口色	脉象
虚	长	弱	萎靡	多卧喜静	低微	不胀不痛	舌质嫩,苔少或无	无力
实	短	壮	躁动	不卧喜动	高粗	胀满疼痛	舌质苍老,苔厚腻	有力

注：此表引自戴永海，王自然. 中兽医基础。

对机体正气虚弱所出现的各种证候的概括。虚证的原因主要是劳役过度，或饮喂不足，或老弱体虚，大病、久病之后，或病中失治、误治等，均可使畜体的阴精、阳气受损而致虚。此外，先天不足的动物，其体质也较虚。

虚证的一般症状表现是精神不振，倦怠乏力，心悸气短，形寒肢冷，自汗，粪便滑泻，尿液失禁，舌淡胖嫩，脉虚沉迟；或身瘦体弱，低热或潮热，口咽干燥，盗汗，舌红少苔，脉细数。

在临证中，常将虚证分为气虚、血虚、阴虚、阳虚等类型。"虚则补之"。故治疗虚证时宜采用补法，或补气，或补血，或气血双补；或滋阴，或助阳，或阴阳并济。

虚证有表虚、里虚之分（见表里证），里虚又有阴虚、阳虚、气虚及血虚等不同，各有其证候特点。阴虚（虚热）和阳虚（虚寒）已于寒热证中论述，在此仅介绍气虚、血虚。

1. 气虚证

症见精神不振，毛焦体瘦，四肢无力，耳聋头低，多汗自汗，口色淡白，舌无苔，脉象虚大无力，或兼见呼吸气短，动则气喘，久咳；或兼见草料迟细，粪稀或完谷不化；或兼见子宫、阴道、直肠脱出；或兼见小便淋漓失禁，滑精早泄等。治宜补气为主，着重补脾肺。

2. 血虚证

症见毛焦体瘦，精神沉郁，多卧少立，口色苍白，脉象细而无力，或兼见神志痴呆，或兼见易惊不安等。治宜补血养血为主，配合健脾补气。

（二）**实证**

《元亨疗马集·八证论》中说："夫实者，结实之谓也，停而不动，止而不行也。"这里指的是病邪结聚和停滞，是比较狭义的实证。广义来讲，凡邪气亢盛而正气未衰，正邪斗争比较激烈而反映出来的亢奋证候，均属于实证。引起实证的原因有两个方面：一是感受外邪；二是内脏功能活动失调，代谢障碍，以致痰饮、水湿、瘀血等病理产物停留体内。

实证的具体症状表现因病位和病性等而不同。但就一般症状而言，常见发热、肚腹胀痛、躁动不安，或神志昏迷、呼吸气粗、粪便秘结，或病下赤白、里急后重、排尿不利、淋沥涩痛，或舌质苍老、舌苔黄腻、脉实有力。"实则泻之"，故治疗实证宜采用泻法，除攻里泻下之外，还包括活血化瘀、软坚散结、涤痰逐饮、平喘降逆、理气消导等法。

如某一局部的气停滞不行则为气滞，血停滞不行则为血瘀，津液停滞不行则为水湿或痰饮。水湿或痰饮内容参考病因病机章节，这里只介绍气滞与血瘀。

1. 气滞

由于病邪侵入机体，阻碍气机通畅时，引起气郁气滞等胀满证候。气滞的主要特点为胀满，治宜行气理气。

2. 血瘀

血瘀乃血液运行受阻，瘀滞不畅。多因气虚或气滞而运行不畅，或因外伤及病邪所阻。血瘀的特点为局部疼痛，刺痛拒按，部位固定，或见皮肤紫斑或皮下血肿，舌质紫暗或有紫斑或瘀点。治宜活血、散瘀、理气。

（三）**虚证与实证的关系**

1. 虚实转化

疾病的过程就是正邪斗争的过程，正邪斗争在证候上的反映，主要表现为虚实转化。

（1）实证转为虚证　指先有实证，后出现虚证，随虚证的出现而实证消失。多因误治、失治，损伤津液、正气而致。例如，患便秘或结症的动物，本为实证，若因治疗不当或泻下峻猛，则会发生结症去后而泄泻不止，继而出现体瘦毛焦、倦怠喜卧、口色淡白、舌体如绵、脉细而无力的现象，这便是由原来的实证转化为了虚证。

（2）虚证转为实证 先有虚证，后出现实证，随实证的出现虚证消失。例如，外感风寒表虚证，可以转化为汗出而喘的肺热实证。

临床上由虚转实者比较少见，较多见的是先有虚证，后出现虚实错杂证。例如，患畜先有脾胃虚弱，此时又过食不易消化的草料，则可出现草料停滞胃肠、肚腹胀满，以及向纵深发展而形成结症，这便是虚中挟实证。

2. 虚实错杂

虚实错杂是一个患畜身上同时存在着虚证与实证两种证候。一般来说，虚实错杂的产生，有以下三个方面的原因：一是体虚感受外邪，如素体气虚，复感风寒外邪；二是邪气亢盛，损伤机体正气，如结症日久不除，耗伤正气；三是脏腑功能虚衰，使病理产物留聚体内，如肾虚水泛。

虚实错杂的证候，由于在虚实程度及病情的轻重缓急方面不同，所以在治疗上要分清主次和轻重缓急，采取或先补后攻、或先攻后补、抑或攻补兼施的方法进行治疗。

（1）虚中挟实 是以正虚为主，兼有邪实的证候。例如，肾主水，肾虚而水泛，水泛则生痰，痰生则上渍于肺，故临床上除有耳鼻四肢俱冷、动则气喘等肾虚的表现外，还有痰鸣、呼吸困难等痰实的症状，这就是虚中挟实之证。

（2）实中挟虚 是以邪实为主，兼有正虚的证候。例如，动物因暴饮暴食，或草料突然更换而发生结症，若日久不除，脾胃损伤加剧，运化功能下降，气血生化不足，临床上除有粪便不通、肚腹胀满疼痛、起卧打滚等结实的表现外，还有因久病而出现的体瘦毛焦、痿弱无力等脾虚的症状，这便是实中挟虚证。

（3）虚实并重 是正虚与邪实均十分明显的证候，多由以下两种情况引起：一是原为严重的实证，日久则正气大伤，而实邪未减；二是原来正气就虚，又感受了较重的邪气。

3. 虚实真假

虚实真假指疾病发展到严重阶段时，动物所表现出的症状与疾病本质不相符的情况，主要有真实假虚和真虚假实两种。

（1）真实假虚 是本质为实，现象似虚的证候。例如，伤食患畜常表现为精神倦怠、食欲减退、泄泻等，似属脾虚泄泻，但强迫其运动过后，精神反而好转，按摩腹部疼痛剧烈，或拒按。泄泻是虚象，但此畜泄后反而精神好了许多，说明其体内有实的地方，而且实是疾病的本质，虚象是一些迷惑人的假象。

（2）真虚假实 是本质为虚，现象似实的证候。例如，脾虚患畜，往往出现间歇性的肚胀，似属实证，但按之不拒，且形体消瘦，口色、脉象一派虚象，实为脾虚，肚胀乃运化失职所致。

辨别虚实真假，一般应从脉象有力无力、舌质的胖嫩与苍老、叫声的低微与洪亮、体质的虚弱与强壮、病的久新等方面进行综合分析。

四、阴阳

阴阳是概括病证类别的两个纲领。临床上，外感内伤疾病虽然错综复杂，但均可分为阴证和阳证两种。如《类经·阴阳类》指出疾病"必有所本，或本于阴或本于阳，病变虽多，其本则一。"《素问·阴阳应象大论》说："善诊者，察色按脉，先别阴阳。"同时，阴阳又可统括其他六纲而为八纲辨证的总纲，所以八纲又称为二纲六要。由此可见，阴阳是辨证的基本纲领。阴证和阳证鉴别见表10-4。

1. 阴证

症见无热畏寒，四肢厥冷，身瘦乏力，倦怠喜卧，气短声低，下利清谷，尿液清长，口津滑利，或流清涎，舌淡胖嫩，脉沉微或细涩。在外科疮黄方面，凡不红、不热、不痛、脓液稀薄而少臭味者，均系阴证的表现。

表 10-4 阴阳证鉴别要点

四诊	阴 证	阳 证
望	精神萎靡,倦怠无力,舌质淡而胖嫩,舌苔滑润	身热喜凉,躁动不安,唇干鼻燥,舌苔干黄
闻	叫声低微,呼吸气短	叫声高亢,呼吸粗,喘促痰鸣
问	食纳减少,口不渴或喜热饮,粪便稀溏,尿液清长	食减或不食,口干欲饮,粪便干结,尿液短赤
切	身寒肢冷,脉象沉微细涩弱迟无力	身热肢暖,脉象浮洪数大、滑实有力

注：此表引自戴永海，王自然. 中兽医基础。

2. 阳证

症见身热恶热，或发热恶寒，躁动不安，呼吸气粗，口渴欲饮，粪便秘结，尿液短赤，舌质红绛，舌苔干黄，脉浮数或洪大。在外科疮痈方面，凡红、肿、热、痛明显，脓液黏稠发臭者，均系阳证的表现。

3. 亡阴与亡阳

（1）亡阴 是阴液衰竭出现的一系列证候。临床上主要表现为精神兴奋，躁动不安，汗出如油，耳鼻温热，口渴贪饮，气促喘粗，口干舌红，脉数无力或脉大而虚。治宜益气救阴。

（2）亡阳 是阳气将脱所出现的一系列证候。临床上主要表现为精神极度沉郁，或神志呆痴，肌肉颤抖，汗出如水，耳鼻发凉，口不渴，气息微弱，舌淡而润或舌质青紫，脉微欲绝。治宜回阳救逆。

第二节 脏腑辨证

八纲辨证是分析、归纳各种证候的类别、部位、性质、正邪盛衰等关系的纲领。如果要进一步分析疾病的具体病理变化，就必须落实到脏腑上来，用脏腑辨证的方法加以辨别，脏腑辨证是各种辨证方法的基础和核心。脏腑辨证是中兽医辨证方法中一个重要的组成部分。脏腑辨证，是根据脏腑的生理功能、病理变化，对疾病证候进行分析归纳，借以推究病因病机，判断病位、病性和正邪盛衰等状况的一种辨证方法。

脏腑病证是内在脏腑功能失调的反映，由于每一个脏腑的生理功能不同，它所反映出来的病证也就不同，因此根据各脏腑的生理功能来推断病证，是脏腑辨证的基本思路。

一、心与小肠病证

心的生理功能是主血脉，藏神，主汗液，开窍于舌。因此，心的病理变化多为血液运行障碍和精神活动异常。小肠的生理功能是受盛化物，泌别清浊，所以小肠的病理变化多为消化障碍和清浊不分。

（一）**心气虚**

【主症】 心悸，气短乏力，自汗，运动后尤甚，舌淡苔白，脉虚。

【治则】 养心益气，安神定悸。

【方例】 养心汤（党参、黄芪、炙甘草、茯苓、茯神、川芎、当归、柏子仁、酸枣仁、远志、五味子、肉桂，《证治准绳》）加减。

（二）**心阳虚**

【主症】 除心气虚症状外，兼有形寒肢冷，耳鼻四肢不温，舌淡或紫暗，脉细弱或结代。

【治则】 温心阳，安心神。

【方例】 保元汤（党参、黄芪、桂枝、甘草，《博爱心鉴》）加减。

（三）**心血虚**

【主症】 心悸，躁动，易惊，口色淡白，脉细弱。

【治则】 补血养心，镇惊安神。

【方例】 归脾汤（白术、党参、炙黄芪、龙眼肉、酸枣仁、茯神、当归、远志、木香、炙甘草、生姜、大枣，《济生方》）加减。

（四）心阴虚
【主症】 除有心血虚的主症外，尚兼有午后潮热，低热不退，盗汗，舌红少津，脉细数。
【治则】 养心阴，安心神。
【方例】 补心丹（党参、生地黄、玄参、丹参、天冬、麦冬、当归、五味子、茯神、桔梗、远志、酸枣仁、柏子仁、朱砂，《世医得效方》）加减。

（五）心热内盛
【主症】 高热，大汗，精神沉郁，气促喘粗，粪干尿少，口渴，舌红，脉象洪数。
【治则】 清心泻火，养阴安神。
【方例】 香薷散（香薷、黄芩、黄连、甘草、柴胡、当归、连翘、天花粉、栀子，《元亨疗马集》）或白虎汤（石膏、知母、甘草、粳米，《伤寒论》）加减。

（六）痰火扰心
【主症】 发热，气粗，眼急惊狂，蹬槽越桩，狂躁奔走，咬物伤人，以及一些其他兴奋型的表现，苔黄腻，脉滑数。
【治则】 清心祛痰，镇惊安神。
【方例】 镇心散（朱砂、茯神、党参、防风、远志、栀子、郁金、黄芩、黄连、麻黄、甘草，《元亨疗马集》）或朱砂散（朱砂、党参、茯神、黄连，《元亨疗马集》）加减。

（七）痰迷心窍
【主症】 神志痴呆，行如酒醉，或昏迷嗜睡，口流痰涎或喉中痰鸣，苔腻、脉滑。
【治则】 涤痰开窍。
【方例】 寒痰可用导痰汤（胆南星、枳实、陈皮、半夏、茯苓、炙甘草，《济生方》）加减；热痰可用涤痰汤（石菖蒲、半夏、竹茹、陈皮、茯苓、枳实、甘草、党参、胆南星、生姜、大枣，《济生方》）加减。

（八）心火上炎
【主症】 舌尖红，舌体糜烂或溃疡，躁动不安，口渴喜饮，苔黄，脉数。
【治则】 清心泻火。
【方例】 洗心散（见清热方）或泻心汤（大黄、黄连、黄芩，《金匮要略》）加减。

（九）小肠实热
【主症】 小便赤涩，尿道灼痛，尿血，舌红，苔黄，脉数及心火热炽的某些症状。
【治则】 清利小肠。
【方例】 导赤散（生地黄、木通、甘草梢、竹叶，《小儿药证直诀》）加减。

（十）小肠中寒
【主症】 腹痛起卧，肠鸣，粪便稀薄，口内湿滑，口流清涎，口色青白，脉象沉迟。
【治则】 温阳散寒，行气止痛。
【方例】 橘皮散（青皮、陈皮、厚朴、桂心、细辛、茴香、当归、白芷、槟榔，《元亨疗马集》）加减。

二、肝与胆病证

肝的生理功能是藏血，主疏泄，主筋，开窍于目等。肝的病理变化主要反映在肝的疏泄失常、血不归藏、筋脉不利和肝火上炎于目等方面。胆的主要功能是储存和排泄胆汁，促进消化。胆储藏的胆汁来源于肝，其排泄又靠肝的疏泄，故发病上肝胆多同病。

（一）肝火上炎
【主症】 两目红肿，羞明流泪，睛生翳障，视力障碍，或有鼻衄，粪便干燥，尿浓赤黄，口色鲜红，脉象弦数。

【治则】 清肝泻火，明目退翳。

【方例】 决明散（煅石决明、草决明、栀子、大黄、白药子、黄药子、黄芪、黄芩、黄连、没药、郁金，《元亨疗马集》）或龙胆泻肝汤（龙胆、黄芩、栀子、泽泻、木通、车前子、当归、柴胡、甘草、生地黄，《医宗金鉴》）加减。

（二）肝血虚

【主症】 眼干，视力减退，甚至出现夜盲、内障，或倦怠肯卧，蹄壳干枯皲裂，或眩晕，站立不稳，时欲倒地，或见肢体麻木、震颤，四肢拘挛抽搐，口色淡白，脉弦细。

【治则】 滋阴养血，平肝明目。

【方例】 四物汤（熟地黄、白芍、当归、川芎，《太平惠民和剂局方》）加减。

（三）肝风内动

以抽搐、震颤等为主要症状，常见的有肝阳化风、阴虚生风、血虚生风和热极生风四种。

1. 肝阳化风

【主症】 神昏似醉，站立不稳，时欲倒地或头向左或向右盘旋不停，偏头直颈，歪唇斜眼，肢体麻木，拘挛抽搐，舌质红，脉弦数有力。

【治则】 平肝息风。

【方例】 镇肝熄风汤（怀牛膝、生赭石、生龙骨、生牡蛎、生龟甲、生杭芍、玄参、天冬、川楝子、生麦芽、茵陈、甘草，《医学衷中参西录》）加减。

2. 阴虚生风

【主症】 形体消瘦，四肢蠕动，午后潮热，口咽干燥，舌红少津，脉弦细数。

【治则】 滋阴定风。

【方例】 大定风珠（生白芍、阿胶、生龟甲、干地黄、火麻仁、五味子、生牡蛎、麦冬、炙甘草、鸡子黄、鳖甲，《温病条辨》）加减。

3. 血虚生风

【主症】 除血虚所致的眩晕站立不稳、时欲倒地、蹄壳干枯皲裂、口色淡白、脉细之外，尚有肢体麻木、震颤、四肢拘挛抽搐的表现。

【治则】 养血息风。

【方例】 加减复脉汤（炙甘草、生地黄、生白芍、麦冬、阿胶、火麻仁，《温病条辨》）加减。

4. 热极生风

【主症】 高热，四肢痉挛抽搐，项强，甚则角弓反张，神志不清，撞壁冲墙，圆圈运动，舌质红绛，脉弦数。

【治则】 清热，息风，镇痉。

【方例】 羚羊钩藤汤（羚羊片、霜桑叶、川贝母、鲜生地黄、钩藤、菊花、茯神、生白芍、生甘草、竹茹，《通俗伤寒论》）加减。

（四）寒滞肝脉

【主症】 形寒肢冷，耳鼻发凉，外肾硬肿如石如冰，后肢运步困难，口色青，舌苔白滑，脉沉弦。

【治则】 温肝暖经，行气破滞。

【方例】 茴香散（茴香、肉桂、槟榔、白术、巴戟天、当归、牵牛子、藁本、白附子、川楝子、肉豆蔻、荜澄茄、木通，《元亨疗马集》）加减。

（五）肝胆湿热

【主症】 黄疸鲜明如橘色，尿液短赤或黄而浑浊，母畜带下黄臭，外阴瘙痒，公畜睾丸肿胀热痛，阴囊湿疹，舌苔黄腻，脉弦数。

【治则】 清利肝胆湿热。
【方例】 茵陈蒿汤（茵陈蒿、栀子、大黄，《伤寒论》）加减。

(六) 肝胆寒湿
【主症】 黄疸晦暗如烟熏，食少便溏，舌苔滑腻，脉沉迟。
【治则】 祛寒利湿退黄。
【方例】 茵陈四逆汤（茵陈、干姜、附子、甘草，《玉机微义》）加减。

三、脾与胃病证

脾的生理功能为主运化和统血等，脾气主升，喜燥恶湿。脾的病变主要是脾失健运和血失统摄等。胃的生理功能是受纳和腐熟水谷，胃气以降为顺，喜润恶燥。胃的病变主要是和降失常和腐熟受纳无权。

(一) 脾气虚

1. 脾虚不运

【主症】 草料迟细，体瘦毛焦，倦怠肯卧，肚腹虚胀，肢体浮肿，尿短，粪稀，口色淡黄，舌苔白，脉缓弱。
【治则】 益气健脾。
【方例】 参苓白术散（党参、白术、茯苓、炙甘草、山药、扁豆、莲子肉、桔梗、薏苡仁、砂仁，《太平惠民和剂局方》）或香砂六君子汤（党参、炒白术、茯苓、炙甘草、陈皮、半夏、木香、砂仁，《太平惠民和剂局方》）加减。

2. 脾气下陷

【主症】 久泻不止，脱肛或子宫脱或阴道脱，尿淋沥难尽，并伴有体瘦毛焦，倦怠肯卧，多卧少立，草料迟细，口色淡白，苔白，脉虚等。
【治则】 益气升阳。
【方例】 补中益气汤（炙黄芪、党参、白术、当归、陈皮、炙甘草、升麻、柴胡，《脾胃论》）加减。

3. 脾不统血

【主症】 便血、尿血、皮下出血等慢性出血，并伴有体瘦毛焦，倦怠肯卧，口色淡白，脉细弱。
【治则】 益气摄血，引血归经。
【方例】 归脾汤（白术、党参、炙黄芪、龙眼肉、酸枣仁、茯神、当归、远志、木香、炙甘草、生姜、大枣，《济生方》）加减。

(二) 脾阳虚
【主症】 在脾不健运症状的基础上，同时出现形寒怕冷，耳鼻四肢不温，肠鸣腹痛，泄泻，口色青白，口腔滑利，脉象沉迟。
【治则】 温中散寒。
【方例】 理中汤（党参、干姜、炙甘草、白术，《伤寒论》）加减。

(三) 寒湿困脾
【主症】 耳耷头低，四肢沉重肯卧，草料迟细，粪便稀薄，小便不利，或见浮肿，口黏不渴，舌苔白腻，脉象迟缓而濡。
【治则】 温中化湿。
【方例】 胃苓散（猪苓、茯苓、泽泻、白术、桂枝、陈皮、苍术、厚朴、甘草，《伤寒论》）加减。

(四) 胃阴虚
【主症】 体瘦毛焦，皮肤松弛，弹性减退，食欲减退，口干舌燥，粪球干小，尿少色浓，口色红，苔少或无苔，脉细数。

【治则】 滋养胃阴。

【方例】 养胃汤（沙参、玉竹、麦冬、生扁豆、桑叶、甘草，《临证指南》）加减。

（五）胃寒

【主症】 形寒怕冷，耳鼻发凉，食欲减退，粪便稀软，尿液清长，口腔湿滑或口流清涎，口色淡或青白，苔白而滑，脉象沉迟。

【治则】 温胃散寒。

【方例】 桂心散（桂心、青皮、益智仁、白术、厚朴、干姜、当归、陈皮、砂仁、五味子、肉豆蔻、炙甘草，《元亨疗马集》）加减。

（六）胃热

【主症】 耳鼻温热，草料迟细，粪球干小而尿少，口干舌燥，口渴贪饮，口腔腐臭，齿龈肿痛，口色鲜红，舌有黄苔，脉象洪数。

【治则】 清热泻火，生津止渴。

【方例】 清胃解热散〔知母、石膏、玄参、黄芩、大黄、枳壳、陈皮、神曲（六曲）、连翘、地骨皮、甘草，《中兽医治疗学》〕加减。

（七）胃食滞

【主症】 不食，肚腹胀满，嗳气酸臭，腹痛起卧，粪干或泄泻，矢气酸臭，口色深红而燥，苔厚腻，脉滑实。

【治则】 消食导滞。

【方例】 病情轻者，可用曲蘖散（神曲、麦芽、山楂、厚朴、枳壳、陈皮、苍术、青皮、甘草，《元亨疗马集》）加减；病情重者，可用调气攻坚散（醋香附、三棱、莪术、木香、藿香、沉香、枳壳、莱菔子、槟榔、青皮、郁李仁、麻油、醋，《中兽医治疗学》）加减。

四、肺与大肠病证

肺的生理功能是主气，司呼吸，主宣发，外合皮毛，主肃降，通调水道，开窍于鼻。肺的病理变化主要反映在呼吸功能异常和水液代谢失调等方面。大肠的生理功能是传导糟粕。其病理变化主要反映在传导失常方面。

（一）肺气虚

【主症】 久咳气喘，且咳喘无力，动则喘甚，鼻流清涕，畏寒喜暖，易于感冒，容易出汗，日渐消瘦，皮燥毛焦，倦怠肯卧，口色淡白，脉象细弱。

【治则】 补肺益气，止咳定喘。

【方例】 补肺散（党参、黄芪、紫菀、五味子、熟地黄、桑白皮，《永类钤方》）加减。

（二）肺阴虚

【主症】 干咳连声，昼轻夜重，甚则气喘，鼻液黏稠，低热不退，或午后潮热，盗汗，口干舌燥，粪球干小，尿少色浓，口色红，舌无苔，脉细数。

【治则】 滋阴润肺。

【方例】 百合固金汤（百合、麦冬、生地黄、熟地黄、川贝母、当归、白芍、生甘草、玄参、桔梗，《医方集解》）加减。

（三）痰饮阻肺

【主症】 咳嗽，气喘，鼻液量多，色白而黏稠，苔白腻，脉滑。

【治则】 燥湿化痰。

【方例】 二陈汤（制半夏、陈皮、茯苓、炙甘草，《太平惠民和剂局方》）加减。

（四）风寒束肺

【主症】 以咳嗽、气喘为主，兼有发热轻而恶寒重，鼻流清涕，口色青白，舌苔薄白，脉浮紧。

【治则】 宣肺散寒，祛痰止咳。

【方例】 麻黄汤（麻黄、桂枝、杏仁、炙甘草，《伤寒论》）或荆防败毒散（荆芥、防风、羌活、独活、柴胡、前胡、桔梗、枳壳、茯苓、甘草、川芎，《摄生众妙方》）加减。

（五）风热犯肺

【主症】 以咳嗽和风热表证共见为特点。咳嗽，鼻流黄涕，咽喉肿痛，触之敏感，耳鼻温热，身热，口干贪饮，口色偏红，舌苔薄白或黄白相兼，脉浮数。

【治则】 疏风散热，宣通肺气。

【方例】 表热重者，用银翘散（金银花、连翘、淡豆豉、桔梗、荆芥、淡竹叶、薄荷、牛蒡子、芦根、甘草，《温病条辨》）加减；咳嗽重者，用桑菊饮（桑叶、菊花、杏仁、甘草、薄荷、连翘、芦根、桔梗，《温病条辨》）加减。

（六）燥热伤肺

【主症】 干咳无痰，咳而不爽，被毛焦枯，唇焦鼻燥，口色红而干，苔薄黄少津，脉浮细而数。常伴有发热、微恶寒。

【治则】 清肺润燥养阴。

【方例】 清燥救肺汤（石膏、桑叶、麦冬、阿胶、胡麻仁、杏仁、枇杷叶、党参、甘草，《医门法律》）加减。

（七）肺热咳喘

【主症】 咳声洪亮，气促喘粗，鼻翼扇动，鼻涕黄而黏稠，咽喉肿痛，粪便干燥，尿液短赤，口渴贪饮，口色赤红，苔黄燥，脉洪数。

【治则】 清肺化痰，止咳平喘。

【方例】 麻杏石甘汤（麻黄、杏仁、炙甘草、石膏，《伤寒论》）或清肺散（板蓝根、葶苈子、甘草、浙贝母、桔梗，《元亨疗马集》）加减。

（八）大肠液亏

【主症】 粪球干小而硬，或粪便秘结干燥，努责难以排下，舌红少津，苔黄燥，脉细数。

【治则】 润肠通便。

【方例】 当归苁蓉汤（当归、肉苁蓉、番泻叶、广木香、厚朴、炒枳壳、醋香附、瞿麦、通草、神曲，《中兽医治疗学》）加减。

（九）食积大肠

【主症】 粪便不通，肚腹胀满，回头观腹，不时起卧，饮食欲废绝，口腔酸臭，尿少色浓，口色赤红，舌苔黄厚，脉象沉而有力。

【治则】 通便攻下，行气止痛。

【方例】 大承气汤（大黄、芒硝、厚朴、枳实，《伤寒论》）加减。

（十）大肠湿热

【主症】 发热，腹痛起卧，泻痢腥臭，甚则脓血混杂，口干舌燥，口渴贪饮，尿液短赤，口色红黄，舌苔黄腻或黄干，脉象滑数。

【治则】 清热利湿，调气和血。

【方例】 白头翁汤（白头翁、黄柏、黄连、秦皮，《伤寒论》）或郁金散（郁金、诃子、黄芩、大黄、黄连、栀子、白芍、黄柏，《元亨疗马集》）加减。

（十一）大肠冷泻

【主症】 耳鼻寒凉，肠鸣如雷，泻粪如水，或腹痛，尿少而清，口色青黄，舌苔白滑，脉象沉迟。

【治则】 温中散寒，渗湿利水。

【方例】 桂心散（桂心、青皮、益智仁、白术、厚朴、干姜、当归、陈皮、砂仁、五味子、肉豆蔻、炙甘草，《元亨疗马集》）或橘皮散（青皮、陈皮、厚朴、桂心、细辛、茴香、当归、白芷、槟榔，《元亨疗马集》）加减。

五、肾与膀胱病证

肾的生理功能是藏精，主生殖发育，主命门火，主骨，主水，主纳气，开窍于耳，司二阴。所以肾的病变主要反映在生殖发育障碍、水代谢失调和气不摄纳等方面。膀胱的主要生理功能是储藏和排泄尿液，所以膀胱的病变主要反映在排尿异常方面。

（一）肾阳虚

根据临床症状及病理变化特点可分为以下四种证型。

1. 肾阳虚衰

【主症】　形寒肢冷，耳鼻四肢不温，腰痛，腰腿不灵，难起难卧，四肢下部浮肿，粪便稀软或泄泻，小便减少，公畜性欲减退，阳痿不举，垂缕不收，母畜宫寒不孕。口色淡，舌苔白，脉沉迟无力。

【治则】　温补肾阳。

【方例】　肾气散（熟地黄、山茱萸肉、山药、泽泻、茯苓、牡丹皮、桂枝、附子，《小儿药证直诀》）加减。

2. 肾气不固

【主症】　小便频数而清，或尿后余沥不尽，甚至遗尿或小便失禁，腰腿不灵，难起难卧，公畜滑精早泄，母畜带下清稀，胎动不安，舌淡苔白，脉沉弱。

【治则】　固摄肾气。

【方例】　缩泉丸（乌药、益智仁、山药，《妇人大全良方》）或固精散（沙苑蒺藜、芡实、莲须、煅龙骨、煅牡蛎、莲肉，《医方集解》）加减。

3. 肾不纳气

【主症】　咳嗽，气喘，呼多吸少，动则喘甚，重则咳而遗尿，形寒肢冷，汗出，口色淡白，脉虚浮。

【治则】　温肾纳气。

【方例】　人参蛤蚧散（人参、蛤蚧、杏仁、甘草、茯苓、贝母、桑白皮、知母，《卫生宝鉴》）加减。

4. 肾虚水泛

【主症】　体虚无力，腰脊板硬，耳鼻四肢不温，尿量减少，四肢、腹下浮肿，尤以两后肢浮肿较为多见，严重者宿水停脐，或阴囊水肿，或心悸，喘咳痰鸣，舌质淡胖，苔白，脉沉细。

【治则】　温阳利水。

【方例】　济生肾气丸（熟地黄、山药、山茱萸、茯苓、泽泻、牡丹皮、肉桂、炮附子、牛膝、车前子）加减。

（二）肾阴虚

【主症】　形体瘦弱，腰胯无力，低热不退或午后潮热，盗汗，粪便干燥，公畜举阳滑精或精少不育，母畜不孕，视力减退，口干、色红、少苔，脉细数。

【治则】　滋阴补肾。

【方例】　六味地黄汤（熟地黄、山茱萸肉、山药、泽泻、茯苓、牡丹皮，《小儿药证直诀》）加减。

（三）膀胱湿热

【主症】　尿频而急，尿液排出困难，常作排尿姿势，痛苦不安，或尿淋沥，尿色浑浊，或有脓血，或有砂石，口色红，苔黄腻，脉濡数。

【治则】　清利湿热。

【方例】 八正散（木通、瞿麦、车前子、萹蓄、滑石、甘草梢、栀子、大黄、灯心草，《太平惠民和剂局方》）加减。

六、脏腑兼病辨证

动物体是一个有机的整体，在生理情况下，脏腑通过经络的联系和气血的贯注，在心的主导下，彼此之间相互依存，相互制约，分工合作，相辅相成，保持相对协调和统一，从而保证了动物体正常的生命活动。在病理情况下，脏腑病变相互影响，一脏有病，常常波及他脏。两个或两个以上脏腑同时出现病理变化的，称为脏腑兼病。下面介绍临床上常见的脏腑兼病。

（一）心脾两虚

【主症】 病畜既有心悸动、易惊恐、频换前肢等心虚症状，同时又有草料迟细、肚腹虚胀、大便稀薄、倦怠肯卧等脾虚症状。口色淡黄，舌质淡嫩，脉细弱。

【治则】 补益心脾（益火补土）。

【方例】 归脾汤（白术、党参、炙黄芪、龙眼肉、酸枣仁、茯神、当归、远志、木香、炙甘草、生姜、大枣，《济生方》）加减。

（二）肺脾气虚

【主症】 病畜既有久咳不止、咳喘无力、鼻液清稀等肺虚症状，同时又有倦怠肯卧、草料迟细、肚腹虚胀、粪便稀薄等脾虚症状，口色淡白，脉弱。

【治则】 补脾益肺（培土生金）。

【方例】 参苓白术散（党参、白术、茯苓、炙甘草、山药、扁豆、莲子肉、桔梗、薏苡仁、砂仁，《太平惠民和剂局方》）或香砂六君子汤（党参、炒白术、茯苓、炙甘草、陈皮、半夏、木香、砂仁，《太平惠民和剂局方》）加减。

（三）心肾不交

【主症】 心悸，躁动，易惊，腰胯无力，难起难卧，低热不退，午后潮热，盗汗，公畜举阳滑精，精少不育，母畜不孕，口腔干燥，粪球干小，舌红，少苔，脉细数。

【治则】 滋补肾精，清心安神。

【方例】 六味地黄丸（熟地黄、山茱萸肉、山药、泽泻、茯苓、牡丹皮，《小儿药证直诀》）合朱砂安神丸（朱砂、黄连、炙甘草、生地黄、当归，《内伤伤辨惑论》）加减。

（四）肺肾阴虚

【主症】 咳喘无力，干咳连声，昼轻夜重，腰拖胯较，低热不退，午后潮热，盗汗，公畜举阳滑精，精少不育，母畜不孕，口色红，少苔，脉细数。

【治则】 滋补肺肾。

【方例】 麦味地黄汤（熟地黄、山茱萸肉、山药、泽泻、茯苓、牡丹皮、麦冬、五味子，《医级》）加减。

（五）肝脾不调

有肝木乘土和土壅侮木两种类型。

1. 肝木乘土

【主症】 躁动不安，草料迟细，粪便稀薄，肠鸣矢气，腹痛泄泻，泻必痛，泻后疼痛不减，苔白，脉弦。

【治则】 泻肝补脾。

【方例】 痛泻要方（土炒白术、炒白芍、防风、陈皮，《丹溪心法》）加减。

2. 土壅侮木

【主症】 情志抑郁，草料迟细，便溏不爽，肠鸣矢气，腹痛欲泻，泻后痛减，口色稍红而干，苔腻，脉弦数。

【治则】 健脾疏肝。

【方例】 逍遥散（柴胡、当归、白芍、白术、茯苓、炙甘草、煨生姜、薄荷，《太平惠民和剂局方》）加减。

（六）脾肾阳虚

【主症】 形寒肢冷，耳鼻不温，倦怠肯卧，食欲减退，大便溏稀，或黎明泄泻，或四肢、腹下浮肿，重者宿水停脐或阴囊水肿，舌质淡，苔白滑，脉沉弱。

【治则】 温补脾肾。

【方例】 理中汤（党参、干姜、炙甘草、白术，《伤寒论》）合四神丸（补骨脂、肉豆蔻、五味子、吴茱萸、生姜、大枣，《证治准绳》）加减。

（七）肝肾阴虚

【主症】 眩晕，站立不稳，时欲倒地，两眼干涩，夜盲内障，视力减退，腰胯软弱，后躯无力，重者难起难卧或卧地不起，公畜可见举阳滑精，母畜发情周期不正常，低热不退，午后潮热，盗汗，口色红，舌无苔，脉细数。

【治则】 滋补肝肾。

【方例】 以眩晕、夜盲为主者，可用杞菊地黄丸（熟地黄、山茱萸肉、山药、泽泻、茯苓、牡丹皮、枸杞子、菊花，《医级》）加减；以腰胯无力或卧地不起为主者，可用虎潜丸［黄柏、知母、龟甲、熟地黄、陈皮、白芍、锁阳、虎骨（狗骨代）、干姜、当归、牛膝，《医方集解》］加减。

以上所举为脏与脏的兼病，还有脏与腑、腑与腑的兼病，在临床上三个或三个以上的脏腑同时兼病的情况，也是屡见不鲜的，经常见于疾病的危重阶段或慢性病。此时，应当根据脏腑间生理、病理的相互关系，注意病变的轻重和先后，抓住主要矛盾，细心辨识。

第三节 卫气营血辨证

卫、气、营、血，首见于《黄帝内经》，是祖国医学中的生理学名词。卫气营血辨证是引申其意，用以概括和阐明温病发生、发展过程中，由浅入深、由轻转重的四个阶段，并以此作为施治的依据。

卫气营血辨证是清代名医叶天士创立的诊治温热病（温病）的一种辨证方法。温病是感受温热病邪所引起的多种急性热病的总称，是外感病的一大类别。其特点是初起即见热盛，病情发展迅速，容易化燥伤阴，甚至动血动风。卫气营血辨证既是温热病四类不同证候的概括，又代表了温热病发展过程中病位深浅和病情轻重的四个阶段。

温热病既可发于表也可发于里，有顺传和逆传之分。顺传的多由卫分传入气分、营分、血分，病情由轻渐次加重。卫分证属表，病在肺和皮毛；气分证属里，气分主里，病在肺、肠、胃等脏腑；营分证邪热入于心营，病在心和心包络；血分证则邪热已入肝肾，重在动血、耗血。逆传则因四时气候、病邪性质和体质的不同而有所差异，有的起病即见气分证候，有的见营分证候。凡起病就见到营分证候的常称为逆传心包；卫分证未罢，而又兼见气分或营分证的，称为卫气同病或卫营合病；也有气分证未解，而又兼营分或血分见证的，称为气营两燔或气血两燔。

温热病的一般治法是：病在卫分宜辛凉解表，病在气分宜清热生津，病在营分宜清营透热，病在血分宜清热凉血。

一、卫气营血证治

（一）卫分病证

【主症】 发热重，恶寒轻，咳嗽，咽喉肿痛，口干微红，舌苔薄黄，脉浮数。

【治则】 辛凉解表。

【方例】 银翘散（金银花、连翘、淡豆豉、桔梗、荆芥、淡竹叶、薄荷、牛蒡子、芦根、甘草，《温病条辨》）加减。

（二）气分病证

常见的有温热在肺、热入阳明、热结肠道三种证型。

1. 温热在肺

【主症】 发热，呼吸喘粗，咳嗽，口色鲜红，舌苔黄燥，脉洪数。

【治则】 清热宣肺，止咳平喘。

【方例】 麻杏石甘汤（麻黄、杏仁、炙甘草、石膏，《伤寒论》）加减。

2. 热入阳明

【主症】 身热，大汗，口渴喜饮，口津干燥，口色鲜红，舌苔黄燥，脉洪大。

【治则】 清热生津。

【方例】 白虎汤（石膏、知母、甘草、粳米，《伤寒论》）加减。

3. 热结肠道

【主症】 发热，肠燥便干，粪结不通或稀粪旁流，腹痛，尿短赤，口津干燥，口色深红，舌苔黄厚，脉沉实有力。

【治则】 滋阴，清热，通便。

【方例】 增液承气汤（大黄、芒硝、生地黄、玄参、麦冬，《温病条辨》）加减。

（三）营分病证

营分病证有热伤营阴和热入心包两种证型。

1. 热伤营阴

【主症】 高热不退，夜甚，躁动不安，呼吸喘促，舌质红绛，斑疹隐隐，脉细数。

【治则】 清营解毒，透热养阴。

【方例】 清营汤［水牛角（替代犀角）、生地黄、玄参、竹叶心、金银花、连翘、黄连、丹参、麦冬，《温病条辨》］加减。

2. 热入心包

【主症】 高热、神昏，四肢厥冷或抽搐，舌绛，脉数。

【治则】 清心开窍。

【方例】 清宫汤［玄参、莲子、竹叶心、麦冬、连翘、水牛角（替代犀角），《温病条辨》］加减。

（四）血分病证

常见的有血热妄行、气血两燔、肝热动风和血热伤阴四种证型。

1. 血热妄行

【主症】 身热，神昏，黏膜、皮肤发斑，尿血，便血，口色深绛，脉数。

【治则】 清热解毒，凉血散瘀。

【方例】 犀角地黄汤［水牛角（替代犀角）、生地黄、白芍、牡丹皮，《千金方》］加减。

2. 气血两燔

【主症】 身大热，口渴喜饮，口燥苔焦，舌质红绛，发斑，衄血，便血，脉数。

【治则】 清气分热，解血分毒。

【方例】 清瘟败毒饮［生石膏、生地黄、水牛角（替代犀角）、黄连、栀子、桔梗、黄芩、知母、玄参、连翘、甘草、牡丹皮、鲜竹叶，《疫诊一得》］加减。

3. 肝热动风

【主症】 高热，项背强直，阵阵抽搐，口色深绛，脉弦数。

【治则】 清热平肝息风。

【方例】 羚羊钩藤汤（羚羊角片、霜桑叶、川贝母、生地黄、钩藤、菊花、茯神、白芍、生甘草、竹茹，《通俗伤寒论》）加减。

4. 血热伤阴

【主症】 低热不退，精神倦怠，口干舌燥，舌红无苔，尿赤，粪干，脉细数无力。

【治则】 清热养阴。
【方例】 青蒿鳖甲汤（青蒿、鳖甲、生地黄、知母、牡丹皮，《温病条辨》）加减。

（五）卫气营血合病

温热病在其发生、发展和演变的过程中，一般由卫开始，渐次入气，然后入营，进而传血。但临床演变往往错综复杂，表现出不同阶段的合病，如卫分证未解，而气分证已出现；或气分证仍在，而营分或血分证候又同时出现等。所以，须注意卫气营血合病，常见者如下。

1. 卫气同病

【主症】 恶寒，发热，被毛逆乱，结膜潮红，粪球干小，尿液短赤，舌红口干，苔薄微黄，脉浮数有力。

【治则】 解肌清热攻下。

【方例】 银翘散（金银花、连翘、淡豆豉、桔梗、荆芥、淡竹叶、薄荷、牛蒡子、芦根、甘草，《温病条辨》）合增液承气汤（大黄、芒硝、生地黄、玄参、麦冬，《温病条辨》）加减。

2. 卫营合病

【主症】 发热，微恶风寒，咽喉红肿，微汗口渴，躁动不安，斑疹隐现，舌质红绛，舌苔白黄，脉浮细数。

【治则】 解肌清热。

【方例】 银翘散（金银花、连翘、淡豆豉、桔梗、荆芥、淡竹叶、薄荷、牛蒡子、芦根、甘草，《温病条辨》）合清营汤［水牛角（替代犀角）、生地黄、玄参、竹叶心、金银花、连翘、黄连、丹参、麦冬，《温病条辨》］加减。

3. 气营两燔

【主症】 壮热汗出，口渴饮冷，躁动不安，或神志昏糊，斑疹隐现，舌红绛，苔黄燥，脉洪数。

【治则】 气营两清。

【方例】 白虎汤（石膏、知母、甘草、粳米，《伤寒论》）合清营汤［水牛角（替代犀角）、生地黄、玄参、竹叶心、金银花、连翘、黄连、丹参、麦冬，《温病条辨》］加减。

4. 气血两燔

【主症】 壮热口渴，躁动，斑疹多而红紫或出血，神志昏糊，痉挛，口色红绛，苔焦黄，脉沉实。

【治则】 气血两清。

【方例】 清瘟败毒饮［生石膏、生地黄、水牛角（替代犀角）、黄连、栀子、桔梗、黄芩、知母、玄参、连翘、甘草、牡丹皮、鲜竹叶，《疫疹一得》］。

二、卫气营血的传变规律

外感温热病多起于卫分，病情较轻；继之表邪入里，传入气分，病情较重；进而深入营分，病情更重；最后邪陷血分，则病情最为深重。这种渐次深入是温热病发展的一般规律。如《外感温热篇》说："大凡看法，卫之后方言气，营之后方言血。"

由于季节气候的不同，病邪盛衰的差异，以及患畜体质强弱的不同，上述传变规律并不是固定不变的。临床上所见的温热病，有的起病就不经卫分，而直接从气分或营分开始。其传变除循经而传的情况外，还有越经而传的。如卫分病可不经气分而传入营分，气分病不经营分而传入血分，酿成气血两燔。如图10-1所示。

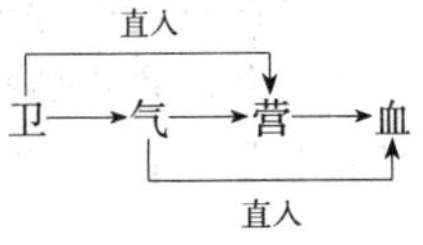

图10-1 卫气营血传变规律示意图
引自：刘钟杰，许剑琴.
中兽医学，2002

因此，在临床辨证时，应根据疾病的不同情况，具体分析，灵活运用，不得生搬硬套。

【目标检测】

1. 八纲辨证的辨证要点是什么？脏腑辨证的理论根据是什么？
2. 表证、里证的特点和区别有哪些？
3. 如何辨别寒热真假？
4. 何谓真虚假实证？如何鉴别？
5. 心气（阳）虚与心血（阴）虚、痰火扰心与痰迷心窍应如何鉴别？
6. 肝的实证和虚证分别有哪些？
7. 风寒束肺与风热犯肺应如何鉴别？
8. 肾阳虚与肾阴虚应如何鉴别？
9. 脏腑病常有哪些兼症，应如何鉴别？
10. 肝与胆病、脾与胃病、肺与大肠病、肾与膀胱病、心与小肠病的主要证候和特点分别是什么？

【实训十一】 辨　　证

【实训目的】 通过实训初步学会八纲辨证和常见脏腑病辨证、卫气营血辨证，从而进一步理解其临床辨证的意义。

【实训材料】 典型病例若干、保定栏及绳具相应配套、听诊器、体温表、病历表、消毒药及洗涤用具等各若干。

【内容方法】

1. 内容

由指导教师根据实际情况，选择具有八纲辨证、脏腑辨证、卫气营血辨证或六经辨证意义的典型病例若干例，参照有关内容进行实习。

2. 方法

根据典型病例的多少，相应地将学生分成若干个小组，每组选1名主诊人，1~2名记录员，按四诊的要求，轮流检查所有典型病例。

（1）在认真听取主诉之后，有重点、有目的地提出询问，边询问边分析，从问诊中抓住有诊断价值的临床资料。

（2）由各组的主诊人对病畜进行望诊、闻诊和切诊的全面检查。检查务必细致、准确，努力收集有诊断价值的症状和体征。

（3）记录员对主诊人的检查所获，要及时而准确地填写在病历表上。

（4）临床症状收集完毕，以小组为单位进行讨论，确认主要症状，分析病因病机，归纳疾病证候，作出诊断结论。

（5）指导教师小结。

【注意事项】

1. 认真选好典型病例，主证要明显，证候要单纯。
2. 分组检查时，指导教师应巡回指导，给予适当提示。
3. 注意安全，防止事故的发生。

【实训报告】 详细填写病历，并作出诊断结论。

【实训十二】 番泻叶致脾虚证动物模型的造模方法

【实训目的】

通过实验加深对脾虚证的理解，并在理论上加以深化，进一步认识脾虚证的本质。

【实训材料】
1. 动物 选择体重 2 月龄纯系雌性 Wister 大白鼠，平均体重（200±50）g 的健康雄性小鼠 4 只，采用含面粉（25%）、玉米面（20%）、大米面（7%）、豆饼面（18%）、鱼粉（10%）、骨粉（200g）、麦子（15%）、脱水菜（2%）、精盐（100g）的混合饲料喂养。另给少量的蔬菜、葵花子，均自由进食进水，将受试动物随机分为造模组 2 只和对照组 2 只。
2. 药物 印度番泻叶 1g。
3. 器材 鼠筒，药物台秤，数字体温计，静脉剖开器，电炉，烧杯，温度计。

【内容方法】
1. 将自来水放烧杯中，置于电炉上煮沸后，迅速将印度番泻叶以 20mL 水中放入 1g 番泻叶的比例投入沸水中浸泡，冷却后使用。

将静脉剖开器安装在 5mL 注射器上，按 20mL/(kg·d) 的量吸入药液，左手将大鼠固定，右手持注射器沿大鼠咽后壁插入 5cm 使之达于胃内，注入药液。实验组按 20mL/(kg·d)，2 次/天的量给予番泻叶水浸剂灌服。对照组按 20mL/(kg·d)，2 次/天的量给予自来水灌服。造型约 20 天直至成功。对照鼠在同样饲喂条件下，不进行任何处理观察上述项目。

2. 脾虚证大鼠模型标准

①泄泻严重者甚至脱肛；②食少纳呆；③消瘦，体重减轻；④神态萎靡，四肢不收，毛色枯槁；⑤蜷缩聚堆；⑥易疲劳。第①、②项为主症，第③～⑥项为兼症，具备两项主症及两项兼症时，即可认为脾虚造型成功。当造型 20 天后，实验组大鼠 80% 以上都成为脾虚模型时，即停止施加造型因素 3 天，进行有关指标的检测。

3. 观察鼠的精神活动状况、皮毛色泽、饮食、饮水、大小便及体重。

4. 上述试验后，用游泳的方法检测耐力：喂药的第 14 天，将两组鼠放入水中游泳，从大鼠放入水中开始到其头顶没入水中为止，计算游泳时间。

【实训报告】
1. 脾虚证的主要表现有哪些？
2. 小鼠灌服番泻叶后所致泄泻能否判定为脾虚？

第十一章 防治法则

【学习目标】
1. 了解中兽医学预防和治疗的主要原则及其在动物疾病发生及发展中的重要作用。
2. 掌握八法及其应用。

第一节 预防原则

预防，就是采取一定的措施，防止动物疾病的发生和发展。祖国兽医学对于疾病的预防非常重视。《素问·四时调神大论》中说："是故圣人不治已病，治未病；不治已乱，治未乱。夫病已成而后药之，乱已成而后治之，譬犹渴而穿井，斗而铸锥，不亦晚乎！"。在《黄帝内经》中记有"治未病"，即预防疾病发生。这种"治未病"的预防思想，在指导后世医学的医疗实践中，起着极为重要的作用。"治未病"包括两个方面的内容，一是未病先防，二是既病防变。

一、未病先防

未病先防是积极的预防措施，是指动物还未发病时，采取各种有效措施，做好预防工作，防止疾病的发生。

1. 加强饲养管理

加强饲养管理是增强畜体健康，提高防病能力，减少疾病发生的一个重要环节。正如《元亨疗马集》中所说："冬暖，夏凉，春牧，秋厩，节刍水，知劳役，使寒暑无侵，则马骡无疴瘵也。"《元亨疗马集·三饮三喂刍水论》中详细介绍了饲养、使役方法，在饲养方面，提出过饥过渴时不能暴饮暴食，劳役前后不能喂得过饱。饮水和草料必须清洁，不能混有杂物，使役后汗未干或料后均不能立即饮水。肥马、休闲马，夏季要减料。在管理方面，厩舍要冬暖夏凉，经常打扫。使役要先慢步，后快步，慢快交替使用。使役后不可立即卸掉鞍具，待休息后方可饮喂等。这些宝贵的经验，至今仍具有很高的参考价值。

2. 针药预防

针药预防也称之为针药调理，就是在"调和阴阳气血，适应四时寒暑"，"不治已病，治未病"等原则指导下，根据不同气候、地区，以及动物体质情况，采用放六脉血和灌四季药等方法来预防疾病。通过针药调理，使动物更好地适应外界环境的变化，以预防动物疾病的发生。这些经验在民间流传很广，至今仍有不少地区在使用。

3. 疫病预防

历代农书和中兽医古籍对传染病预防也有记载，如《元亨疗马集》说："都中战马，遍染瘟疫……癣瘟癣瘴，不可，不御也"；《三农记·卷八》记载："人疫传人，畜疫传畜，染其形似者；豕疫可传牛，牛疫可传豕，当知避焉"；《陈敷农书》中说："已死之肉，经过村里，其气尚能相染也。欲病之不相染，勿令与不病者相近"；《三农记》中还说："倘逢天时行灾，重加利剂，宜避疫之药常熏栏中"；《齐民要术》中还记载了羊传染性疫病的早期诊断与隔离办法，指出"羊有病，辄相污。欲令别病，法当栏前作渎，深二尺，广四尺。往还皆跳过者，无病；不能过去，人渎中行，过，便别之"。这些措施在当时的历史条件下，对疫病的防治起到了一定的作用。由上可知，古人很早就对动物传染性疾病有了一定认识，提出对发病动物进行隔离是防止疫病流行的有效措施。此外，预防性给药、药熏及搞好清洁卫生等均是预防动物疾病发生的重要措施。

二、既病防变

既病防变，就是指如果疾病已经发生，就应及早诊断和治疗，以防止疾病的进一步发展与传变，也是"治未病"的重要内容。《素问·阴阳应象大论》说："故善治者治皮毛，其次治肌肤，其次治筋脉，其次治六腑，其次治五脏。"动物疾病传变的一般规律是由表入里、由浅入深，也可以由这一脏腑传至另一脏腑，使病情愈来愈复杂，治疗也愈来愈困难，因此，在防治疾病过程中，一定要掌握疾病发生、发展的规律及其传变的途径，做到早期诊断，及时有效地治疗，才能防止疾病进一步的发展与恶化。

又如临床上根据肝病易于传脾的特点，常在治疗肝病时给予健脾和胃之品，使脾气充实，防止肝病向脾的传变，这就是既病防变法则的具体应用。此外，护理工作也十分重要，俗话说"三分治疗，七分护理"，实践证明，对动物护理的好坏，将直接影响疗效。

第二节 治疗原则

治则，是治疗动物疾病的法则。它是以四诊所收集的客观资料为依据，在对疾病进行综合分析和判断的基础上提出的临证治疗的原则，是各种证候具体治疗方法的指导原则。此外，治则与治法不同，治法是从属于一定治则的。例如，下法和补法是两种截然不同的治法，但它们都必须遵循扶正与祛邪的治则。

治则是中兽医基础理论的重要组成部分，内容非常丰富，主要包括扶正与祛邪、治病求本、同治与异治、三因制宜和治疗与护养等方面的内容。这些原则，对于指导临床具体立法和处方用药具有重要的意义。

一、扶正与祛邪

疾病的过程，就是正气与邪气矛盾双方斗争的过程。邪胜则病进，正胜则病退。因此，治疗的根本目的就是要扶助正气，祛除邪气，改变正邪双方力量的对比，使疾病向痊愈的方面转化。扶正与祛邪二者紧密相连，一切治法，不是属于扶正，便是属于祛邪。故有"扶正即可以祛邪，祛邪可以扶正"的说法。

（一）扶正与祛邪的概念

扶正，就是使用补益正气的方药、针刺和加强护养等方法，以扶助机体正气，提高机体抵抗力，达到祛除邪气、战胜疾病、恢复健康的目的。在扶正这一治则指导下，针对患畜正虚的不同情况，临床上常用益气、补血、助阳、滋阴等方法。祛邪，就是使用祛除邪气的方药或针灸、手术等疗法，以祛除病邪，达到邪去正复的目的。在祛邪这一治则指导下，针对邪实的不同情况，临床上常用发汗、清热、消导、攻下等方法。

（二）扶正与祛邪的关系及运用原则

扶正与祛邪关系密切。扶正，使正气加强，有助于抗御和祛除病邪，也就是说扶正是为了更好地祛邪；祛邪，能排除病邪的侵害和干扰，使邪去正安，也就是说祛邪的目的是为了保存正气并有利于正气的恢复。然而，无论是扶正还是祛邪都要运用适当，做到祛邪而不伤正，扶正又不留邪。如果用之不当，就会适得其反。因此，在临床运用时，应仔细观察正邪双方的消长盛衰情况及在疾病过程中所占的地位，区别扶正与祛邪的主次、先后，灵活掌握，把"扶正"与"祛邪"有机地结合起来，才能收到预期的效果。

1. 扶正

适用于以正虚为主的病证。如气虚、血虚、阴虚、阳虚等，应用补益的方法治疗。

2. 祛邪

适用于以邪盛为主的病证。如胃肠实热、粪燥结，应用攻逐泻下的方法治疗。

3. 扶正兼祛邪

适用于正虚为主，兼有留邪的病证。如在治疗奶牛前胃弛缓而有食滞时，应在补养的方剂中，稍加一些祛邪药。

4. 祛邪兼扶正

适用于邪盛为主，兼有正虚的病证。在治疗此类疾病时，应在祛邪的方剂中，稍加一些补益药。

5. 先扶正后祛邪

适用于正虚邪不盛，或正虚邪盛而以正虚为主的病证。如此时先祛邪则更伤正气，只有先扶正，待正气增强后再祛邪才较安全有效。在治疗此类疾病时，先用补益之剂以扶正，后用攻逐之剂以祛邪。

6. 先祛邪后扶正

适用于邪盛而正不太虚，或邪盛正虚的病证。如此时先扶正反而更助长邪气，或使邪气更不易祛除，可先行祛邪，然后再扶正。在治疗此类疾病时，先用攻逐之剂以祛邪，后用补益之剂以扶正。

总之，扶正与祛邪是最基本的治则，当正虚或邪盛比较突出，病情比较简单时，可单独使用扶正或祛邪的治疗方法。当邪正虚实混杂出现，病情较为复杂时，应根据情况，分别采取扶正兼祛邪、祛邪兼扶正、先扶正后祛邪或先祛邪后扶正等扶正与祛邪并用的治疗方法，尽可能做到恰到好处。

二、标本同治

（一）治标与治本

1. 标本的含义

标和本是一组相对概念，用以说明疾病内在及与其他因素之间的关系。所谓本，是指疾病的本质；标，是指疾病的现象。如以正邪关系来说，正气是本，邪气是标；以疾病的病因和证候来说，病因为本，症状为标；以发病的先后来说，原发病为本，继发病为标。"本"代表着疾病过程中占主导地位和起主要作用的方面，而"标"则是疾病中由"本"而相应产生的或居次要地位的方面。但在特殊情况下标本也可以相互转化。因此，在辨证论治时，就是要抓住疾病的本质给予治疗，如《素问·阴阳应象大论》说："治病必求于本。"这一根本原则对于疾病的治疗具有重要的指导意义。

2. 急则治其标，缓则治其本

疾病是一个复杂的矛盾变化过程，在一定条件下，标也可以转化为矛盾的主要方面，这时应遵循"急则治其标"的原则。在标病紧急，如不及时治标就会危及病畜生命或影响本病后续治疗时，就必须采取急救治标措施，待病势缓解后，再治本。如粪结引起严重肚胀，动物有窒息的危险。所以先治肚胀之标症，即应立即采取穿肠放气，这样不但使病畜的病情得到缓解，而且为治本（破除粪结）创造了条件。"缓则治其本"就是指在病情变化比较平稳，此时应抓住病证本质进行治疗，即所谓"治病必求于本"，它对指导慢性病的治疗具有重要意义。如脾虚泄泻，泄泻是症状，是标，而其本则是脾虚，治疗时以健脾补虚治本，泄泻之标则自除。

3. 标本同治

标本同治是指标病与本病同时并重的情况下，在时间或条件上又不允许单治标或单治本，则应采用标病和本病同治的方法，以提高疗效、缩短疗程。当然，标本同治，也不是治标与治本不分主次地对待，而应有所侧重。例如，动物气虚感冒时，先患正气虚弱为本，后感外邪为标，单纯益气则表邪难去，仅用发汗解表则更伤正气，所以常采用益气为主兼以解表的方法加以治疗。

由此可见，急则治标与缓则治本是相辅相成的。治标是紧急情况下的权宜之计，治本是治疗疾病的根本之图。否则标本不明，主次不分，势必影响疗效，甚至延误病机，造成不良后果。

（二）正治与反治

1. 正治

正治是逆疾病的征象而治，也含有正规和常规的意思。在临床上，多数疾病的现象与本质是一致的，即热病见热象，寒病见寒象，虚病见虚象，实病见实象。在治疗上采用"寒者热之"、"热者寒之"、"虚者补之"、"实者泻之"等逆其征象而治的法则，因所用药物的性质与疾病的征象相反，所以又称为"逆治"。正治法一般适用于病情比较单纯，病证本质与症状表现相一致的病证，是临证常用的治疗方法。

2. 反治

反治是顺从疾病的征象而治，即寒证出现热象，热证出现寒象，虚证出现实象，实证出现虚象。在此情况下，疾病所表现出的症状与疾病的本质相反，所以采用与疾病征象性质相同的药物来治疗，但实际上仍是逆着疾病的本质进行治疗，因其是顺从病证征象而治，所以又称为"从治"。反治法一般适用于病情比较复杂，病证本质与症状表现不一致，出现一些假象的病证。治疗时应辨清假象，治其本质。在临床上常用的反治法有"热因热用"、"寒因寒用"、"塞因塞用"、"通因通用"几种。

（1）热因热用　指用温热性药物治疗具有热象病证的方法。适用于阴寒内盛，阳气格拒于外的内真寒而外假热的证候。因其本质是寒，热只是假象，所以用顺从疾病征象的热性药物，治疗其里寒的病变本质，使真寒消除，假热自解。

（2）寒因寒用　指用寒凉性药物治疗具有寒象病证的方法。适用于热邪壅遏于里，阳气不能外达，而出现四肢厥冷的内真热而外假寒的证候。因其本质是热，寒只是假象，所以用顺从疾病征象的寒性药物，治疗其里热的病变本质，使真热消除，假寒自解。

（3）塞因塞用　指用补塞性药物治疗具有闭塞不通证的方法。如腹胀是由中气不足，脾阳不运所致，则应用补中益气、温运脾阳的方法治疗，脾气健运，腹胀自消。

（4）通因通用　指用通利的药物治疗通泄病证的方法。适用于真实假虚证的症状，如腹泻属于热结旁流者，应用攻下药物，热结一去，腹泻自止。

从上可以看出，反治法虽然是顺从疾病的征象而治疗的一种方法，但它仍然是针对疾病的本质而治疗的，因此正治与反治从本质都是"治病求本"。

另外，还有一种反佐法，也可归反治法范畴。当疾病发展到阴阳格拒的严重阶段而出现假象，或对大寒大热证的治疗时，如果单纯以寒治热，或以热治寒，往往会发生药物下咽即吐的格拒现象而影响治疗效果。此时就要用反佐法以起诱导作用，防止疾病对药物的格拒、对抗作用。反佐法的具体应用有两种：一种是药物反佐，即在寒凉方剂中加入少量温热药，或在温热的方剂中加入少量苦寒药；另一种是服法反佐，就是热证用寒凉药采取温服法，寒证用温热药采取冷服法。

三、同治与异治

即异病同治和同病异治，就是针对同一疾病或不同疾病在发病过程中的病理机制和病变特点而制定的治疗法则。

1. 异病同治

异病同治指不同疾病，由于病因、病理相同或疾病过程处在同一性质的病变阶段，可采取相同的治疗方法。如久泄、久痢、脱肛、子宫垂脱等病证，通过辨证，凡属中气不足或气虚下陷者，均可采用补中益气这一相同的方法治疗。又如，在许多不同的传染病过程中，只要出现大热、大汗、大渴等病证，都可以用清热生津的方法治疗。

2. 同病异治

同病异治指同一种疾病，由于病因、病机及发展阶段的不同，可以有不同病理变化，出现不同的证候，临诊根据不同的证型，采用不同的治疗方法。例如，同为感冒，由于有风寒和风热的不同病因和病机，治疗就有辛温解表和辛凉解表之分。如同一外感温热病，由于有卫、气、营、血四个不同的病变阶段，动物的证候亦不同，治疗时也就有解表、清气、清营和凉血四种不同的治法。

四、三因制宜

三因制宜，即因时制宜、因地制宜和因畜制宜。动物体与外界环境之间有着密切的联系，时令气候、地区环境，以及患病动物本身的年龄、性别、体质等因素，对于疾病的发生、发展变化与转归，都有着不同程度的影响。三因制宜的原则，充分体现了中兽医治病的整体观念及在实际应用时的原则性和灵活性。因此，在治疗疾病时，必须根据这些具体情况，采取相应的治疗措施。

1. 因时制宜

因时制宜就是根据四时气候的变化特点来考虑治疗用药的原则。如夏季气候炎热，畜体腠理疏松，冬季气候寒冷，腠理致密，同是风寒感冒，夏季不宜过用辛散之药，否则会因发汗过多，损伤津液，一病未除又加一病。后之苦在冬季，辛温解表药须用重剂，以使病从汗解。否则，风寒之邪不解，或解而不彻，延误治疗时机。又如，暑天多雨且潮湿，动物多挟湿，在治疗时就应注意清暑化湿。

2. 因地制宜

因地制宜就是根据不同地区的地理环境特点来考虑治疗用药的原则。如南方气候炎热而潮湿，病多湿热或温热，故多用清热化湿之品；北方气候寒冷而干燥，病多风寒或燥证，故常用温热润燥之味。即使是同一种疾病，地域不同，采用的治则可能也不同，以感冒为例，在西北地区，以风寒居多，常用辛温发汗之法；而在东南地区，则以风热为多，常用辛凉解表之法。即使相同的病证，治疗用药量的多少也应当考虑不同地区的特点，如外感风寒证，在南方温热地区，用药量就应稍轻，而在西北寒冷地区，用药量可以稍重。

3. 因畜制宜

因畜制宜就是根据动物年龄、性别、体质等不同特点来考虑治疗用药的原则。新生畜脏腑娇嫩，气血未充，忌投峻剂，药量宜轻。成年动物正气旺盛，体质强健，病多实证，治宜攻邪泻实，药量亦可稍重。老龄动物气血衰少，生机减退，患病多虚证或正虚邪实，治疗时虚证宜补，而邪实须攻者也应注意配方用药，以免损伤正气。母畜患病，要注意经产、妊娠、分娩等特点，治疗时要注意安胎、通经下乳和妊娠禁忌等事项。一般来讲，体质强壮的患病动物，耐受力强，用药量应稍大，以加强疗效；体质瘦弱者，耐受力弱，用药量应稍小。此外，患病动物个体的体质不同，即使患同一疾病，选药时也应有别。

第三节 治 法

一、基本治法

治法就是针对具体病证进行治疗的具体方法，主要包括内治法和外治法两大类。

（一）内治法

一般为汗、吐、下、和、温、清、补、消八种基本治疗方法，称为治疗"八法"。它概括了许多具体治法中共性的内容，在临床上具有普遍的指导意义。

1. 汗法

汗法又叫解表法，是运用具有解表发汗的药物，开泄腠理，驱除病邪，解除表证的一种治疗方法。主要适用于外感疾病初期，病邪在表，尚未传里，采取发汗解表法，使表邪从汗而解，从而控制疾病的传变，达到早期治疗的目的。汗法分辛温解表和辛凉解表两种。

2. 吐法

吐法又叫涌吐法或催吐法，是运用具有涌吐性能的药物，使病邪或有毒物质从口中吐出的一种治疗方法。主要适用于误食毒物、痰涎壅盛、食积胃脘等证。吐法是一种急救方法，用之得当，收效迅速，用之不当，易伤元气，所以使用吐法时应谨慎。

3. 下法

下法又叫攻下法或泻下法，是运用具有泻下通便作用的药物，以攻逐邪实，达到排除体内积滞和积水，解除实热壅结的一种治疗方法。主要适用于里实证，凡胃肠燥结、停水、虫积、实热等证，根据病情的缓急和患病动物体质的强弱，通常采用攻下、润下和逐水等治法。

4. 和法

和法又叫和解法，是运用具有疏通调和作用的药物，以祛除病邪、扶助正气的一种治疗方法。主要适用于病邪半表半里的少阳证和脏腑不和的腹痛、泄泻等症。前者的代表方为小柴胡汤，后者为逍遥散、痛泻要方。

5. 温法

温法又叫祛寒法或温寒法，是运用具有温热性质的药物，促进和提高机体的功能活动，以祛除体内寒邪，补益阳气的一种治疗方法。主要适用于里寒证或里虚证。根据"寒者热之"的治疗原则，临床上根据中寒的部位和程度不同分为回阳救逆、温中散寒、温经散寒三种。

6. 清法

清法又叫清热法，是运用具有寒凉性质的药物，通过泻火、解毒、凉血等作用，清除体内热邪的一种治疗方法。主要适用于里热证。根据"热者寒之"的治疗原则，临床上常把清法分为清热泻火、清热解毒、清热凉血、清热燥湿、清热解暑几种。

7. 补法

补法又叫补虚法或补益法，是运用具有补养作用的药物，对机体阴阳气血不足进行补益的一种治疗方法。适用于一切虚证。根据"虚者补之"、"损者益之"的治疗原则，临床上常把补法分为补气、养血、滋阴、助阳四种。

8. 消法

消法又叫消导法或消散法，是运用具有消散导滞作用的药物，以达到消散体内气滞、血瘀、食积等的一种治疗方法。适合于食积、瘀积、痰水等证。根据"结者散之"，"坚者削之"的治疗原则，临床上常用的消法有行气解郁、活血化瘀、消食导滞三种。

（二）外治法

外治法就是用药物和手术器械直接作用于体表或孔窍（口、舌、咽喉、眼、耳、鼻、阴道、肛门）病变部位，进行治疗的方法。外治法不但可以配合内治法以提高疗效，而且对某些外伤科轻浅之证，单用外治法即可收到很好的疗效。外治法的运用与内治法一样，也要注意辨证论治，即应根据不同的证候和阶段，选择不同的治疗方法和方药。外治法内容丰富，临床常见外治法有贴敷、掺药、点眼、吹鼻、温熨、熏烟、洗涤、口噙、针灸等方法。

二、八法的配合应用

汗、吐、下、和、温、清、补、消八种治疗方法，各有其适用范围，但临床上所遇到的病证是错综复杂的，有时单用一种疗法并不能收到满意疗效，需要将八法配合应用，才能解除复杂病变，提高疗效。临床上常用以下四种方法。

1. 攻补并用

适用于里实积结而又正气虚者。如正虚而邪实的病证，在不宜先攻后补或先补后攻的情况下，就必须采用攻补并用法治疗。祛邪而又扶正，才是两全之计。如气血虚弱，而胃肠坚实等证，可一面补其气血，一面攻其坚实。可采用黄芪、当归补其气血，大黄、芒硝攻其坚实，以期达到邪去正复的目的。

2. 温清并用

温法和清法本是两种互相对抗的疗法，原则上不能并用。但在寒热错杂的病证中，如单纯使用温法或清法，就会偏盛一方，使病情加重，所以只能采用温清并用的方法，使寒热错杂的病情得以缓解。如既有肺热，表现为气促喘粗，双鼻流涕，口色鲜红；又有肾寒，表现为尿液清长，肠鸣便稀，舌根流滑涎，这是典型的上热下寒症状，治疗只能温清并用，临床常用温清汤予以治疗。

3. 消补并用

消补并用就是把消导药和补养药结合起来使用的治疗方法。对正气虚弱，复有积滞，或积聚日久，正气虚弱，必须缓治而不能急攻的，都可采取消补并用的方法进行治疗。如脾胃虚弱所造成的宿草不消。此时单用消导法，不能取得满意疗效，如果配伍补药，如党参、白术等补脾胃，则疗效显著。

4. 汗下并用

汗下并用适用于既有表证，又有里证的情况。表里同病时，一般应先解表，后攻里。但是在表里俱急的情况下，既不能单用汗法，又不能单用下法，必须采用汗下并用的方法进行治疗。如动物在夏季，内有实火，又外受雨淋，患风寒感冒，其症状表现为恶寒体热、精神沉郁、食欲不振等表证症状，又有腹满粪干、多卧少立、慢性腹痛的里证症状，其治疗就应采取既解表又攻里的方法，临床常用防风通圣散予以治疗。

【目标检测】

1. 什么是预防？预防的原则是什么？
2. 治疗的主要原则包括哪些主要内容？
3. 什么是八法？八法的适应证有哪些？

第十二章 针灸总论

【学习目标】
1. 掌握和熟悉针术、灸烙术的基本知识及操作技能。
2. 了解针灸的作用原理、针灸疗法的特点。
3. 要求学生掌握牛、马、猪、犬、鸡等动物的取穴方法、针灸特点及适应证。

针灸术是我国劳动人民在与家畜疾病长期斗争中，总结和发展起来的一种独特的医疗技术，是传统兽医学的重要组成部分，是我国医药学的宝贵遗产。

第一节 针灸的特点

针灸是研究针法（针刺）、灸法（艾灸）和腧穴特种疗法防治动物疾病的一门传统医疗技术。因针刺与艾灸用途最广，均依经络学说选穴施术，且常并用，故合称针灸。历来针灸疗法，在防治家畜疾病方面做出了很大的贡献。针灸具有以下特点。

第一，应用范围广，不受地区、畜种的限制都可采用。
第二，对某些疾病收效快、疗效较好，如腹痛、风湿、闪伤、跛行等。
第三，设备简单，携带方便，经济实用。

总之，针灸疗法在临床应用上有许多独特之处。它具有治病广泛、疗效迅速、安全、节省药品、操作简单、易学易用、便于推广等优点。

第二节 针灸基本知识

一、针术

针术是用各种不同类型的针具，刺入机体一定穴位，给以适当的刺激，借以达到通经活络、宣导气血、扶正祛邪目的的一种医疗技术。又称针刺术或针刺疗法。

（一）针具（见图 12-1）

1. 毫针

毫针又叫芒针、微针、新针。由针尖、针身、针根、针柄、针尾五部分构成，尖呈松针形、针身圆滑细柔，直径 0.64~1.25mm，身长 20~300mm 不等。毫针细长适宜深刺、透刺，多用于软组织、皮肤细薄处穴位及小动物的穴位，用途广泛。

2. 圆利针

圆利针的形状、结构与毫针基本一致，直径 1.25~2mm，身长 20~100mm。圆利针比毫针针身粗大，针身更短，适宜直刺，多用于大中家畜的白针穴位。

3. 宽针

其针头状如矛头，针刃锋利，分大、中、小三种。大宽针长约 0.8cm；小宽针长约 8cm、针头宽约 0.5cm。宽针多用于血针穴位，有时也用于巧治和白针穴位。使用宽针针刺颈脉、胸堂、肾堂、蹄头等穴位时，也可把宽针固定在针槌上，这样既能固定针刺深度，又利于人身安全。

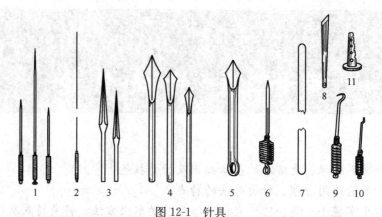

图 12-1 针具
1—圆利针；2—毫针；3—三棱针；4—宽针；5—穿黄针；6—火针；
7—夹气针；8—眉刀针；9—玉堂钩；10—三弯针；11—宿水管

[附]

（1）**针槌** 针槌为硬木旋成，长 35cm，槌头正中有一条锯缝和装针孔，在槌体部有皮革制成的活动箍，它有固定针体的作用（见图 12-2）。

（2）**穿黄针** 穿黄针状如宽针，只有针的尾部有一小孔，也可代替大宽针用，但主要用途是做穿黄用。穿黄是把若干根马尾或棕丝合成的细绳随针穿过患部，起到引流作用，促进黄肿消散。

（3）**夹气针** 夹气针用竹片或合金制成，针端钝圆，针体扁平而长，约 36cm，宽约 0.4cm，专用于针夹气穴。

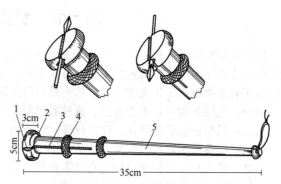

图 12-2 针槌全貌
1—插针孔；2—槌头；3—锯口；4—活动圈；5—槌柄

针尖钝圆，针体光滑柔软，以不易折断，不易损伤血管、神经组织为好。夹气针仅供扎"夹气穴"用，使用前应对针体详细检查，如有破损，则不能使用。用前必须消毒。为了便于进针，须先用宽针刺破穴位皮肤，并在针体涂上消毒软膏或凡士林等。

（4）**眉刀针** 眉刀针形似眉毛而得名，针刃斜长约 1cm；针刃斜长细小者称为痧刀针，一般用于治疗猪病，可代替小宽针使用。

（5）**火针** 较圆利针粗大，针头圆锐，针身长度有 2cm、3cm、5cm、10cm 四种。针柄为电木或用金属丝缠绕以便操作，且有隔热作用。临证时多用于风湿、虚寒、疣赘等病证。也可用于外科排脓。多用大中家畜肌肉丰满处的火针穴位。

在扎针时应先进行烧针。常用的烧针法有以下两种。

① 油火烧针法（见图 12-3） 将针擦拭干净，用棉花将针的针尖及部分针身缠裹，厚薄均匀，松紧适度，形如榄核，用植物油浸透点燃，待火焰转弱时，即用镊子夹去燃烧的棉花，迅速刺入穴位。

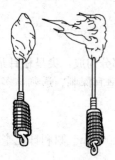

图 12-3 油火烧针法

② 酒精灯烧针法 是利用酒精灯火焰直接烧针，待针尖烧红，迅速刺入穴位。有人称此种方法为温针疗法。

4. 三弯针

针尖锐利的优质钢针，长约 12cm，在距尖端约 0.5cm 处有一小弯，专用于针开天穴，治疗浑睛虫病。

5. 宿水管

一般为铜制的锥形小管，形似笔帽，长约 5.5cm，上有 8～10 个直径为 2.5mm 的小圆孔。用于放腹水，治疗宿水停脐。

（二）针刺前的准备

1. 针具

根据施针目的选择适当的针具，并检查针具有无生锈、带钩或弯折现象。针具一般用 75% 酒精消毒，必要时用蒸汽或煮沸消毒。

2. 病畜

为了便于操作、定穴准确和人畜安全，施术时要适当加以保定，并对施针穴位剪毛消毒。

3. 术者

术者手指应予消毒，同时根据临床诊断确定针治处方，正确施针。

（三）持针法

针刺时以手把持针具的方法称为持针法。常用的持针法有以下三种。

1. 手握式持针法

右手的拇指和食指捏住针头，根据刺入的深度留出针刃，中指和无名指将针柄固定在掌心。此法用于宽针、三棱针和大圆利针。

2. 执笔式持针法

如执毛笔一样夹持针柄，此法多用于圆利针。

3. 代替针槌持针法

将宽针握于右手食指、中指、无名指之内，小指背侧托住针头，并控制针尖留出的长度，拇指端按住针柄的末端，应用臂力的摆动进行速刺。此法多用于扎胸膛等穴位。

（四）按穴法

在刺针时，一般以左手切压穴位皮肤，以便使针能顺利地刺入穴位。

1. 指切按穴法

针刺时，以一手拇指压切穴位附近皮肤，另一手持针，沿着按穴的拇指甲前缘刺入穴位。

2. 夹持按穴法

用左手拇指、食指将穴位皮肤捏起，右手持针刺入两指之间的穴位皮肤。此法多用于皮下肌肉较薄处的穴位。

3. 指张按穴法

用左手拇指、食指将穴位处皮肤向两侧撑开，绷紧，以便进针。此法多用于皮肤松弛部位。

（五）进针法

常用的有速刺和缓刺两种进针法。

1. 速刺进针法

速刺进针法又称急刺进针法，是以急速的手法将针刺入穴位。一般多在使用圆利针、宽针、三棱针和火针时运用。使用圆利针时，先将针尖急速刺入穴位皮下，调整针刺角度后，随即迅速地刺入一定深度；使用宽针或三棱针时，要回定针尖长度，对准穴位，针刃顺血管方向敏捷地刺入血管，要求一针见血；使用火针时，选择一定长度的火针针具，待针烧透后，一次急速刺入所需深度，不可中途加深。

2. 缓刺进针法

缓刺进针法又称捻转进针法。一般仅用于小圆利针。进针时先将针盖子刺入穴位皮下，以右

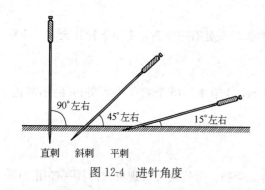
图 12-4 进针角度

手的拇指和食、中指持针柄，左手的拇指和食指固定针体，然后右手用轻捻小旋转的手法，缓缓刺入一定深度。

（六）针刺角度

针刺角度是指针刺穴位时，针身与穴位皮肤表面所形成的角度，一般分直刺、斜刺和平刺3种（见图12-4）。

① 直刺：即针身与穴位皮肤呈90°垂直刺入，多用于肌肉较厚的穴位，如巴山、环跳、百会等穴。

② 斜刺：即针身与穴位皮肤呈45°斜向刺入，适用于骨骼边缘和不宜深刺的穴位。如关元俞、脾俞等穴。

③ 平刺：又称沿皮刺，即针身与穴位皮肤呈15°刺入，用于肌肉较薄处的穴位。如锁口、肺门、肺攀等穴。有时施行透针时也常应用。

（七）进针的深度与针感

针刺时进针深度必须适当，不同的穴位对针刺深度各有不同的要求，如开关穴刺入2～3cm，而夹气穴一般要刺入30cm左右。一般情况下，其他穴位均应以本书规定的深度为依据，但又须根据病畜体型、年龄、体质、病情等的不同而灵活掌握。一般肌肉菲薄，或靠近大血管，或内部有重要脏器的穴位，尤其是胸背部和肋下有肝、脾的穴位，针刺则不宜过深。而肌肉丰厚的穴位则可酌情深刺。

当针刺达到适当深度后，就可能产生针感。针感即"得气"，是指在针刺过程中，术者手下感到沉紧，患畜出现提肢、拱腰、摆尾、局部肌肉收缩或跳动等反应。针刺在出现针感后，还应施以恰当的刺激，才能获得满意的治疗效果。其刺激强度一般可分为三种。

① 强刺激：进针较深，捻转、提插幅度大，速度快，用力重。适用于体质较强的病畜。

② 弱刺激：进针浅，捻转、提插幅度小，速度慢，用力轻。适用于老弱病畜。

③ 中刺激：介于强弱刺激之间。

针刺治病，要达到一定的刺激量，除刺激强度外，还需维持一定的刺激时间，才能取得较好效果。

（八）进针后的手法

进针后的手法很多，在兽医临证时常用的有以下几种。

1. 提插

提是将已刺入穴位的针往上提起一些；插是将针向内再刺入一些。提和插是一个连续的动作，也就是将针刺进穴位后，再做一上一下的连续不断变动针刺深度的手法叫做提插。只用于圆利针和毫针。

2. 捻转

进针到达一定深度后，以拇指和食、中指持针柄，一左一右来回转动针体，称为捻转手法。捻转幅度的大小，视病情而定。但不能只单向捻转，否则会发生肌纤维缠绕针体，造成滞针。

3. 徐疾

"徐"是慢，"疾"是快。无论是提插或捻转，都可徐可疾。因此，它是各种手法中的一种配合动作。一般徐缓进针，疾速出针为补；疾速进针，徐缓出针为泻。

4. 轻重

轻重手法也是配合其他手法的一种操作。"轻"是在提插捻转时用力要轻；"重"是在提插捻转时较为用力，速度较快。轻者为补，重者为泻。

5. 留针

留针是在施针运用手法后，将针留在穴内一段时间，其长短根据病情决定，一般10～

20min。通常毫针、火针都要留针。

此外，还有捣针、摇针、弹针、拨针等手法。捣针就是将针上、下捣动；摇针就是把针摇动；弹针就是用手指弹动针柄，引起针体震动；拨针就是使进针后的针头向不同方向微微拨动。

（九）退针法

退针又叫起针。临证时常用的有两种。

1. 捻转退针法

捻转退针法即起针时，一手按定针旁皮肤，另一手持针柄，左右捻转，慢慢将针退出穴位。

2. 抽拨退针法

抽拨退针法即起针时将针轻捻后，一手按定针旁皮肤，另一手把住针柄，将针迅速拨出穴外，这种方法叫急起针。

起针时如有滞针现象，则应在穴位附近另用一针进行针刺，以缓解穴位肌肉紧张，然后再起针，也可以先用手指刮拨针柄，然后再起针。

（十）注意事项

① 患畜在过饥、过饱、饮水、大出汗、大出血、劳役及配种后，不能立即施针；妊娠后期母畜的腹部、腰部及其针刺反应敏感的穴位也不宜针刺，特别是火针，更应慎用。

② 应根据病情拟好针治方案（一般以7天为一个疗程），做到施针时心中有数。

③ 施针前认真检查针具是否完好，并应消毒。

④ 患畜必须保定好，注意人畜安全。

⑤ 用宽针放血时，要做到针刃与血管平行，以免切断血管。火针刺入穴位后，一般不留针或稍留针，然后将针柄稍稍捻转一下再退针，以防裹针或针孔出血。退针后，要用消炎药膏封闭针孔，以防感染。

⑥ 对高热、剧痛及疑难病证，针刺无效时，不宜再针，可改用其他疗法。

⑦ 针后应注意护理。如需复针，应选好时间，按期诊治。

（十一）选穴规律及取穴方法

1. 选穴规律

针灸治病与方药治病一样，其目的主要是扶正祛邪，补虚泻实，同样有规律可循。一般是急性病宜针，慢性病宜灸；实证、热证宜泻，虚证、寒证宜补。只有辨证施治，才能发挥针灸的补泻作用，收到预期的治疗效果。古人根据俞穴的主治，得出如下的取穴规律。

① 循经取穴：即根据经络循行部位选穴。因疾病发生在某一脏腑，可通过经络反映在体表的相应部位，故可在相关的经脉上选穴治疗，如肝热传眼，可放肝经的太阳血；肺热喘粗，可放肺经的颈脉血；心热神昏、口舌红肿糜烂，可放心经的胸堂血；肠黄，放脾经的带脉血等。

② 局部选穴：某一局部发病，就在该部取穴治疗。如混睛虫病取开天穴，舌肿取通关穴，低头难取九委穴；锁口黄选锁口穴；胃热选玉堂穴；迎风痛选掠草穴等。这种取穴方法，使用范围广泛，对体表、脏腑、急性或慢性疾病都可使用。

③ 邻近选穴：在患部上下或左右的经络线上取穴。如中风选大、小风门穴；尾根歪斜选尾根穴；公畜阴肾黄选阴俞穴；母畜水肾黄选会阴穴等。

④ 远端选穴：即在患病的远离部位选穴。主要用于脏腑疾病的治疗。如脾虚泄泻、消化不良选后三里穴等。近20年来，在针刺镇痛方面，也多采用远端选穴。如三阳络透夜眼、抢风穴组等。

⑤ 随证选穴：即根据某些病证选取主要穴。如感冒时主选天门穴，高烧加大椎穴以退热，通鼻解表加风门，咳嗽加肺俞或肺攀穴。又如在疝痛疾病时放三江、蹄头、带脉血，或取姜牙、三江、分水穴等。

2. 取穴方法

针灸定穴方法又称取穴方法，是指确定针灸穴位位置的方法。针刺时能否准确定位取穴，直接影响疗效。常用的定穴方法有 4 种。

① 自然标志定穴法：穴位多分布在骨骼、关节、肌沟、韧带之间或皮下浅表的静脉管上，因此可根据穴位局部的突起、凹陷等解剖结构的体表投影位置或头面部的五官为标志定位。如背正中线上第三、第四胸椎棘突间的凹陷正中取鬐甲穴；腰荐结合处取百会穴。又如牛的下唇正中有毛与无毛交界处取承浆穴等。

② 体躯比例间距定穴法：在解剖标志的基础上，按体躯比例确定腧穴的位置。如两耳连线与背正中线交点处取天门穴，猪的两鼻孔之间、鼻中隔正中取鼻梁穴等。

③ 指量定穴法：以术者第二指关节的宽度为取穴尺度，适用于中等体型的大家畜。即中指第二指关节的宽度为 1.5cm，食、中指相并为 3cm，食、中、无名指 3 指相并为 4.5cm，食、中、无名、小指相并为 6cm。如马眼外角外侧 4 横指为眼脉穴，2 横指为太阳穴，肘后 4 横指脉管上为带脉穴，髆尖穴前下方 8 横指的肩胛骨前缘处为肺门穴等。这种定穴法由古人流传至今，如《伯乐针灸》所载"带脉穴：在肘后四指"。

④ 同身寸取穴法：以患畜坐骨结节相对的一节尾椎骨（牛、猪为第三尾椎）之长度作为一寸，用以量取穴位的标准。

二、灸术

点燃艾卷或艾炷，熏灼动物体穴位或特定部位，或利用其他温热物体，在家畜体表的腧穴部位或患部给予温热灼痛刺激，借以疏通经络、驱散寒邪，达到治疗目的的方法称为灸术。常见的灸术有以下几种。

（一）艾灸

艾灸是将艾绒制成艾卷或艾炷，点燃后熏灼动物体穴位或特定部位，以治疗疾病的方法。艾绒由艾叶制成。以叶厚绒多、艾叶药气味芳香、易于燃烧、火力均匀者为好，具有温通经脉、驱除寒邪、回阳救逆的功效。艾灸有艾卷灸、艾炷灸和温针灸三种。

1. 艾卷灸

不受体位限制，全身各部均可施术。可用火纸或毛边纸将艾绒卷成纸烟形，长 18～20cm，直径约 6cm。根据操作方法的不同，又分温和灸和雀啄灸两种。

① 温和灸：将艾卷点燃，距穴位 1～2cm 连续地给患病动物一种温和刺激。一般每穴灸 3～5min。

② 雀啄灸：手持点燃的艾卷，用艾头刺激一下穴位皮肤后立即离开，再刺激，再离开，如此反复，如麻雀啄食。每穴灸 3～5min。此法刺激强烈，施术时应注意不要灼伤皮肤。

2. 艾炷灸

艾炷灸为我国古代常用灸法。其形状为圆锥体，上尖下圆。可分为直接灸和间接灸两种。

① 直接灸：将艾炷直接置于穴位上，点燃，待燃烧至底部时，再换一个艾炷。每燃尽一个艾炷称为"一壮"。艾炷的大小和壮数的多少决定了刺激量的大小，一般治疗以三至五壮为宜。

② 间接灸：将穿有小孔的姜片、蒜片、附子片或食盐等其他药物，置于艾炷和穴位之间，点燃艾炷对穴位进行熏灼的方法称为间接灸，也叫隔物灸。有隔姜灸、隔蒜灸、隔盐灸、附子灸等。艾炷灸多用于腰部穴位。

3. 温针灸

温针灸是将毫针或圆利针刺入穴位，待出现针感后，再将艾绒捏在针柄上点燃，使热经针体传入穴位深部而发挥作用的方法，具有针刺和灸的双重作用。

（二）温熨疗法

温熨是治疗家畜腰胯风湿的常用疗法，具有温经散寒作用，故亦属灸法范畴。

温熨是用温热物体对动物患部或穴位施行敷熨，具有温经散寒的作用，为治疗风湿症的常用疗法。

1. 醋麸熨

麦麸 10kg（或酒糟、醋糟），陈醋 2.5kg，麻袋 2 条。先将一半麦麸，放在大铁锅中炒，随炒随加醋，加醋至手握麦麸成团，放手即散为度，温度 40～60℃，即可装麻袋中。用此法再炒另一半麦麸，两袋交替，温熨患部，至患部微汗时，即可停止，熨后注意保暖。常用于腰胯风湿症的治疗，1 日 1 次，连续数日。

2. 醋酒灸

醋酒灸又名"火烧战船"、"背火鞍"，常用于治疗腰背部风湿症和破伤风等。操作时，先把患畜保定于柱栏内，用温醋润湿患部及外围被毛，再盖以醋浸的草纸或白布，然后在湿布上喷酒精，以火点燃，反复地喷酒浇醋，火小喷酒精，火大浇陈醋，切勿使敷布或被毛烧干。直至患畜耳根或腋下出汗为止。术后注意保暖，或以毡被覆盖。本法对老弱患畜慎用，孕畜禁用。

3. 软烧法

软烧法是治疗慢性关节炎、屈腱炎、变形性关节炎、腰风湿与腰挫伤的一种治疗方法。

① 工具：烧灼棒长 40cm，直径 1.5cm，一端用棉花纱布包裹，再用细铁丝扎紧，呈圆形棉纱球，长约 8cm，直径约 3cm。蘸醋工具：小扫把 1 个。

② 药液：95%酒精 0.5kg（或 60 度白酒 1kg）作为燃料；食醋 1kg、花椒 30g 混合煮沸 20～30min，候温备用。

③ 治疗方法：患畜站在六柱内，系起吊带将前或后健肢吊起（向前方或后方转位）固定。以小扫把蘸醋椒液，在患部周围上下大面积涂刷，再将烧灼棒的棉球蘸酒燃着，于患部先行缓慢燎烧（文火），待 2～3min 患部皮温逐渐增高后，可加大火力（武火），节律一致地摆动烧灼棒，将火焰呈直线用于患部及其周围。在烧灼过程中要不断涂刷醋椒液，以免烧伤患畜。烧灼一次约需 45min。

④ 护理及注意：烧灼后因汗出过多，应免受风寒，停止使役，早晚牵遛 1h。烧灼时切忌用棉纱球拍打皮肤，以免严重烧伤。

（三）烧烙

烧烙疗法是将特制的烙铁（见图 12-5）烧红后，在动物体表进行画烙或熨烙的一种传统疗法。烧烙术是取其强力的热烙作用，使之透入皮肤组织深部，以温通经络，促使患部气血运行，消肿破瘀，使患部疼痛逐渐消失，恢复其功能，且能直接限制病灶不再继续发展。此法盛行于古代，现在某些地区仍继续使用。

1. 直接烧烙

① 器材：刀状烙铁 2 把（见图 12-5），倒马绳，陈醋，木材，火炉等。

② 方法：病畜在施术前 12h 以内少喂或不喂，避免施术时患畜骚动不安发生危险。然后用烧好的刀形烙铁在患部直接进行烧烙。先烧掉毛，再由轻到重，边烙边喷醋，至皮肤烙呈焦黄色为度。烙后防止啃咬和感染。

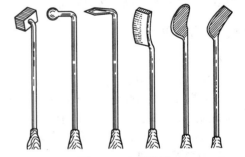

图 12-5 各种烙铁

③ 适应证：各种慢性关节炎、屈腱炎、骨瘤等。

2. 间接烧烙

① 器材：方形烙铁 4 把（加大火力时用）（见图 12-5），棉纱热数个，陈醋，木炭等。

② 方法：病畜站立保定，将浸醋的棉纱垫固定于穴位上，然后用烧至半红的烙铁，反复在棉纱垫烧焦。若不愈，1 周后再烙。

③ 适应证：破伤风、脑炎、风湿症、面神经麻痹等。

注意事项：不可长时间强压患部不动，以免局部烫伤。烙铁以呈黑褐色时的温度为宜，不要过高。

（四）拔火罐

拔火罐又称火罐疗法，是借助燃烧排去罐中空气，使其吸附在局部皮肤上，造成瘀血的一种治疗方法。

1. 拔火罐用具

竹筒、陶瓷罐或玻璃罐，亦可用大罐头瓶或小玻璃杯代替（见图12-6）。

图12-6　各种火罐

2. 操作方法

拔罐应选择体表平阔之处，按罐口大小，先在皮肤上剃毛，并涂上一层黏滑剂（不易燃物），使被毛平顺，不透气。常用的烧罐方法有投火法和闪火法两种。投火法即将纸片或酒精棉球点燃后投入罐内，待火焰烧到最旺时，急将罐扣在术部。闪火法用镊子夹一块酒精棉球，点燃后深入罐内烧一下即抽出，而后将罐扣在术部。一般拔罐时间为10～15min，连续2～3次，间隔2～3天。急性病痛，可每日1次，连续3～4次为1个疗程。

3. 适应证

常用于治疗腰背风湿、闪伤等，亦可用于拔除痈疽疮疡的脓血。

> ［附］　刮痧疗法：又名瘀血灸，是用瓷碗片或"刮痧器"，顺毛刮擦皮肤表面，使皮肤瘀血或出血，以取得治疗效果。如刮大椎穴，治疗猪感冒。

第三节　针刺麻醉

针刺麻醉是根据针刺能够镇痛和调节畜体生理功能的原理，对动物某些穴位施以一定的物理刺激，使动物的痛觉明显减弱或消失，从而使其在清醒状态下接受外科手术的一种麻醉技术，简称针麻。不需要任何麻醉药物辅助。

一、常用针麻穴位

1. 三阳穴组

三阳穴组由三阳络、抢风二穴和夜眼组成，多用于马属动物。

三阳络穴：在前肢桡骨外侧韧带结节下方约6cm处的肌沟中。进针角度为15°～20°，沿桡骨后缘斜向内下方刺入10～12cm，使针尖抵达夜眼皮下，不穿透但能触感针尖为度。

抢风穴：详见马、牛、猪的针灸穴位。

2. 百会腰旁穴组

用于马、牛的多种手术。腰旁穴共有3个。第一腰椎末端与最后肋骨之中点为腰旁一穴，第二、第三腰椎横突末端之间为腰旁二穴，第三、第四腰椎横突末端之间为腰旁三穴。采用透穴针刺法，由第四腰椎横突末端进针，穿过皮肤，针尖经其他腰椎横突末端，抵达最后肋骨止。百会穴见马、牛的针灸穴位。

3. 岩池颌溪穴组

用于马、牛多种外科手术，站立、倒卧保定均可。

岩池穴：位于耳壳后缘，岩骨乳突前下方凹陷处。针法是向对侧口角方向进针6～8cm。

颌溪穴：位于下颌关节突下缘凹陷处后方约1.5cm处。针法是向后下方刺入4.5～6cm。

4. 六神穴组

用于猪的外科手术麻醉。横卧或仰卧保定。

安神穴：位于耳根基部与颈部交界处，寰椎翼上方1~2cm处。针法是向前内下方，对准同侧最后一对臼齿进针5~10cm。

二、针麻方法

针麻方法较多，现在兽医临床上常用的有捻针麻醉、电针麻醉和水针麻醉。

1. 捻针麻醉

捻针麻醉指根据捻针方式，用毫针和圆利针刺入某些穴位，施以针刺手法，以达到镇痛和麻醉的效果。可分为人工捻针麻醉和电子捻针麻醉。人工捻针麻醉要求术者具有熟练的技能和一定的指力、腕力；电子捻针麻醉是用电子捻针机代替人工捻针。根据手术需要选取穴位，进针后，采用捻转或提插等手法，给予一定的刺激，逐渐加大频率和电流强度进行诱导，时间一般为10~30min。运针频率为100~120次/min或120~150次/min。捻转针体的幅度为120°~360°，提针幅度为15mm。针刺术部皮肤，痛觉消失，患畜进入麻醉期，这时可酌情减小刺激量。捻针要轻巧平稳。在捻针过程中，如发生弯针、滞针等情况，应起针重扎，或改变针尖方向。

2. 电针麻醉

电针麻醉是在畜体穴位上刺入针体，得到针感后，再通以电流诱导，使病畜获得持久而适量的刺激，从而达到麻醉效果的一种方法。

① 根据手术需要，选定针穴组，按针刺疗法要求进针。

② 在针柄上分别连接电疗机（如为治疗麻醉两用机，应调至麻醉档）的两条输出导线，接通电源，调节频率由低到高，输出由弱到强，使患畜逐渐适应。经3~5min，频率达到50次/s左右，输出达患畜最大耐受量。一般诱导10~20min，即可进行手术。

③ 在手术过程中一直通电，并可根据手术需要适当调节输出和频率。手术完毕后，先将输出和频率调至"0"后再关闭电源，除去毫针，消毒针孔。

④ 在麻醉过程中，要注意观察，防止掉针，并可用纱布条或胶布固定针柄。

3. 水针麻醉

根据手术部位的需要，选取适当的穴位，采用穴位注射法，使手术部位达到镇痛和麻醉的效果。操作方法见水针疗法。

第四节 新针疗法

一、新针疗法

新针疗法是在白针疗法的基础上发展起来的，又称为毫针疗法。在实践中应用较普遍，治疗效果显著。

1. 针具

毫针多采用19、20、23号不锈钢丝制成，针体直径为0.64~1.25mm，针体长度有6cm、10cm、12cm、15cm、20cm、25cm和30cm等多种。其中细针（23号）多用于眼部穴位及中小家畜，长针常用于透穴。

2. 毫针疗法的特点

(1) 进针深 毫针比传统的白针刺得深，具体深度以针达部位后"得气"和不刺伤内脏器官为标准。如马、牛百会穴，传统针刺深度为4~5cm，而毫针可深刺达6~7.5cm，后海穴传统针刺深度为1~2cm，而毫针在猪可刺入10cm，在马、牛可刺入30cm。

(2) 刺激强 除进针深外，还可采取大幅度捻转和提插，因而加大了刺激强度。

(3) 透穴多 由于毫针细长，对某些并列的穴位可以横刺透穴，以减少进针点，加大刺激量。如肾棚透腰前，一针透4穴；也可锁口透开关。

(4) 疗效高 由于进针深、捻转提插幅度大，易调整使其得气，且刺激强度大，故疗效也好。

(5) 损伤 毫针细而长，因而对组织的损伤小，不易感染，容易愈合，也可每天施针。

3. 操作方法

穴位及针具消毒后，术者一手按穴，一手持针，先使针尖露出适当长度，对准穴位刺入，然后运用指力进针，当达到有针感的适当深度，即可进行补泻手法，以发挥针刺的治疗作用。如针下松弛，则没有针感，多由于针刺体表穴位不准，或进针角度不对，或深度不够，或动物体位不正所致。应提起针体，改变方向、深度，调整体位或起针重扎，务以产生针感为好。

二、电针疗法

电针疗法是在毫针疗法的基础上发展起来的。它是根据疾病的需要选取适当穴位，用毫针或圆利针刺入一定深度，再通以适当的电流，刺激针刺穴位，以调节机体功能，从而达到治疗疾病的目的。

1. 电针器具

圆利针或毫针、电疗机及其附属用具。

2. 电针方法

电针疗法一般可根据病情，选取 2~4 个穴位，经剪毛消毒后，将针刺入穴位达一定深度，在捻转提插出现针感后，先将电疗机的正负极导线分别夹在针柄上，把电疗机的波型置于治疗挡，输出置于刻度"0"，然后接通电源，将频率由低到高，输出由弱到强，逐渐调到所需的程度，以病畜能安静地接受治疗为准。

通电时间一般为 15~30min，也可根据需要适当延长时间。在治疗过程中，应不时调整电疗机，使输出和频率适当变化，或每数分钟停电 1 次，这样以利于消除患畜的适应性，增强治疗效果。最后频率应该由高到低，输出由强到弱，逐渐调至刻度"0"后再关闭电源，然后除去金属夹，退针后消毒针孔，一般每日或隔日施针 1 次，5~7 天为 1 个疗程，每个疗程间隔 3~5 天。

3. 电针疗法的应用

电针疗法除用于治疗外，还广泛用于麻醉。

电针疗法的治疗范围很广，凡是圆利针的治疗范畴，均可采用电针。电针疗法对各种家畜的起卧症、消化不良、神经麻痹、肌肉萎缩、风湿症、直肠及阴道垂脱等，有较好的治疗效果。

三、水针疗法

水针疗法也叫穴位注射法，是一种针刺与药物相结合的新疗法。它是在穴位、痛点或肌肉起止点注射某些药物，通过针刺和药物对穴位的刺激，以达到治疗疾病的方法。此法操作简便，器材简单，用药量小（一般仅为肌内注射的 1/5~1/3），疗效显著。多用于眼病、风湿症、神经麻醉等。

1. 操作方法

常用的操作方法有以下三种。

(1) 痛点注射 根据诊断，找出痛点，进行注射。

(2) 穴位注射 一般白针穴位均可使用。可根据病情需要，适当选用。

(3) 患部肌肉起止点注射 如痛点不明显，可在患部肌肉的起止点进行注射，注射深度要达到骨膜和肌膜之间。

其注射方法与肌内注射相同。但穴位注射时应达到其他针法一样的深度，待出现针感后再缓慢注射药液。一般 2~3 天注射 1 次，3~5 次为 1 个疗程，必要时可停药 3~7 天，再进行第二疗程。

2. 药物及剂量

凡能皮下注射或肌内注射的药物，都可用于水针疗法。常用的药物有 5%~10% 葡萄糖、生理盐水、0.5%普鲁卡因液、维生素 B_1、维生素 B_{12} 等。但也可以根据不同的疾病使用相应的中、西药物，如抗生素、止痛药、镇静药、抗风湿药及当归液、红花液、黄连素液、穿心莲液等注射剂。药用量可根据药物性质、注射部位及注射点多少来决定，一般为 10~15mL。

3. 注意事项

① 注射后局部常有轻度的肿胀和疼痛，一般经 1 天左右可自行消失，所以 2~3 天注射 1 次为宜。

② 个别病畜注射后有体温升高现象，因此，对发热的病畜最好不用此法治疗。

四、激光针灸疗法

激光是 20 世纪 60 年代发展起来的一项技术，现已用于多个科学领域。激光在兽医针灸方面的应用，始于 20 世纪 70 年代。实践证明，激光具有提高机体抗病能力、强筋壮骨、增强脾胃功能、活血散瘀、理气止痛、安全保胎等功能。激光针灸疗法简称为激光疗法。从目前中兽医临床上的应用情况看，可分为光针疗法和光灸疗法。

1. 激光器

目前兽医临床使用最多的是 He-Ne 激光器和 CO_2 激光器。前者功率 1~40mW，输出一种波长为 63.28nm、穿透力较强而热效应较弱的红光，主要用于照射穴位和局部组织；后者功率为 15~30W 或 50~300W，输出一种波长为 100~6000nm、穿透力较弱、热效应较强的红外不可见光，可用于穴位烧灼，也可代替手术刀。

2. 操作方法

(1) 光针疗法　应用 He-Ne 激光器，可根据病情选穴 2~3 个，剪毛，然后将激光束对准穴位，距穴位 5~10cm 进行照射，每穴照射 10min，每日 1 次，连续 10~14 天为一个疗程。光照时应注意避免光点偏离穴位。

(2) 应用 CO_2 激光器　如烧灼穴位，可将激光输出端接触皮肤，每穴烧灼 2~6s；如散焦辐射，距离应为 20~30cm，每穴 5~10min。

(3) 取穴　一般白针穴位均可选用。马病：消化不良，取脾俞、关元俞、后三里等穴；颈风湿，取风门、九委等穴；背腰风湿，取百会、肾棚、腰中、腰后等穴；四肢风湿，取抢风、大胯、小胯、百会、冲天、乘重、邪气等穴。牛病：不孕症，取后海、阴俞等穴；乳房炎，取阳明、滴明、通乳等穴；犊牛消化不良，取后海等穴。猪病：仔猪白痢，取后海、后三里等穴。

第十三章　常用穴位及应用

第一节　牛的常用穴位及应用

一、头部穴位

序号	穴　名	取　穴　部　位	针　法	主　治
1	天门 Tian-men	两角根连线正中后方,即枕寰关节背侧的凹限中,一穴	火针、小宽针或圆利针向后下方斜刺3cm,毫针刺3~6cm,或火烙	感冒,脑黄,癫痫,眩晕,破伤风
2	耳尖 Er-jian(血印)	耳背侧距尖端3cm的耳静脉内、中、外三支上,左右耳各三穴	捏紧耳根,使血管怒张,用中宽针或大三棱针刺破血管,出血	中暑,感冒,中毒,腹痛,热性病
3	太阳 Tai-yang	外眼角后方约3cm处的颞窝中,左右侧各一穴	小宽针刺入1~2cm,出血;或避开血管,毫针刺入3~6cm;或施水针	中暑,感冒,癫痫,肝热传眼,睛生翳膜
4	睛明 Jing-ming(睛灵)	下眼眶上缘,两眼角内、中1/3交界处,左右眼各一穴	上推眼球,毫针沿眼球与泪骨之间向内下方刺入3cm;或以三棱针在下眼睑黏膜上散刺,出血	肝热传眼,睛生翳膜
5	睛俞 Jing-shu(眉神、鱼腰)	上眼眶下缘正中的凹限中,左右眼各一穴	下压眼球,毫针沿眶上突下缘向内上方刺入2~3cm;或三棱针在上眼睑黏膜上散刺,出血	肝经风热,肝热传眼,眩晕
6	山根 Shan-gen	主穴在鼻唇镜背侧正中有毛无毛交界处,两副穴在左右鼻孔背角处,共三穴	小宽针向后下方斜刺1cm,出血	中暑,感冒,腹痛,癫痫
7	唇内 Chun-nei(内唇阴)	上唇内面,正中线两侧约2cm的上唇静脉上,左右各一穴	外翻上唇,以三棱针直刺1cm,出血;也可在上唇黏膜肿胀处散刺	唇肿,口疮,慢草,热证
8	通关 Tong-guan(知甘)	舌体腹侧面,舌系带两旁的舌下静脉上,左右侧各一穴	将舌拉出,向上翻转,小宽针或三棱针刺入1cm,出血	慢草,木舌,中暑,在春、秋季开针洗口有防病作用
9	承浆 Cheng-jiang	下唇下缘正中有毛无毛交界处,一穴	中、小宽针向后下方刺入1cm,出血	下颌肿痛,五脏积热,慢草
10	锁口 Suo-kou	口角后上方约2cm口轮匝肌外缘处,左右侧各一穴	小宽针或火针向后上方平刺3cm,毫针4~6cm,或透刺开关穴	破伤风牙关紧闭,歪嘴风
11	开关 Kai-guan	颊部咬肌前缘,最后一对臼齿稍后方,左右侧各一穴	三棱针或小宽针直刺1.5cm,或透刺到对侧,出血	肺热,感冒,中暑,鼻肿
12	顺气 Shun-qi(嚼眼)	口内硬腭前端切齿乳头两侧的鼻颚管开口处,左右侧各一穴	将去皮、节的鲜细柳(榆)枝端部削成钝圆形,徐徐插入20~30cm,剪去外露部分,留置2~3h或不取出	肚胀,感冒,睛生翳膜

二、躯干部穴位

序号	穴 名	取 穴 部 位	针 法	主 治
13	丹田 Dan-tian	第一、第二胸椎棘突间的凹陷中,一穴	小宽针、圆利针或火针向前下方刺入3cm,毫针刺6cm	中暑,过劳,前肢风湿,肩痛
14	鬐甲 Qi-jia(三台)	第三、第四胸椎棘突顶端的凹陷中,一穴	小宽针或火针向前下方刺入2~3cm,毫针4.5cm	前肢风湿,肺热咳嗽,脱膊,肩肿
15	苏气 Su-qi	第八、第九胸椎棘突顶端的凹陷中,一穴	小宽针、圆利针或火针向前下方刺入1.5~2.5cm,毫针刺3~4.5cm	肺热,咳嗽,气喘
16	安福 An-fu	第十、第十一胸椎棘突顶端的凹陷中,一穴	小宽针、圆利针或火针直刺入1.5~2.5cm,毫针刺3~4.5cm	腹泻,肺热,风湿
17	天平 Tian-ping(断血)	最后胸椎与第一腰椎棘突间的凹陷中,一穴	小宽针、圆利针或火针直刺入2cm,毫针刺3~4cm	尿闭,肠黄,尿血,便血,阉割后出血
18	后丹田 Hou-dan-tian	第一、第二胸椎棘突间的凹陷中,一穴	小宽针、圆利针或火针直刺入3cm,毫针刺4.5cm	慢草,腰胯痛,尿闭
19	肾俞 Shen-shu	百会穴旁开6cm处,左右侧各一穴	小宽针、圆利针或火针直刺入3cm,毫针刺4.5cm	腰胯风湿,闪伤
20	百会 Bai-hui	腰荐十字部,即最后腰椎与第一荐椎棘突间的凹陷中,一穴	小宽针、圆利针或火针直刺入3cm~4.5cm,毫针刺6~9cm	腰胯风湿,闪伤,二便不利,后躯瘫痪
21	安肾 An-shen	第三、第四腰椎棘突间的凹陷中,一穴	小宽针、圆利针或火针直刺入3cm,毫针刺3~5cm	腰胯痛,肾痛,尿闭,胎衣不下,慢草
22	六脉 liu-mai	倒数第一、第二、第三肋间,髋骨翼上角水平线处的髂肋沟中,左右侧各三穴	小宽针、圆利针或火针向内下方刺入3cm,毫针刺6cm	便秘,肚胀,积食,泄泻,慢草
23	脾俞 Pi-shu(六脉第一穴)	倒数第三肋间,髋骨翼上角水平线处的髂肋沟中,左右侧各一穴	小宽针、圆利针或火针向内下方刺入3cm,毫针刺6cm	消化不良,肚胀,积食,泄泻
24	关元俞 Guan-yuan-shu	最后肋骨与第一腰椎横突顶端之间的髂肋沟中,左右侧各一穴	小宽针、圆利针或火针向内下方刺入3cm,毫针刺4.5cm;亦可向脊椎方向刺入6~9cm	慢草,便结,肚胀,积食,泄泻
25	肺俞 Fei-shu	倒数第五、第六、第七、第八任一肋间与肩、髋关节连线的交点处,左右侧各一穴	小宽针、圆利针或火针向内下方刺入3~4.5cm,毫针刺6cm	肺热咳嗽,感冒,劳伤气喘
26	阳明 Yang-ming	乳头基部外侧,每个乳头一穴	小宽针向内上方刺入1~2cm,或激光照射	奶黄,尿闭
27	穿黄 Chuan-huang(吊黄)	胸前,腹正中线旁开1.5cm处,一穴	拉起皮肤,用带马尾的穿黄针左右对皮肤,马尾留置穴内,两端拴上适当重物,引流黄水	胸黄
28	滴明 Di-ming	脐前约15cm,腹中线旁12cm处的腹壁皮下静脉上,左右侧各一穴	中宽针顺血管刺入2cm,出血	奶黄,尿闭
29	云门 Yun-men	脐旁开3cm,左右侧各一穴	治肚底黄,用大宽针在肿胀处散刺;治腹水,先用大宽针破皮,再插入宿水管	肚底黄,腹腔积液
30	后海 Hou-hai	肛门上、尾根下的凹陷处正中,一穴	小宽针、圆利针或火针向内前上方刺入3~4.5cm,毫针刺6~10cm	久痢,泄泻,胃肠热结,脱肛,不孕症

续表

序号	穴名	取穴部位	针法	主治
31	肷俞 Qian-shu	左侧肷窝部,即肋骨后、腰椎下与髂骨翼前形成的三角区内	套管针或大号采血针向内下方刺入6~9cm,徐徐放出气体	急性瘤胃臌气
32	尾根 Wei-gen	尾背侧正中,荐尾结合部棘突间的凹陷中,以手摇尾动与不动前的凹陷处,一穴	小宽针、圆利针或火针直刺1~2cm,毫针刺3cm	便秘,热泻,脱肛,热性病
33	尾本 Wei-ben	尾腹面正中,距尾基部6cm处尾静脉上,一穴	中宽针刺入1cm,出血	腰风湿,尾神经麻痹,便秘
34	尾尖 Wei-jian	尾尖末端,一穴	中宽针直刺1cm或将尾尖十字劈开,出血	中暑,中毒,感冒,过劳,热性病

三、前肢穴位

序号	穴名	取穴部位	针法	主治
35	颈脉 Jing-mai(鹘脉)	颈静脉沟上、中1/3交界处的颈静脉上,左右侧各一穴	高拴牛头,徒手按压或扣颈绳,大宽针刺入1cm,出血	中暑,中毒,脑黄,肺风毛燥
36	膊尖 Bo-jian(云头)	肩胛骨与肩胛软骨前角结合处,左右肢各一穴	中宽针、圆利针或火针沿肩胛骨内侧向内下方刺入3~6cm,毫针9cm	脱膊,前肢风湿
37	膊栏 Bo-lan(爬壁)	肩胛骨与肩胛软骨后角结合处,左右肢各一穴	小宽针、圆利针或火针沿肩胛骨内侧向前下方斜刺3cm,毫针刺6~9cm	脱膊,前肢风湿
38	肩井 Jian-jing	肩关节前上缘,臂骨大结节外上缘的凹陷中,冈上肌与冈下肌的肌间隙内,左右肢各一穴	小宽针、圆利针或火针向内下方斜刺3~4.5cm,毫针刺6cm	脱膊,前肢风湿、肿痛,肩胛上神经麻痹
39	抢风 Qiang-feng	肩关节后下方,三角肌后缘与臂三头肌长头、外头形成的凹陷中,左右肢各一穴	小宽针、圆利针或火针直刺3~4.5cm,毫针刺6~9cm	脱膊,前肢风湿,肩胛上神经麻痹
40	肘俞 Zhou-shu	臂骨外上髁与肘突之间的凹陷中,左右肢各一穴	小宽针、圆利针或火针向内下方斜刺3cm,毫针刺4.5cm	肘部肿胀,前肢风湿、闪伤、麻痹
41	胸堂 Xiong-tang	胸骨两旁,胸外侧沟下部的臂头静脉上,左右侧各一穴	高拴马头,用中宽针沿血管急刺1cm 出血(泻血量500~1000ml)	心肺积热,胸膊痛,五攒痛,前肢闪伤
42	夹气 Jia-qi	前肢与躯干相接处的腋窝正中,左右侧各一穴	先用大宽针刺破皮肤,然后以涂油的夹气针向同侧抢风穴方向刺入10~15cm,达肩胛下肌与胸下锯肌之间的疏松结缔组织内,出针消毒后前后摇动患肢数次	肩胛痛,内夹气
43	腕后 Wan-hou(追风、曲尺)	腕关节后面正中,副腕骨与指浅屈肌腱之间的凹陷中,左右肢各一穴	中、小宽针直刺1.5~2.5cm	腕部肿痛,前肢风湿
44	膝眼 Xi-yan(跪膝)	腕关节背侧外下缘,腕桡侧伸肌腱与指总伸肌腱之间的陷沟中,左右肢各一穴	中、小宽针向后上方刺入1cm,放出黄水	腕部肿痛,膝黄

续表

序号	穴 名	取穴部位	针法	主治
45	缠腕 Chan-wan（前肢称前缠腕，后肢称后缠腕）	四肢球节上方两侧，掌/跖内、外侧沟末端的指/趾内、外侧静脉上，每肢左右侧各一穴	中、小宽针沿血管直刺入1～1.5cm，出血	蹄黄，球节肿痛，扭伤
46	涌泉 Yong-quan（后蹄称滴水）	蹄叉前缘正中稍上方，第三、第四指（趾）的第一指（趾）节骨中部背侧面，每肢各一穴	中、小宽针直刺1～1.5cm，出血	蹄肿，扭伤，风湿，中暑
47	蹄头 Ti-tou（八字，前蹄称前蹄头，后蹄称后蹄头）	第三、第四指（趾）的蹄匣上缘正中，有毛与无毛交界处，每蹄内外侧各一穴，四肢共八穴	中宽针直刺1cm，出血	蹄黄，扭伤，便结，腹痛，中暑，感冒

四、后肢穴位

序号	穴 名	取穴部位	针法	主治
48	大胯 Da-kua	髋关节上缘，股骨大转子正上方9～12cm处的凹陷中，左右肢各一穴	小宽针、圆利针或火针直刺3～4.5cm，毫针刺入6cm	后肢风湿、麻木，腰胯闪伤
49	小胯 Xiao-kua	髋关节下缘，股骨大转子正下方约6cm处的凹陷中，左右肢各一穴	小宽针、圆利针或火针直刺3～4.5cm，毫针刺入6cm	后肢风湿、麻木，腰胯闪伤
50	大转 Da-zhuan	髋关节前下缘，股骨大转子正前方约6cm处的凹陷中，左右肢各一穴	小宽针、圆利针或火针直刺3～4.5cm，毫针刺入6cm	后肢风湿、麻木，腰胯闪伤
51	环中 Huan-zhong	髋关节与臀端连线中点处，左右侧各一穴	圆利针、火针、毫针直刺4cm左右	腰胯闪挫、风湿、麻木、萎缩
52	邪气 Xie-qi（黄金）	股骨大转子和坐骨结节连线与股二头肌沟相交处，左右肢各一次	小宽针、圆利针或火针直刺3～4.5cm，毫针刺入6cm	后肢风湿、闪伤、麻痹，胯部肿痛
53	掠草 Lue-cao	膝盖骨下缘稍偏外，膝中、外直韧带之间的凹陷中，左右肢各一穴	圆利针或火针向后上方斜刺入3～4.5cm	掠草痛，后肢风湿
54	肾堂 Shen-tang	股内侧上部皮下隐静脉上，左右肢各一穴	提举促定对侧后肢，以中宽针顺血管刺入1cm，出血	外肾黄，五攒痛，后肢风湿
55	曲池 Qu-chi（承山）	跗关节背侧稍偏外，中横韧带下方，趾长伸肌外侧的跗外侧静脉上，左右肢各一穴	中宽针刺入1cm，出血	跗骨肿痛，后肢风湿
56	后三里 Hou-san-li	掠草穴斜外下方约9cm，腓骨小头下部，腓骨伸肌与趾外侧伸肌之间的肌沟中，左右肢各一穴	毫针向内后下方刺入6～7.5cm	脾胃虚弱，后肢风湿、麻木

图 13-1 为牛的肌肉及穴位图,图 13-2 为牛的骨骼及穴位图。

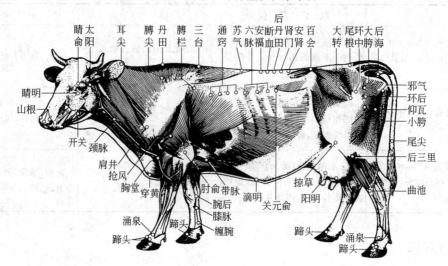

图 13-1　牛的肌肉及穴位

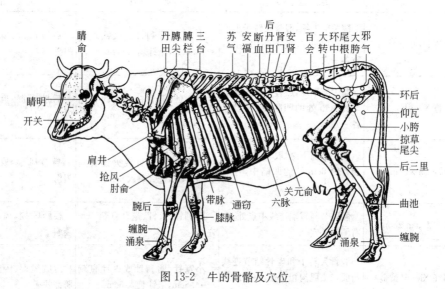

图 13-2　牛的骨骼及穴位

第二节　猪的常用穴位及应用

序号	穴 名	取穴部位	针 法	主 治
1	山根 Shan-gen	吻突上缘弯曲部向后第一条皱纹正中为主穴,两侧各旁开 1.5cm 为二副穴,共三穴	小宽针或三棱针直刺 0.5～1cm,出血	中暑,感冒,消化不良,休克,热性病
2	鼻梁 Bi-liang	两鼻孔之间,鼻中隔正中处,一穴	小宽针或三棱针直刺 0.5cm,出血	感冒,肺热等热性病
3	玉堂 Yu-tang	口腔内,上颚第三颗褶正中旁开 0.5cm 处,左右侧各一穴	保定病猪,用木棒或开口器开口,以小宽针或三棱针从口角斜刺 0.5～1cm,出血	胃火,食欲不振,舌疮,心肺积热

续表

序号	穴 名	取穴部位	针 法	主 治
4	锁口 Suo-kou	口角后方约2cm的口轮匝肌外缘处,左右侧各一穴	毫针或圆利针向前下方刺入1~3cm,或向后上方平刺3~4cm	破伤风,歪嘴风,中暑,感冒,热性病
5	开关 Kai-guan(牙关)	口角后上方,咬肌前缘,最后一对上下白齿之间,左右侧各一穴	毫针或圆利针向后上方刺入1.5~3cm,或灸烙	歪嘴风,破伤风,牙关紧闭,颊肿
6	天门 Tian-men	两耳根后缘连线中点,即枕寰关节背侧正中点的凹陷中,一穴	毫针、圆利针或火针向后下斜刺3~6cm	中暑,感冒,癫痫,脑黄,破伤风
7	耳尖 Er-jian(血印)	耳背侧,距耳尖约2cm处的三条耳大静脉上,每耳任取一穴	小宽针刺破血管,出血,或在耳尖部剪口放血	中暑,感冒,中毒,热性病,消化不良
8	卡耳 Ka-er	耳郭中下部避开血管处(内外侧均可),左右耳各一穴	用宽针在皮下做成一皮囊,嵌入适量白砒或蟾酥,再滴入适量白酒,轻揉即可	感冒,热性病,猪丹毒,风湿症
9	大椎 Da-zhui	第七颈椎与第一胸椎棘突间的凹陷中,一穴	毫针、圆利针或小宽针稍向前下方刺入3~5cm,或灸烙	感冒,肺热,脑黄,癫痫,血尿
10	身柱 Shen-zhu(三台)	第三、第四胸椎棘突间的凹陷中,一穴	毫针、圆利针或小宽针稍向前下方刺入3~5cm	脑黄,癫痫,感冒,肺热
11	苏气 Su-qi	第四、第五胸椎棘突间的凹陷中,一穴	毫针、圆利针顺棘突向前下方刺入3~5cm	肺热,咳嗽,气喘,感冒
12	断血 Duan-xue(天平)	最后胸椎与第一腰椎棘突间的凹陷中为主穴,向前、后各移一脊椎为副穴,共三穴	毫针、圆利针直刺2~3cm	尿血,便血,衄血,阉割后出血
13	百会 Bai-hui	腰荐十字部,即最后腰椎与第一荐椎棘突间的凹陷中,一穴	毫针、圆利针或小宽针直刺3~5cm,或灸烙	腰胯风湿,后肢麻木,二便闭结,脱肛,痉挛抽搐
14	肾门 Shen-men	第三、第四腰椎棘突间的凹陷中,一穴	毫针或圆利针直刺2~3cm	腰胯风湿,尿闭,内肾黄
15	六脉 Liu-mai	倒数第一、第二、第三肋间,距北中线6cm的髂肋肌沟中,左右侧各三穴	毫针、圆利针或小宽针向内下方刺入2~3cm	脾胃虚弱,便秘,泄泻,感冒,膈肌痉挛,风湿症,腰麻痹
16	关元俞 Guan-yuan-shu	最后肋骨后缘与第一腰椎横突之间的髂肋肌沟中,左右侧各一穴	毫针、圆利针向内下方刺入2~4cm	便秘,泄泻,积食,食欲不振,腰风湿
17	脾俞 Pi-shu	倒数第二肋间距背中线6cm的髂肋肌沟中,左右侧各一穴	毫针、圆利针或小宽针向内下方刺入2~3cm	脾胃虚弱,便秘,泄泻,膈肌痉挛,腹痛,腹胀
18	肺俞 Fei-shu	倒数第六肋间距背中线10cm的髂肋肌沟中,左右侧各一穴	毫针、圆利针或小宽针向内下方刺入2~3cm,或拔火罐、艾灸	肺热,咳喘,感冒
19	尾根 Wei-gen	荐椎与尾椎棘突间的凹陷中,即摇动尾巴时动与不动处,一穴	毫针或圆利针直刺1~2cm	后肢风湿,便秘,少食,热性病
20	尾本 Wei-ben	尾部腹侧正中,距尾根部1.5cm处的尾静脉上,一穴	将尾巴提起,以小宽针直刺1cm,出血	中暑,肠黄,腰胯风湿,热性病
21	尾尖 Wei-jian	尾尖顶端,一穴	用小宽针将尾尖部穿通,或十字切开放血	中暑,感冒,风湿症,肺热,少食,饲料中毒
22	后海 Hou-hai	尾根与肛门间的凹陷中,一穴	毫针、圆利针或小宽针稍向前上方刺入3~9cm	泄泻,便秘,少食,脱肛

续表

序号	穴 名	取穴部位	针 法	主 治
23	莲花 Lian-hua	脱出的直肠黏膜上	温水洗净,去除坏死皮膜,用2%明矾水、生理盐水冲洗,涂上植物油,缓缓整复	脱肛
24	抢风 Qiang-feng(肱俞)	肩关节后方,三角肌后缘、臂三头肌长头和外头形成的凹陷中,左右侧各一穴	毫针、圆利针或小宽针直刺2～4cm	肩臂部及前肢风湿,前肢扭伤、麻木
25	七星 Qi-xing(曲尺)	腕后内侧的黑色小点(皮肤憩室,内有腕腺排泄孔)上,取正中或近正中处一点为穴,左右肢各一穴	将前肢提起,毫针或圆利针刺入1～1.5cm,或刮灸	风湿症,前肢瘫痪,腕肿
26	缠腕 Chan-wan(前肢称前缠腕,后肢称后缠腕)	四肢内外侧悬蹄稍上方的凹陷处,每肢内外侧各一穴	将术肢后屈,固定穴位,用小宽针直刺1～2cm	球节扭伤,风湿症,蹄黄,中暑
27	涌泉 Yong-quan(后肢称滴水)	蹄叉正中上方约2cm处的凹陷处,即第三、第四掌跖骨远段端之间隙处,每肢各一穴	小宽针向后上方刺入1～1.5cm,出血	蹄黄,风湿,扭伤,中毒,中暑,感冒
28	蹄头 Ti-tou(八字,前肢称前蹄头,后肢称后蹄头)	蹄甲北侧,蹄冠正中有毛与无毛交界处,每蹄内外各一穴,共八穴	小宽针直刺0.5～1cm,出血	风湿,扭伤,腹痛,感冒,中暑,中毒
29	大胯 Da-kua	髋关节前缘,即股骨大转子稍前下方3cm处的凹陷中,左右后肢各一穴	毫针、圆利针直刺2～3cm	后肢风湿,闪伤,瘫痪
30	小胯 Xiao-kua	大胯穴后下,即股骨后缘,臀端到膝盖骨连线中点处,左右肢各一穴	毫针或圆利针直刺2～3cm	后肢风湿,闪伤,瘫痪
31	后三里 Hou-san-li	小腿外侧上部,腓骨小头下端,第三腓骨肌与腓骨长肌的肌沟内,左右肢各一穴	毫针或圆利针或小宽针向腓骨间隙刺入3～4.5cm,或艾灸3～5min	少食,肠黄,腹痛,仔猪泄泻,后肢瘫痪

图 13-3 为猪的肌肉及穴位图,图 13-4 为猪的骨骼及穴位图。

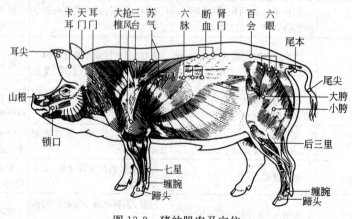

图 13-3 猪的肌肉及穴位

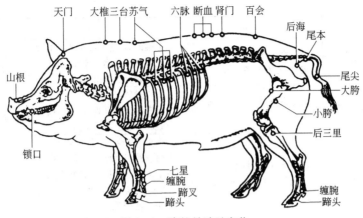

图 13-4 猪的骨骼及穴位

第三节 马的常用穴位及应用

一、头部穴位

序号	穴 名	取 穴 部 位	针 法	主 治
1	分水 Fen-shui	上唇外面旋毛正中点,一穴	小宽针或三棱针刺入1~2cm,出血	中暑,冷痛,歪嘴风
2	唇内 Chun-nei(内唇阴)	上唇内面,正中线两侧约2cm的上唇静脉上,左右侧各一穴	外翻上唇,以三棱针刺入1cm,出血;也可在上唇黏膜肿胀处散刺	唇肿,口疮,慢草
3	玉堂 Yu-tang	口内上颚第三颚褶正中旁开1.5cm处,左右侧各一穴	将舌拉出,以拇指顶住上颚,用玉堂钩钩破穴点;或用三棱针或小宽针向前上方斜刺0.5~1cm,出血,以盐擦之	胃热,舌疮,上颚肿胀,中暑
4	通关 Tong-guan	舌体腹侧面,舌系带两旁的舌下静脉上,左右侧一穴	将舌拉出,向上翻转,三棱针或小宽针刺入0.5~1cm,出血	木舌,舌疮,胃热,慢草,黑汗风
5	锁口 Suo-kou	口角后上方约2cm的口轮匝肌外缘处,左右侧各一穴	圆利针或毫针向后上方平刺3cm,或透刺开关穴;火针刺3cm,或间接烧烙	破伤风,歪嘴风,锁口黄
6	开关 Kai-guan	口角向后的延长线与咬肌前缘相交处,即第四白齿间的颊肌内,左右侧各一穴	圆利针或火针向后上方平刺2~3cm,毫针刺9cm,或向前下方透刺锁口穴,或灸烙	破伤风,歪嘴风,面颊肿胀
7	抽筋 Chou-jin	两鼻孔内下缘连线中正点稍上方,一穴	拉紧上唇,用大宽针切开皮肤,用抽筋钩钩出上唇提肌腱,用力牵引数次或切断	肺把低头难(颈肌风湿)
8	鼻前 Bi-qian	两鼻孔下缘连线上,鼻翼内侧1cm处,左右侧各一穴	小宽针或圆利针直刺1~3cm,毫针刺2~3cm,捻针后可适当留针	发热,中暑,感冒,过劳
9	姜牙 Jiang-ya	鼻孔外侧缘下方,鼻翼软骨(姜牙骨)顶端处,左右侧各一穴	将上唇向另一侧拉紧,使姜牙骨充分显露,以大宽针切开皮肤,挑破或割去软骨端;或用姜牙钩钩拉出软骨尖	冷痛及其他腹痛
10	三江 San-jiang	内眼角下方约3cm处的眼角静脉分叉处,左右侧各一穴	低拴马头,使血管怒张,用三棱针或小宽针顺血管刺入1cm,出血	冷痛,肚胀,月盲,肝热传眼

续表

序号	穴名	取穴部位	针法	主治
11	睛明 Jing-ming	下眼眶上缘,两眼角内,中1/3交界处,左右眼各一穴	上推眼球,毫针沿眼球与泪骨之间向内下方刺入3cm,或在下眼睑黏膜上点刺出血	肝经风热,肝热传眼,睛生翳膜
12	睛俞 Jing-shu	眶上突下缘正中,左右眼各一穴	下压眼球,毫针沿眼球与额骨之间向内后上方刺入3cm,或在上眼睑黏膜上点刺出血	肝经风热,肝热传眼,睛生翳膜
13	开天 Kai-tian	黑睛下缘、白睛上缘(眼球角膜与巩膜交界处)的中心点上,一穴	将头牢固保定,冷水冲眼或滴表面麻醉剂使眼球不动,待虫体游至眼房时,用三弯针轻手急刺0.3cm,虫随眼房水流出;也可用注射器吸取虫体或注入3%精制敌百虫杀死虫体	浑睛虫病
14	太阳 Tai-yang	外眼角后方约3cm处的面横静脉上,左右侧各一穴	低拴马头,使血管怒张,用小宽针或三棱针顺血管刺入1cm,出血;用毫针避开血管刺入5～7cm	肝热传眼,肝经风热,中暑,脑黄
15	大风门 Da-feng-men	头顶部,门鬃下缘顶骨矢状崤分叉处,沿顶骨外崤向两侧各旁开3cm为二副穴,共三穴	毫针、圆利针或火针沿皮下由主穴向副穴或由副穴向主穴平刺3cm,艾灸或烧烙	破伤风,脑黄,脾虚湿邪,心热风邪
16	耳尖 Er-jian	耳背侧尖端的耳静脉上,左右耳各一穴	捏紧耳尖,使血管怒张,小宽针或三棱针刺入1cm,出血	冷痛,感冒,中暑
17	天门 Tian-men	两耳根连线正中,即枕寰关节背侧的凹陷中,一穴	圆利针或火针向后下方刺入3cm,毫针刺3～4.5cm	脑黄,黑汗风,破伤风,感冒

二、躯干部穴位

序号	穴名	取穴部位	针法	主治
18	风门 Feng-men	耳后3cm,距鬐下缘6cm,寰椎翼前缘的凹陷处,左右侧各一穴	毫针向内下方刺入6cm,火针刺入2～3cm,或灸、烧烙	破伤风,颈风湿,风邪症
19	九委 Jiu-wei(上上委、上中委、上下委、中上委、中中委、中下委、下上委、下中委、下下委)	颈侧菱形肌下缘弧形肌沟内,上上委在伏穴后下方3cm,距鬐下方约3.5cm处;下下委在膊尖穴前方4.5cm,距鬐下缘约5cm处;两穴之间八等分,分点处为其余七穴,左右侧各九穴	毫针直刺4.5～6cm,火针2～3cm	颈风湿症,破伤风
20	颈脉 Jing-mai(鹘脉)	颈静脉沟上,中1/3交界处的颈静脉上,左右侧各一穴	高拴马头,颈基部拴一细绳,打活结,用大宽针对准穴位急刺1cm,出血;术后松开绳扣,即可止住出血	脑黄,中暑,中毒,遍身黄,肺热
21	鬐甲 Qi-jia	鬐甲最高点前方,第三、第四胸椎棘突顶的凹陷中,一穴	毫针向前下方刺入6～9cm,火针刺入3～4cm;治鬐甲肿胀时用宽针散刺	咳嗽,气喘,肚痛,腰背风湿,鬐甲痈肿
22	百会 Bai-hui	腰荐十字部,即最后腰椎与第一荐椎棘突间的凹陷中,一穴	火针或圆利针直刺3～4.5cm,毫针刺6～7.5cm	腰胯闪伤,风湿,破伤风,便秘,肚胀,泄泻,疝痛,不孕症

续表

序号	穴 名	取穴部位	针 法	主 治
23	肺俞 Fei-shu	倒数第九肋间，距背中线12cm的髂肋肌沟中，左右侧各一穴	圆利针或火针直刺2～3cm，毫针向上或向下斜刺4.5cm	肺热咳嗽，肺把胸膊痛，劳伤气喘
24	脾俞 Pi-shu	倒数第三肋间，距背中线12cm的髂肋肌沟中，左右侧各一穴	圆利针或火针直刺2～3cm，毫针向上或向下斜刺3～5cm	胃冷吐涎，肚胀，结症，泄泻，冷痛
25	大肠俞 Da-chang-shu	倒数第一肋间，距背中线12cm的髂肋肌沟中，左右侧各一穴	圆利针或火针直刺2～3cm，毫针刺3～5cm	结症，肚胀，肠黄，冷肠泄泻，腰脊疼痛
26	关元俞 Guan-yuan-shu	最后肋骨后缘，距背中线12cm的髂肋肌沟中，左右侧各一穴	圆利针或火针直刺2～3cm，毫针刺6～8cm，可达肾脂肪囊内	结症，肚胀，泄泻，冷痛，腰脊疼痛
27	腰前 Yao-qian	第一、第二腰椎棘突之间旁开6cm处，左右侧各一穴	圆利针或火针直刺2～3cm，毫针刺5～6cm，亦可透刺腰中、腰后穴	腰胯风湿，闪伤，腰痿
28	腰中 Yao-zhong	第二、第三腰椎棘突之间旁开6cm处，左右侧各一穴	圆利针或火针直刺3～4.5cm，毫针4.5～6cm，亦可透刺腰前、腰后穴	腰胯风湿，闪伤，腰痿
29	腰后 Yao-hou	第三、第四腰椎棘突之间旁开6cm处，左右侧各一穴	圆利针或火针直刺3～4.5cm，毫针4.5～6cm，亦可透刺腰中、肾俞穴	腰胯风湿，闪伤，腰痿
30	肾棚 Shen-peng	肾俞穴前方6cm，距背中线6cm处，左右侧各一穴	火针或圆利针直刺3～4.5cm，毫针刺6cm，亦可透刺腰后、肾角穴	腰痿，腰胯风湿、闪伤
31	肾俞 Shen-shu	百会穴旁开6cm，左右侧各一穴	火针或圆利针直刺3～4.5cm，毫针刺6cm，亦可透刺肾棚、肾角穴	腰痿，腰胯风湿、闪伤
32	肾角 Shen-jiao	肾俞穴后方6cm，距背中线6cm处，左右侧各一穴	火针或圆利针直刺3～4.5cm，毫针6cm，亦可透刺肾俞穴	腰痿，腰胯风湿、闪伤
33	雁翅 Yan-chi	髋结节到背中线所作垂线的中、外1/3交界处，左右侧各一穴	圆利针或火针直刺3～4.5cm，毫针刺4～8cm	腰胯痛，腰胯风湿，不孕症
34	穿黄 Chuan-huang	胸前正中线旁开2cm，左右侧各一穴	拉起皮肤，用穿黄针穿上马尾穿通两穴，马尾两端拴上适当重物，引流黄水；或用宽针局部散刺	胸黄，胸部浮肿
35	胸堂 Xiong-tang	胸骨两旁，胸外侧沟下部的臂头静脉上，左右侧各一穴	高拴马头，用中宽针沿血管急刺1cm，出血（泻血量500～1000ml）	心肺积热，胸膊痛，五攒痛，前肢闪伤
36	带脉 Dai-mai	肘后6cm的胸外静脉上，左右侧各一穴	大、中宽针顺血管刺入1cm，出血	肠黄，中暑，冷痛
37	云门 Yun-men	脐前9cm，腹中线旁开2cm，左右均可，任取一穴	以大宽针刺破皮肤及腹黄筋膜，插入宿水管放出腹水	宿水停脐（腹水）
38	尾尖 Wei-jian	尾尖顶端	中宽针直刺1～2cm，或将尾尖十字劈开，出血	冷痛，感冒，中暑，过劳

三、前肢穴位

序号	穴名	取穴部位	针法	主治
39	膊尖 Bo-jian	肩胛骨与肩胛软骨前角结合处，左右肢各一穴	圆利针或火针沿肩胛骨内侧向后下方刺入3~6cm，毫针刺12cm	前肢风湿，肩膊闪伤、肿痛
40	膊栏 Bo-lan	肩胛骨后角与肩胛软骨结合处，左右肢各一穴	圆利针或火针沿肩胛骨内侧向前下方刺入3~5cm，毫针刺10~12cm	前肢风湿，肩膊闪伤、肿痛
41	肺门 Fei-men	肩胛骨前缘，膊尖穴前下方12cm，左右肢各一穴	圆利针或火针沿肩胛骨内侧向后下方刺入3~5cm，毫针刺8~10cm	肺气把膊，寒伤肩膊痛，肩膊麻木
42	肺攀 Fei-pan	肩胛骨后缘，膊栏穴前下方12cm，左右肢各一穴	圆利针或火针沿肩胛骨内侧向前下方刺入3~5cm，毫针刺8~10cm	肺气痛，咳嗽，肩膊风湿
43	弓子 Gong-zi	肩胛冈后方，肩胛软骨上缘正中点的直下方约10cm处，左右肢各一穴	用大宽针刺破皮肤，两手提拉切口周围皮肤，让空气进入，或以16号注射针头刺入穴位皮下，用注射器注入滤过的空气，然后用手向周围推压，使空气扩散到所需范围	肩膊麻木，肩膊部肌肉萎缩
44	肩井 Jian-jing	肩端，臂骨大结节外上缘的凹陷中，左右肢各一穴	火针或圆利针向后下方刺入3~4.5cm，毫针刺6~8cm	抢风痛，前肢风湿，肩臂麻木
45	抢风 Qiang-feng	肩关节后下方，三角肌后缘与臂三头肌长肌头、外头形成的凹陷中，左右肢各一穴	圆利针或火针直刺3~4cm，毫针刺8~10cm	闪伤，夹气，前肢风湿，前肢麻木
46	肩贞 Jian-zhen	抢风穴前上方6cm，与冲天穴在同一水平线上，左右肢各一穴	火针或圆利针直刺3~4cm，毫针刺6cm	肩膊闪伤，抢风痛，肩膊风湿，肩膊麻木
47	夹气 Jia-qi	腋窝正中，左右肢各一穴	先用大宽针刺破皮肤，然后以涂油的夹气针向同侧抢风穴方向刺入20~25cm，达肩胛下肌与胸下锯肌之间的疏松结缔组织内，出针消毒后前后摇动患肢数次	闪伤，里夹气
48	肘俞 Zhou-shu	臂骨外上髁与肘突之间的凹陷中，左右肢各一穴	火针或圆利针直刺3~4cm，毫针刺6cm	肘部肿胀、风湿、麻痹
49	前三里 Qian-san-li	前臂外侧上部，桡骨上、中1/3交界处，腕桡侧伸肌与指总伸肌之间的肌沟中，左右肢各一穴	火针或圆利针向后上方刺入3cm，毫针刺4.5cm	脾胃虚弱，前肢风湿
50	膝眼 Xi-yan	腕关节背侧面正中，腕前黏液囊肿胀最低处，左右肢各一穴	提起患肢，中宽针直刺1cm，放出水肿液	腕前黏液囊肿
51	缠腕 Chan-wan（前肢称前缠腕，后肢称后缠腕）	四肢球节上方两侧，掌（跖）内、外侧沟末端的指（趾）内、外侧静脉上，每肢内侧各一穴	小宽针沿血管刺入1cm，出血	球节肿痛，屈腱炎
52	蹄头 Ti-tou（前蹄称前蹄头，后蹄称后蹄头）	蹄背面，蹄缘（毛边）上1cm处，前蹄在正中线外侧旁开2cm处，后蹄在正中线上，每蹄各一穴	中宽针向蹄内直刺1cm，出血	五攒痛，球节痛，蹄头痛，冷痛，结症

四、后肢穴位

序号	穴 名	取穴部位	针 法	主 治
53	环跳 Huan-tiao	髋关节前缘,股骨大转子前方约6cm的凹陷中,左右肢各一穴	圆利针或火针直刺3～4.5cm,毫针刺6～8cm	雁翅肿痛,后肢风湿、麻木
54	大胯 Da-kua	髋关节前下缘,股骨大转子前方约6cm的凹陷中,左右肢各一穴	圆利针或火针沿肌骨前缘向后下方斜刺3～4.5cm,毫针刺6～8cm	后肢风湿,闪伤腰胯
55	小胯 Xiao-kua	股肌第三转子后下方的凹陷中,左右肢各一穴	圆利针或火针直刺3～4.5cm,毫针刺6～8cm	后肢风湿,闪伤腰胯
56	邪气 Xie-qi	尾根切迹平位与股二头肌沟相交处,左右肢各一穴	圆利针或火针直刺4.5cm,毫针刺6～8cm	后肢风湿、麻木,股胯闪伤
57	汗沟 Han-gou	邪气穴下6cm处的同一肌沟中,左右肢各一穴	圆利针或火针直刺4.5cm,毫针刺6～8cm	后肢风湿、麻木,股胯闪伤
58	肾堂 Shen-tang	股内侧距大腿根约12cm的隐静脉上,左右肢各一穴	将对侧后肢提举保定,以中宽针沿血管刺入1cm,出血	外肾黄,五攒痛,闪伤腰胯,后肢风湿
59	掠草 Lue-cao	膝盖骨下缘,膝中、外直韧带间的凹陷中,左右肢各一穴	圆利针或火针向后上方斜刺3～4.5cm,毫针刺6cm	掠草痛,后肢风湿
60	后三里 Hou-san-li	掠草穴后下方约10cm,腓骨小头下方,趾长伸肌与趾外侧肌之间的肌沟中,左右肢各一穴	圆利针或火针直刺2～4cm,毫针刺4～6cm	脾胃虚弱,后肢风,体质虚弱

图13-5为马的肌肉及穴位图,图13-6为马的骨骼及穴位图。

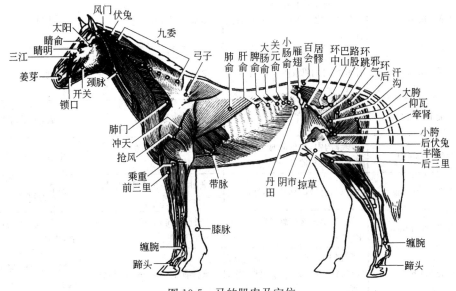

图13-5 马的肌肉及穴位

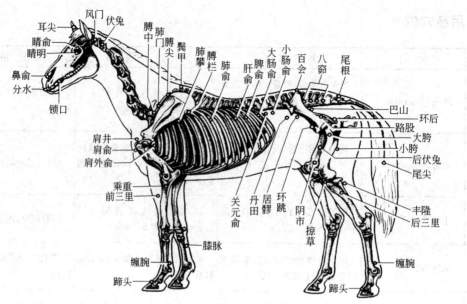

图 13-6 马的骨骼及穴位

第四节 犬的常用穴位及应用

序号	穴 名	取穴部位	针 法	主治
1	人中 Ren-zhong	上唇唇沟上、中 1/3 交界处，一穴	毫针或三棱针直刺 0.5cm	中风,中暑,支气管炎
2	山根 Shan-gen	鼻背正中有毛无毛交界处，一穴	三棱针直刺 0.2～0.5cm，出血	中暑,感冒,发热
3	睛明 Jing-ming	内眼角上、下眼睑交界处,左右眼各一穴	外推眼球,毫针直刺 0.2～0.3cm	目赤肿痛,眵泪,云翳
4	上关 Shang-guan	下颌关节后下方,下颌骨关节突与颧弓之间的凹陷中,左右侧各一穴	毫针直刺 3cm	歪嘴风,耳聋
5	下关 Xia-guan	下颌关节前下方,颧弓与下颌骨角之间的凹陷中,左右侧各一穴	毫针直刺 3cm	歪嘴风,耳聋
6	耳尖 Er-jian	耳郭尖端背面的静脉上,左右耳各一穴	小宽针点刺,出血	中暑,感冒,腹痛
7	颈脉 Jing-mai	颈静沟中,颈外静脉上、中 1/3 交界处,左右侧各一穴	中宽针顺血管刺入 0.5cm,出血	中暑,中毒,肺热,脑黄
8	天平 Tian-ping	最后胸椎棘突间凹陷处,一穴	毫针斜向下方刺入 1.5～2.5cm	肺热,哮喘,呕吐
9	命门 Ming-men	第二、第三腰椎棘突间的凹陷中,一穴	毫针斜向后下方刺入 1～2cm,或艾灸	风湿症,泄泻,腰萎,水肿,中风
10	百会 Bai-hui	腰荐十字部,即最后(第七)腰椎与第一荐椎棘突间的凹陷中,一穴	毫针直刺 1～2cm,或艾灸	腰胯疼痛,瘫痪,泄泻,脱肛

续表

序号	穴 名	取穴部位	针 法	主 治
11	脾俞 Pi-shu	倒数第二肋间距背中线6cm的髂肋肌沟中,左右侧各一穴	毫针沿肋间向下斜刺1～2cm,或艾灸	脾胃虚弱,呕吐,泄泻
12	肺俞 Fei-shu	倒数第十肋间背中线约6cm的髂肋肌沟中,左右侧各一穴	毫针沿肋间向下斜刺1～2cm,或艾灸	咳喘,气喘
13	关元俞 guan-yuan-shu	第五腰椎横突末端相对的髂肋肌沟中,左右侧各一穴	毫针直刺1～3cm,或艾灸	消化不良,便秘,泄泻
14	后海 Hou-hai	尾根与肛门间的凹陷中,一穴	毫针稍向前刺入3～5cm	泄泻,便秘,脱肛,阳痿
15	尾根 Wei-gen	最后荐椎与第一尾椎棘突间的凹陷中,一穴	毫针直刺0.5～1cm	瘫痪,尾麻痹,脱肛,便秘,腹泻
16	尾尖 Wei-jian	尾末端,一穴	毫针或三棱针从末端刺入0.5～0.8cm	中风,中暑,泄泻
17	肩井 Jian-jing	肩关节前上缘,肩峰前下方的凹陷中,左右肢各一穴	毫针直刺1～3cm	肩部神经麻痹,扭伤
18	抢风 Qiang-feng	肩关节后方,三角肌后缘,臂三头肌长头和外头形成的凹陷中,左右肢各一穴	毫针直刺2～4cm,或艾灸	前肢神经麻痹,扭伤,风湿症
19	外关 Wai-guan	前臂外侧下1/4处,桡、尺骨间隙处,左右肢各一穴	毫针直刺1～3cm,或艾灸	桡、尺神经麻痹,前肢风湿,便秘,缺乳
20	内关 Nei-guan	前臂内侧下1/4处,桡、尺骨间隙处,左右肢各一穴	毫针直刺1～2cm,或艾灸	桡、尺神经麻痹,肚痛,中风
21	腕脉 Wan-mai	第一掌骨关节内侧下方第一、第二掌骨间的血管上,左右肢各一穴	小宽针顺血管刺入0.3～0.5cm,出血	指、腕关节扭伤,屈腱炎
22	肾堂 Shen-tang	股内侧上部皮下隐静脉上,左右肢各一穴	三棱针或小宽针顺血管刺入0.5～1cm,出血	腰胯闪伤,疼痛

图13-7为犬的肌肉及穴位图,图13-8为犬的骨骼及穴位图。

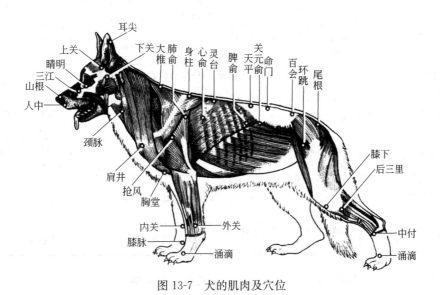

图13-7 犬的肌肉及穴位

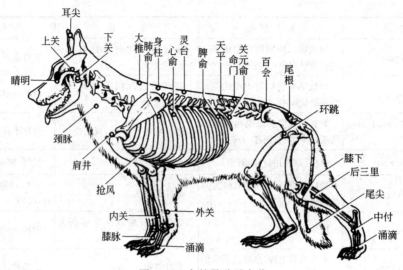

图 13-8 犬的骨骼及穴位

第五节 鸡的常用穴位及应用

序号	穴名	取穴部位	针法	主治
1	冠顶 guan-ding（凤冠、朝阳）	鸡冠上冠齿的尖端，以第一冠齿为主	毫针或三棱针向下点刺0.5cm，见血为止，甚至将鸡冠的尖端顺次剪断，缺少鸡冠者可针刺其前部，出血	热性病，精神沉郁（对公鸡作用较为显著），乌冠，中毒，休克
2	垂髯 Chui-ran	在喙的下方，肉垂上，左右侧各一穴	以小棱针向上刺0.5cm，出血为止，也可作梅花状点刺，出血。两侧均可	感冒，泻痢，鸡头摇摆，喉鸣，少食，乌冠
3	太阳 Tai-yang	眼外角后缘的凹陷处，左右侧各一穴	小毫针点刺0.1～0.25cm	感冒，精神沉郁
4	鼻隔 Bi-ge（鼻孔）	两鼻孔之间	取羽毛的羽管部，穿过鼻中隔，羽毛留在鼻孔中数日	迷抱，肺气不畅
5	胸脉 Xiong-mai（开膛）	胸部龙骨两侧，胸大骨上的静脉血管上，左右各一穴	毫针斜刺入0.1cm，出血	肺热，喉鸣，中毒，中暑，热痢
6	尾脂 Wei-zhi（尾峰，尖脂）	尾端的尾脂腺一穴（即尾根最后荐椎上方）	挤捏尾脂腺，使流出黄液或血液	迷抱，下痢，便秘，感冒
7	后海 Hou-hai（交巢地户）	肛门上方的凹陷处，一穴	艾灸或小毫针刺入0.25～0.5cm，稍加捻转	母鸡生殖器外翻，产蛋滞涩，泻痢
8	翼脉 Yi-mai（翼内）	翅膀内侧血管上（尺、桡骨间的静脉），左右各一穴	用针刺出血	热性病，血脉凝滞，中毒，中暑
9	展翅 Zhan-chi（翅筋）	两翅肘骨头弯曲部，尺、桡骨与肱骨交界处，后端关节面的凹陷中，左右侧各一穴	毫针平刺0.25cm	感冒，精神沉郁，少食，热性病
10	脚脉 Jiao-mai	两脚管前下方，跖骨前缘的血管上，左右各一穴	毫针刺出血	血脉凝滞，精神委顿

图 13-9 为鸡的肌肉及穴位图，图 13-10 为鸡的骨骼及穴位图。

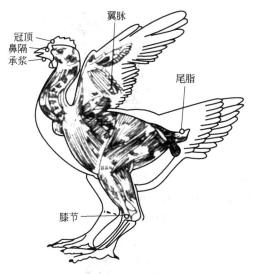
图 13-9　鸡的肌肉及穴位

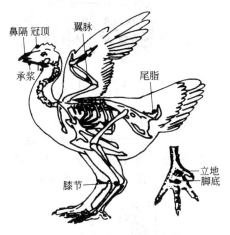
图 13-10　鸡的骨骼及穴位

【目标检测】

1. 什么叫针灸？针术和灸术有何异同？
2. 什么叫穴位？常用的取穴方法有哪几种？何谓得气？
3. 圆利针、宽针、火针的操作过程、技术要领、操作要领及注意事项各有哪些？
4. 试述醋酒灸及直接烙法的操作方法。
5. 常见的意外事故有哪些？怎样处理？
6. 分别熟悉各种家畜主要常用针灸穴位的位置、针法及主治。

【实训十三】　畜禽针灸取穴及操作

【实训目的】
1. 了解常用的取穴方法。
2. 掌握畜禽常用针灸穴位，并了解其操作方法和主治。

【实训材料】　牛、猪、鸡实习畜禽各4头，保定栏具按实习动物配备，畜禽针灸挂图，兽用针刺器具4套，针槌4个，毛剪4把，镊子8把，脱脂棉500g，酒精棉球和碘酒棉球4瓶，消毒液、脸盆、毛巾等各1件。笔记本人手1本，技能单人手1份。

【内容方法】
以教师结合实习动物体点穴为主，并有重点地介绍常用针灸穴位的操作方法和主治。

（一）牛常用穴位的取穴及方法

1. 耳尖（血印）
(1) 穴位　耳郭背面，距耳尖约3cm的3条大静脉支上。每耳3穴（见图实1）。
(2) 操作　中宽针速刺血管，出血。
(3) 主治　中暑，腹痛，感冒，中毒。

2. 山根（人中）
(1) 穴位　鼻镜上侧有毛与无毛交界线的下、中及其左右旁开1.5cm处。共3穴（见图实2）。
(2) 操作　小宽针向下方刺入1cm，出血；或毫针刺入3～4.5cm。
(3) 主治　中暑，感冒，咳嗽，肚痛，眩晕。

图实1 牛耳尖穴

图实2 牛口周二穴

1—山根；2—锁口

3. 通关（舌底、知甘）

(1) 穴位 舌体腹面，舌系带前端两侧的舌下静脉上。共2穴（见图实3）。

(2) 操作 将舌拉出口外，向上翻转，以小宽针或三棱针刺入1cm，出血。

(3) 主治 慢草，木舌，喉肿，舌疮，中暑；春秋开针洗口尚有预防疾病的作用。

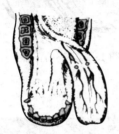

图实3 通关穴

图实4 牛顺气穴

4. 顺气（嚼眼、垂津）

(1) 穴位 口腔内，硬腭前部切齿乳头两侧的一对鼻颚管开口处。共2穴（见图实4）。

(2) 操作 细软柳条或榆树条去掉皮、节，徐徐插入穴内18～30cm，达鼻腔内。

(3) 主治 肚胀，感冒，睛生翳障。

5. 锁口（口角）

(1) 穴位 口角正后方约1.5cm的口轮匝肌与颊肌的结合处。左右侧各1穴（见图实2）。

(2) 操作 圆利针或毫针向后上方平刺3cm左右。

(3) 主治 歪嘴风，牙关紧闭。

6. 膊尖（云头）

(1) 穴位 肩胛骨前角与肩胛软骨结合处的凹陷中。左右侧各1穴（见图实5）。

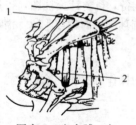

图实5 牛肩膊二穴

1—膊尖；2—抢风

(2) 操作 中宽针、圆利针或火针向内后方刺入3cm；毫针刺入6～9cm。

(3) 主治 失膊（闪伤），前肢风湿。

7. 抢风（中腕）

(1) 穴位 肩关节后下方，三角肌深部，小圆肌后缘，臂三头肌长头、外头所形成的方孔中。左右肢各1穴（见图实5）。

(2) 操作 小宽针、圆利针或火针直刺3cm；毫针刺入6cm。

(3) 主治 失膊，肩膊痛，前肢风湿，肩膊麻木。

8. 缠腕（寸子）

(1) 穴位 悬指（趾）外侧上方约1.5cm处凹陷中。每肢内外各一穴（见图实6）。

(2) 操作 中宽针顺血管刺入1～1.5cm，出血。

(3) 主治 蹄黄，寸腕肿痛，扭伤。

9. 涌泉（后肢叫滴水）

(1) 穴位 蹄叉前缘正中稍上方的凹陷中。每肢1穴（见图实6）。

(2) 操作 中宽针顺血管刺入 1~1.5cm，出血。
(3) 主治 蹄肿，寸腕扭伤，中暑，感冒。

10. 蹄头（八字）
(1) 穴位 蹄冠缘背侧正中的有毛与无毛的交界处。每蹄 2 穴（见图实 6）。
(2) 操作 中宽针直刺 1cm，出血。
(3) 主治 蹄黄，扭伤，便结，肚痛，感冒。

11. 后三里
(1) 穴位 胫骨上外侧髁下方，第三腓骨肌与第四趾固有伸肌的肌沟中。后肢各 1 穴（见图实 7）。
(2) 操作 毫针向后下方刺入 6~7.5cm。
(3) 主治 脾胃虚弱，后肢风湿，后肢麻木。

12. 百会（千金）
(1) 穴位 腰荐结合部的凹陷中。共 1 穴（见图实 8）。

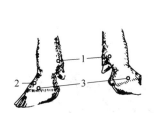 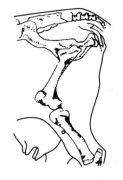 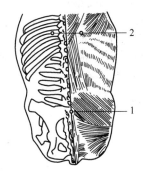

图实 6　牛肢端三穴　　　　图实 7　牛后三里穴　　　　图实 8　牛背侧二穴
1—缠腕；2—涌泉；3—蹄头　　　　　　　　　　　　　　　1—百会；2—脾俞

(2) 操作 小宽针、圆利针或火针直刺 3~4.5cm；毫针刺入 6~9cm。
(3) 主治 腰胯风湿，腰胯闪伤，肾虚，肚胀。

13. 脾俞（六脉第一穴）
(1) 穴位 倒数第三肋间隙上端，背最长肌与髂肋肌的肌沟中。左右侧各 1 穴（见图实 8）。
(2) 操作 中宽针、圆利针或火针向内下方刺入 3cm；毫针刺入 6cm。
(3) 主治 便结，肚胀，积食，泄泻，慢草。

14. 尾尖（垂珠）
(1) 穴位 尾尖顶端。共 1 穴。
(2) 操作 中宽针刺入 1cm 或作十字形劈开，出血。
(3) 主治 中暑，感冒，过劳，中毒，热性病。

（二）猪常用穴位的取穴及方法

1. 山根
(1) 穴位 吻突上缘弯曲部，上唇与吻突相连处向后第一条皱纹上，正中 1 穴，左右旁开 1.5cm 处各 1 穴。共 3 穴（见图实 9）。
(2) 操作 小宽针或三棱针直刺 0.5~1cm，出血。
(3) 主治 中暑，感冒，咳嗽，风湿，热性病，消化不良等。

2. 锁喉
(1) 穴位 第一气管轮两侧各 1 穴（见图实 9）。
(2) 操作 圆利针平刺 1.5~2.5cm。
(3) 主治 喉胀，咽喉麻痹，气喘。

3. 耳尖（血印）

（1）穴位　耳郭背面，距耳尖约2处的3条耳大静脉支上。每耳3穴，可任取1穴（见图实9）。
（2）操作　小宽针或三棱针刺破血管，出血。重病危急时，也可在耳尖部剪口放血。
（3）主治　中暑，感冒，中毒，热性病，消化不良。

4. 百会（千金）

（1）穴位　腰荐结合部的凹陷正中处。共1穴（见图实10）。
（2）操作　毫针或圆利针直刺2～3cm。
（3）主治　腰胯风湿，便秘，脱肛，后肢麻痹。

5. 三脘（上、中、下脘）

（1）穴位　胸骨后缘与肚脐连线的中点为中脘穴；与中脘连线的中点为上脘；中脘与肚脐连线的中点为下脘穴。共3穴（见图实11）。
（2）操作　艾灸3～5min或圆利针直刺1～2cm。
（3）主治　消化不良，仔猪下痢，腹痛，咳嗽，气喘。

6. 后海（交巢）

（1）穴位　肛门上，尾根下的凹陷正中处。共1穴（见图实11）。
（2）操作　提起尾巴，用毫针、圆利针或小宽针向前上方刺入3～6cm。
（3）主治　泄泻，便秘，少食，脱肛。

7. 肛脱

（1）穴位　肛门两侧，各旁开约1处。共2穴（见图实11）。

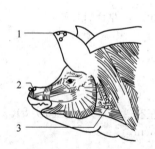

图实9　猪头部三穴
1—耳尖；2—山根；3—锁喉

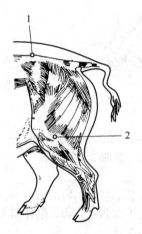

图实10　猪后躯二穴
1—百会；2—后三里

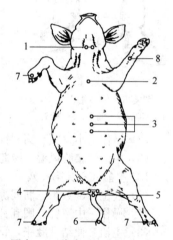

图实11　猪腹面八穴
1—锁喉；2—膻中；3—三脘；4—肛脱；
5—后海；6—尾尖；7—涌泉；8—七星

（2）操作　毫针或圆利针向前下方刺入1～2cm。
（3）主治　脱肛。

8. 尾尖

（1）穴位　尾尖顶端。共1穴（见图实11）。
（2）操作　拿起尾尖，用小宽针将尾尖穿通或十字形劈开放血。
（3）主治　中暑，感冒，肚痛，少食，风湿，饲料中毒。

9. 后三里

（1）穴位　膝盖骨后侧外下方约5cm，腓骨小头与胫骨外髁间的凹陷处。左右后肢各1穴（见图实10）。
（2）操作　毫针，圆利针或小宽针向内后方刺入3～4.5cm。
（3）主治　少食，仔猪泄泻，肚痛，后肢风湿。

10. 涌泉（后肢叫滴水）

(1) 穴位　蹄叉正中上方约 1.5 的凹陷处。每肢 1 穴（见图实 11）。
(2) 操作　小宽针直刺 1～1.5cm，出血。
(3) 主治　蹄黄，风湿，扭伤，中毒，中暑。

（三）鸡常用穴位的取穴及方法

1. 冠顶（凤冠、朝阳）
(1) 穴位　鸡冠上冠齿的尖端，以第一冠齿为主。
(2) 操作　毫针或三棱针向下点刺 0.5cm，见血为止，甚至将鸡冠齿尖端顺次剪断，缺少鸡冠者可针刺其前部，出血。
(3) 主治　热性病，乌冠，中毒，休克。

2. 垂髯
(1) 穴位　在喙的下方，肉垂上，左右侧各 1 穴。
(2) 操作　以小棱针向上刺入 0.5cm，出血为止。也可作梅花点刺，出血，两侧均可。
(3) 主治　感冒，泻痢，鸡头摇摆，热性病，乌冠。

3. 太阳
(1) 穴位　眼外角后缘的凹陷处，左右侧各 1 穴。
(2) 操作　小毫针点刺 0.1～0.25cm。
(3) 主治　感冒，精神沉郁。

4. 鼻隔（鼻孔）
(1) 穴位　两鼻孔之间。
(2) 操作　取羽毛的羽管部，穿过鼻中隔，羽毛留在鼻孔中数日。
(3) 主治　迷抱，肺气不畅。

5. 胸脉（开膛）
(1) 穴位　胸部龙骨两侧，胸大骨上的静脉血管上，左右各 1 穴。
(2) 操作　毫针斜刺入 0.1cm，出血。
(3) 主治　肺热，喉鸣，中毒，中暑，热痢。

6. 尾脂（尾峰、尖脂）
(1) 穴位　尾端的尾脂腺 1 穴（即尾根最后荐椎上方）。
(2) 操作　挤捏尾脂腺，使流出黄液或血液。
(3) 主治　迷抱，下痢，便秘，感冒。

7. 后海（交巢地户）
(1) 穴位　肛门上方的凹陷处，共 1 穴。
(2) 操作　艾灸或小毫针刺入 0.25～0.5cm，稍加捻转。
(3) 主治　母鸡生殖器外翻，产蛋滞涩，泻痢。

8. 翼脉（翼内）
(1) 穴位　两翅膀内侧血管上（尺、桡骨间的静脉），左右各 1 穴。
(2) 操作　用针刺出血。
(3) 主治　热性病，血脉凝滞，中毒，中暑。

9. 展翅（翅筋）
(1) 穴位　两翅肘骨头弯曲部，尺、桡骨与肱骨交界处，后端关节面的凹陷中，左右侧各 1 穴。
(2) 操作　毫针平刺 0.25cm。
(3) 主治　感冒，精神沉郁，少食，热性病。

10. 脚脉
(1) 穴位　两脚管前下方，跖骨前缘的血管上，左右各 1 穴。
(2) 操作　毫针刺出血。
(3) 主治　血脉凝滞，精神委顿。

【实训报告】　写出与填画出牛、猪、鸡实训中所列出的穴位。

第十四章 常见病证

【学习目标】
掌握兽医临床常见病证的分型、主症及其治法。

一、发热

发热是临床常见的症状之一，见于多种疾病过程中。中兽医所谓的发热，不但指体温高于正常，而且包括了口色红、脉数、尿短赤等热象。

（一）病因病机

根据病因和症状表现的不同，可将发热分为外感发热和内伤发热两大类。一般来说，外感发热发病急，病程短，热势盛，体温高，多属实证，外邪不退，热势不减，有的还拌有恶寒表现；而内伤发热发病缓慢，病程较长，热势不盛，体温稍高，或时作时止，或发有定时，多属虚证，常无恶寒表现。

（二）辨证论治

1. 外感发热

感受外界邪气，如风寒、风热、暑热等引起。多因气候骤变，劳役出汗，使畜体腠理疏泄，外邪乘虚侵入所致。外感发热主要有以下证型。

（1）**外感风寒** 又称风寒感冒多由风寒之邪侵袭肌表，卫气被郁所致。见于外感病的初起阶段。现代兽医上的急性鼻炎和上呼吸道卡他等可参照本证的辨证论治。

【主症】 发热恶寒，且恶寒重，发热轻，无汗，皮紧毛乍，鼻流清涕，口色青白，舌苔薄白，脉浮紧，有时咳嗽，咳声洪亮。

【治法】 辛温解表，疏风散寒。

【方例】 麻黄汤（见解表方）加减。咳喘甚者，加桔梗、款冬花、紫菀以止咳平喘；兼有表虚，症见恶风，汗出，脉浮缓者，治宜祛风解肌、调和营卫，方用桂枝汤（见解表方）加减；兼有气血虚者，方用发汗散（见解表方）加减；外感风寒挟湿，症见恶寒发热，肢体疼痛、沉重、困倦，少食纳呆，口润苔白腻，脉浮缓者，治宜解表散寒除湿，方用荆防败毒散（见解表方）加减。

【针治】 针鼻前、大椎、苏气、肺俞等穴。

（2）**外感风热** 又称风热感冒，感受风热邪气而发病，多见于风热感冒或温热病的初期。现代兽医上的急性支气管炎、咽喉炎、扁桃体炎等病可参照本证的辨证论治。

【主症】 发热重，微恶寒，耳鼻俱温，体温升高，或微汗，鼻流黄色或白色黏稠脓涕，咳嗽，咳声不爽，口干渴，舌稍红，苔薄白或薄黄，脉浮数；牛鼻镜干燥，反刍减少。

【治法】 辛凉解表，宣肺清热。

【方例】 银翘散（见解表方）加减。若热重，加黄芩、石膏、知母、天花粉；若为外感风热挟湿，兼见体倦乏力，小便黄赤，可视黏膜黄染，大便不爽，苔黄腻者，除辛凉解表外，还应佐以利湿化浊之药，方用银翘散去荆芥，加佩兰、厚朴、石菖蒲等。

【针治】 针鼻前、大椎、鼻俞、耳尖、太阳、尾尖、苏气等穴。

（3）**外感暑湿** 是暑湿引起的胃肠型感冒，又称暑湿感冒。夏暑季节，天气炎热，且雨水较多，气候潮湿，热蒸湿动，动物易感暑湿而发病。

【主症】 发热不甚或高热，汗出而身热不解，食欲不振，口渴，肢体倦怠、沉重，运步不灵，尿黄赤，便溏，舌红，苔黄腻，脉濡数。

【治法】 清暑化湿。

【方例】 新加香薷饮加味（香薷、厚朴、连翘、金银花、鲜扁豆花、青蒿、鲜荷叶、西瓜皮，《温病条辨》）。夏令时节若发生外感风寒又内伤饮食，症见发热恶寒，倦怠乏力，食少呕呃，肚腹胀满，肠鸣泄泻，舌淡苔白腻者，治宜祛暑解表和中，方用藿香正气散（见祛湿方）。

【针治】 同外感风热。

（4）半表半里发热 风寒之邪侵犯机体，邪不太盛不能直入于里，正气不强不能祛邪外出，正邪交争，病在少阳半表半里之间，又称为半表半里证。

【主症】 微热不退，寒热往来，发热和恶寒交替出现，脉弦。恶寒时，精神沉郁，皮温降低，耳鼻发凉，腰拱毛乍，寒战；发热时，精神稍有好转，寒战现象消失，皮温高，耳鼻转热。

【治法】 和解少阳。

【方例】 小柴胡汤（见和解方）加减。

（5）热在气分 多因外感火热之邪直入气分，或其他邪气入里化热，停留于气分所致。多见于高热病的中期阶段。

【主症】 高热不退，但热不寒，出汗，口渴喜饮，头低耳聋，食欲废绝，呼吸喘促，粪便干燥，尿短赤，口色赤红，舌苔黄燥，脉洪数。

【治法】 清热生津。

【方例】 白虎汤（见清热方）加减。热盛者，加黄芩、黄连、金银花、连翘；伤津者，加玄参、麦冬、生地黄；尿短赤者，加猪苓、泽泻、滑石、木通。

【针治】 针耳尖、尾尖、太阳、鼻俞、鼻前、鹘脉、山根、通关等穴。

（6）热结胃肠 多由热在气分发展而来。因里热炽盛，热与肠中糟粕相结而致粪便干燥难下。多见高热病中后期阶段，大量耗伤机体的阴液。现代兽医上的肠便秘可参照本证的辨证论治。

【主症】 高热，肠燥便干，粪球干小难下，甚至粪结不通或稀粪旁流，腹痛，尿短赤，口津干燥，口色深红，舌苔黄厚而燥，脉沉实有力。

【治法】 滋阴增液，清热泻下。

【方例】 大承气汤或增液承气汤（均见泻下方）加减。高热者，加金银花、黄芩；肚胀者，加青皮、木香、香附等。

【针治】 针蹄头、耳尖、尾尖、太阳、分水、鹘脉、山根、脾俞、关元俞等穴。

（7）营分热 外感邪热直入营分，或由卫分热或气分热传入营分所致。多见于高热病的中后期阶段。

【主症】 高热不退，夜甚，躁动不安，或神志昏迷，呼吸喘促，有时身上有出血点或出血斑，舌质红绛而干，脉细数。

【治法】 清营解毒，透热养阴。

【方例】 清营汤（见清热方）加减。

【针治】 同气分热。

（8）血分热 多由气分热直接传入血分，或营分热传入血分所致。多见于高热病后期的各种出血症。

【主症】 高热，神昏，黏膜、皮肤发斑，尿血，便血，口色红绛，脉洪数或细数。严重者抽搐。

【治法】 清热凉血，息风安神。

【方例】 犀角地黄汤（见清热方）加减。方中犀角可用水牛角代。出血者，加牡丹皮、紫草、赤芍、大青叶等；抽搐者，加钩藤、石决明、蝉蜕等，或用羚羊钩藤汤（羚羊片、霜桑叶、川贝母、鲜生地黄、钩藤、菊花、茯神、生白芍、甘草、竹茹,《通俗伤寒论》)。

【针治】 同气分热。

2. 内伤发热

多由体质素虚,阴血不足,或血瘀化热等原因所致。

(1) 阴虚发热 多因体质素虚,阴血不足;或热病经久不愈,或失血过多,或汗、吐、下太过,导致机体阴血亏虚,热从内生。

【主症】 低热不退,午后更甚,耳鼻微热,身热;患畜烦躁不安,皮肤弹性降低,唇干口燥,粪球干小,尿少色黄;口色红或淡红,少苔或无苔,脉细数。严重者盗汗。

【治法】 滋阴清热。

【方例】 青蒿鳖甲汤(见清热方)加减。热重者,加地骨皮、黄连、玄参等;盗汗者,加龙骨、牡蛎、浮小麦;粪球干小者,加当归(油炒)、肉苁蓉(油炒)等;尿短赤者,加泽泻、木通、猪苓等。

(2) 气虚发热 多由劳役过度,饲养不当,饥饱不均,造成脾胃气虚所引起。

【主症】 多于劳役后发热,耳鼻稍热,神疲乏力;易出汗,食欲减少,有时泄泻;舌质淡红,脉细弱。

【治法】 健脾益气,甘温除热。

【方例】 补中益气汤(见补虚方)加减。

(3) 血瘀发热 多由跌打损伤,瘀血积聚,或产后血瘀等引起。

【主症】 常因外伤引起瘀血肿胀,局部疼痛,体表发热,有时体温升高;因产后瘀血未尽者,除发热之外,常有腹痛及恶露不尽等表现;口色红而带紫,脉弦数。

【治法】 活血化瘀。

【方例】 外伤血瘀者,用桃红四物汤或血府逐瘀汤(均见理血方)加减;产后血瘀者,用生化汤(见理血方)加减。

二、咳嗽

咳嗽是肺经疾病的主要症状之一,多发于春秋两季。外感、内伤的多种因素,都可使肺气壅塞,宣降失常而发生咳嗽。现代兽医上的呼吸道感染、支气管炎、支气管扩张、肺炎等病可参考本证的辨证论治。

(一) 病因病机

临床上根据病因和主症不同,常见有外感咳嗽、内伤咳嗽两种证型。

(二) 辨证论治

1. 外感咳嗽

(1) 风寒咳嗽 风寒之邪侵袭肌表,卫阳被束,肺气郁闭,宣降失常,故而咳嗽。

【主症】 发热恶寒,无汗,被毛逆立,甚至颤抖,鼻流清涕,咳声洪亮,喷嚏,口色青白,舌苔薄白,脉象浮紧。牛鼻镜水不成珠,反刍减少;猪、犬等,畏寒喜暖,鼻塞不通。

【治法】 疏风散寒,宣肺止咳。

【方例】 荆防败毒散(见解表方)或止嗽散(见化痰止咳平喘方)加减。

【针治】 针肺俞、苏气、山根、耳尖、尾尖、大椎等穴。

(2) 风热咳嗽 感受风热邪气,肺失清肃,宣降失常,故而咳嗽。

【主症】 发热重,恶寒轻,咳嗽不爽,鼻流黏涕,呼出气热,口渴喜饮,舌苔薄黄,口红少津,脉象浮数。

【治法】 疏风清热,化痰止咳。

【方例】 银翘散(见解表方)或桑菊饮(桑叶、菊花、杏仁、桔梗、薄荷、连翘、芦根、甘草,《温病条辨》)加减。痰稠,咳嗽不爽,加瓜蒌、贝母、橘红;热盛,加知母、黄芩、生石膏。

【针治】 针玉堂、通关、苏气、山根、尾尖、大椎、耳尖等穴。

(3) 肺热咳嗽 多因外感火热之邪，或风寒之邪，郁而化热，肺气宣降失常所致。

【主症】 精神倦怠，饮食欲减少，口渴喜饮，大便干燥，小便短赤，咳声洪亮，气促喘粗，呼出气热，鼻流黏涕或脓涕，口渴贪饮，口色赤红，舌苔黄燥，脉象洪数。

【治法】 清肺降火，化痰止咳。

【方例】 清肺散（见清热方）或麻杏石甘汤（见化痰止咳平喘方）或苇茎汤（见清热方）加减。

【针治】 针胸堂、颈脉、苏气、百会等穴。

2. 内伤咳嗽

(1) 气虚咳嗽 多因久病体虚，或劳役过重，耗伤肺气，致使肺宣肃无力而发咳嗽。

【主症】 食欲减退，精神倦怠，毛焦肷吊，日渐消瘦；久咳不已，咳声低微，动则咳甚并有汗出，鼻流黏涕；口色淡白，舌质绵软，脉象迟细。

【治法】 益气补肺，化痰止咳。

【方例】 四君子汤（见补虚方）合止嗽散（见化痰止咳平喘方）加减。

【针治】 针肺俞、脾俞、百会等穴。

(2) 阴虚咳嗽 多因久病体弱，或邪热久恋于肺，损伤肺阴所致。

【主症】 频频干咳，昼轻夜重，痰少津干，低热不退，或午后发热，盗汗，舌红少苔，脉细数。

【治法】 滋阴生津，润肺止咳。

【方例】 清燥救肺汤（见化痰止咳平喘方）或百合固金汤（见补虚方）加减。

【针治】 针肺俞、脾俞、百会等穴。

(3) 湿痰咳嗽 脾肾阳虚，水湿不化，聚而成痰，上渍于肺，使肺气不得宣降而发咳嗽。

【主症】 精神倦怠，毛焦体瘦，咳嗽，气喘，喉中痰鸣，痰液白滑，鼻液量多、色白而黏稠；咳时，腹部扇动，肘头外张，胸胁疼痛，不敢卧地，口色青白，舌苔白滑，脉滑。

【治法】 燥湿化痰，止咳平喘。

【方例】 二陈汤（见化痰止咳平喘方）合三子养亲汤（紫苏子、白芥子、莱菔子，《韩氏医通》）。

三、喘证

喘证是气机升降失常，出现以呼吸喘促、鼻咋喘粗，甚或肷肋扇动为主要特征的病证。各种动物均可发生。根据病因及症状的不同，喘证可分为实喘和虚喘两类。一般来说，实喘发病急骤，病程短，喘而有力；虚喘发病较缓，病程长，喘而无力。现代兽医上的慢性喘息型支气管炎、肺炎、肺气肿等病可参考本证的辨证论治。

（一）病因病机

临床上根据病因和主症不同，常见有实喘、虚喘证型。

（二）辨证论治

1. 实喘

(1) 寒喘 外感风寒，腠理郁闭，肺气壅塞，宣降失常，上逆为喘。

【主症】 喘息气粗，伴有咳嗽，畏寒怕冷，被毛逆立，耳鼻俱凉，甚或发抖，鼻流清涕，口腔湿润，口色淡白，舌苔薄白，脉象浮紧。

【治法】 疏风散寒，宣肺平喘。

【方例】 三拗汤（见解表方之麻黄汤）加前胡、橘红等。

【针治】 针肺俞穴。

(2) **热喘** 暑月炎天，劳役过重，风热之邪由口鼻入肺，或风寒之邪郁而化热，热壅于肺，肺失清肃，肺气上逆而为喘。

【主症】 发病急，气促喘粗，鼻翼扇动，甚或肷肋扇动，呼出气热，间有咳嗽，或流黄黏鼻液，身热，汗出，精神沉郁，耳耷头低，食欲减少或废绝，口渴喜饮，大便干燥，小便短赤，口色赤红，舌苔黄燥，脉象洪数。

【治法】 宣泄肺热，止咳平喘。

【方例】 麻杏石甘汤（见清热方）加减。热重，加金银花、连翘、黄芩、知母；喘重，加葶苈子、马兜铃、桑白皮；痰稠，加贝母、瓜蒌。

【针治】 针鼻俞、玉堂等穴。

2. 虚喘

(1) **肺虚喘** 肺阴虚则津液亏耗，肺失清肃；肺气虚则宣肃无力，二者均可致肺气上逆而喘。

【主症】 病势缓慢，病程较长，多有久咳病史。被毛焦燥，形寒肢冷，易自汗，易疲劳，动则喘重，咳声低微，痰涎清稀，鼻流清涕，口色淡，苔白滑，脉无力。

【治法】 补益肺气，降逆平喘。

【方例】 补肺汤（党参、黄芪、熟地黄、五味子、紫菀、桑白皮，《永类钤方》）加减。痰多，加制半夏、陈皮；喘重，加紫苏子、葶苈子；汗多，加麻黄根、浮小麦。

【针治】 针肺俞穴。

(2) **肾虚喘** 久病及肾，肾气亏损，下元不固，不能纳气，肺气上逆而作喘。

【主症】 精神倦怠，四肢乏力，食少毛焦，易出汗；久喘不已，喘息无力，呼多吸少，呈二段式呼气，肷肋扇动，息劳沟明显，甚或张口呼吸，全身震动，肛门随呼吸而伸缩；或有痰鸣，出气如拉锯，静则喘轻，动则喘重；咳嗽连声，声音低微，日轻夜重；口色淡白，脉象沉细无力。

【治法】 补肾纳气，定喘止咳。

【方例】 人参蛤蚧散（见补虚方）加减。

【针治】 针肺俞、百会等穴。

四、慢草与不食

慢草，即草料迟细，食欲减退；不食，即食欲废绝。慢草与不食是多种疾病的临床症状之一，此处所讲的慢草与不食，主要是指因脾胃功能失调而引起的，以食欲减少或食欲废绝为主要症状的一类病证。现代兽医上的消化不良可参考本证的辨证论治。

(一) 病因病机

引起脾胃功能失调，造成慢草与不食的原因有很多。临床上根据病因，常将其分为以下证型。

(二) 辨证论治

1. 脾虚

劳役过度，耗伤气血；饲养不当，草料质劣，缺乏营养，或时饥时饱，损伤脾胃；均能导致脾阳不振，胃气衰微，运化、受纳功能失常，从而出现慢草或不食。此外，肠道寄生虫病，也能引起本证。

【主症】 精神不振，肷吊毛焦，四肢无力；食欲减退，日见羸瘦，粪便粗糙带水，完谷不化；舌质如绵，脉虚无力。严重者，肠鸣泄泻，四肢浮肿，双唇不收，难起难卧。

【治法】 补脾益气。

【方例】 四君子汤、参苓白术散、补中益气汤（均见补虚方）加减。粪便粗糙者，加神曲、麦芽；起卧困难者，加补骨脂、枸杞子；泄泻和四肢浮肿症状严重者，以及因肠道寄生虫引起者，可参见泄泻、水肿及寄生虫病的辨证施治。

【针治】 针脾俞、后三里等穴。

2. 胃阴虚

多因天时过燥，或气候炎热，渴而不得饮，或温病后期，耗伤胃阴所致。

【主症】 食欲大减或不食；粪球干小，肠音不整，尿少色浓；口腔干燥，口色红，少苔或无苔，脉细数。若兼有肺阴耗伤者，则又见干咳不已。

【治法】 滋养胃阴。

【方例】 养胃汤加减（沙参、玉竹、麦冬、生扁豆、桑叶、甘草，《临证指南》）加减。

3. 胃寒

外感风寒，寒气传于脾经；或过饮冷水，采食冰冻草料，以致寒邪直中胃腑；脾胃受寒，致使脾冷不能运化，胃寒不能受纳，发生慢草与不食。

【主症】 食欲大减或不食，毛焦欣吊，头低耳耷，鼻寒耳冷，四肢发凉；腹痛，肠音活泼，粪便稀软，尿液清长；口内湿滑，口流清涎，口色青白，舌苔淡白，脉象沉迟。

【治法】 温胃散寒，理气止痛。

【方例】 桂心散（见温里方）加减。食欲大减者，可加神曲、麦芽、焦山楂等；湿盛者，加半夏、茯苓、苍术等；体质虚弱者，除重用白术外，加党参。

【针治】 针脾俞、后三里、后海等穴；猪还可以针三脘穴。

4. 胃热

多因天气炎热，劳役过重，饮水不足，或乘饥喂谷料过多，饲后立即使役，热气入胃；或饲养太盛，谷料过多，胃失腐熟，聚而生热；热伤胃津，受纳失职，引发本病。

【主症】 食欲大减或废绝，口臭，上颚肿胀，排齿红肿，口温增高；耳鼻温热，口渴贪饮，粪干小，尿短赤；口色赤红，少津，舌苔薄黄或黄厚，脉象洪数。

【治法】 清胃泻火。

【方例】 清胃散（当归身、黄连、生地黄、牡丹皮、升麻，《兰室秘藏》）或白虎汤（见清热方）加减。

【针治】 针玉堂、通关、唇内等穴。

5. 食滞

长期饲喂过多精料，或突然采食谷料过多，或饥后饲喂难于消化的饲料，致使草料停滞不化，损伤脾胃而发病。

【主症】 精神倦怠，厌食，肚腹饱满，轻度腹痛；粪便粗糙或稀软，有酸臭气味，有时完谷不化；口内酸臭，口腔黏滑，苔厚腻，口色红，脉数或滑数。

【治法】 消积导滞，健脾理气。

【方例】 曲蘖散（神曲、麦芽、山楂、厚朴、枳壳、陈皮、青皮、苍术、甘草）或保和丸（山楂、六曲、半夏、茯苓、陈皮、连翘、莱菔子）加减。食滞重者，加大黄、芒硝、枳实等。

【针治】 针后海、玉堂、关元俞等穴。

五、呕吐

呕吐是胃失和降，胃气上逆，食物由胃吐出的病证。猪、犬、猫多见，牛、羊次之，马属动物较难发生呕吐。现代兽医上的消化系统病变，或其他疾病合并呕吐症状者可参照本证辨证论治。

（一）病因病机

临床上根据病因和主症不同，常见的有胃热呕吐、伤食呕吐、虚寒呕吐三种证型。

（二）辨证论治

1. 胃热呕吐

暑热或秽浊疫疠之气侵犯胃腑，耗伤胃津，使胃失和降，气逆于上，故而呕吐。

【主症】 体热身倦，口渴欲饮，遇热即吐，吐势剧烈，吐出物清稀色黄，有腐臭味，吐后稍安，不久又发，食欲大减或不食，粪干尿短，口色红黄，苔黄厚，口津黏腻，脉洪数或滑数。

【治法】 清热养阴，降逆止呕。

【方例】 白虎汤（见清热方）加味。呕吐甚者，加竹茹、制半夏、藿香；热甚者，加黄连；粪干者，加大黄、芒硝；伤津者，加沙参、麦冬、石斛。

【针治】 针玉堂、脾俞、关元俞、带脉、后三里、大椎等穴，或顺气穴巧治。

2. 伤食呕吐

过食草料，停于胃中，滞而不化，致使胃气不能下行，上逆而呕吐。

【主症】 精神不振，兼有不安，食欲废绝，肚腹胀满，嗳气，呕吐物酸臭，吐后病减，口色稍红，苔厚腻，脉沉实有力或沉滑。

【治法】 消食导滞，降气止呕。

【方例】 保和丸加减。食滞重者，加大黄。

【针治】 同胃热呕吐。

3. 虚寒呕吐

劳役太重，饲喂不当，致使脾胃运化功能失职；再遇久渴失饮，或突然饮冷水过多，寒凝胃腑，胃气不降，上逆而为呕吐。常见于瘦弱耕牛。

【主症】 消瘦，慢草，耳鼻俱凉，有时寒战，常在食后呕吐，呕吐物无明显气味，吐后口内多涎；口色淡白，口津滑利，脉象沉迟或弦而无力。

【治法】 温中降逆，和胃止呕。

【方例】 理中汤加味。寒重者，加小茴香、肉桂。

【针治】 针脾俞、六脉、后三里、中脘等穴。

六、腹胀

腹胀是肚腹膨大胀满的一种病证。就腹胀性质而言，有食胀、气胀、水胀之分；按腹胀所属脏腑而论，有肠胀和胃胀之分。马属动物的腹胀多为肠胀，虽有胃胀，但不表现为明显的肚腹胀满；牛、羊的腹胀多为胃胀，且以瘤胃鼓胀为主；猪、犬、猫等主要是肠胀。所谓水胀，主要是指宿水停脐（腹水）。现代兽医临床上的瘤胃积食、瘤胃鼓胀、肠臌气、腹腔积液等都可参考本证的辨证论治。

（一）病因病机

临床上根据病因和主症不同，主要分为气胀、食胀、水胀三种类型。

（二）辨证论治

1. 气胀

指牛、羊瘤胃，或马大肠内充满气体，致使肚腹胀大，出现腹痛起卧等症状的病证。临床上可分为气滞郁结、脾胃虚弱、水湿困脾、湿热蕴结四种证型。

（1）气滞郁结气胀　多因采食大量易于发酵的饲料，如幼嫩青草、禾苗及块根、酒糟、玉米、大麦、豆类等，于短时间内产生大量气体，致使胃肠功能失职，难以运化排出，积聚其内而成病；又草饱乘骑，过度劳累，乘饥饮喂；或气温骤降，寒邪直中脾胃；或牛误食有毒植物如曼陀罗、夹竹桃等，也可损及脾胃而发病。

【主症】 牛、羊发病急速，常在采食中或食后突然发病。左腹部急剧胀满，严重者可突出背脊，腹痛不安，不时起卧，后肢踢腹，回头顾腹，叩击左腹作鼓响，按之腹壁紧张；食欲、反吞、嗳气停止；严重时，呼吸困难，张口伸舌，呻吟吼叫，口中流涎，肛门突出，四肢张开，站立不稳。马、骡常于饲喂后发病，初多阵痛，继而转为持续而剧烈的腹痛，起卧不安或全身出汗；肚腹胀大，右肷尤显，叩如鼓响，肠音初时响亮，有金属音，后渐弱或消失，排粪稀少不爽，后亦渐止，呼吸迫促。初时口色青黄或赤红而润，后期则青紫干燥；脉数或虚数。直肠检查时，常因肠内充满气体，难于入手或完全不能入手。

【治法】 牛、羊宜行气消胀，化食导滞；马、骡宜行气消胀，宽肠通便。

【方例】 消胀汤（见理气方）加减。牛、羊，轻者用食醋、菜油灌服，重者于肷部鼓气最高处行瘤胃穿刺放气术，结合投放制酵剂；马、骡，若肚胀严重，病势急剧，由盲肠穿刺放气，结合投放制酵剂。

【针治】 肷俞穴放气，或针脾俞、关元俞等穴。

（2）脾胃虚弱气胀　多因畜体素虚，或长期饮喂失宜，饥饱不匀，营养缺乏，劳役过度，损伤脾胃，致脾虚不能运化水谷以升清，胃弱无力腐熟以降浊而发病。

【主症】 发病缓慢，病程较长，反复发作，腹胀较轻，多于食后鼓气；体倦乏力，身瘦毛焦，塞唇似笑；食欲减少，或时好时坏；粪便多溏或偶干。牛则兼见反刍缓慢，次数减少，左肷时胀时消，按之上虚下实。口色淡白，脉象虚细。

【治法】 补益脾胃，升清降浊。

【方例】 四君子汤或参苓白术散（均见补虚方）合平胃散（见祛湿方）加减。

【针治】 针脾俞、六脉、后三里等穴。

（3）水湿困脾气胀　多因饲养管理不当，喂以大量青绿多汁或其他易发酵产气的草料，或空肠过饮冷水，饲以冰冻露草料，或被阴雨苦淋，久卧湿地等，致使脾胃受损，寒湿内侵，脾为湿困，运化失常，清阳不升，浊阴不降，清浊相混，聚于胃肠而发病。

【主症】 牛、羊食欲、反刍大减或废绝，肷部胀满，按压稍软，胃内容物呈粥状；瘤胃穿刺，水草与气体同出，形成泡沫，沫多气少，放气时常因针孔被阻塞而屡屡中断；口色青黄而暗，脉象沉迟。马、骡粪便稀软，肚腹虚胀，日久不消，草料迟细，口黏不渴，精神倦怠，牵行懒动，口色淡黄或黄白相兼，舌苔白腻，脉象虚濡。

【治法】 牛、羊宜逐水通肠，消积理气；马、骡宜健脾燥湿，理气化浊。

【方例】 牛、羊用越鞠丸（见理气方）加减。体虚，酌加党参，并增加黄芪用量；胀重，酌加厚朴、枳壳；积滞重，酌加三棱、莪术、山楂、神曲。马、骡用胃苓汤（见祛湿方之五苓散）加减；胀重，加木香、丁香；体虚，加党参、黄芪；湿重，加车前子、大腹皮；寒重，加吴茱萸、干姜、附子。

【针治】 针脾俞、胃俞、关元俞、后三里等穴。

（4）湿热蕴结气胀　多因天气炎热，久渴失饮，饮水污浊；或劳役过重，乘热饮冷；或水湿困脾失治，郁久化热，湿热相搏，阻遏气机，致使脾胃运化失职而发病。

【主症】 腹胀，食欲大减或废绝；粪软而臭，排出不爽，肠音微弱；呼吸喘促，或体温升高；口色红黄，苔黄而腻，脉象濡数。

【治法】 清热燥湿，理气化浊。

【方例】 胃苓汤（见祛湿方之五苓散）减桂枝、白术，酌加茵陈、木通、黄芩、黄连、藿香。

【针治】 针带脉、脾俞、关元俞等穴。

2. 食胀

食胀是采食草料过多，停积胃肠，滞而不化，发酵膨胀，致使肚腹胀满的病证。多由饥后饲喂过多，贪食过饱，以致胃内食物积聚而致。

【主症】 食欲大减或废绝，时有呕吐，呕吐物酸臭；腹围膨大，触压腹壁坚实有痛感；重者腹痛不安，前蹄刨地，痛苦呻吟；口臭舌红，苔黄，脉象弦滑。

【治法】 消食导滞，泻下通便。

【方例】 曲蘖散、保和丸或大承气汤（见泻下方）加减。
【针治】 针脾俞、六脉、后三里穴等。

3. 水胀

水胀是脾、肾等脏功能失调，水湿代谢障碍，停聚胃肠而呈现肚腹胀满的病证。多由外感湿热，蕴结脾胃，或饲养管理不当，如劳役过度、暴饮冷浊、长期饲以冰冷草料、久卧湿地、阴雨苦淋等，致使脾失健运，水湿内停，湿留中焦，郁久化热所致。

【主症】 精神倦怠，头低耳耷，水草迟细，日渐消瘦，腹部因逐渐膨大而下垂，触诊时有拍水音；口色青黄，脉象迟涩。有的病例还兼有湿热蕴结之象，如舌红、苔厚、脉数、粪便稀软、尿少等。

【治法】 健脾暖胃，温肾利水。

【方例】 大戟散（大戟、滑石、甘遂、牵牛子、黄芪、芒硝、巴豆，《元亨疗马集》）加减。

【针治】 针脾俞、关元俞、带脉、后三里等穴。

七、腹痛

腹痛是多种原因导致胃肠、膀胱及胞宫等腑，气血瘀滞不通，发生起卧不安，滚转不宁，腹中作痛的病证。各种动物均可发生，尤以马、骡更为多见。现代兽医上的胃肠痉挛、霉菌性肠炎、产后恶露不尽、胃肠积食、肠臌气、肠阻塞、肠变位、肠便秘等病可参本证的辨证论治。

（一）病因病机

根据腹痛的不同病因和主症，临床上常将其分为以下证型。

（二）辨证论治

1. 阴寒腹痛

外感寒邪，传于胃肠，或过饮冷水，采食冰冻草料，阴冷直中胃肠，致使寒凝气滞，气血瘀阻，不通则痛，故腹中作痛。

【主症】 鼻寒耳冷，口唇发凉，甚或肌肉寒战；阵发性腹痛，起卧不安，或刨地踢腹，回头观腹，或卧地滚转；肠鸣如雷，连绵不断，粪便稀软带水。少数病例，在腹痛间歇期肠音减弱，饮食欲废绝，口内湿滑，或流清涎，口温较低，口色青白，脉象沉迟。

有的病例表现为腹痛绵绵，起卧不甚剧烈，时作时止，病程可达数天；舌色如绵，脉沉细无力。此种病证，称为"慢阴痛"。

【治法】 温中散寒，和血顺气。

【方例】 橘皮散（见理气方）或桂心散（见温里方）加减。寒盛者，加吴茱萸；痛剧者，加延胡索；体虚者，加党参、黄芪。

【针治】 针姜芽、分水、三江、蹄头、脾俞等穴。

2. 湿热腹痛

暑月炎天，劳役过重，役后乘热急喂草料，或草料霉烂，谷气料毒凝于肠中，郁而化热，损伤肠络，使肠中气血瘀滞而作痛。

【主症】 体温升高，耳鼻、四肢发热，精神不振，食欲减退，口渴喜饮；粪便稀溏，或荡泻无度，泻粪黏腻恶臭，混有黏液或带有脓血，尿短赤；腹痛不安，回头顾腹，或时起时卧；口色红黄，舌苔黄腻，脉洪数。

【治法】 清热燥湿，行郁导滞。

【方例】 郁金散（见清热方）加减。病初有积滞者，重用大黄，并加芒硝、枳实，去诃子；热毒盛者，加金银花、连翘。猪、犬、猫等中小型动物，可用白头翁汤（见清热方）加减。

【针治】 针交巢（后海）、后三里、尾根、大椎、带脉、尾本等穴。

3. 血瘀腹痛

各种动物均可因产前营养不良，素体虚弱，而产时又失血过多，气血虚弱，运行不畅，致使产后宫内瘀血排泄不尽，或部分胎衣滞留其间而引起腹痛；或因产后失于护理，风寒乘虚侵袭；或产后过饮冷水，过食冰冻饲料，致使血被寒凝，而致产后腹痛。马、骡尚可因前肠系膜根处动脉瘤导致气血瘀滞，发生腹痛。

【主症】 产后腹痛者，肚腹疼痛，蹲腰踏地，回头顾腹，不时起卧，食欲减少；有时从阴道流出带紫黑色血块的恶露；口色发青，脉象沉紧或沉涩。若兼气血虚，又见神疲力乏，舌质淡红，脉虚细无力。

血瘀性腹痛者，常于使役中突然发生。患畜起卧不安，前蹄刨地，或仰卧朝天。时痛时停，在间歇期一如常态。问诊常有习惯性腹痛史，谷道入手，肠中无粪结，但在前肠系膜根处可触及拇指头甚或鸡蛋大肿瘤，检手可感知血流不畅之"沙沙"音。

【治法】 产后腹痛宜补血活血，化瘀止痛；血瘀性腹痛宜活血祛瘀，行气止痛。

【方例】 产后腹痛，宜选用生化汤（见理血方）加减；兼有气血虚弱者，可用当归建中汤（当归、桂枝、白芍、生姜、炙甘草、大枣，《千金翼方》）。血瘀性腹痛，选用血府逐瘀汤（见理血方）。

4. 食滞腹痛

乘饥饲喂太急，采食过多；或骤然更换草料，或采食发酵或霉败饲料，均可使饲料停滞胃腑，不能化导，阻碍气机，引起腹痛。此外，长期采食含泥沙过多的饲料及饮水，沙石沉积于肠胃，阻塞气机，亦可引起腹痛。虫扰肠中或窜于胆道，也可使气血逆乱，引起腹痛。

【主症】 多于食后 1~2h 突然发病。腹痛剧烈，不时卧地，前肢刨地，顾腹打尾，卧地滚转；腹围不大而气促喘粗；有时两鼻孔流出水样或稀粥样食物；常发嗳气，带有酸臭味；初期尚排粪，但数量少而次数多，后期则排粪停止；口色赤红，脉象沉数，口腔干燥，舌苔黄厚，口内酸臭。谷道入手检查，可摸到显著后移的脾脏和扩大的胃后壁，胃内食物充盈、稍硬，压之留痕。插入胃管则有少量酸臭味气体或食物外溢，为胃排空障碍。

【治法】 消积导滞，宽中理气。一般应先用胃管导胃，以除去胃内一部分积食，然后再选用方药治之。

【方例】 本病不宜灌服大量药物，如用药，可根据情况选用曲蘖散或醋香附汤（酒三棱、醋香附、酒莪术、炒莱菔子、青木香、砂仁、食醋，《中兽医治疗学》）。此外，用食醋 0.5~1L，加水适量，一次灌服，疗效亦佳。

【针治】 针三江、姜芽、分水、蹄头、关元俞等穴。

5. 肝旺痛泻

多因情志不畅或其他应激因素，使肝气郁滞，失于疏泄，导致肝脾不和而引发本病。

【主症】 食欲减退或不食，间歇性腹痛，肠音旺盛，频排稀软粪便；神疲乏力，口腔干燥，耳鼻温热或寒热往来；口色红黄，苔薄黄，脉弦。

【治法】 疏肝健脾。

【方例】 以痛泻为主者，选用痛泻要方（土炒白术、炒白芍、防风、陈皮，《丹溪心法》）；以神少乏力、口干食少为主者，选用逍遥散（见和解方）。

6. 粪结腹痛

长期饲喂粗硬不易消化的劣质饲料，或空腹骤饮急喂，采食过多；或饲喂后立即使役，草料得不到及时消化；或突然更换草料或改变饲养方式；加之动物脾胃素虚，运化功能减退，或老龄家畜牙齿磨灭不整，咀嚼不全；更加天气骤变，扰乱胃肠功能，致使草料停滞胃肠，聚粪成结，阻碍胃肠气机而引发腹痛。

【主症】 食欲大减或废绝，精神不安，腹痛起卧，回头顾腹，后肢蹴腹；排粪减少或粪便不通，粪球干小，肠音不整，继则肠音沉衰或废绝；口内干燥，舌苔黄厚，脉象沉实。由于结粪的部位不同，具体临床症状也有差异。

① 前结（小肠便秘）：一般在采食后数小时内突然发病。肚腹疼痛剧烈，前蹄刨地，连连起卧，不时滚转。继发大肚结（胃扩张）时，则呼吸迫促，在颈部可见逆蠕动波，甚或鼻流粪水，导胃可排出大量黄褐色液体。粪结初期，仍可排少量粪便，肠音微弱，口色赤紫，少津，脉沉细而数。谷道入手，常在右肾前方或右下方摸到结粪块。

② 中结（小结肠或骨盆曲便秘）：发病较突然。初期表现为伸腰摆尾，起卧不甚剧烈，站立不安，回头顾腹，继则起卧连连，有时滚转，或卧地时四肢伸长，常见肚胀，排粪停止。初期口色赤红而干，脉象沉涩，后期舌苔黄厚，舌有皱纹，口臭，脉沉细。谷道入手可摸到拳头大或小臂粗、能移动的结粪块。

③ 板肠结（大结肠或盲肠便秘）：一般发病缓慢，病程较长，起卧腹痛症状较轻。患畜回头观腹，或阵阵起卧，卧地四肢伸直，较少滚转，站立时前肢向前伸，后肢向后伸，呈"拉肚腰"的姿势，肚胀常不明显。初期可能排少量粪便，有时甚至排粪水，腹痛暂停时尚有食欲。后期口干少津，舌苔黄厚，口臭。谷道入手可在左腹下方、右前方或左后方摸到粗大而不易移动的、充满粪便的肠管。

④ 后结（直肠便秘）：间歇性腹痛，一般无起卧表现。患畜不断举尾呈现排粪姿势，蹲腰努责，四肢张开，但排不出粪便，肚腹稍胀。谷道入手即可摸到积聚在直肠中的粪便。

【治法】 破结通下。根据粪结部位和病情轻重可采取捶结、按压、药物及针刺等疗法，捶结、按压可参见《兽医内科学》。

【方例】 根据病情可选用大承气汤或当归苁蓉汤（均见泻下方）加减。

【针治】 针三江、姜牙、分水、蹄头、后海等穴，或电针双侧关元俞穴。

八、流涎吐沫

流涎，指患畜口中流出水样或黏液样液体；吐沫，指口吐泡沫样液体。二者均为唾涎增多，从口中流出的病证。各种动物均可发生，尤其以马、牛、犬、猫最为常见。现代兽医上的口炎、咽炎、食管阻塞以及中毒性疾病等可参见本证的辨证论治。

（一）病因病机

临床上根据病因和主症不同，常见的有胃冷流涎、心热流涎、肺寒吐沫、恶癖吐水等证型。

（二）辨证论治

1. 胃冷流涎

阴寒盛，则津液凝聚而口水过多。《普济方》中说："脾气冷不能收制其津液，故流出渍于颐上。"《元亨疗马集》中也说："流涎者，胃冷也。"

【主症】 精神不振，头低耳耷，食欲减退，劳役易汗，日渐消瘦，行走无力，口流清水。甚者，槽中草料湿如水拌，或口腔受刺激（吃草或灌药）后，流量增加，有时出现空嚼，脉沉细，口舌淡白。

【治法】 益气健脾，摄涎。

【方例】 健脾散（见理气方）加减。

【针治】 针脾俞穴、关元俞等穴。

2. 心热流涎

胃热壅积，使津液积聚成涎。《太平圣惠方》中说："风热壅结于脾脏，积聚成涎也。"《活兽慈舟》中也说："口涎长流不息，多归脾胃受邪热所致。"

【主症】 舌体肿胀或有溃烂，口流黏涎；患畜精神不振，采食困难；口色赤红，脉象洪数。因异物刺伤者，有时可见刺伤或钉、铁、芒刺等物。

【治法】 清热解毒，消肿止痛。因胃肠有热而致者，治宜清泻胃热。

【方例】 心热流涎用洗心散（见清热方）加减；因胃肠有热而致者，用石膏清胃散（石膏、大黄、玄明粉、知母、黄芩、天花粉、麦冬、甘草、陈皮、枳壳);外伤引起的应除去病因。三种原因而致的流涎,均可用青黛散(见外用方)口噙。

【针治】 针玉堂、通关、鹘脉等穴。

3. 肺寒吐沫

多因脾虚,不能运化津液而成涎。《证治准绳》云:"……多涎,由脾气不足,不能四布津液而成。"

【主症】 患畜频频磨牙锉齿,口吐白沫,唇沥清涎,沫多涎少,如雪似绵,洒落槽边桩下,唇舌无疮。兼见头低耳耷,精神不振,水草迟细,毛焦肷吊,鼻寒耳冷,或偶有咳嗽。口色淡白或青白,舌质软,苔薄而阔,脉沉迟。

【治法】 理肺降逆,温化寒痰。

【方例】 半夏散加减(半夏、升麻、防风、飞矾,《新编中兽医治疗大全》)。食少肷吊者,加神曲、麦芽、党参、白术;湿盛者沫多,加茯苓、苍术;咳嗽甚,加紫苏子、莱菔子、紫菀、杏仁。

【针治】 针脾俞、风门、玉堂穴等穴。

4. 恶癖吐水

多因口舌生疮、牙齿疼痛、风邪证口眼㖞斜或嘴唇松弛而流涎。

【主症】 歇息时,嘴唇触着外物(如缰绳、饲槽、柱桩等)即不断活动,随之流出大量涎水,经久不止,至采食或劳动时才停止。病程可达数年之久。

【治法】 阻断病因,调整阴阳。

【针治】 水针注射。可用95%的酒精10mL肌内注射或注于下唇两侧的下唇掣肌内。一次不愈,可隔2~3天重复一次。

九、泄泻

泄泻是指排粪次数增多、粪便稀薄,甚至泻粪如水样的一类病证。见于胃肠炎、消化不良等多种疾病过程中。现代兽医上的各种原因引起的急性、慢性腹泻等均可按本证辨证论治。

(一)病因病机

泄泻的主要病变部位在脾、胃及大、小肠,但其他脏腑疾患,如肾阳不足等,也能导致脾胃功能失常而发生泄泻。临床上,常根据泄泻的原因及主症,将其分为以下证型。

(二)辨证论治

1. 寒泻(冷肠泄泻)

外感寒湿,传于脾胃,或内伤阴冷,直中胃肠,致使运化无力,寒湿下注,清浊不分而成泄泻。常见于马、骡和猪,多发于寒冷季节。

【主症】 发病较急,泻粪稀薄如水,甚至呈喷射状排出,遇寒泻剧,遇暖泻缓,肠鸣如雷,食欲减少或不食,精神倦怠,头低耳耷,耳寒鼻冷,间有寒战,尿清长,口色青白或青黄,苔薄白,口津滑利,脉象沉迟。严重者肛门失禁。

【治法】 温中散寒,利水止泻。

【方例】 猪苓散(见祛湿方)加减。

【针治】 针交巢(后海)、后三里、脾俞、百会等穴。

2. 热泻

暑月炎天,劳役过重,乘饥而喂热料,或草料霉败,谷气料毒积于肠中,郁而化热,损伤脾胃,津液不能化生,则水反为湿,湿热下注,而成泄泻。

【主症】 发热,精神沉郁,食欲减少或废绝,口渴多饮,有时轻微腹痛,蜷腰卧地,泻粪稀薄,黏腻腥臭,尿赤短,口色赤红,舌苔黄腻,口臭,脉象沉数。

【治法】 清热燥湿,利水止泻。

【方例】 郁金散（见清热方）加减。热盛者，去诃子，加金银花、连翘；水泻严重者，加车前子、茯苓、猪苓，去大黄；腹痛者，加延胡索等。

【针治】 针带脉、尾本、后三里、大肠俞等穴。

3. 伤食泻

采食过量食物，致宿食停滞，脾胃受损，运化失常，水反为湿，谷反为滞，水谷合污下注，遂成泄泻。各种动物均可发生，而以猪、犬、猫最为常见。

【主症】 食欲废绝，牛、羊反刍停止。肚腹胀满，隐隐作痛，粪稀黏稠，粪中夹有未消化的食物，气味酸臭或恶臭，嗳气吐酸，不时放臭屁，或屁粪同泄，常伴呕吐（马属动物除外），泄吐之后痛减。口色红，苔厚腻，脉滑数。

【治法】 消积导滞，调和脾胃。

【方例】 保和丸加减。食滞重者，加大黄、枳实、槟榔；水泻甚者，加猪苓、木通、泽泻；热盛者，加黄芩、黄连。

【针治】 针蹄头、脾俞、后三里、关元俞等穴。

4. 虚泻

多发于老龄动物，一般病程较长，患畜体瘦形羸。根据病情的轻重和病因的不同，又分脾虚泄泻和肾虚泄泻两个证型。

(1) **脾虚泄泻** 长期使役过度，饮喂失调，或草料质劣，致使脾胃虚弱，胃弱不能腐熟消导，脾虚不能运化水谷精微，以致中气下陷，清浊不分，故而作泻。

【主症】 形体羸瘦，毛焦肷吊，精神倦怠，四肢无力；病初食欲大减，饮水增多，鼻寒耳冷，腹内肠鸣，不时作泻，粪中带水，粪渣粗大，或完谷不化；严重者，肛弛粪淌；舌色淡白，舌面无苔，脉象迟缓。后期水湿下注，四肢浮肿。

【治法】 补脾益气，利水止泻。

【方例】 参苓白术散或补中益气汤（均见补虚方）加减。

【针治】 针百会、脾俞、后三里、后海、关元俞等穴。

(2) **肾虚泄泻** 肾阳虚衰，命门火不足，不能温煦脾阳，致使脾失运化，水谷下注而成泄泻。

【主症】 精神沉郁，头低耳聋，毛焦肷吊，腰胯无力，卧多立少，四肢厥逆，久泻不愈，夜间及天寒时泻重；严重者，肛门失禁，粪水外溢，腹下或后肢浮肿；口色如绵，脉沉细无力。

【治法】 温肾健脾，涩肠止泻。

【方例】 巴戟散（见补虚方）去槟榔，加茯苓、猪苓等；或用四神丸（见收涩方）合四君子汤（见补虚方）加减。

【针治】 针后海、后三里、尾根、百会、脾俞等穴。

十、痢疾

痢疾是排粪次数增加，但每次量少，粪便稀软，呈胶冻状，或赤或白，或赤白相杂，并伴有弓腰努责、里急后重和腹痛等症状的一类病证，多发生于夏秋两季。现代兽医上的细菌性痢疾、溃疡性结肠炎等病可以参见本证的辨证论治。

痢疾与泄泻，均属于腹泻，但泄泻主要由湿盛所致，以粪便稀软为主要症状，病情较轻，治疗以利水止泻为主；而痢疾主要由气郁脂伤所致，以粪便带有脓血、排粪时里急后重为主要症状，病情较重，治疗以理气行血为主。

(一) 病因病机

引起痢疾的原因和疾病很多，故痢疾的类型也很多，常见的有湿热痢、虚寒痢和疫毒痢三种。

（二）辨证论治

1. 湿热痢

多由外感暑湿之邪，或食入霉烂草料，湿热郁结肠内，胃肠气血阻滞，肠道黏膜及肠壁脉络受损，化为脓血而致。

【主症】 精神短少，蜷腰卧地，食欲减少甚至废绝，动物反刍减少或停止，鼻镜干燥；弓腰努责，泻粪不爽，里急后重，下痢稀糊，赤白相杂，或呈白色胶冻状；口色赤红，舌苔黄腻，脉数。如湿重于热，则痢下白多而血少，若热重于湿，则痢下血多而白少。

【治法】 清热化湿，行气和血。

【方例】 牛可用通肠芍药汤（大黄、槟榔、山楂、芍药、木香、黄连、黄芩、玄明粉、枳实）加减，兼食滞者加麦芽、神曲等。马、犬、猫、猪等可用白头翁汤（见清热方）加减。

【针治】 针带脉、后三里、后海等穴。

2. 虚寒痢

久病体虚，或久泻不止，致使脾肾阳虚，中阳不振，下元亏虚，寒湿内郁大肠，以致水谷并下而发本病。

【主症】 精神倦怠，毛焦体瘦，鼻寒耳冷，四肢发凉，食欲、反刍日渐减少；不时努责，泻痢不止，水谷并下，带灰白色，或呈泡沫状，时有腹痛；严重者，肛门失禁，甚或带血；口色淡白或灰白，舌苔白滑，脉象迟细。

【治法】 温脾补肾，收涩固脱。

【方例】 四神丸（见收涩方）合参苓白术散（见补虚方）加减。寒甚，加肉桂；腹痛明显，加木香；久痢不止，加诃子；便中带血，加血余炭、炒地榆；里急后重，加枳壳、青皮。

【针治】 针脾俞、后海等穴。

3. 疫毒痢

常见于夏秋之间。多因感受疫毒之气，毒邪壅阻胃肠，与气血相搏化为脓血，遂成本病。

【主症】 发病急骤，高热，烦躁不安，食欲减少或废绝；弓腰努责，里急后重，有时腹痛起卧，泻粪黏腻，夹杂脓血，腥臭难闻；口色赤红，舌苔干黄，脉象洪数或滑数。

【治法】 清热燥湿，凉血解毒。

【方例】 白头翁汤（见清热方）加减。热毒甚者，加马齿苋、金银花、连翘；腹痛明显者，加白芍、甘草；口渴贪饮者，加葛根、麦冬、玄参、沙参；里急后重剧烈者，加枳壳、槟榔。

【针治】 针带脉、后三里、后海等穴。

十一、便秘

便秘是粪便干燥，排粪艰涩难下，甚至秘结不通的病证。马、骡结症也属便秘范畴，但因其有明显的腹痛，已在腹痛中论述，这里主要论述腹痛症状不甚明显的便秘。

（一）病因病机

临床上，根据便秘发生的原因及主症不同，常将其分为以下证型。

（二）辨证论治

1. 热秘

外感之邪，入里化热；或火热之邪，直接伤及脏腑；或饲喂难以消化的草料，又饮水不足，草料在胃肠停积，聚而生热；均可灼伤胃肠津液，致粪便传导受阻而成本病。

【主症】 拱腰努责，排粪困难，粪便干硬、色深，或完全不能排粪，肚腹胀满，小便短赤；口干喜饮，口色红，苔黄燥，脉沉数。牛鼻镜干燥或龟裂，反刍停止；猪鼻盘干燥，有时可在腹部摸到硬粪块。

【治法】 清热通便。

【方例】 大承气汤（见泻下方）加味。肚腹胀满者，加槟榔、牵牛子、青皮；粪干者，加食用油、火麻仁、郁李仁；津伤严重者，加鲜生地黄、石斛等。

【针治】 针交巢、关元俞、脾俞、带脉、尾本等穴。

2. 寒秘

外感寒邪，脾阳受损；或畜体素虚，正气不足，真阳亏损，寒从内生，不能温煦脾阳，致使运化无力，粪便难下。

【主症】 形寒怕冷，耳鼻俱凉，四肢欠温，排粪艰涩，小便清长，腹痛，口色青白，舌苔薄白，脉象沉迟。

【治法】 温中通便。

【方例】 大承气汤（见泻下方）加附子、细辛、肉桂、干姜。腹痛甚者，加白芍、桂枝；积滞重者，加神曲、麦芽。

【针治】 针交巢、关元俞、百会等穴。

3. 虚秘

畜体素弱，脾肾阳虚，运化传导无力，以致粪便艰涩难下。

【主症】 神倦力乏，体瘦毛焦，多卧少立，不时拱腰努责，大便排出困难，但粪球并不很干硬；口色淡白，脉弱。

【治法】 益气健脾，润肠通便。

【方例】 当归苁蓉汤（见泻下方）加减。倦怠无力者，加黄芪、党参；粪干津枯者，加玄参、麦冬。

十二、便血

排粪时粪中带血，或便前、便后下血，称为便血。常见于夏秋季节。各种动物均可发生。便血有远血、近血之分。若先便后血，血色暗红，为远血；先血后便，血色鲜红，为近血。远血者，出血部位在小肠或大肠；近血者，出血部位在直肠或肛门。便血与痢疾都有下血的症状，但便血之粪便不呈胶冻状，也无里急后重现象。

（一）病因病机

临床上根据病因和主症不同，便血主要有湿热便血和气虚便血两种证型。

（二）辨证论治

1. 湿热便血

多因暑月炎天，使役过重，或久渴失饮，或饮水秽浊不清，或乘热饲喂草料，或草料腐败霉烂，以致湿热蕴结胃肠，灼伤脉络，溢于胃肠而成。

【主症】 发病较急，精神沉郁，食欲、反刍减少或停止，耳鼻俱热，口渴喜饮，鼻镜、鼻盘干燥，排粪带痛。病初粪便干硬，附有血丝或黏液，继而粪便稀薄带血，气味腥臭，甚至全为血水，血色鲜红，小便短赤。口色鲜红，口温高，苔黄腻，脉滑数。

【治法】 清热利湿，凉血解毒。

【方例】 黄连解毒汤（见清热方）合槐花散（见理血方）加减。口渴热盛，纯下鲜血者，加赤芍、牡丹皮、生地黄、金银花、连翘；腹泻严重者，加茵陈、木通、车前子、茯苓；气滞腹痛者，加木香、枳壳、厚朴。

【针治】 针脾俞、交巢、百会、断血等穴。

2. 气虚便血

多因久病体虚，老龄瘦弱，或长期饲养失宜，劳役过度，致使脾胃虚弱，中气下陷，以致气不摄血，溢于胃肠而成。

【主症】 发病较缓，精神倦怠，四肢无力，毛焦欣吊，食欲、反刍日渐减少；粪便溏稀带血，多先便后血或血粪混下，重者可纯下血水，血色暗红，有时有轻度腹痛，口色淡白，脉象迟细。日久气虚下陷者，可见肛门松弛或脱肛。

【治法】 健脾益气，引血归经。

【方例】 归脾汤（见补虚方）加减，或补中益气汤（见补虚方）加棕榈炭、阿胶、灶心土等。

【针治】 针脾俞、后三里、百会、断血、后丹田、交巢等穴。

十三、尿血

尿血是尿中混有血液，或伴有血块的一种病证。

（一）病因病机

临床上根据病因和主症不同，常见有湿热蕴结膀胱和脾虚尿血两种。

（二）辨证论治

1. 湿热蕴结

多因劳役过重，感受热邪的侵袭，致使心火亢盛，下移小肠，以致膀胱积热，湿热互结，损伤脉络而发。此外，尿道结石、弩伤、跌打损伤等也可引起尿血。

【主症】 精神倦怠，食欲减少，发热，小便短赤，尿中混有血液，或伴有血块，色鲜红或暗紫；口色红，脉细数。因弩伤或跌打损伤所致者，行走吊腰，触诊腰部疼痛敏感，尿中常有血凝块。

【治法】 清热凉血，散瘀止血。

【方例】 八正散（见祛湿方）加白茅根、大蓟、小蓟、生地黄；或秦艽散（见理血方）加减。

【针治】 针断血穴。

2. 脾虚尿血

多因劳役过度，饮喂失调，伤及脾胃；或体质素弱，脾胃气虚，致使气虚不能统血，血溢脉外，而成尿血。

【主症】 精神不振，耳耷头低，四肢无力，食欲减少，尿中带血，尿色淡红，口色淡白，脉象虚弱。

【治法】 健脾益气，摄血止血。

【方例】 归脾汤或补中益气汤（均见补虚方）加减。

【针治】 针脾俞、断血等穴。

十四、淋证

淋证是排尿频数、涩痛、淋沥不尽的病证。现代兽医上的急性尿路感染、肾盂肾炎、泌尿系结石等泌尿系统疾病可参照本证的辨证论治。

（一）病因病机

根据病因及主症的不同，常将其分为热淋、血淋、砂淋、劳淋和膏淋五种，称为"五淋"。

（二）辨证论治

1. 热淋

湿热蕴结于下焦，膀胱气化失利，以致排尿淋沥涩痛，发为热淋。

【主症】 排尿时拱腰努责，淋沥不畅，疼痛，频频排尿，但尿量少，尿色赤黄，口色红，苔黄腻，脉滑数。

【治法】 清热降火，利尿通淋。

【方例】 八正散（见祛湿方）加减。内热盛，加蒲公英、金银花等。

2. 血淋

湿热蕴结膀胱，伤及脉络，血随尿排出，遂成血淋。血淋与尿血，均可见尿中带血，一般排尿涩痛、淋沥不尽者为血淋，无排尿涩痛、尿淋沥者为尿血。

【主症】 排尿困难，疼痛不安，尿中带血，尿色鲜红，舌色红，苔黄，脉数。兼血瘀者，血色暗紫，混有血块。

【治法】 清热利湿，凉血止血。

【方例】 小蓟饮子（生地黄、小蓟、滑石、炒蒲黄、淡竹叶、藕节、通草、栀子、炙甘草、当归，《重订严氏济生方》）。

3. 砂淋

多由湿热蕴结膀胱，煎熬尿液成石所致。常发于公畜，母畜少发。

【主症】 尿道不完全堵塞时，尿频，排尿困难，疼痛不安，尿淋沥不尽，有时排尿中断，尿液浑浊，常见有大小不等的砂石，或尿中带有血丝。尿道完全堵塞时，虽常作排尿姿势，但无尿排出，动物痛苦不安。犬、猫等动物触诊腹部，可感觉到膀胱充盈；马、牛等谷道入手，可触摸到充满尿液的膀胱，大如篮球。口色、脉象通常无明显变化，或口色微红而干，脉滑数。严重者，因久不排尿，包皮、会阴发生水肿，同时伴有全身症状。

【治法】 清热利湿，消石通淋。

【方例】 八正散（见祛湿方）加金钱草、海金沙、鸡内金。兼有血尿者，加大蓟、小蓟、藕节、牡丹皮。

4. 劳淋

体质素虚，或劳役过度，或淋证失治、误治，耗伤正气，致使脾肾俱虚，膀胱气化不利而发为劳淋。

【主症】 精神倦怠，四肢无力，卧多立少，体瘦毛焦，甚或耳鼻发凉，四肢不温；排尿频数，淋沥不尽，但疼痛不显，遇劳则淋重；口色淡白，舌质如绵，舌苔薄白或无苔，脉沉细无力。

【治法】 补益脾肾，利尿通淋。

【方例】 肾虚者，用六味地黄汤（见补虚方）加菟丝子、五味子、枸杞子；脾虚者，用补中益气汤（见补虚方）加菟丝子、五味子、枸杞子；排尿困难者，加猪苓、泽泻、车前子。

5. 膏淋

湿热蕴结于膀胱，气化不利，清浊相混，脂液失约，遂成膏淋。

【主症】 身热，排尿涩痛、频数，尿液浑浊不清，色如米泔，稠如膏糊，口色红，苔黄腻，脉滑数。

【治法】 清热利湿，分清化浊。

【方例】 萆薢分清饮（川萆薢、石菖蒲、黄柏、白术、莲子心、丹参、车前子，《医学心悟》）。

十五、水肿

水肿是由于水代谢障碍，致使水湿潴留体内、泛滥肌肤的一种病证。水肿多见于颌下、眼睑、胸前、腹下、阴囊、会阴部、四肢等部位。现代兽医上的心脏性、肾脏性、营养不良性以及功能性水肿等都可参照本证的辨证论治。

（一）病因病机

风寒外袭，肺失宣降，不能通调水道，风水泛滥，流溢肌肤；久卧湿地、大雨苦淋、暴饮冷水或长期饲喂冰冷饲料，脾为寒湿所困，湿聚中焦，水湿运化功能失常，溢于肌肤；劳役过度，草料不足，脾气受损，配种过频，久病失养，脾肾阳亏，水液不能正常蒸化而泛滥周身肌腠。另外，营养不良、运动不足亦可诱发水肿。

（二）辨证论治
根据病因及主症的不同，临床可以分以下四型。

1. 风水相搏
【主症】 初起毛乍腰拱，恶寒发热，随之出现眼睑及全身浮肿，腰脊僵硬，肾区触压敏感，尿短少，舌苔薄白，脉浮数。
【治法】 宣肺利水。
【方例】 越脾加术汤（麻黄、石膏、甘草、大枣、白术、生姜，《金匮要略》）。表证明显者，加防风、羌活；咽喉肿痛者，加板蓝根、桔梗、连翘、射干等。

2. 水湿积聚
【主症】 精神萎靡，草料迟细，耳耷头低，四肢沉重，胸前、腹下、四肢、阴囊等处水肿，以后肢最为严重，运步强拘，腰腿僵硬，小便短少，大便稀薄，脉象迟缓，舌苔白腻。
【治法】 通阳利水。
【方例】 五苓散合五皮饮（均见祛湿方）加减。

3. 脾虚水肿
【主症】 毛焦肷吊，精神短少，食欲减退，四肢、腹下水肿，按之留下凹痕，尿少、粪稀，舌软如棉，脉象沉细无力。
【治法】 健脾利水。
【方例】 参苓白术散（见补虚方）加桑白皮、生姜皮、大腹皮等。

4. 肾虚水肿
【主症】 腹下、阴囊、会阴、后肢等处水肿，尤以后肢为甚，拱背，尿少，腰胯无力，四肢发凉，口色淡白，脉象沉细无力。
【治法】 温肾利水。
【方例】 巴戟散（见补虚方）去肉豆蔻、川楝子、青皮，加猪苓、大腹皮、泽泻等。

十六、胎动

胎动又称胎动不安，是指母畜妊娠期未满，出现腹痛蹲腰，从阴道中流出黏液的一种先兆性流产的病证。多见于牛、马，羊、猪发生较少。现代兽医上的先兆性流产可参考本证的辨证论治。

（一）病因病机
多因妊娠期间，饲养管理不善，劳役过度，致使气血虚损，冲任不固，胎失所养；或因闪挫滑跌，外伤击打，惊跳奔跑，腹痛起卧；或食草霉变，过饮冷水，兼感外邪；或误投大热、攻下、破血药物等，均可导致本病。

（二）辨证论治
临床分为体虚胎动和血热胎动两种证型。

1. 体虚胎动
【主症】 马多见于妊娠后半程，牛多在临产前3~4周内发生。症见患畜站立不安，努责蹲腰，间有回头顾腹或起卧，频频排出少量尿液，并有黏液从阴道流出，继则腹痛加剧，阴道黏液增多，按摸右侧下腹部可感受到胎儿动荡不安，甚至流产。口色淡白绵软，脉象虚弱。
【治法】 益气，养血，安胎。
【方例】 白术散加减。

2. 血热胎动
【主症】 因损伤或误投伤胎药物而引起者。症见剧烈腹痛，起卧不安，口色青紫，脉弦而数。因血热妄行而造成的胎动，则腹痛稍轻。呼吸急促，口色鲜红，脉象洪数。

【治法】 清热解毒，止痛安胎。

【方例】 清热止痛安胎散：酒知母、酒黄柏、酒黄芩、鹿角霜、续断、熟地黄各30g，当归、川芎、乳香、没药、地榆、生地黄、桑寄生、茯苓、乌药各20g，血竭、木香、生甘草各15g。水煎，候温加童便1碗灌服。

此外，若怀疑胎死腹中，应采用阴道入手检查，取出死胎，并用当归散调治。当归散：当归、益母草、海带、骨碎补、冬瓜子、连翘各40g，漏芦、没药、红花、自然铜、胡芦巴、血竭各30g，荷叶3~5张。水煎灌服。

十七、胎气

胎气又称妊娠浮肿，是指母畜妊娠中后期，四肢、乳房、腹下及会阴等部位出现水肿，而无其他征象的一种病证。多发生于马、牛等大家畜。《元亨疗马集》说："夫胎气者，胎中气不顺也"。

（一）病因病机

多因孕畜脾胃素虚，饲养不当，损伤脾阳，运化失司，致使水湿停聚肌肤；或因营养不足，劳役过度，肾气衰弱，致使肾不能化气行水，水湿泛滥而为水肿；或妊娠后期，劳役、运动不足，气机不畅，胎儿过大，阻滞气机升降，致使肺气不宣，通调水道失司而成水肿。

（二）辨证论治

本病的临床表现主要为肢体下部浮肿，一般无其他征象。

【主症】 浮肿首先发生于后肢下端，渐渐发展至四肢、乳房、外阴部及下腹部，严重者甚至可达胸前。按压肿处，无热无痛，软而易陷，恢复缓慢，并有精神倦怠、食欲减退、脉象缓弱无力、舌苔淡薄而润等症状。

【治法】 病势轻者，加强护理，改善饲养，适当运动，产后数日即可自愈。病势重者，治宜健脾渗湿、理气安胎。

【方例】 当归散（当归、熟地黄、白芍、川芎、枳实、青皮、红花）或全生白术散加减（炒白术、茯苓皮、姜皮、大腹皮各30~45g，党参、香附、白芍、桂枝各25g，水煎灌服）。

【针治】 针脾俞、肾俞等穴。

十八、产前不食

本病以孕畜顽固性不食为特征，主要发生于怀孕的母驴或母马。因此，有"怀骡母驴产前不食症"、"马、驴产前不食症"等名称。

本病虽发生于妊娠的驴和马，而驴较马多发，且以1~3胎发病的为多，一般在产前数日至1月左右发病，偶有怀孕后3~4月即发病的。

（一）病因病机

多因饲养管理不善，导致脾胃阳虚，寒湿停聚中焦，脾为湿困，加之妊娠后期胎儿过大，阻碍气机升降而致病；或因妊娠后期精血聚养胎儿，致使母体肝肾两虚而成病；或怀孕后期突然加喂精料过多，料毒内积，损伤脾胃，湿浊内生，胎气上攻，肝胆受邪，肝郁气滞，胆汁被阻，溢于肌肤，出现黏膜黄染的妊娠不食症。

（二）辨证论治

临床常见的产前不食可分为以下四种证型。

1. 脾胃虚弱型

【主症】 耳、鼻偏凉，不爱吃料，偏食少量青草、胡萝卜等，饮水、排粪无明显变化，口色淡白，口润无苔，脉象细数。

【治法】 补中益气，安胎。

【方例】 补中益气汤加减。亦可用泰山磐石散加减：当归、白芍、党参、炙黄芪各30g，白术、川断、生地黄各25g，黄芩、川芎、砂仁、柴胡、青皮各20g，炙甘草、枳壳各15g，为末，开水冲调，候温灌服。伤料者，宜减去党参、炙黄芪，加山楂、神曲、麦芽、米醋。

2. 脾虚湿困型

【主症】 耳、鼻俱凉，四肢不温，运步沉重或呆立不动，不吃不喝，粪便带黏液或泄泻，腹部膨大下垂，腹水或胎水较多，唇下垂，口流浊涎，舌质淡白胖大，苔白腻，脉濡弱。

【治法】 醒脾化湿。

【方例】 实脾饮加减：大腹皮、麦芽（研末后下）各60g，苍术、草豆蔻、醋香附、炙甘草各30g，厚朴40g，石菖蒲、柴胡各30g，升麻、陈皮各15g，水煎灌服。

3. 肝肾阴虚型

【主症】 耳、鼻温润，不吃不饮，尿黄短少，粪球干小色黑，口色红，舌无苔，脉细数。

【治法】 滋阴降火，疏肝理气。

【方例】 六味地黄丸加减，或一贯煎加减（北沙参、麦冬、当归、枸杞子、郁金、白芍各30g，生地黄45g，川楝子、柴胡各15g，为末，开水冲调，候温灌服）。粪干便秘者加瓜蒌仁、蜂蜜以润肠通便。

4. 黄染型

【主症】 主要发生于马。病初，精神不振，眼闭头低，睛膜黄染，呈青黄、微黄或灰黄色；中后期，耳、鼻发热，腹胀便秘，粪球干小，常带黏液，尿黄短少。口腔干燥，黏膜黄染，舌苔黄腻，脉象濡缓。

【治法】 清热利湿，解郁益气。

【方例】 强肝汤（经验方）加减［茵陈、郁金、山楂、六曲（研末后下）各60g，黄芪45g，当归、生地黄、山药、丹参、板蓝根各30g，白芍、黄精、泽泻各25g，秦艽20g，炙甘草20g，水煎灌服］。

十九、胎衣不下

胎衣不下又称胎盘滞留，是母畜分娩之后胎衣不能在正常时间内自行排出。一般认为马经过1.5h，牛经过12h，羊经过4h，猪经过1h，胎衣未能全部排出，便认为是胎衣不下。

各种动物都能发生本病，但牛较多见。

（一）病因病机

多因孕期饲喂管理不当，营养不良，或劳役过度，体质瘦弱，元气受损；或产程过长，过度努责，产后出血过多；或胎儿过大，胎水过多，长期压迫胞宫，均可致使气血运行不畅，胞宫收缩力减弱，无力排出胎衣而成病。

生产过程中护理不当，感受寒邪，寒凝血滞，使气血运行不畅，血道闭塞，亦能导致胎衣滞留不能排出。

胎衣全部或部分滞留于子宫内，或部分留于子宫，部分留于阴道，部分垂于阴门外，患畜表现为神态不安，拱腰努责。发病早期，病畜基本无其他临床症状，后则精神不振，食欲减退，体温升高，呼吸、脉搏加快。

（二）辨证论治

临床根据病因病机的不同，分为气虚型和气血凝滞型两种证型。

1. 气虚型

【主症】 以精神沉郁，努责无力，胎衣不能正常排出，阴道流出大量血水，口色淡白，脉象虚弱为特征。

【治法】 补气，养血，行瘀。
【方例】 八珍汤加红花、桃仁、黄酒，或以补中益气汤加川芎、桃仁等。

2. 气血凝滞型
【主症】 频频努责，回头顾腹，有时呻吟，胎衣不下，恶露较少，其色黯红，间有血块，口色青紫，津液滑利，脉象沉弦。
【治法】 活血化瘀。
【方例】 生化汤加减。有寒象者，加肉桂、艾叶、炮姜以增强温经祛寒、行血破瘀之功效；有瘀血化热者，加金银花、连翘、紫花地丁、蒲公英以增强清热解毒之功效。

二十、缺乳

缺乳是指母畜产后乳汁减少或完全无乳。各种母畜均可发生，主要见于初产母畜及老龄母畜。

（一）病因病机

乳汁为血所化生，赖气以运行，血虚则乳汁无所化生，气虚则乳汁难以运行，而气血的产生又赖脾胃水谷精微的化生。气血不足或瘀滞，均可导致缺乳。

（二）辨证论治

临床根据病因病机的不同将其分为气血虚弱型和气血瘀滞型。

1. 气血虚弱型
多因产前劳役过度，饮喂失调，致使脾胃虚弱，营养不良，或老龄体弱，或分娩失血过多，气随血耗，导致气血两亏，使乳汁化生无源。而配种过早、乳腺发育不良、乳用家畜干乳过迟亦可造成乳汁分泌减少。
【主症】 乳少或全无，乳房缩小而柔软，外皮皱褶，触之不热不痛，幼畜吸吮有声，不见下咽，口色淡白，舌绵无苔，脉细弱。
【治法】 补血益气，活血通乳。
【方例】 通乳散加减（黄芪、当归、阿胶、王不留行各60g，党参40g，川芎、通草、白术、川断、穿山甲珠各30g，木通、杜仲、甘草各20g，为末，开水冲调，候温加适量黄酒灌服）。

2. 气血瘀滞型
产前喂养过盛，运动和劳役不足，以致气机不畅，乳络运行受阻而致乳汁分泌受阻。
【主症】 乳汁不行，乳房肿满，触之胀硬或有肿块，用手挤之有少量乳汁流出，食欲减退，舌苔薄黄，脉弦而数。
【治法】 理气，活血，通乳。
【方例】 下乳涌泉散加减（当归、白芍、生地黄、柴胡、天花粉、炮穿山甲各30g，川芎、漏芦、桔梗、通草、白芷、甘草、青皮、木通各20g，王不留行60g，为末，开水冲调，候温灌服）。
此外，以上证型还可以用热物敷熨或洗涤乳房，可收到行气活血的效果。

二十一、垂脱证

垂脱证是指由于中气下陷所致的内脏器官相对位置下垂，甚至部分或全部脱出体外的病证，常见的有胃下垂、慢性胃扩张、肾下垂、直肠脱、阴道脱和子宫脱等。

（一）病因病机

本病多发于老弱牲畜，主因血气不足，中气下陷，不能固摄所致。直肠脱多因久泄、久咳，或粪便迟滞，过度努责，或负载奔驰，用力过度，或伴发于分娩努责时。阴道脱及子宫脱，多因运动不足，阴道及子宫周围组织迟缓，分娩或胎衣不下时努责过度，或难产救助时强拉硬拽等皆可引起本病。

（二）辨证论治

根据病因分直肠脱、阴道脱、子宫脱。

1. 直肠脱

【主症】 直肠翻出肛门外，形如螺旋，呈圆柱状，初色淡红，时久色变暗红，水肿，表层肥厚变硬，排粪困难，频频努责、举尾拱腰，如脱出日久则腐烂破溃，食欲减少，口色微黄，脉迟细。

【治法】 手术整复，补中益气。

【方例】 补中益气汤。

先将病畜固定于栏内，温水灌肠后，用温开水洗干净脱出的肠头，后用"防风汤"温洗患部，或用3%明矾温开水冲洗，如有水肿腐烂，即用三棱针散刺水肿部分，用温药水边洗、边剪掉腐烂部分、边用手捏挤，后将脱出肠头慢慢送入肛门内即可。

若脱出肠头肿大时久，可用"防风汤"边洗边用手将患部肿胀腐烂肉膜捏碎，用消毒过的剪刀剪去瘀膜烂肉，随捏随剪，务必细心剪净，以少出血为佳，剪后用温药水反复冲洗，再用手轻轻地送入肛门内。术毕可在平地牵蹓。

用上法送入肛门又脱出的病例，可行肛门烟包缝合（肛门孔，大家畜留二指，小家畜留一指，以便排粪）；或以1%的普鲁卡因酒精液（普鲁卡因1g，95%酒精加至100mL）10～30mL注射于肛门周围边缘1～2cm，使其发炎水肿以防脱出。整复后如粪便干硬的可先服"通关散"，通利粪便。

直肠脱粪干时，还可用通关散：郁李仁9g，火麻仁30g，桃仁9g，当归9g，防风12g，羌活9g，皂角子（炒）9g，大黄12g。为末，茶油200mL，调灌。

2. 阴道脱

【主症】 母畜阴道部分或全部脱出阴门之外，称为阴道脱出。部分脱出者，呈半圆形；完全脱出者，大如排球。

【治法】 手术整复，补中益气。

【方例】 补中益气汤。

先将患畜固定于前低后高的柱栏内，用温药水（"防风汤"或明矾水）清洗后，趁患畜不努责时，把脱出的部分慢慢顺序送入阴户，当患畜努责，术者勿强行推送，等努责过后再推送，直至把脱出部分推进骨盆腔内，用于把阴道拨顺，使其完全复位为止。中等家畜阴道手不能入者，可用手拍打阴户使其收缩，或用消毒的擀面棍等复位。继用新砖一块烧热垫布熨之。如患畜不断努责，阴道再出时，可仍用前法修复，再用细颈酒瓶或猪膀胱（用热水泡软、洗净、消毒后用）一个，置阴道子宫内，从接膀胱的皮管吹气适量，把口扎紧即可，外面阴户再用竹、柳编的压环（环外要裹棉花、纱布大小式样同阴户外形，丝绳兜紧）压迫固定1～2天，不努责即可除去。若还脱出，继续整复后，做阴唇纽扣状缝合。

3. 子宫脱

【主症】 部分脱出常在阴道内塞有大小不等的球状物，或部分脱出到阴户外。完全脱出多和阴道一起脱出到阴户外，其状在牛为筒状，在马为袋状，在猪为两个分叉很长的袋状。脱出部分开始时多为鲜明的玫瑰色，随时间的延长和瘀血的发展，表面变为暗红色，水肿，组织脆弱，时间过久则坏死，患畜强烈努责，口色淡白，脉迟细。

【治法】 手术整复，补中益气。

【方例】 补中益气汤加益母草30g。

有胎膜附着时应先行剥离，如前法将脱出部分洗净，并放于消毒的布片上，助手把持布片两端，缓慢推送或用两手放于子宫两侧交替向阴道内推送，然后术者伸手到子宫内整复至正常位置，整复后进行阴唇的纽扣状缝合，为防止子宫再脱出应进行麻醉。

二十二、血虚

全身血液不足，或血对动物体某一部位的营养、滋润作用减弱而出现的病证，为血虚证。

（一）病因病机

因失血过多，耗血一时未及补充；或因脾胃功能减退，生血不足；或为瘀血不去，新血不生；或为久病耗伤气血均可导致血虚。因心主血，肝藏血，故血虚证与心、肝的关系密切。或因外伤所造成的失血而造成血虚。因血虚无血以充盈于脉，故脉细无力；可视黏膜淡白、苍白，以及舌淡、脉细无力均为血虚之象。

（二）辨证论治

在临床多见心血虚、肝血虚、血虚生风，以及外伤血虚等病证。

1. 心血虚

由于血的生化之源不足，或继发于失血之后，如产后失血过多、外伤出血等。亦可由于劳伤过度，致营血亏虚。多见于劳伤心血、营养不良、贫血等病程中。

【主症】 心悸，躁动，易惊，口色淡白或苍白，脉细弱。

【治法】 补心血。

【方例】 归脾汤。

2. 肝血虚

多因脾肾亏虚，血的生化之源不足，或久病耗伤肝血，或失血过多，肝失濡养所致。见于夜盲、月发眼、虹膜睫状体炎、贫血、蹄甲干枯等病程中。

【主症】 眼干，视力减退，甚至夜盲、内障，或倦怠嗜卧，蹄甲干枯，站立不稳，时欲倒地，有时可见肢体麻木、震颤，口色淡白，脉弦细。

【治法】 滋肾益肝，明目退翳。

【方例】 八珍汤。

3. 血虚生风

多因久病，或失血，或脱水，造成血虚阴亏。见于热性病后期、大失血或严重脱水、低镁及低钙血症的病程中。

【主症】 除血虚所致的站立不稳，时欲倒地、蹄甲干枯、口色淡白或苍白、脉细弱之外，可见肢体麻木，肌肉震颤，四肢拘挛抽搐。

【治法】 滋阴养血，平肝息风。

【方例】 天麻散加减：天麻30g，党参30g，川芎25g，蝉蜕20g，防风30g，荆芥25g，甘草15g，薄荷20g，何首乌30g，茯苓30g。水煎服。

4. 外伤血虚

多由于尖锐物体的刺伤，以及钝性物体打击、碰撞，或跌倒在硬地上所造成的损伤，致使血管破裂而出血，出血过多，而造成外伤性血虚。同时由于致伤物体的损害，也可致使机体组织断裂、脉络损伤、气血瘀滞。

【主症】 由于致伤物体的不同，创伤的形状也不同，主要有出血。出血的多少，决定于受伤的部位、创口的大小和深度，以及血管的损伤情况。组织裂开、组织肿胀、疼痛及疼痛的程度与受伤部位和动物的个体特性有关，如犬和猫对疼痛反映最敏感，而猪和牛对疼痛反应不敏感。如出血量多，可见口色淡白、脉细弱。

【治法】 止血补血。首先进行止血，根据创伤发生的部位和出血的程度不同，施以不同的止血方法。如一般轻微渗血可用灭菌纱布填塞伤口，严密包扎，压迫止血即可。如出血鲜红呈现喷射状，应迅速结扎血管。四肢出血，可于创伤上方用绳索等紧扎止血，同时配合药物止血。

【方例】 ①桃花散：陈石灰500g，大黄片90g。陈石灰用水泼成末，与大黄同炒，至石灰变成粉红色为度，去大黄，将石灰研成细粉，撒于创口，外用灭菌纱布包扎。

② 老松香、煅枯矾各 30g。共研成细粉，撒于创口，外用灭菌纱布包扎。

如出血量大，止血后应及时进行补血，可选用同种动物的新鲜血液，经灭菌后输入到失血动物的血管内。同时也可用四物汤补血。

二十三、滑精

滑精又名遗精、泄精、流精，是指未交配而精液自行外泄或即将交配而精液早泄的病证。常见于马、驴、牛、猪等动物。

滑精是因公畜配种过多，精窍屡开，损伤肾阴，下元虚损，不能闭藏，或肾阳亏耗，或心肾阴虚而肾失封藏，精关不固，致精液外泄或早泄的病证。

（一）病因病机

多因劳伤过重，饲养不良，饲料单一，营养不良，致肾气亏损，肾失封藏；或配种过早和太过，精窍屡开，肾阳亏虚，则精关不固；或老瘦衰弱，空肠过饮浊水或内伤阴冷而肾阳亏耗而发；或肾阴不足，阴火妄行，热扰精室，致肾失封藏而精液滑泄。

（二）辨证论治

本病可分为肾阳亏耗和阴虚阳亢两种证型。

1. 肾阳亏耗

【主症】 畜体瘦弱，精神倦怠，出虚汗，动则尤甚，体寒身冷，喜卧暖处，小便频数，或见粪便溏泄；阴茎常伸出，软而不举，精液自流；口色淡白，舌体绵软，舌津清稀，脉细弱。

【治法】 壮阳补肾，涩精固本。

【方例】 金锁固精丸。或巴戟散加减：巴戟天、肉苁蓉、补骨脂、胡芦巴各 45g，小茴香、肉豆蔻、陈皮、青皮各 30g，肉桂、木通、苦楝子各 20g，槟榔 15g。共为末，开水冲调，候温灌服，或煎汤内服。

2. 阴虚阳亢

【主症】 阴茎频频勃起，流出精液，遇见母畜加重；或配种未交，精液早泄。重者拱腰，举尾，或有躁动不安。口色淡红，苔少或无，舌津干少，脉细数。

【治法】 滋阴补肾，降火涩精。

【方例】 知柏地黄丸（即六味地黄丸加知母、黄柏）加减。还可适当选择下列方药。

方1：韭菜子 60g，龙骨、牡蛎各 30g。共为末，黄酒为引，开水冲调，候温，马 1 次灌服，隔天 1 剂，连用 5 剂。

方2：乳香 90g，桂枝 10g。共为末，开水冲调，候温，马每天 1 剂，轻者 3~4 剂，重者 8~9 剂即愈。

方3：鲜三白草 200g，金樱子、灯心草各 100g，白酒 50g。煎水，候温，加酒，牛 1 次灌服，每天 2 次，猪的剂量减半。

方4：楮实子 500g，芡实 1000g，莲须 250g。共为末，混于饲料中，马 2 次喂服，每天 1 次。

【针治】 对肾阳亏耗和阴虚阳亢两型滑精均可采用下列针灸疗法。

先取百会、肾俞、尾根、会阴等穴，施以针刺、温灸，或电针、火针、光针、TDP 穴区照射，或用维生素 E 穴位注射。不作种用者，可施行阉割术。

【护理与预防】 病畜应停止使役，加强饲养管理，增喂精料，忌饮冷水及采食冷冻饲料，适当运动。

二十四、带证

带证又称带下，是指阴道分泌物过多，并从阴门流出白色、淡黄色或赤白相杂，带有异味、稀薄或黏稠的分泌物，绵绵不断，其形如带的一类病证。本病多见于产后，但老年体弱母畜的其他病证亦可诱发本病。

(一) 病因病机

阴道上皮由复层鳞状细胞组成，受卵巢激素影响。母畜随着肾气的旺盛，发育成熟后，阴道常流出少量无色透明的分泌物，尤其是发情期，以湿润阴道，防御外邪。此不属病态。

(二) 辨证论治

根据体质的虚损和感邪的不同，本病一般分为肾虚型、湿热型和湿毒型三种证型。

1. 肾虚型

慢性产道炎和子宫炎常表现此证型。多因劳役过度，饮喂失调，不孕屡配，伤及肾气，致使肾虚不固，肾虚则不能制水，水湿泛滥，流注下焦，损及冲、任之脉，致使清稀（白）带增多。

【主症】 带下稀薄，连绵不断，其色或白或淡黄。精神沉郁，大便溏薄，小便清长，四肢不温，腰胯酸软无力，口色淡白或淡黄，脉沉细迟。

【治法】 温肾壮阳，健脾止带。

【方例】 桂附地黄丸加减：熟地黄120g，泽泻40g，茯苓40g，白术60g，山药60g，附子30g，肉桂30g，菟丝子80g，海螵蛸50g，补骨脂40g。共为末，开水冲调，候温灌服，或煎汤服。腰膝酸软无力严重者，加党参、杜仲、牛膝以补气强腰；经久带下者，加龙骨、牡蛎、金樱子以加强固精止带功效。马、牛350~400g，猪、羊60~120g。

2. 湿热型

急性子宫内膜炎及产道炎早期常表现此型。多因家畜久卧湿地或饮喂不当，损伤脾胃阳气，运化失职，水湿停滞，郁而化热，致带下增多；或湿盛伤肝，肝郁化热，湿热下注，而致黄稠带下。

【主症】 早期多因脾胃阳气受损而致。症见带下色白或淡黄，无臭味，连绵不断；精神不振，食欲减退，四肢不温，大便溏薄，下部微肿，舌质胖嫩，脉缓而细弱。后期因湿盛伤肝，郁而化热而致带下黄稠，浑浊不清，外阴瘙痒，舌苔黄腻，脉弦数。

【治法】 健脾益气，升阳除湿。

【方例】 完带汤加减：党参、白术、白芍、苍术、车前子、柴胡各30~45g，补骨脂、芡实各30g，甘草20g。为末，开水冲调，候温灌服，或煎汤服。带下黄稠浑浊有热证者，加苦参、龙胆以加强清热解毒祛湿功效。马、牛250~350g，猪、羊50~100g。

3. 湿毒型

急性盆腔炎、子宫内膜炎、宫腔积脓、滴虫性阴道炎和霉菌性阴道炎等常表现此型。交配损伤或助产不洁，产后恶露经久不尽，畜舍卫生过差，感受虫毒细菌，使湿热邪毒内侵产道，致异味色带增多。临床以镜检菌虫加以区别。

【主症】 带下黏稠，赤白相杂，腥臭污浊，且夹带泡沫。患畜时拱腰欲便，外阴瘙痒，揩墙擦桩；食欲锐减，小便短黄，口干贪饮，舌赤苔黄，脉滑数。

【治法】 清热解毒，利湿止带。

【方例】 龙胆泻肝汤加减。带下极腥臭者，加苦参、土茯苓以清热解毒；外阴奇痒者，用明矾、苦参各50g，水煎外洗阴部，以收涩止痒。镜检有虫者，加服甲硝唑（灭滴灵），外用平痒散（五倍子60g，蛇床子40g，生黄柏40g，冰片5g，为细末）阴道内涂抹治之。镜检有霉菌者，用花椒水清洗阴道后，涂抹制霉菌素软膏或制霉菌素甘油液治之。

二十五、不孕症

不孕症是指繁殖适龄母畜屡经健康公畜交配而不受孕，或产1~2胎后不能怀孕者。临床以马、牛多见，猪也常患此病。

受孕依赖于肾气充盛，精血充足，任脉畅通，太冲脉盛，发情正常，方能受孕，反之则不能受孕。

（一）病因病机

本病可分为先天性不孕和后天性不孕两类。先天性不孕，多因生殖器官的先天性缺陷和获得性疾病所致，故难以医治。后天性不孕，多因生殖器官疾病或功能异常引起，尚可进行治疗。故此处仅讨论后天性不孕。

引起后天性不孕的病因病理较为复杂，但归纳起来以虚弱不孕、宫寒不孕、肥胖不孕和血瘀不孕四种证型较为多见。

（二）辨证论治

患畜表现不发情，或发情征象不明显，或发情期不正常，经屡配不孕，是本证的共同特点。由于病因病机不同，临床将本证分为以下四个证型。

1. 虚弱不孕型

多因使役过度，或长期饲养管理不当，如饲料品质不良、挤奶期过长等，引起肾气虚损，气血生化之源不足，致使气血亏损，命门火衰，冲任空虚，不能摄精受孕。

【主症】 形体消瘦，精神倦怠，口色淡白，脉象沉细无力，或见阴门松弛等症状。

【治法】 益气补血，健脾温肾。

【方例】 ①复方仙阳汤：仙灵脾（淫羊藿）、补骨脂各120g，阳起石、枸杞子、当归各100g，菟丝子、赤芍各80g，熟地黄60g，益母草150g，煎服。马、牛500～800g，猪、羊100～200g。

② 催情散加减：淫羊藿、阳起石、益母草、黄芪、山药、党参、当归各80g，熟地黄、巴戟天、肉苁蓉各50g，马胎衣、生甘草各30g。为末，开水冲调，候温灌服。

2. 宫寒不孕型

慢性子宫内膜炎、慢性子宫颈炎、慢性阴道炎等常表现此证型。多因畜体素虚，或受风寒，客居胞中；或阴雨苦淋，久卧湿地；或饮喂冰冻水草，寒湿注于胞中；或劳役过度，伤精耗血，损伤肾阳，失于温煦，冲任气衰，胞脉失养，不能摄精受孕。

【主症】 患畜形寒肢冷，小便清长，大便溏泻，腹中隐隐作痛，带下清稀，口色青白，脉象沉迟，情期延长，配而不孕。

【治法】 暖宫散寒，温肾壮阳。

【方例】 ① 艾附暖宫丸：艾叶、吴茱萸、肉桂各20g，醋香附、当归、续断、白芍、生地黄各30g，炙黄芪45g。为末，开水冲调，候温灌服。马、牛280～350g，猪、羊60～100g。

② 硫黄温经散：硫黄6g，鸡蛋3～5个。加温水，猪1次调服。

3. 肥胖不孕型

多因管理性因素造成体质肥胖，痰湿内生，气机不畅，影响发情，故不受孕；或脂液丰满，阻塞胞宫，不能摄精受孕。

【主症】 患畜体肥膘满，动则易喘，不耐劳役，口色淡白，带下黏稠量多，脉滑。

【治法】 燥湿化痰。

【方例】 ① 启宫丸加减：制香附、苍术、炒神曲、茯苓、陈皮各40g，川芎、制半夏各20g。为末，开水冲调，候温加适量黄酒灌服。马、牛200～350g，猪、羊60～100g。

② 苍术散加减：炒苍术、滑石各25g，制香附、半夏各18g，茯苓20g，神曲25g，陈皮18g，炒枳壳、白术、当归各15g，莪术、三棱、甘草各12g，升麻6g，柴胡12g。为末，开水冲调，候温灌服。

4. 血瘀不孕型

母畜患卵巢囊肿、持久黄体等常表现此型。多因舍饲期间运动不足，或长期发情不配，或胞宫原有瘤疾，致使气机不畅，胞宫气滞血凝，形成块而不能摄精受孕。

【主症】 发情周期反常或长期不发情，或过多爬跨，有"慕雄狂"之状。直肠检查，易发现卵巢囊肿或持久黄体。

【治法】 活血化瘀。

【方例】 促孕灌注液，子宫内灌注，马、牛60～100mL，猪、羊20～40mL。或生化汤加减。

【针治】 ① 电针疗法：电针雁翅、百会、后海、肾俞等穴，每次20～30min，每日或隔日1次，连用3～5次。

② 激光疗法：用氦氖激光照射阴蒂及交巢穴，对卵巢静止、卵泡发育滞缓、卵巢囊肿、持久黄体、慢性子宫内膜炎等引起的不孕症有良好疗效。应用原光束连续直接照射，光距40～50cm，功率4～6mW，每日1次，每次确保15min，连用7次。

③ 穴位注射疗法：于母畜发情后24h内，用当归或丹参注射液，百会穴注射10mL，10～30min后输精配种，可明显提高受孕率。

④ 穴位埋藏疗法：在奶牛的风门穴皮下埋入3mg诺甲醋孕酮植入片，并配合孕马血清和阿尼前列素，可明显提高同步发情率和受孕率。

二十六、中暑

家畜在高温环境或暑天烈日下劳动，由于强烈的阳光辐射及高温作用，尤其当温度较高，通风不良及机体适应能力减低时，引起家畜体温调节障碍、水盐代谢紊乱及神经系统功能损害等一系列症状，称为中暑，又称日射病和热射病（包括热衰竭和热痉挛）。

本病在马与中兽医学中的黑汗风相当，在牛民间兽医称为"发痧"。

（一）病因病机

多因暑热炎天，烈日当空，负重长途运输，奔走太急；或由于田间长时间劳动，使役过重；或气温闷热，车舟长途运输，过度拥挤；或厩舍狭窄，通风不良等，使暑热熏蒸，暑热之邪由表入里，卫气被郁，内热不得外泄，热毒积于心胸，或热耗津液，致成本病。

（二）辨证论治

根据病情轻重不同，兽医临床上常分为伤暑和中暑两种。

1. 伤暑

【主症】 精神倦怠，耳耷头低，四肢无力，呆立如痴，身热气喘；牛常见鼻镜干燥，水草不进，肷窝出汗；口津干涩，口色鲜红，脉象洪数。

【治法】 清暑化湿。

【方例】 香薷散（见清热方）。

山西省忻县兽医院经验方：香薷30g，黄芩、甘草各15g，滑石90g，朱砂6g。共为末，开水冲，加白糖120g，鸡蛋清5个，同调灌服。

2. 中暑

【主症】 发病急，病程短，高热神昏，行走如醉，精神极度衰沉，呼吸喘粗，浑身出汗，甚至卧地不起，肢体抽搐，虚脱而死；猪常见高热气喘，便秘，抽搐；唇干舌燥，口色赤紫，脉象洪数或细数无力。

【治法】 清热解暑，安神开窍。

急救法：将患畜移至通风阴凉处，保持安静，用布蒙于患畜头上，以新汲冷水淋之，并针鹘脉、太阳、耳尖、尾尖等穴。

【方例】 消黄散（见清热方）。或用《元亨疗马集》止渴人参散加减：党参（原方用人参）、芦根、葛根各30g，生石膏60g，茯苓、黄连、知母、玄参各25g，甘草18g。共研末，开水冲服。无汗加香薷；神昏加石菖蒲、远志；热极生风，四肢抽搐，加钩藤、菊花。有热痉挛和热衰竭者，要结合补液和电解质，如注入大量葡萄糖盐水等。

【护理与预防】 将病畜拴于阴凉处，由专人看护，喂以青草，饮以清凉水，忌喂麸料。

对健康家畜，在暑热季节应加强饲养管理，合理使役，厩舍要通风凉快，使役不宜过重。防止烈日暴晒。尤其是车舟运输家畜，应注意充分给予饮水，不要过于拥挤，采取适当措施，以预防中暑的发生。

二十七、汗证

汗证是指病理性出汗，如气虚自汗、阴虚盗汗、大热出汗、剧痛出汗、虚脱出汗等（见于汗腺比较发达的牛、马等家畜）。

（一）病因病机

临床上根据病因和主症不同，常见有自汗、盗汗及亡阴、亡阳所致的虚脱出汗等证型。

（二）辨证论治

1. 气虚自汗

气虚自汗又称阳虚自汗。多因劳役过度，或体质素虚，以致卫阳不固，津液外泄所致。

【主症】 休闲时出汗，或轻度使役即出大汗，耳根、肘后、股内及阴囊附近被毛湿润或汗液淋漓。耳、鼻、四肢发凉，呼吸气短，虚弱无力。口色淡，脉虚浮。

【治法】 益气固表止汗。

【方例】 玉屏风散合牡蛎散，或四君子汤（见补虚方）加黄芪、浮小麦、龙骨、五味子等。

2. 阴虚盗汗

多因营养不良，精血亏损，或久病伤阴，营阴不能内守所致。

【主症】 体质虚弱，夜间休息时出汗，白天则汗止，冬季有时可见畜体被毛上因出汗而结一层白霜，低热不退，舌红少津，少苔或无苔，脉象细数。

【治法】 滋阴降火，固表止汗。

【方例】 当归六黄汤（当归、生地黄、熟地黄、黄芩、黄柏、黄连、黄芪，《兰室秘藏》）。

3. 亡阴热汗

感受火热之邪，或寒邪入里化热，里热炽盛，迫津外泄，阴液将脱，故大汗不止，汗出如油。

【主症】 精神兴奋，烦躁不安，汗出如油，耳、鼻、四肢温热，口渴喜饮，气促喘粗，口干舌红，脉数无力或脉大而虚。

【治法】 急救养阴。

【方例】 生脉散（见补虚方）加味。热重者，加生地黄、牡丹皮；气虚脉微者，加石斛、阿胶、炙甘草。

4. 亡阳冷汗

卫阳不固，阳气欲脱，阳脱则阴无所附，心液随阳外泄，故大汗不止。

【主症】 精神极度沉郁，或神志呆痴，肌肉颤抖，汗出如水，耳鼻四肢发凉，气息微弱，口色淡白或青紫，脉微欲绝。

【治法】 回阳救逆。

【方例】 参附汤（人参、附子）或四逆汤（熟附子、干姜、炙甘草）加减。

二十八、虚劳

虚劳是动物气血不足、脏腑亏损的一类慢性、虚损性证候。

（一）病因病机

多因长期饮喂失宜，饥饱不均，饱后重役；或草料不足而长期使役过重；或因老龄体弱，脏腑功能衰退，胃肠虫积，久病失治；或因先天不足，素体虚弱，均可导致气血生化不足而消耗过度，日久表里俱虚，气血双亏，损阴及阳，遂成虚劳。

虚劳是全身性的功能衰退，其共同症状是久病体虚，身瘦如柴，毛焦肷吊，精神倦怠，头低耳耷，水草迟细，多卧少立，舌光无苔，舌软无力，脉象细弱无力。

（二）辨证论治

临证时可根据病情轻重分为气虚、血虚、阴虚和阳虚四种证型进行辨证论治。

1. 气虚

【主症】 气虚主要指肺脾气虚，表现为动则气喘，咳嗽声低，劳动即汗，大便清稀，完谷不化或水粪齐下，口舌淡白，舌软无力。

【治法】 益气。

【方例】 参苓白术散加黄芪、熟地黄、五味子、紫菀、桑白皮等。

2. 血虚

【主症】 血虚主要指心肝血虚。其特点为口色、结膜淡白无华，脉象结代，目昏睛暗，双目无光。

【治法】 补血。

【方例】 以心血虚为主者用八珍汤加减，为加强安神作用，可酌加龙眼肉、酸枣仁、远志等；若以肝血虚为主，可用四物汤加何首乌、女贞子、枸杞子等。

3. 阴虚

【主症】 阴虚主要指肺肾阴虚，表现为虚热不退，午后热盛，不劳而汗，口色红，少苔，脉细数无力；干咳无痰，咳声低微或有气喘；或腰拖胯靸，公畜举阳滑精，母畜不孕。

【治法】 滋阴。

【方例】 以肺阴虚为主者用百合固金汤加减，以肾阴虚为主者用六味地黄丸加减。

4. 阳虚

【主症】 主要指脾肾阳虚。症见畏寒怕冷，耳、鼻、四肢发凉，腰膝萎软，阳痿滑精，慢草或不食，瘦弱无力，久泄不止，四肢浮肿，口色淡白，脉象细弱。

【治法】 助阳。

【方例】 以脾阳虚为主者用理中汤加减，以肾阳虚为主者用肾气丸加减。

二十九、黄疸

黄疸，是以眼、口、鼻黏膜及母畜阴户黄染为主要症状的一类病证。各种动物均可发生，尤以犬、猫最为多见。现代兽医临床上多见于肝细胞性黄疸、阻塞性黄疸和溶血性黄疸等。

（一）病因病机

临床上根据病因和主症不同，常将其分为阳黄和阴黄两种。

（二）辨证论治

1. 阳黄

湿热、疫毒之邪外袭，内阻中焦，脾胃运化失常，湿热交蒸，不得外泄，熏于肝胆，以致肝失疏泄，胆汁外溢，浸渍皮肤而发为黄疸。

【主症】 发病较急，眼、口、鼻及母畜阴户黏膜等处均发黄，黄色鲜明如橘；患病动物精神沉郁，食欲减少，粪干或泄泻，常有发热；口色红黄，舌苔黄腻，脉象弦数。

【治法】 清热利湿，退黄。

【方例】 茵陈蒿汤（见清热方）加减。热重者，加黄连、生地黄、牡丹皮、赤芍；湿重者，加茯苓、猪苓、泽泻等。

【针治】 针耳尖、尾尖、太阳、三江、玉堂等穴。

2. 阴黄

【主症】 眼、口、鼻等可视黏膜发黄，黄色晦暗；患病动物精神沉郁，四肢无力，食欲减少，耳、鼻末梢发凉；舌苔白腻，脉沉细无力。

【治法】 健脾益气，温中化湿。

【方例】 茵陈术附汤（茵陈、白术、附子、干姜、甘草，《医学心悟》)，加茯苓、猪苓、泽泻、陈皮等。

【针治】 针肝俞、胆俞等穴。

三十、肝热传眼

肝热传眼俗称"暴发火眼"，现代兽医学叫结膜炎，是肝经受热邪，外传于眼的一种疾病。本病常见于马、骡，其他家畜少见。

（一）病因病机

本病多因过食浓厚饲料或喂饲霉败饲料，或因远途运输，劳役过重，热毒积于心肺，流注肝经，肝受热邪，外传于眼所致。

（二）辨证论治

【主症】 眼睑肿胀，羞明流泪，睛生白膜，白睛血管充盈。后期眼肿渐退，无羞明流泪症状，睛生翳膜，遮盖瞳孔。口色红，脉洪。

本病与角膜外伤不同者，后者多发于一眼，有外伤瘢痕，色脉正常。与肝经风热不同者，后者无眼睑翻肿，因此有瘀红症状。

【治法】 清肝泻火，明目退翳。

【方例】 ① 决明散：煅石决明40g，草决明45g，栀子30g，大黄30g，白药子30g，黄药子30g，黄芪20g，黄芩20g，黄连20g，郁金20g。煎汤，候温加蜂蜜60g，鸡蛋清2个，同调灌服。

② 拨云散：硼砂5g，炉甘石25g（水飞），朱砂0.5g，冰片5g，硇砂0.2g。共研极细面，过细罗，装瓶待用，外用点眼，每次用量约0.1g。（外伤性角膜翳勿用）。

【针治】 放眼脉或太阳血，或针刺睛明、睛俞、垂睛，或用水针疗法，以15%～20%葡萄糖液2～8mL进行穴位注射，每次选用1～2个穴位。

三十一、痹证

痹是闭塞不通的意思。痹证是由于动物体受风寒湿邪侵袭，致使经络阻塞、气血凝滞，引起肌肉关节肿痛，屈伸不利，甚至麻木、关节肿大变形的一类病证，相当于现代兽医学的风湿症。

（一）病因病机

本病的发生多因畜体阳气不足，卫气不固，再逢气候突变、夜露风霜、阴雨苦淋、久卧湿地、穿堂贼风、劳役过重、乘热渡河、带汗揭鞍等时，风寒湿邪便乘虚而伤于皮肤，流窜经络，侵害肌肉、关节筋骨，引起经络阻塞，气血凝滞，遂成本病。所以《内经》说："风寒湿三气杂至，合而为痹。"由于风寒湿三邪偏胜之不同，症状也有所差异，风邪偏胜者为行痹，寒邪偏胜者为痛痹，湿邪偏胜者为着痹。

若素体阳气偏胜，内有蕴热，又感风寒湿邪，里热为外邪所郁，湿热壅滞，气血不宣则成热痹；痹证迁延，风寒湿三邪久留，郁而化热，壅阻经络关节也可导致热痹。

痹证日久，肝肾亏虚，气血不足，筋骨失养，可引起关节肿大、变形及肌肉萎缩、筋脉拘急，最后导致不能运动，卧地不起。

（二）辨证论治

临床上常见的有风寒湿痹和风湿热痹两种证型。

1. 风寒湿痹

【主症】 肌肉或关节肿痛，皮紧肉硬，四肢跛行，屈伸不利，跛行随运动而减轻。重则关节肿大，肌肉萎缩，甚或卧地不起。风邪偏盛者（行痹），疼痛游走不定，常累及多个关节，脉缓；寒邪偏盛者（痛痹），疼痛剧烈，痛处固定，得热痛减，遇寒痛重，脉弦紧；湿邪偏盛者（着痹），疼痛较轻，痛楚固定，肿胀麻木，缠绵难愈，易复发，脉沉缓。

【治法】 祛风散寒，除湿通络。

【方例】 风邪偏盛者，用防风散（独活、羌活、防风、肉桂、泽泻、酒黄柏、大黄、当归、桃仁、连翘、汉防己、炙甘草）加减；寒邪偏盛者，用独活寄生汤（见祛湿方）减熟地黄、党参，加川乌；湿邪偏盛者，用薏苡仁汤（薏苡仁、防己、苍术、独活、羌活、防风、桂枝、川乌、豨莶草、川芎、当归、威灵仙、生姜、甘草，《类证制裁》）加减。前肢痹证，加瓜蒌、枳壳等；后肢及腰部痹证，加肉桂、茴香等。

【针治】 根据疾病的具体部位进行选穴，如颈部风湿针九委穴，肩部风湿针抢风、冲天、膊尖、肺门等穴，腰背部风湿针百会、肾俞、肾棚、肾角、腰前、腰中、腰后等穴，后肢风湿针百会、巴山、路股、大胯、小胯、邪气等穴。可酌情选用白针、水针、电针、火针、醋酒灸和软烧等不同方法。

2. 风湿热痹

【主症】 发病较急，患部肌肉关节肿胀、温热、疼痛，常呈游走性，伴有发热出汗、口干、色红、脉数等症状。

【治法】 清热，疏风化湿。

【方例】 独活散（见祛湿方）加减。

【针治】 选穴同于风寒湿痹，但一般不用火针、醋酒灸和软烧等不同方法。

三十二、五攒痛

马站立时四肢攒于腹下，腰曲头低，四肢和头部五处攒集故称之五攒痛。多发于两前肢，也可发生在两后肢，也有四肢同时发病的。单独一蹄发病的较少。临床上分急性和慢性两种，急性型称为五攒痛，慢性型称为败血凝蹄。多见于现代兽医上的蹄叶炎。

（一）病因病机

根据病因不同，可分为走伤型和料伤型两种证型。

（二）辨证施治

1. 走伤型

多因奔走太急，使役后立即栓系，失于牵遛，致使气血凝滞于胸膈和四肢所致；或因长途运输时长久站立，血脉流注于蹄，凝滞不散所致。此外，护蹄不良，装蹄铁失误，也可诱发本病。

【主症】 站立时腰曲头低，束步难行，步幅短促，把前把后，卧多立少，气促喘粗，口色偏红，体温升高，患肢前壁敏感。如两前肢患病，则两前肢前伸，以蹄踵负重，蹄尖翘起；两后肢患病，则头颈低下，尽力伸向前方，腹部向上蜷缩，后肢屈曲，以蹄踵负重。

【治法】 以针药兼施、破滞开郁、和血顺气为原则。

【方例】 茵陈散内服。

【针治】 前蹄发病，血针膝脉穴或胸堂穴、蹄头穴。后肢发病血针肾堂、后蹄头穴。四肢发病，四穴均可放血。

2. 料伤型

因过食精料，运动不足，饮水过少，致使谷料毒气凝于胃肠，进入血脉，循行于四肢，凝滞于蹄所致。也可继发于其他疾病，如患胃肠炎、结核、流感、传染性胸膜炎等时易发本病。

【主症】 除和走伤型症状相同之外，其典型症状是食欲大减，吃草不吃料，粪稀带水，口色红，呼吸迫促，脉洪大。

【治法】 化谷通肠，消积破瘀，行血止痛。

【方例】 红花散，童便半盏，同调灌服。

【针治】 同走伤型。

【护理与预防】 首先应除去蹄铁，使马卧地休息，多铺软草以防发生褥疮，喂给易消化草料，如青草、干青草、胡萝卜等，补给足量食盐和饮水，病马如能站立，可让其在软地上自由行走。

三十三、跛行

跛行又叫拐证，是四肢活动功能障碍的各种临床病证的统称。跛行不仅由四肢疾病所引起，而且与脏腑的功能变化密切相关。如肺把胸脯痛、肾冷拖腰等皆可引起跛行。因此，在临床诊断时，应从整体出发，审证求因，从而做出全面正确的诊断。

（一）病因病机

引起跛行的原因和疾病很多，但根据其病因、病理和主症，可分为闪伤跛行、寒伤跛行及热伤跛行。

（二）辨证论治

1. 闪伤跛行

闪伤主要指关节及其周围软组织（如皮肤、肌肉、韧带、肌腱、血管等）的扭挫伤。多因跌打损伤，或滑伸扭闪，筋骨脉络受损，致使血瘀气滞，而成肿痛、跛行。闪伤跛行包括四肢各关节及其周围组织的闪伤、腰部闪伤。

【主症】 突然发病，跛行随运动而加剧。四肢闪伤时，患肢疼痛，负重和屈伸困难。腰部闪伤时，拱腰低头，行走困难，后腿难移，起卧艰难，甚至卧地不起。

【治法】 行气活血，散瘀止痛。

【方例】 跛行散加减：当归、土鳖虫、自然铜、地龙、大黄、制南星、甘草、血竭、乳香、没药各20～30g，红花、骨碎补各15～20g。为末，开水冲调，候温灌服。气滞严重者加青皮、枳壳；前肢痛明显者加桂枝，后肢痛明显加牛膝；腰部闪伤疼痛者加续断、杜仲。马、牛200～350g，其他动物根据体重比例缩减。

【针治】 可参照针灸章节的相关内容进行相应的针灸疗法。

2. 寒伤跛行

多因感受风寒湿邪，侵于皮肤，传入经络，引起气血凝滞，造成跛行。也属痹证范畴。

【主症】 腰肢疼痛，跛行，痛无定处。寒伤四肢时，常侵害四肢上部，患肢多伸向前方，避免负重，运动时步幅短小，拘行束步，抬不高，迈不远，如为寒伤腰胯，则背腰拱起，腰脊僵硬，胯䠙腰拖，重则难起难卧。跛行常随运动而减轻。

【治法】 祛风散寒。

【方例】 风邪偏重者，用防风散加减；寒邪偏重者，用独活寄生汤加减；湿邪偏重者，用薏苡仁汤加减（薏苡仁、防己、苍术、羌活、独活、防风、桂枝、川乌、豨莶草、川芎、当归、威灵仙、生姜、甘草），前肢痹证加瓜蒌、枳壳等，后肢及腰部痹证加肉桂、茴香等。

【针治】 前肢风湿针抢风、膊尖、膊栏、肺门、肺攀等；后肢风湿针百会、肾俞、大胯、小胯、邪气、仰瓦、后通膊等；腰背风湿针命门、肾俞、肾棚、腰中等。醋酒灸疗法对各种风湿痹证者均有较好疗效。

3. 热伤跛行

多因感受风寒湿邪，郁久化热；或因跌打损伤，致使筋脉受损，气滞血瘀，瘀而化热；或因感受热毒之邪等，导致关节肿痛，引起跛行。

【主症】 除有跛行症状外，患部有红、肿、热、痛表现，触诊局部灼热；严重者，舌红脉数，全身发热，精神沉郁，食欲减退。

【治法】 活血化瘀，清热止痛。

【方例】 定痛散加减。

【针治】 在阿是穴（肿痛处）采取针罐并用的拔火罐疗法亦能取得较好疗效。

[附] 点痛论注

点痛论是《元亨疗马集》中诊断大家畜四肢病的概括性论述。它是通过观察患畜的头颈运动、四肢的提伸、蹄的负重，以及腰部姿势等异常表现来判断四肢疾病的，对于判定患肢及患部具有很好的临床指导意义。现将点痛论中有关跛行部分的经文摘录并注解如下。

（1）昂头点，膊尖痛　昂头点，是指病畜运动时头颈高举的点头运动，患肢着地负重头颈高抬，健肢着地负重头低下。这是患畜为了减轻患肢负重，使体重重心后移的一种运动姿势。膊尖痛，主要指肩关节部位的疼痛性疾病。

（2）平头点，下栏痛　平头点，是指头颈上下活动较正常活动范围稍明显的点头运动，一般多属轻度肢跛。下栏痛，通常指肘区的疼痛性疾病。

（3）偏头点，乘重痛　偏头点，是指头颈偏向一侧的上下点头运动，是患畜为了减轻患肢负重而将体重重心移向健肢，便于患肢向前迈进。乘重痛，是指前臂部位的疼痛性疾病。

（4）低头点，天白痛　低头点，是指头颈向前下伸展，低于正常位置的点头运动，这是病畜为了减轻患肢负重而将体重重心向对侧前方转移，此时健肢着地头低下，患肢着地头抬起。天白是拗口四肢蹄枕上部正中的凹陷处。一般见于蹄位的疼痛性疾病。

（5）难移前脚，抢风痛　难移前脚，是指病畜不愿移动前肢的表现，勉强运步时，患肢提举伸扬障碍。抢风痛，是指抢风穴周围（肱骨附近）组织的疼痛性疾病。

（6）蹄尖着地，掌骨痛　蹄尖着地，是指病畜站立或运动时球节屈曲，蹄尖着地的姿势。掌骨痛，是指掌部（或跖部）附近的疼痛性疾病，多为支柱器官（如蹄、关节、骨和屈腱等）的疾患。

（7）蓦地点脚，攒筋痛　蓦地点脚，是指病肢刚一落地，立即抬起，负重时间很短的状态，多为四肢较重的肢跛。攒筋痛，主要指掌部或跖部及其附近组织的疼痛性疾病，多见于屈腱疾患。

（8）虚行下地，漏蹄痛　虚行下地，是指由于蹄底疼痛而着地谨慎，病肢落地而轻，负重不确实的状态。漏蹄痛，是指漏蹄、蹄叉腐烂等蹄部疼痛性疾病。

（9）垂蹄点，蹄尖痛　垂蹄点，是指病肢负重时，蹄踵着地而蹄尖跷起，或蹄踵先着地，后全蹄着地的状态。多见于五攒痛和屈腱断裂。

（10）悬蹄点，蹄心痛　悬蹄点，是指运动时，病肢提举悬起，完全不能负重，呈三脚跳跃的状态。多见于蹄关节、蹄骨疾病，或屈腱、关节剧烈疼痛性疾病和骨折等。

（11）直腿行，膝上痛　直腿行，是指病肢提伸时，关节不能屈曲而呈腿直如竿的状态。膝上痛，是指腕关节附近及其上部组织的疼痛性疾病，多见于肘、腕关节骨化性疾病。

（12）屈腿行，节上痛　屈腿行，是指病肢在提伸及负重时患肢关节呈屈曲状态。节上痛，是指各关节的急性剧烈性疼痛性疾病，多见于球节及其附近的挫伤、关节透创及关节挛缩等疾病。

（13）昂头点脚，抢头痛　昂头点脚，是指患畜行走时，患肢提伸困难，尽量将头颈高举，以便带动患肢前行的姿势。抢头痛，是指抢风骨的上头即肩关节部位的疼痛性疾病。

(14) 昂头不动，蹄头痛　昂头不动，是指病畜头颈高举，站立不动，两前肢前踏，两后肢前伸于腹下，拱腰，后躯下沉，运步时两前肢步幅缩短，呈紧张步样，多见于两前肢同时发病的蹄疾（如蹄叶炎）。

(15) 平途窈道，蹄薄痛　平途窈道，是指患畜不敢走硬道，即使平坦道路也选择软地行走，一旦踏着硬物，突然点脚。主要见于蹄底过度磨损变薄，或修削过度等。

(16) 向里蹉，外跟痛；向外蹉，里跟痛　向里蹉，是指病肢提举时向里靠，向外划弧，以蹄缘内侧负重；向外蹉，是指向外靠，向内划弧，以蹄缘外侧负重。外跟痛，是指蹄外侧有病痛，如蹄外侧钉伤、外蹄球炎等；里跟痛，是指蹄内侧有病痛，如蹄内侧钉伤、内蹄球炎等。

(17) 点头行，脚上痛　点头行，是指患畜运动时，呈现头颈上下活动的点头运动，患肢着地头上抬，健肢着地头低下。脚上痛，是指肢蹄下部有疼痛。

(18) 摆头行，髆上痛　摆头行，是指病畜在运动时，头颈随病肢的提伸而偏向一侧摆动，即病肢运步时为了减轻负重头颈向健肢侧偏，以便病肢的提伸，接着健肢运步时头颈又摆回正常的位置。髆上痛，是指肩髆（肩胛）部位的疼痛性疾病。

(19) 拖脚行，雁翅掠草痛　拖脚行，是指病肢向后方伸展，各关节不能屈曲，以蹄尖拖地而行，多见于髋骨上方脱臼。掠草骨相当于髋骨，雁翅骨相当于髂骨翼。

(20) 拽脚行，燕子瓦骨痛　拽脚行，是指病畜运动时，蹄稍离开地面，有时蹄尖微触地面而行，其程度比拖脚行略轻，均表现病肢提伸很缓慢，提举很低，蹄尖擦地，呈拖拉步样。燕子骨指髂骨，瓦骨指坐骨。燕子瓦骨痛，即骨盆部分的疼痛性疾病，多见于髂骨骨折及髋关节脱臼等。

(21) 蹩脚行，鹅鼻曲尺痛　蹩脚行，是指病后肢负重期很短，蹄落地立即抬起，健后肢迈步急促，代偿病后肢负重，呈小而快速的步样。鹅鼻骨指跟骨，曲尺指跗关节部位。鹅鼻曲尺痛，指跗关节部位的疼痛性疾病。

(22) 束脚行，肺把五攒痛　束脚行，是指病畜两前肢后踏，两后肢前伸，腰曲头低，四肢紧聚腹下，束步难行。五攒痛一般指蹄叶炎。

(23) 并脚行，胯瓦痛　并脚行，是指病后肢疼痛不敢迈步，仅能走半步，呈明显前方短步，甚至两后肢一起向前跳行。胯瓦痛，指坐骨及其附近组织的疼痛性疾病，临床多见于坐骨及耻骨骨折。

(24) 直脚行，湿气痛　直脚行，是指病后肢提伸缓慢，肌肉僵硬，脚直不能屈曲。湿气痛，多指后肢的肌肉风湿症。

(25) 蹲腰行，雁翅痛　蹲腰行，是指患后肢负重时，各关节过度屈曲，患侧臀部或后躯下沉的姿势。雁翅痛，主要指骨骼及其附近组织的疾病，而临床多见于膝、跗关节不能固定的疾病，如股神经麻痹、跟骨骨折、跟腱断裂、髌骨外方脱臼及肌红蛋白尿后遗症。

(26) 吊腰行，脊筋痛　吊腰行，是指腰部僵硬，背腰拱起的姿势。多见于腰背部肌肉风湿或闪伤腰胯等疾病。

(27) 收腰不起，内肾痛　收腰不起，是指腰部无力，不能站立，起立困难或站立不稳，运步时后躯摇晃。内肾本指肾脏，但腰为肾之府，所以这里的内肾痛主要指腰部肌肉或腰椎严重损伤性疾病。临床多见于腰椎骨折、重度腰闪伤及截瘫等疾病。

(28) 难移后脚，肾经痛　难移后脚，是指病畜不愿行走，强行牵拉，则前行后拽，后腿难移。肾经痛，是指因受风寒湿邪的侵注，气血凝滞于腰胯、股内及外肾，以致发生疼痛。临床多见于轻度腰损伤、睾丸炎、阴囊疝等疾病。

三十四、皮肤瘙痒

皮肤瘙痒是以皮肤瘙痒为特征的皮肤病。此病证临床较为多见。

(一) 病因病机

根据致病原因的不同，主要分为肺风毛燥型、湿毒型、遍身黄型、疥癣型等证型。

(二) 辨证论治

1. 肺风毛燥型

因心肺积热，毛窍迷塞，荣卫壅极，皮毛失去营养所致。《元亨疗马集》说："肺风者，肺热生风也，皆因蓄养太盛，肉满膘肥，少骑多喂，日久失于洗浴，淤汗沉于毛窍，垢尘迷塞肌肤，荣卫壅极，热积心胸，传之于肺，肺受其邪，遍传经络也。"由于肺主皮毛，肺热生风，皮肤瘙痒，皮毛脱落，故名"肺风毛燥"。

【主症】 遍身瘙痒，毛发脱落，皮破成疮，皮肤变色，并附有许多痂膜，不断用嘴啃咬。肥壮动物，脉洪大，唇舌鲜红；老瘦动物，脉沉细，口色淡红。

【治法】 分别虚实治疗。故岐伯说："凡羸瘦老马三冬月冷搔毛者，与此证寒热不同，医者分别治之。"临床上一般肥胖热燥者，内服五参散，外用甘草汤外洗，同时结合大放血疗法。老弱劳伤者，服肺风散并用葶苈散或甘草汤减黄柏、薄荷煎汤外洗。

【方例】 ① 五参散：党参、苦参、玄参、紫参、沙参、秦艽、何首乌各30g。酸浆水一盏，皂角一挺擂碎，取汁半盏为引。共为末，开水冲，候温一次性灌服。

② 甘草汤：甘草、藜芦、防风、荆芥、皂角、苦参、黄柏、薄荷、臭椿皮各20g。煎煮去渣带热洗患处（老瘦者本方去黄柏、薄荷煎汤外洗）。

③ 肺风散：蔓荆子30g，威灵仙30g，何首乌50g，玄参30g，苦参30g。共为末，引用砂糖50g，开水冲，候温灌服。

④ 葶苈散：马胀根、臭椿皮、白芜荑、皂角、藜芦、苦葶苈各等份，共为末，每用一大匙韭汁三升，同煎三沸，入生油少许，带热外洗。

2. 湿毒型

多因暑月炎天，使役出汗过多，失于刷洗，尘垢淤塞毛孔，湿热熏蒸，积于皮毛，至成其患；或因饲养管理不善，阴雨苦淋，畜舍潮湿，久卧湿地，复感风邪、风湿之邪，侵入皮肤，郁于皮毛，久之化热，湿热熏蒸，遂成此病。本病是一种急性或慢性过敏性皮肤炎症。

本病多发于胸腹两侧、股部及系凹部，甚至蔓延全身。根据病因不同可分为风热型与湿热型两类。

(1) 风热型

【主症】 起初皮肤湿热，继而出现红斑，血疹如粟或如豆大，遍发全身，患畜瘙痒不安，到处磨蹭，致使鬃毛脱落，皮肤成疮。

【治法】 清热祛风。

【方例】 消风散加减：荆芥、防风、牛蒡子各24g，蝉蜕20g，苦参20g，生地黄24g，知母24g，生石膏50g，木通15g。共为细末，开水冲服。

外用青黛散。

(2) 湿热型

【主症】 皮肤出现丘疹、水疱，皮流黄水，味腥而黏，数日后结痂，或逐渐糜烂。患畜瘙痒不安，到处磨蹭。日久转为慢性，皮肤增厚而粗糙，皮肤纹理加深，被毛脱落。

【治法】 清热渗湿。

【方例】 清热渗湿汤加减：黄芩、黄柏、苦参各24g，生地黄30g，白鲜皮24g，滑石24g，车前子24g，板蓝根30g。共为细末，开水冲服。

渗出较重者用生地黄、地榆煎水或甘草煎水洗后冷敷。

3. 遍身黄型

本病多因劳役过度，汗出当风，腠理疏泄，外邪贼风，乘虚而入，正邪相搏，卫气被郁，营卫不和，遂成此病；或因料毒积于中焦或素有湿热郁结，又复感风邪，卫气被郁，营卫不和，以致内不得疏泄，外不得透达，上熏心肺，外郁皮毛腠理之间所致。

本病发生前，在马和牛有时表现为消化紊乱、乏力和发热。但大多数病畜没有前驱症状，常突然发生丘疹块，此疹呈圆形或半球形，指头大至核桃大，迅速增多变大，遍布全身，甚至相互融合而形成大面积肿胀。疹块发生迅速，消散也快，消散后不留痕迹，常可复发。由于丘疹部剧痒，病畜揩擦、啃咬，呈现不安。若口腔、鼻腔及眼部发生病变时，则口、鼻、眼虚肿。除上述症状外，尚有风热和风寒两种证型。

（1）风热型

【主症】 丘疹遇热加重，遇冷则退，尿短赤，粪便干燥，口色红燥，脉象数大。

【治法】 疏风清热。

【方例】 消黄散加减：知母、大黄各25g，黄药子、白药子、山栀子、黄芩、贝母各20g，连翘、荆芥、薄荷各30g，黄连、郁金、甘草各15g，苦参45g，芒硝60g（后下）。共研水，开水冲，加蜂蜜120g、鸡蛋清4个，同调灌服。

（2）风寒型

【主症】 丘疹遇冷加重，口腔湿润，口色淡，脉迟。

【治法】 散寒疏风。

【方例】 荆防败毒散。

4. 疥癣型

疥癣是由螨虫（疥螨或痒螨）侵袭动物的皮肤而引起的以皮肤奇痒、成片脱毛、结痂为特征的一种寄生虫病。本病传染性强，传播极快，一年四季均可发生，尤以秋、冬季节传播最广。多因动物直接接触病畜而发病，螨虫到动物体表后，因吸食动物体内的淋巴液及其他组织液，而穿破皮肤，使动物发生奇痒及皮肤炎症，形成丘疹及水疱，被毛成片脱落，破溃后形成痂皮。

【主症】 患病动物瘙痒不安，不断啃咬或摩擦患部。首先出现皮肤红肿、丘疹，继而出现水疱，水疱破溃后流出黄水，最后结痂脱毛，皮肤出现硬固的皱褶。严重的病例食欲减少，日渐消瘦。侵袭面积过大，可造成动物死亡。

【治法】 杀虫止痒，消肿散结。以外治为主，首先剪毛去痂，用温水刷洗患部，待干后涂用以下方剂。

【方例】 ① 狼毒、牙皂、巴豆、雄黄、轻粉各适量。共研末，用植物油加热调匀，分片涂于患处。

② 狼毒120g，硫黄（煅）90g，白胡椒45g。共为细末，每次取药30g，加入烧开的植物油750mL中搅匀，待凉后用毛刷涂于患部。

③ 硫黄30g，雄黄15g，枯矾45g，花椒、蛇床子各25g。共为末，油调后涂患部。

三十五、疮黄疔毒

疮黄疔毒是皮肤与肌肉组织发生肿胀和化脓感染的一类证候。疮是局部化脓性感染的总称；黄是皮肤完整性未被破坏的软组织肿胀；疔是以鞍、挽具伤引起皮肤破溃化脓为特征的证候；毒是脏腑毒气积聚外应于体表的证候。

（一）病因病机

1. 疮

"疮者，气之衰也。气衰而血涩，血涩而侵于肉理，肉理淹留而肉腐，肉腐者，乃化为脓，故曰疮也"（《元亨疗马集·疮黄疔毒论》）。例如，笼头粗糙紧硬，使两耳后中部受到磨损而引起的化脓，称为顶门疮。

2. 黄

《元亨疗马集》中记载的黄其范围广泛，涉及内科、外科和某些传染病，这里仅叙述外科性黄肿。多因劳役过度、饮喂失时、气候炎热、奔走太急、外感风邪、内伤草料，致使热邪积于脏腑，循经外传，郁于体表肌腠而成黄肿。或因跌仆挫伤、外物所伤，使气血运行不畅，瘀血凝聚于肌腠所致。根据黄肿部位不同而有相应的病名。

若因热毒郁结，上冲于口，口角发生肿胀而口难张开者，为锁口黄；若因热邪积于肺经，上攻于鼻而引起肿胀者，为鼻黄；若因心肺积热，上攻于颊，郁结而成黄肿者，为颊黄；若因热毒积于肾经，外传于耳发生肿胀者，为耳黄；若因热毒积于脾、肺，上冲于腮引起黄肿者，为腮黄；若因热毒瘀血积聚于背部引起肿胀者，为背黄；若因心肺壅极，热毒蕴胸，致使胸前发生黄肿者，为胸黄；若因热毒郁结腹下发生肿胀者，为肚底黄；若因热毒结于肘头，引起肘头肿胀者，为肘黄；若因气血瘀滞于腕部，引起肿胀者，为腕黄。

3. 疔

主要发于役用动物，多见于腰、背、鬐甲、肩膊等处。多因负重远行或骑乘急骤，时间过久，鞍、挽具失于解卸，淤汗沉于毛窍，瘀久化热，败血凝注皮肤；或鞍、挽具装置或结构不良，动物体皮肤被鞍、挽具磨破擦烂，毒气侵入引起。

4. 毒

如前所述，毒乃脏腑毒气循经外传外应于体表的证候。例如，脾开窍于口，其华在唇，脾有毒气，引起两唇角及口中破裂而出血，称脾之毒。根据病情及体表部位阴阳属性的不同有阴毒和阳毒。例如，胸腹下及后胯生瘰疬，称阴毒；前膊及脊背生毒肿，称阳毒。

（二）主症

1. 疮

疮口溃破流脓，味带恶臭，疮面呈赤红色，有时疮面被痂皮覆盖。

2. 黄

各证型表现如下。

（1）锁口黄（箍口黄、束口黄） 病初口角肿胀，硬而疼痛，口角内侧赤热，咀嚼缓慢，水草渐减，如不及时治疗，黄肿逐渐扩大蔓延。继而唇角破裂，口内流涎，口难张开，口色鲜红，脉洪数。

（2）鼻黄 单侧或双侧鼻部肿胀，软而不痛，久之破溃流黄水，鼻孔内亦微有肿胀，色红，呼吸稍粗，口色鲜红，脉洪数。

（3）颊黄 颊部一侧或双侧发生软肿，压之不痛，初期肿胀较小，后逐渐扩大，甚至蔓延到食槽，口流涎水，咀嚼困难，口色赤红，脉洪数。

（4）耳黄 单耳或双耳发生程度不同的肿胀，患侧耳根肿胀，患耳下垂。一般软而无痛者易消，硬而痛者则溃破成脓。《司牧安骥集》："马患耳黄有单双，双少单多是寻常；耳肿耳硬生脓血，内有脓囊似宿肠。"

（5）腮黄 腮部一侧或双侧发生肿胀，初期肿胀较小且硬，以后逐渐肿大，可由一侧肿胀扩大到两侧，或向前肿胀至食槽，引起口内流涎，水草难进，咀嚼困难。或向颈部蔓延则颈部肿胀，影响颈部活动。若波及咽喉则出现呼吸困难，严重时可引起窒息。

（6）背黄 病初背部热痛肿硬，日久软化，触之波动，内有黄水。

（7）胸黄 病初胸前发生肿胀，较硬，热痛，继之扩大变软，甚至布满胸部，无痛，针刺流出黄水，口色鲜红，脉洪大。

（8）肚底黄 又名锅底黄、板肚黄、滚肚黄、筲箕黄。多发于马、牛。根据病因和病程可分为湿热型、损伤型和脾虚型三种类型。

① 湿热型：多因湿热毒邪凝于腹部所致。症见肿势发展迅速，身有微热，肿胀界限不明，初如碗口，后渐增大，布满肚底。重者肿胀蔓延至前胸和会阴部，不热不痛，或稍有痛感，指压

成坑。患病动物精神不振，水草减少，行走困难，不能卧地，四肢开张，口色微黄或鲜红，脉象洪大。

② 损伤型：多因跌打损伤所致，主症与湿热型近似。

③ 脾虚型：多因饮食失常，劳役无时，日久脾胃虚弱，脾失健运，腹中水湿难于运转，渗于肚底所致。症见肿势发展缓慢，肿渐增大，精神倦怠，水草减少，耳、鼻、四肢稍凉，小便短少，口色淡红，舌津滑利，脉象正常或虚弱无力。

(9) 肘黄　初期症见患部肿胀无痛，后肿胀渐大，时有发热疼痛。站立时前肢前伸，运步时呈现跛行，口色鲜红，脉洪大。

(10) 腕黄　病初症见微肿发热，稍有疼痛，亦有软肿而不发热者。行走时患肢不灵活，站立时患肢伸向前方，不敢负重，频频踢踏。以后肿胀渐大，疼痛加剧，屈伸不利，起卧困难，行走迟缓。

3. 疔

由于病情轻重、病变深浅及患部表现不同，疔分为黑疔、筋疔、气疔、水疔、血疔五种。

(1) 黑疔　皮肤浅层组织受伤，疮面覆盖有血样分泌物，后则变干，形成黑色痂皮，形似钉盖，坚硬色黑，不红不肿，无血无脓。《元亨疗马集》："干壳而不肿者伤其皮，曰黑疔也。"

(2) 筋疔　脊间皮肤组织破溃，疮面溃烂无痂，显露出灰白色而略带黄色的肌膜，流出淡黄色水。

(3) 气疔　疮面溃烂，局部色白；或因坏死组织分解，产生带有泡沫的脓汁，或流出黄白色的渗出物。

(4) 水疔　患部红肿疼痛，光亮多水，严重者伴有全身症状。

(5) 血疔　皮肤组织破溃，久不结痂，色赤，常流脓血。

4. 毒

阴毒多在胸腹下或四肢内侧发生瘰疬结核，累累相连，肿硬如石，不发热，不易化脓，难溃难敛，或敛后复溃。阳毒多于两前膊、梁头、脊背及四肢外侧发生肿块，大小不等，发热疼痛，脓成易溃，溃后易敛。

（三）治法及方药

疮黄疔毒根据发病部位和全身症状采用内治和外治相结合的方法。

1. 内治法

常用内治法有消、托、补法。

(1) 消法　用消散药物使病变消散，这是一切肿疡病初起的治法，适用于未成脓的肿疡。不论阴证、阳证、轻症、重症均可应用。但在应用时应根据不同的病因和证候，采用不同的治法，如有表邪宜疏表，里实者通里，热毒蕴结者清热，寒邪凝聚者温通，湿阻者利湿，气滞者行气，血瘀者活血祛瘀。

疮黄多由热毒引起，故常用清热解毒法。选用五味消毒饮（《医宗金鉴》）：金银花、野菊花、蒲公英、紫背地丁各60g，紫背天葵子30g。为末，开水冲调，候温灌服，或水煎服。马、牛250～350g，猪、羊40～80g。或黄连解毒汤、消黄散等，并可配合血针。

疮疡已成脓者，不可滥用内消法，以免毒散不收，不易治愈，或邪毒扩散，内攻脏腑。

(2) 托法　用补益气血和透托的药物，扶助正气，托毒外出，以免毒邪内陷。正虚毒盛，不能托毒外达，致使疮形平塌，肿势散漫，不易成脓，或脓成不易突起者，宜用补托法，方用托里消毒散（《外科正宗》）：人参、黄芪、白术、茯苓、白芍、当归、川芎、金银花各40g，白芷、甘草、桔梗、皂角刺各20g。共为末，开水冲调，候温灌服，或水煎服。如毒气偏盛，而正气未衰者，则用解毒透脓的药物，促其早日脓出毒泄，宜用托毒法，方用透脓散。

(3) 补法　用补益药物，恢复正气，促进早日愈合。适用于疮疡后期，毒邪已去，气血虚衰，或脓水清稀、腐肉难脱、疮口难敛者，治宜益气补血，方用八珍汤加减。

2. 外治法

早期，宜外敷消散药，促其消散，选用雄黄散。已成脓者，应及时切开引流，使脓毒外泄。疮黄已溃，可用防风汤（《元亨疗马集》）：防风、荆芥、花椒、薄荷、苦参、黄柏各30g，水煎去渣，候温洗患部。或10%浓盐水或3%明矾水、0.1%高锰酸钾液冲洗，然后撒布提脓去腐药，如九一丹（《医宗金鉴》）：石膏（煅）450g，红升丹50g，共为细末，混匀，装瓶备用。疮疡溃破，腐肉脱落，脓汁将尽时，治宜生肌收口，选用生肌散。对胸黄、肚底黄等大面积的黄肿，可用宽针在肿处乱刺，放出黄水，使毒邪排出。

三十六、虫积

虫积主要是指寄生于家畜胃肠管的各种寄生虫所致的疾病而言，常见的有瘦虫（马的胃蝇幼虫）、蛔虫、蛲虫、绦虫等。

（一）病因病机

由于家畜寄生虫的种类不同，进入机体的途径也不同。如瘦虫，当幼虫在马皮肤移行时，引起发痒，马啃痒则大量幼虫由口进入胃肠。蛔虫、蛲虫、绦虫等虫卵或幼虫则随饮水、草料、泥秽等进入畜体而致病。

（二）辨证论治

厩舍不洁，管理不善，脾胃虚弱，湿热内蕴，也为虫积的发生创造了条件。

【主症】 虫证初起，症状不显，天长日久，虫吸营养，脾胃受损，耗精伤血，则症见精神倦怠，行动无力，食欲减少，毛焦肷吊，形体消瘦，常有泄泻、浮肿、口色淡白、脉象沉细，吃料不长膘等。

上述为一般症状，虫邪的种类不同，尚有特异表现。

① 瘦虫：临床常见喷嚏，有时在咳嗽时喷出幼虫，在肛门上或粪便中常见到红色像蜂蛹样的幼虫，有时呈现腹痛。

② 蛔虫：消瘦，发育不良，泄泻或便秘，偶见咳嗽或腹痛。小牛或小猪有时蛔虫体内虫体过多纠缠成团，阻塞肠管，引起剧烈腹痛，甚至引起肠破裂。如上行胆道，还可引起黄疸。

③ 蛲虫：肛门奇痒，常在墙壁与树桩上擦痒，尾根部被毛脱落，肛门和会阴周围有时可见到黄白色小虫体。

④ 绦虫：精神不振，腹泻与便秘交替，粪便中混有成熟的节片。

【治法】 驱虫与扶正兼顾，同时还应根据虫邪的种类、证情变化分别选用和配伍适当的药物。

【方例】 瘦虫用贯众散；蛔虫用化虫散或槟榔散；蛲虫用化虫散；绦虫用万应散。如有积滞者，可配消导药；脾胃虚弱者兼补脾胃；体虚者，应先补后攻，或攻补兼施；腹痛较剧者，安虫止痛后，再行驱虫；驱虫以后根据情况给予补虚、健脾、化湿之品，如参苓白术散，同时加强饲养管理，以达到扶正祛邪的目的。

① 贯众散：贯众60g，使君子、鹤虱、芜荑各30g，大黄20g。共为末，开水冲服。

② 化虫散：鹤虱、使君子、槟榔、芜荑、雷丸、榧子、乌梅、诃子肉、大黄、百部各30g，炮干姜、附子、木香各15g，贯众60g。共为末，蜂蜜250g为引，开水冲调，空腹灌服。服后1h再灌服麻油或石蜡油500mL。

③ 槟榔散：苦楝根18g，槟榔24g，枳实、朴硝（后下）各15g，鹤虱、大黄各9g，使君子12g，共为末，开水冲服。若猪的体质尚健，食欲正常的，可加雷丸9g。若瘦弱和食欲不好者，可加苍术、生姜、半夏，亦可用化虫散。

④ 万应散：槟榔15g，大黄、皂角、黑丑、白丑各20g，木香、雷丸各18g，沉香10g，苦楝根皮24g。共研细末，开水冲服。

【护理与预防】 驱虫后除给予适当的补益之剂外，还需喂给营养丰富的草料和清洁的饮水，并注意适当的运动。定期驱虫，注意饲料和饮水卫生，厩舍的粪便和污物应进行及时处理。

【目标检测】

1. 比较水肿各证型的临床特征、治法及用药？
2. 鉴别痹证的两种证型、在治法、用药上有何异同？
3. 虚劳分哪几种证型？如何辨证治疗？
4. 产前不食分为哪几种证型？各有何临床主要特征？治法有何异同？
5. 简述缺乳的病因病理、症状表现、辨证治疗。
6. 疮证各期的治法、用药有何特点？
7. 带证的辨证治疗。

【实训十四】 感冒、咳嗽、气喘辨证论治的基本技能一

【实训目的】 通过实习初步学会对家畜感冒、咳嗽、气喘等任一病证辨证论治的基本技能。

【实训材料】 典型病畜若干头（匹），保定栏及绳具相应配套，听诊器 20 具，体温计 10 支，工作服每人 1 件，病历表每人 1 份，消毒药物 4 份，洗涤用具 4 套。

【内容方法】

（一）内容

由指导教师事先选好有关的典型病例，如果上述三种病证俱合，则不应放弃机会；如果只有一种病证，则按目的要求进行。总之，可以灵活一点，不必过于拘泥。

（二）方法

根据典型病例的数量，将学生分成若干个小组，每组选 1 名学生担任主诊，1～2 名学生担任记录。按照以下要求，轮流检查所有的典型病例。

1. 在认真听取主诉之后，有重点而无遗漏地提出询问，迅速分析畜主所答，必要时再提出新的询问，努力培养边询问边分析辨证的临床能力。在问诊过程中，通过对相似证的类比，于问诊结束时，就能形成一个比较清晰的印象诊断或结论。

2. 由各组的主诊人根据问诊印象，有目的、有步骤地对病畜进行其他方法的诊察。除口色和脉象为必检内容外，其余则可视临床实际需要，有选择地实施，要求把有诊断价值的主要症状，尽可能细致而准确地收集起来，作为最后诊断的依据。为了避免主诊学生可能产生遗漏，也为了培养其余学生的主动思维，应要求所有组员高度关注主诊学生的操作，提出适当建议。

3. 各组的记录员，对主诊检查并得到大家认可的主要症状，要用精简准确的语言及时地填写在病历表中。其余组员也应笔记主要内容，做到动手动脑，为辨证论治做好准备。

4. 临床诊病完毕，各小组应进行简短而认真地讨论：确认主要症状，分析病因病机，归纳疾病证候，作出诊断结论。

5. 根据辨证结论，每名学生应独立地确立治法，拟定处方，并提出护理要求。提倡有自己的特色，反对互相抄袭。

6. 指导教师根据各组讨论情况，应作简短小结。小结时要引而不发，只对明显错误的分析进行引导，不要对疾病作出辨证结论，把最后诊断留给学生自己去做。对急需治疗的病畜，则不应延误，可与学生一道立即作出诊断，并指导学生立法处方，组织学生观察疗效，并实施进一步的治疗。

【注意事项】

1. 认真选好病例，主症要明显，证候要单纯，切忌要求过高，否则，学生不易接受。

2. 分组检查时，指导教师应巡回指导，给予适当提示。小组讨论中，则给以适当引导，绝不可包办代替，妨碍学生进行独立思考，主动作出判断；也不应该放任自流，导致多数人作出错

误判断而失去自信。

3. 严明实习纪律,注意安全,防止事故发生。

【实训报告】 书写风寒感冒的完整病例。

【附】 辨证论治参考实表1~实表3。

实表1 感冒辨证论治参考表

证 型	病因病机	色、脉及主症	治 法	方 例
风寒感冒	气候突变,风寒侵袭,伤及肺卫,致毛窍闭塞、腠理不开	舌苔薄白,脉象浮紧,恶寒重,发热轻,无汗,咳嗽,鼻流清涕,毛乍发抖	辛温解表	麻黄汤
风热感冒	风热侵袭,伤及肺卫,致宣降失常,气机失调	舌苔薄黄,脉象浮数,发热重,恶寒轻,有汗,微咳,口渴喜饮,重则咽喉疼痛,鼻涕黄稠	辛凉解表	银翘散
时疫(流感)	畜体正虚,外卫不固,疫毒侵袭,肺卫受邪,互相传染而致病	舌红苔黄,脉浮洪数,发病急,传染快,咳嗽流涕,高热气促,食欲大减,懒动喜卧,毛乍颤抖	风寒型:辛温解表,疏散风寒 风热型:辛凉解表,祛风清热	荆防败毒散 银翘散

实表2 咳嗽辨证论治参考表

证 型	病因病机	色、脉及主症	治 法	方 例
风寒咳嗽	劳伤脾肺,气血不足,湿痰壅塞,上扰肺络	口色偏淡,脉象浮紧,高声阵咳,遇寒加重,鼻流清涕,皮温不均	辛温解表,宣肺止咳	杏苏散
肺热咳嗽	风寒侵肺,肺气壅塞,宣降失调,痰涎上冲	口红舌苔黄,脉数有力,咳声洪亮,气急且热,体热目赤,鼻涕黄稠,口渴喜饮,咽喉肿痛	清热泻肺,宣肺止咳	清肺散
肺虚咳嗽	劳伤脾肺,气血不足,湿痰壅塞,上扰肺络	口色淡白,舌质软绵,脉虚无力,咳声低弱,肺气虚者,畏寒喜暖,痰涎清稀,肺阴虚者,日轻夜重,干咳无痰,舌绛,脉细	肺气虚:益气化痰 肺阴虚:养阴润肺	补肺益气汤 补肺阿胶汤

实表3 气喘辨证论治参考表

证 型	病因病机	色、脉及主症	治 法	方 例
风寒束表	风寒袭表,内合于肺,肺失宣降	口色淡白,舌苔薄白,脉象浮紧,喘促气粗,伴有咳嗽,鼻流脓涕,恶寒发热,无汗	疏风散寒,宣肺平喘	三拗汤华盖散
风热犯肺	风热侵袭,伤及肺卫,致宣降失常,气机失调	口色赤红,舌苔薄黄,脉象浮数,气促喘粗,鼻翼扇动,咳嗽不爽,鼻液黄稠,发热恶风,粪干尿赤	疏风清热,宣肺平喘	麻杏石甘汤
痰浊阻肺	肺失输布,聚津成痰,或脾失健运,湿聚成痰,上壅于肺	舌苔白腻,脉滑,喘促气粗,喉内痰鸣,伴有咳嗽,痰稠,胸肋胀痛,食纳呆滞	祛痰降气平喘	三子养亲汤合二陈汤
肺气虚衰	肺气虚衰,宣降无力	口色稍淡,脉虚无力,喘咳日久,喘息无力,咳声低微,神疲乏力,有时自汗畏风	益气定喘	生脉散加味
肾气亏虚	肾阳不足,摄纳无权,气不归原	口色淡白,舌苔薄白,脉象沉细,喘促日久,气息短促,呼多吸少,气短难续,动则益甚,伴有腰腿痿软	补肾纳气	肾气丸加味

【实训十五】 泄泻、痢疾、便秘辨证论治的基本技能二

【实训目的】 通过实习,初步学会对家畜泄泻、痢疾、便秘等任一病证辨证论治的基本技能。

【实训材料】 见实训十二。
【内容方法】 见实训十二。
【注意事项】 见实训十二。
【实训报告】 书写湿热泄泻的完整病例。
【附】 辨证论治参考实表4～实表6。

实表4　便秘辨证论治参考表

证　型	病因病机	色、脉及主症	治　法	方　例
寒实	寒邪直中,凝滞肠胃,传导失职	口色青白,脉象沉迟,排粪艰涩,有时腹痛,腹中水响,肢端发凉	温中通便	温脾汤
实热	热壅于里,或寒邪化热,或过服辛燥,致热积于肠胃	口红苔黄,脉象沉实,粪便干硬,欲排不能,肚腹胀痛,尿黄而短	清热攻下	大承气汤
气滞	饲料粗劣,运动不足,气机壅滞,升降失调	舌苔白腻,脉沉或弦,粪便秘结,欲便不得,嗳气频作,胸腹胀痛,得矢气则痛减	顺气通滞,降气通便	褚遂攻结汤
气虚	水草失节,脾肺气虚,大肠气弱,传导无能	口色淡嫩,舌苔薄白,脉象虚弱,粪燥或软,欲排无力,形寒,倦怠,声低,自汗	补中益气	补中益气汤
血虚阴亏	热病后、产后、老畜阴血不足,肠道滞涩,无水行舟	口色淡白,脉象细弱,便秘多日,或粪球不硬,但排粪艰难,形体消瘦,神疲乏力	养血滋阴通便	当归苁蓉汤

实表5　泄泻辨证论治参考表

证　型	病因病机	色、脉及主症	治　法	方　例
寒湿泄泻	冰冻草料,空腹冷饮,寒湿内侵,脾阳受损,腐熟无力,运化失常	口色淡青,脉象沉迟,肠鸣水泻,口鼻发凉,粪稀不臭,完谷不化	温中利水,燥湿健脾	二苓平胃散
湿热泄泻	渴饮污水,草料热毒,郁积胃肠,致成此病	口色红黄,舌苔黄腻,脉象洪数,粪稀黏浊,气味恶臭,口鼻发热,常伴腹痛	清热利湿,除秽解毒	郁金散 香连散
脾虚泄泻	老幼瘦畜,脾虚无力,功能不足,运化失常	唇色淡白,舌软淡黄,脉象沉细,粪渣粗大,溏泄稀水,经久不愈	补脾益气,和中止泻	参苓白术散
肾虚泄泻	肾阳虚损,命火不足,火衰土虚,熟化无力	口色青白,脉沉滑无力,凌晨明显,日中减轻。咀嚼缓慢,经久不愈	补肾壮阳,健脾止泻	温肾止泻散
劳伤泄泻	劳役过重,损伤元阳,致脾虚无力,不能运化	口唇淡白,舌色青白,脉象沉细,粪便稀薄,劳役加重,休息减轻	补气健脾,温中止泻	参苓止泻散 补中益气散

实表6 痢疾辨证论治参考表

证型	病因病机	色、脉及主症	治法	方例
湿热	湿热蕴结,下注大肠,气血滞凝,传导失职	口色赤红,舌苔黄腻,脉象滑数,痢下赤白胶冻,里急后重,泻粪不爽,倦怠喜卧	清热化湿,调气行血	通肠芍药汤
疫毒	疫毒内侵,下注大肠,气血瘀滞,传导失常	口色红绛,苔黄,脉象滑数,突然高热,躁扰不安,泻粪黏腻,夹杂脓血,里急后重,或有腹痛	清热燥湿,凉血解毒	白头翁汤
虚寒	久病伤正,脾虚下陷,固摄无权,滑脱不禁	口色淡白,舌苔白滑,脉象细弱,久泻不止,水谷并下,粪色灰白,或带泡沫,或失禁,形寒肢冷,身瘦神疲	温补脾肾,敛肠固脱	真人养脏汤

【实训十六】 慢草不食、食草不转、腹胀辨证论治的基本技能三

【实训目的】 通过实习,初步学会对家畜慢草不食、宿草不转、气胀等任一病证辨证论治的基本技能。

【实训材料】 见实训十二。

【内容方法】 见实训十二。

【注意事项】 见实训十二。

【实训报告】 书写胃热不食的完整病例。

【附】 辨证论治参考实表7~实表9。

实表7 慢草不食辨证论治参考表

证型	病因病机	色、脉及主症	治法	方例
胃寒	外感寒湿,内伤阴冷,中焦受侵,脾阳不振	口色淡青,苔白,脉沉细,口淡滑利,粪便稀软,量少不臭,鼻寒耳凉,少食或不食	温中祛寒,健脾理气	桂心散
胃热	乘机热食,口渴失饮,热积脾胃,损伤胃阴而致阳盛阴衰,运化失调	口色红燥,舌中黄或黑苔,脉洪数,口干津少,粪球干少,口气微臭,鼻唇发热,唇舌生疮,少量冷饮	清胃生津	清胃散
食伤	饥后暴食精料过多,胃腑积滞,运化失调	口色红,苔垢腻,脉沉涩或滑实,口气酸臭,肚腹微胀,精神倦怠,少食或不食,粪不成形	消积化滞	曲蘗散
脾虚	体质素差,气血不足,饲养失调,久病失养,致脾胃虚弱,运化无力	口色青白或淡白,舌苔薄白,口津滑利,四肢浮肿,粪便带水,完谷不化,口唇松弛	补脾益气	补中益气汤

实表8 宿草不转辨证论治参考表

证型	病因病机	色、脉及主症	治法	方例
饱伤胃腑	过食草料,胃腑积滞,升降失调,脾不健运	口色暗红,舌苔黄,脉沉实,肚腹胀大,左侧坚实,板硬,触压成坑,久不消失,发热急骤,疼痛不安,反刍停止	消食理气,导滞除满	大戟散

续表

证型	病因病机	色、脉及主症	治法	方例
胃腑燥热	久渴失饮或热伤津液，胃阴不足，阳明燥实，运转失常	口色红燥，舌苔黄黑，脉沉数有力，腹围胀大，左侧尤显，鼻干无汗，喜饮冷水，反刍减少，时有疼痛	消食理气，清热生津	和胃消食汤、增液汤、白虎汤三方加减化裁
脾胃虚弱	体质素虚，气血不足，秸秆粗硬，咀嚼不良，脾胃功能衰弱，草料充塞胃肠	口色淡红，脉象沉涩，左腹时消时胀，食欲、反刍大减，体质瘦弱，病程较长	消食和胃，健脾补气	和胃消食汤、健脾益气散二方加减化裁

实表9　腹胀辨证论治参考表

证型		病因病机	色、脉及主症	治法	方例
牛羊气胀	原发性	过食青嫩、易发酵草料，急速产气，升降运动失调，浊气积于瘤胃	口色暗紫，脉沉涩，腹围增大，左肷尤甚，叩诊鼓音，肚胀明显，呼吸急促	消胀理气，宽肠导滞	香苏散
	继发性	寒凝气滞，宿草不转，胃肠受伤，清气不升，浊气不降，运转失常	口色淡青，脉沉细，左腹胀大，时胀时消，病势缓和，病程较长	治原发病证为主，消胀理气为辅	
马骡肠胀	原发性	多为发酵的草料所致	口色暗红，脉象沉涩，腹围增大，起卧不安，排粪减少或粪尿皆停	消胀理气	丁香散消胀汤
	继发性	肠道积滞不通，浊气不降，积聚于肠所致	症状同上，但用消胀药或盲肠穿刺效果不明显	治原发病证为主，消胀理气为辅	

第十五章 中兽医病案分析

1. 某畜主牵来一爱犬到兽医院求医。主述：爱犬 2 月龄，雌性，体重 2kg，已病半月有余，现主要症状为经常拉稀，每天拉 6~8 次，吃得很少，有时不吃。发病初在当地兽医院医治，曾用过犬二联血清、先锋霉素、磺胺类药、庆大霉素、诺氟沙星等药，也吊过葡萄糖针，虽有好转，但拉稀问题始终未能解决，畜主要求改用中药治疗。临证检查：体温 37.5℃，心跳 64 次/min，呼吸 36 次/min，但心脏跳动无力，节律紊乱（时跳、时停），消瘦，精神不振，倦卧，少动，鼻镜微干凉，口腔黏膜苍白，口津清稀量多，探肛温时体温计上黏附着少量稀软粪便，未闻恶臭，粪便镜检：潜血（一），脂肪球颗粒有少量（＋）。

【问】
① 请列出正确的证候名称。（从病因辨证、八纲辨证、脏腑辨证等多个角度分析）
② 为什么诊断得出这个证候？（即证候分析）
③ 应用什么治疗法则？
④ 拟出合理的方药。

2. 张某一种用公牛，因配种过度、伤力而喘，医治数日无效，邀出诊。检查：患牛被毛逆立，形寒怕冷，耳鼻冰凉，呼吸困难，吸气不利，喉中哮鸣有声，察口色青白、舌淡无苔。听诊肺部两侧肺泡呼吸音增强，有湿啰音，气管部有明显喘鸣似吹水泡音，大小肠音无明显异常，腹略胀，心跳快而弱，节律不齐，体温 38.3℃，查二便，可见大便稀软，内含未消化之谷粒。主诉患牛尿清而长，吃草减半，时有出汗之症。

【问】
① 请列出正确的证候名称。（从病因辨证、八纲辨证、脏腑辨证等多个角度分析）
② 为什么诊断得出这个证候？（即证候分析）
③ 应用什么治疗法则？
④ 拟出合理的方药。

3. 某猪场所养殖的公猪，前一段因处于母猪发情高峰期，连续数天配种，有时每头每天 2 次。之后的数天，该场 4 头公猪均出现性欲太过旺盛、睾丸水肿的现象。检查发现：直肠温度在 38.5~39.5℃，精神尚可，体况偏下，食欲减退，舌红少苔，粪便稍干燥，凌晨发现鼻吻有过多的细珠状清亮分泌物。

【问】
① 请列出正确的证候名称。（从病因辨证、八纲辨证、脏腑辨证等多个角度分析）
② 为什么诊断得出这个证候？（即证候分析）
③ 应用什么治疗法则？
④ 拟出合理的方药。

4. 2015 年 3 月 20 日，张某牵一头母牛来诊。主诉：该牛 3 天前感冒，体温高，当地兽医站肌内注射青霉素、安乃近，体温下降，但仍咳嗽。检查：患牛精神沉郁，被毛逆立，颤抖，咳声大而有力，鼻塞不畅，鼻流清涕，耳鼻发凉，无鼻汗，口色淡红，体温 38.9℃，心跳 68 次/min，呼吸 26 次/min。

【问】
① 请列出正确的证候名称。（从病因辨证、八纲辨证、脏腑辨证等多个角度分析）
② 为什么诊断得出这个证候？（即证候分析）

③ 应用什么治疗法则？
④ 拟出合理的方药。

5. 2015年3月8日，就诊一头奶牛。主诉：该牛咳嗽1周多，食欲、反刍减少。症见：患牛精神不振，干咳声大，口干身热，鼻流黏涕，呼吸快而粗，呼出气灼热，口渴喜饮，口色红，苔薄白微黄，心跳72次/min，呼吸30次/min。

【问】
① 请列出正确的证候名称。（从病因辨证、八纲辨证、脏腑辨证等多个角度分析）
② 为什么诊断得出这个证候？（即证候分析）
③ 应用什么治疗法则？
④ 拟出合理的方药。

6. 一牛出现排粪次数增多，粪便稀薄，甚至出现拉稀，泻粪如水。

【问】
① 若牛泻粪如水，气味酸臭。遇寒则剧，遇暖则缓，食欲减少，头低耳耷，精神倦怠，耳寒鼻冷。口色淡白或青黄，苔薄白，舌津多而滑利，脉象沉迟。按照中兽医理论，辨证论治为哪种证候？
② 若此牛饮水增多，腹内肠鸣，不时作泻，粪渣粗大，或完谷不化，舌色淡白，舌面无苔，脉象迟缓，后期出现水湿下注，四肢浮肿。可采用什么样的方剂治疗？
③ 若牛出现腰胯无力，卧多立少，久泻不愈，夜间泻重，严重者肛门失禁，粪水外溢，腹下或后肢浮肿，口色如绵，脉象徐缓。可采用哪组针灸穴位进行治疗？

7. 乳牛，5岁，每日产奶30kg左右。主诉：前几天天气突然变冷，从此以后该牛吃喝就差，还鼻流清涕，咳嗽。当地兽医给打了一针，灌了药，仍不见好，故来此就诊。经检查：精神沉郁，营养不良，角温耳温偏高，咳嗽、气喘，流黄色黏稠的鼻涕，口干而红，贪饮，粪便干燥，脉滑数而浮。

【问】
① 该牛患得是什么证？（请用八纲辨证）
② 该牛患得是什么病？（请用脏腑辨证）
③ 此时该牛的口色表现如何？
④ 应该采用何种治疗方法？
⑤ 请写出适用的方剂名称及药物组成。

8. 乳牛，10岁，每日产奶30kg左右。主诉，该牛不好好吃喝已有数日，近来该牛卧下时从阴门露出一个碗口大的红疙瘩，故来此就诊。

现症检查：精神沉郁，营养不良，行走无力，后肢下部粪便污染严重，舌质如棉，脉象沉而无力。

【问】
① 该牛患得是什么证？（请用八纲辨证）
② 该牛患得是什么病？（请用脏腑辨证）
③ 此时该牛的口色表现如何？
④ 应该采用何种治疗方法？
⑤ 请写出适用的方剂名称及药物组成。

9. 马，枣红色，4岁，营养中等。就诊当天早晨突然发病，证见蹇唇似笑，不时前蹄刨地，回头观腹，起卧打滚，间歇性肠音增强，如同雷鸣，有时排出稀软甚至水样粪便，耳鼻四肢不温，口色青白，口津滑利，脉象沉迟。

【问】
① 该马患得是什么证？（请用八纲辨证）

②该马患得是什么病？（请用脏腑辨证）
③此时该马的口色表现如何？
④应该采用何种治疗方法？
⑤请写出适用的方剂名称及药物组成。

10. 犬，雌，体温38.8℃，2岁，精神萎靡，不食2天，粪便稀软，酸臭，内见小的牛肉粒。主述3天前偷食了放在小桌上的牛肉，约250g。触诊肚腹饱满，有痛感；打开口腔有酸臭味，口腔黏滑，舌苔厚腻；口色红，脉数。

【问】
①该犬患得是什么证？（请用八纲辨证）
②该犬患得是什么病？（请用脏腑辨证）
③此时该犬的口色表现如何？
④应该采用何种治疗方法？
⑤请写出适用的方剂名称及药物组成。

11. 拉布拉多犬，5月龄，就诊前1天发病，不食，只喝水，拉稀。临诊时体温40.3℃，精神萎靡，腹部触诊轻微避痛，鼻干，舌红苔黄，脉数，体温表表面附多量番茄样腥臭稀粪。

【问】
①该犬患得是什么证？（请用八纲辨证）
②该犬患得是什么病？（请用脏腑辨证）
③此时该犬的口色表现如何？
④应该采用何种治疗方法？
⑤请写出适用的方剂名称及药物组成。

12. 猪，2月龄，体温39.9℃。精神萎靡，不食咳嗽，呼吸急促，呈腹式呼吸，身热有汗，口渴喜饮，舌红苔白，脉象滑数。

【问】
①该猪患得是什么证？（请用八纲辨证）
②该猪患得是什么病？（请用脏腑辨证）
③此时该猪的口色表现如何？
④应该采用何种治疗方法？
⑤请写出适用的方剂名称及药物组成。

13. 羊，4月龄。体瘦毛焦，不思草料，拉稀。证见慢草不食，腹痛泄泻，完谷不化，口色淡白，脉象沉细。

【问】
若选用中药治疗，应以哪个方剂为主进行加减，并进行方剂分析。
A. 参附汤　　B. 郁金散　　C. 理中汤　　D. 五苓散

14. 犬，雄性，5岁，体温39.6℃。精神不振，不食，时而小便，但每次小便量不多，色黄。证见腹部膨胀，触诊腹壁紧张；不停作小便姿势，呈滴水状；口色红赤，舌苔黄腻，脉象滑数。

【问】
若选用中药治疗，应以哪个方剂为主进行加减，并进行方剂分析。
A. 八正散　　B. 藿香正气散　　C. 五苓散　　D. 健脾散

15. 母猪，4岁，营养较差，体温39.0℃。已产仔10天，生产时有难产症状，乳汁不多；母猪食欲不佳，鼻盘较干，阴户不停流出污浊分泌物，腥臭难闻。

【问】
若选用中药治疗，应以哪个方剂为主进行加减，并进行方剂分析。

A. 通乳散　　B. 白术散　　C. 槐花散　　D. 生化汤

16. 猫，7岁，体温38.2℃。精神不振，食欲不佳，体瘦毛焦，喜卧懒动，大便稀溏，舌淡苔白，脉象细弱。

【问】

若选用中药治疗，应以哪个方剂为主进行加减，并进行方剂分析。

A. 参附汤　　B. 四君子汤　　C. 六味地黄汤　　D. 生脉饮

参 考 文 献

[1] 韦旭斌. 中兽医学 [M]. 吉林：吉林科学技术出版社，1997.
[2] 刘钟杰，许剑琴. 中兽医学 [M]. 第三版. 北京：中国农业出版社，2002.
[3] 高学敏. 中药学 [M]. 北京：中国中医药出版社，2004.
[4] 陶忠增. 中药学 [M]. 北京：中国中医药出版社，2006.
[5] 钟秀会，陈玉库. 中兽医学 [M]. 北京：中国农业科学技术出版社，2007.
[6] 于船. 中兽医学 [M]. 第2版. 北京：农业出版社，1990.
[7] 邓华学. 中兽医学 [M]. 重庆：重庆大学出版社，2007.
[8] 孙永才. 中兽医学 [M]. 北京：中国农业出版社，2000.
[9] 戴永海，王自然. 中兽医基础 [M]. 北京：高等教育出版社，2006.
[10] 姜聪文. 中兽医基础 [M]. 北京：中国农业出版社，2001.
[11] 汤德元，陶玉顺. 实用中兽医学 [M]. 北京：中国农业出版社，2005.
[12] 河北中兽医学校. 中兽医手册 [M]. 第2版. 北京：中国农业出版社，2001.
[13] 汪德刚. 中兽医防治技术 [M]. 北京：中国农业大学出版社，2007.
[14] 姜聪文，陈玉库. 中兽医学 [M]. 第2版. 北京：中国农业出版社，2007.
[15] 钟秀会. 中兽医学实验指导 [M]. 第2版. 北京：中国农业出版社，2003.
[16] 颜正华. 中药学 [M]. 第2版. 北京：人民卫生出版社，2007.
[17] 中国农业科学院中兽医研究所等. 新编中兽医学 [M] 兰州：甘肃人民出版社，1979.
[18] 湖北中医学院. 中医学概论 [M]. 上海：上海科学技术出版社，1978.
[19] 赵海云，刘学. 中兽医基础理论 [M]. 长春：吉林科学技术出版社，1990.
[20] 全国中草药汇编编写组. 全国中草药汇编 [M]. 第2版. 北京：人民卫生出版社，1996.
[21] 姚卫东. 兽医临床基础 [M]. 北京：化学工业出版社，2014.
[22] 胡元亮. 中兽医学 [M]. 北京：科学出版社，2014.
[23] 刘德成. 临床兽医基础 [M]. 北京：中国农业大学出版社，2014.
[24] 陆江宁. 兽医实用技术 [M]. 北京：中国农业大学出版社，2014.